Python 从入门到精通

王 征 李晓波◎著

中国铁道出版社有限公司
CHINA RAILWAY PUBLISHING HOUSE CO., LTD.

内容简介

本书从最基本的Python概念入手，由浅入深、典型实例剖析讲解、综合实例剖析讲解，一步一步引导初学者掌握Python编程知识。本书共20章，其中第1章到第4章是Python编程基础篇；第5章到第9章是Python编程提高篇；第10章到第13章是Python的GUI程序和图形图像篇；第14章到17章是Python人工智能应用篇；第18章到20章是Python编程高级篇，包括数据库开发、游戏开发和网络爬虫开发。

在讲解过程中既考虑读者的学习习惯，又通过具体实例剖析讲解Python编程中的热点问题、关键问题及种种难题。

本书适用于大中专学校的师生、有编程梦想的初高中生阅读，更适用于培训机构的师生、编程爱好者、初中级程序员、程序测试及维护人员阅读研究。

图书在版编目（CIP）数据

Python从入门到精通/王征，李晓波著.—北京：中国铁道出版社有限公司，2020.1

ISBN 978-7-113-26415-4

Ⅰ.①P… Ⅱ.①王… ②李… Ⅲ.①软件工具－程序设计 Ⅳ.①TP311.561

中国版本图书馆CIP数据核字（2019）第249589号

书　　名： Python从入门到精通
作　　者： 王　征　李晓波

责任编辑： 张亚慧　　**读者热线电话：** 010-63560056
责任印制： 赵星辰　　**封面设计：** 宿　萌

出版发行： 中国铁道出版社有限公司（100054，北京市西城区右安门西街8号）
印　　刷： 三河市航远印刷有限公司
版　　次： 2020年1月第1版　2020年1月第1次印刷
开　　本： 787 mm×1 092 mm　1/16　**印张：** 25　**字数：** 500千
书　　号： ISBN 978-7-113-26415-4
定　　价： 79.00元

PREFACE
前　言

Python 是一门友好、功能强大、高效灵活的编程语言，学会之后无论是想进入数据库开发、人工智能、游戏开发、网络爬虫开发这些领域，还是希望掌握一门编程语言，都可以用Python来开启未来的无限可能！

Python的开发效率很高，同样的任务，大约是Java的10倍，C++的10~20倍。另外，Python在科研上有大量的应用，大数据计算、模拟计算、科学计算有很多的包。

Python的执行效率仅比效率之王C略差一筹，但在简单易用方面可以名列三甲。可以说，Python在效率和简单之间达到平衡。

Python还是一门胶水语言，可以将其他编程语言的优点融合在一起，达到1+1>2的效果，这也是Python越来越火的原因之一。

本书结构

本书共20章，具体章节安排如下：

- 第1章：讲解Python编程的基础知识，如Python的发展历程、特点和不足、搭建Python开发环境、利用交互式解释器执行Python程序、文本编辑器编写并执行Python程序。
- 第2章到第4章：讲解Python编程的常量和变量、基本数据类型、运算符、选择结构、循环结构。
- 第5章到第9章：讲解Python编程的常用数据结构、函数、类、对象、继承、多态、模块、包、日期时间处理、文件与文件夹操作。
- 第10章到第13章：讲解Python的GUI程序设计常用控件和高级控件、海龟绘图、Canvas控件绘图。
- 第14章到第17章：讲解Python在人工智能方面的应用，具体内容包括Numpy包、Pandas包、Matplotlib包、机器学习、语音识别、启发式搜索、计算机视觉。
- 第18章到第20章：讲解Python的数据库开发、游戏开发和网络爬虫开发。

本书特色

本书的特色归纳如下：

（1）实用性：本书首先着眼于Python编程中的实战应用，然后再探讨深层次的技巧问题。

（2）详尽的例子：本书附有大量的例子，通过这些例子介绍知识点。每个例子都是作者精心选择的，初学者反复练习，举一反三，就可以真正掌握Python编程中的实战技巧，从而学以致用。

（3）全面性：本书包含了Python编程中的几乎所有知识，分别是Python基础知识、搭建Python开发环境、基本数据类型、运算符、选择结构、循环结构、常用数据结构、函数、类、对象、继承、多态、模块、包、日期时间处理、文件与文件夹操作、GUI程序设计常用控件和高级控件、海龟绘图、Canvas控件绘图、Numpy包、Pandas包、Matplotlib包、机器学习、语音识别、启发式搜索、计算机视觉、数据库开发、游戏开发和网络爬虫开发等。

本书适合的读者

本书适用于大中专学校的师生、有编程梦想的初高中生阅读，更适用于培训机构的师生、编程爱好者、初中级程序员、程序测试及维护人员阅读研究。

创作团队

本书由王征、李晓波编写，以下人员对本书的编写提出过宝贵意见并参与了部分编写工作，他们是周凤礼、周俊庆、张瑞丽、周二社、张新义、周令、陈宣各。

由于时间仓促，加之水平有限，书中的缺点和不足之处在所难免，敬请读者批评指正。

编者

2019年11月

| 目 录 |

CONTENTS

第 3 章 Python 程序设计的判断结构 / 27

第 1 章

Python 程序设计快速入门

Python 诞生之初就被誉为是最容易上手的编程语言。进入火热的 AI 人工智能时代后，它也逐渐取代 Java，成为编程界的头牌语言。

本章主要内容包括：

- Python 的发展历程
- Python 的特点和不足
- Python 的下载和安装
- Python 的环境变量配置
- 利用交互式解释器执行 Python 程序
- 文本编辑器编写并执行 Python 程序

1.1 初识 Python

Python 是一门功能强大、操作简单、通用型的脚本编程语言。Python 类库极其丰富，这使得 Python 可以应用到软件开发、大数据分析、网络爬虫、机器学习、网站开发等不同领域。

1.1.1 Python 的发展历程

Python 的创始人为 Guido van Rossum。1989 年圣诞节期间，在阿姆斯特丹，Guido 为了打发圣诞节的无趣，决心开发一个新的脚本解释程序，作为 ABC 语言的一种继承。之所以选中 Python（大蟒蛇的意思）作为该编程语言的名字，是因为他是一个叫 Monty Python 的喜剧团体的爱好者。

ABC 是由 Guido 参加设计的一种教学语言。就 Guido 本人看来，ABC 这种语言非常优美和强大，是专门为非专业程序员设计的。但是 ABC 语言并没有成功。究其原因，Guido 认为是其非开放造成的。Guido 决心在 Python 中避免这一错误。同时，他还想实现在 ABC 中闪现过但未曾实现的东西。

就这样，Python 在 Guido 手中诞生了。可以说，Python 是从 ABC 发展而来，主要受到了 Modula-3（另一种相当优美且强大的语言，为小型团体所设计的）的影响。并且结合了 Unix shell 和 C 的习惯。

Python 已经成为最受欢迎的程序设计语言之一。2011 年 1 月，它被 TIOBE 编程语言排行榜评为 2010 年年度语言。自从 2004 年以后，Python 的使用率呈线性增长。

由于 Python 语言的简洁性、易读性以及可扩展性，在国外用 Python 做科学计算的研究机构日益增多，一些知名大学已经采用 Python 来教授程序设计课程。例如卡耐基梅隆大学的编程基础、麻省理工学院的计算机科学及编程导论就使用 Python 语言讲授。众多开源的科学计算软件包都提供了 Python 的调用接口，例如著名的计算机视觉库 OpenCV、三维可视化库 VTK、医学图像处理库 ITK。而 Python 专用的科学计算扩展库就更多了，例如如下 3 个十分经典的科学计算扩展库：NumPy、SciPy 和 Matplotlib，它们分别为 Python 提供了快速数组处理、数值运算以及绘图功能。因此 Python 语言及其众多的扩展库所构成的开发环境十分适合工程技术、科研人员处理实验数据、制作图表，甚至开发科学计算应用程序。

1.1.2　Python 的特点

Python 具有 10 项明显的特点，具体如下：

（1）易于学习：Python 有相对较少的关键字，结构简单，一个明确定义的语法，学习起来更加简单。

（2）易于阅读：Python 代码定义的更清晰。

（3）易于维护：Python 的成功在于它的源代码是相当容易维护的。

（4）一个广泛的标准库：Python 最大的优势之一是丰富的库，跨平台的，在 Unix，Windows 和 Macintosh 兼容很好。

（5）互动模式：互动模式的支持，您可以从终端输入执行代码并获得结果的语言，互动的测试和调试代码片段。

（6）可移植：基于其开放源代码的特性，Python 已经被移植（也就是使其工作）到许多平台。

（7）可扩展：如果你需要一段运行很快的关键代码，或者是想要编写一些不愿开放的算法，你可以使用 C 或 C++ 完成那部分程序，然后从你的 Python 程序中调用。

（8）数据库：Python 提供所有主要的商业数据库的接口。

（9）GUI 编程：Python 支持 GUI 可以创建和移植到许多系统调用。

（10）可嵌入：你可以将 Python 嵌入到 C/C++ 程序，让你的程序的用户获得“脚本化”的能力。

1.1.3　Python 的不足

Python 由于是一门脚本编程语言，即解释型语言，所以 Python 编写的程序有以下两点不足：

第一，速度慢。Python 编写的程序与 Java、C、C++ 编译型语言编写的程序相比运行速度较慢。

第二，源代码加密比较困难。Java、C、C++ 编译型语言的源程序会被编译成目标程序，Python 直接运行源程序，因此对源代码加密比较困难。

需要注意的是，Python 的两个不足都不是大问题。首先，由于目前电脑的硬件速度越来越快，软件工程往往更关注开发过程的效率和可靠性，而不是软件的运行效率；至于第二个不足就更不是问题了，现在软件行业基本上都是开源的。

提醒：编译型语言是指使用专门的编译器，针对操作系统将某种高级语言源代码，一次性“翻译”成可被该平台硬件执行的机器语言，并包装成该平台所能识别的可执行程序的格式，这个转换过程称为编译。编译生成的可执行程序可以脱离开发环境，在特定的平台上独立运行。解释型语言是指使用专门的解释器，将源程序逐行解释成特定平台的机器代码并立即执行的语言。

1.2 搭建 Python 开发环境

Python 在 PC 三大主流平台（Windows、Linux 和 OS X）都可以使用。在这里只讲解 Python 在 Windows 操作系统下的开发环境配置。

1.2.1 Python 的下载

在浏览器的地址栏中输入“https://www.python.org”，然后回车，进入 Python 官网的首页页面。鼠标指向导航栏中“Downloads”，弹出下一级子菜单，如图 1.1 所示。

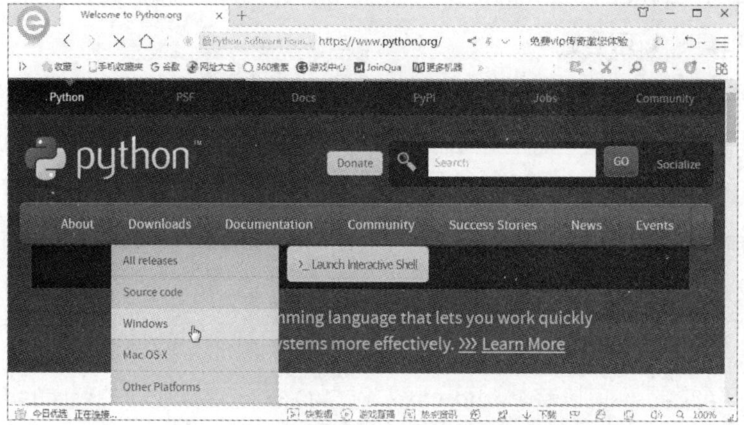

图 1.1　Downloads 的下一级子菜单

在 Downloads 的下一级子菜单中，单击“Windows”命令，进入 Python 下载页面，在这里可以看到 Python 的各个版本下载文件。当前 Python 的最新版本是 Python3.7.4，如图 1.2 所示。

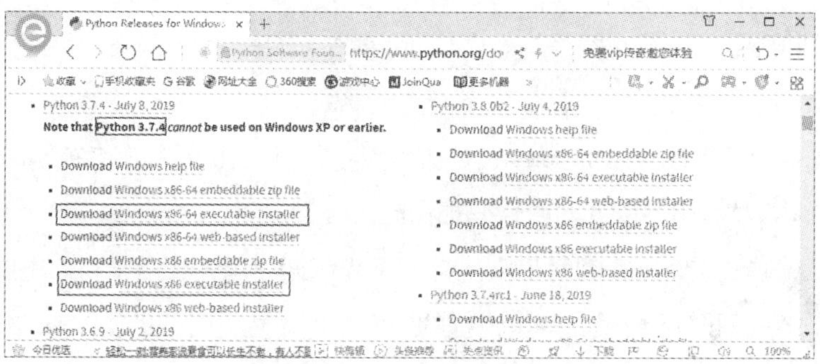

图 1.2　Python 下载页面

在这里需要注意，如果你的计算机是 64 位操作系统，既可以下载“Windows x86-64 executable installer”，也可以下载“Windows x86 executable installer”。如果

你的计算机是 32 位操作系统，只能下载“Windows x86 executable installer”进行安装。

考虑到通用性，在这里下载“Windows x86 executable installer”，即单击该超链接，就会弹出“新建下载任务”对话框，如图 1.3 所示。

单击“下载”按钮，就开始下载，下载完成后，就可以在桌面看到 Python3.7.4 安装文件图标，如图 1.4 所示。

图 1.3　新建下载任务对话框

图 1.4　桌面上的安装文件图标

1.2.2　Python 的安装

Python 安装文件下载成功后，双击桌面上的安装文件图标，弹出“Python3.7.4 安装向导”对话框，如图 1.5 所示。

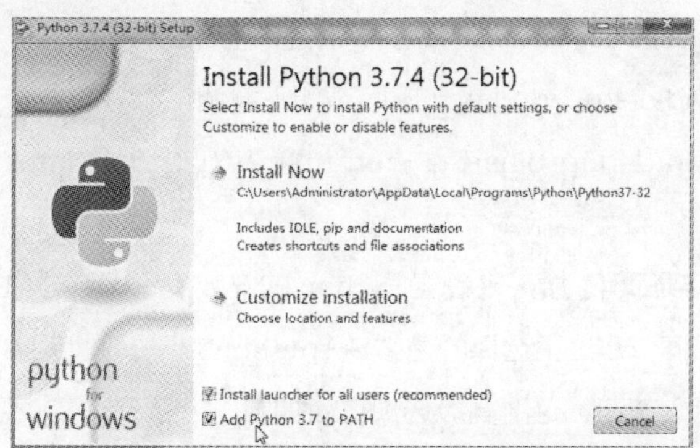

图 1.5　Python3.7.4 安装向导对话框

> **提醒**：在这里要选中“Add Python 3.7 to PATH”复选框，这样就可以把 Python 3.7.4 添加到 Path（路径）存储在环境变量中。

单击“Install Now”，就是采用默认安装，把 Python 3.7.4 安装到 C 盘中。单击“Customize installation”，就是自定义安装，这样就可以选择 Python 3.7.4 安装位置。

在这里单击“Customize installation”，即采用自定义安装，就可以设置 Python 的可选特性，如图 1.6 所示。

在这里选择所有特性，然后单击“Next”按钮，进入 Python 的高级选项页面，如图 1.7 所示。

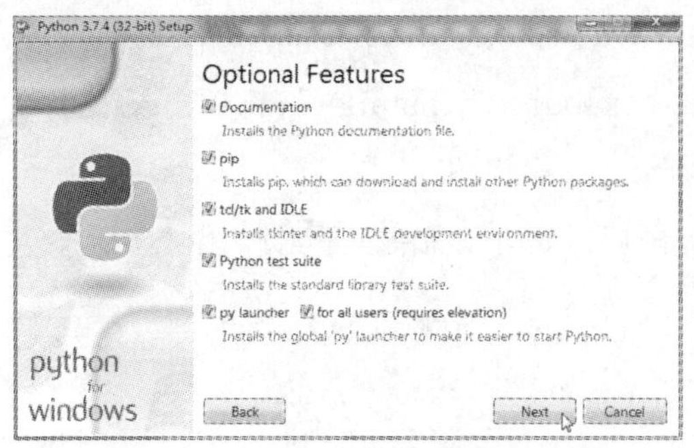

图 1.6　设置 Python 的可选特性

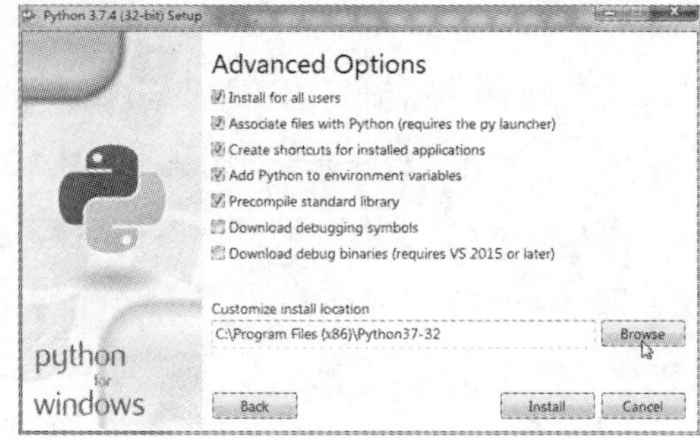

图 1.7　Python 的高级选项页面

高级选项有 7 项，每项意义如下：

第一，Install for all users，即安装所有用户。

第二，Associate files with Python (requires the py launcher)，即将文件与 Python 关联（需要 py 发射器）。

第三，Create shortcuts for installed applications，即在桌面上创建 Python 快捷方式。

第四，Add Python to environment variables，即把 Python 添加到 Path（路径）存储在环境变量中。

第五，Precompile standard library，即预编译标准库。

第六，Download debugging symbols，即下载调试符号。

第七，Download debug binaries（requires VS 2015 or later），即下载调试二进制文件（需要 VS 2015 或更高版本）。

在这里选中前 5 项即可。接下来设置 Python 的安装位置，单击“Browse”按钮，弹出“浏览文件夹”对话框，在这里选择的是“E:\python37”，如图 1.8 所示。

然后单击“确定”按钮，这时高级选项页面如图 1.9 所示。

图 1.8　浏览文件夹对话框

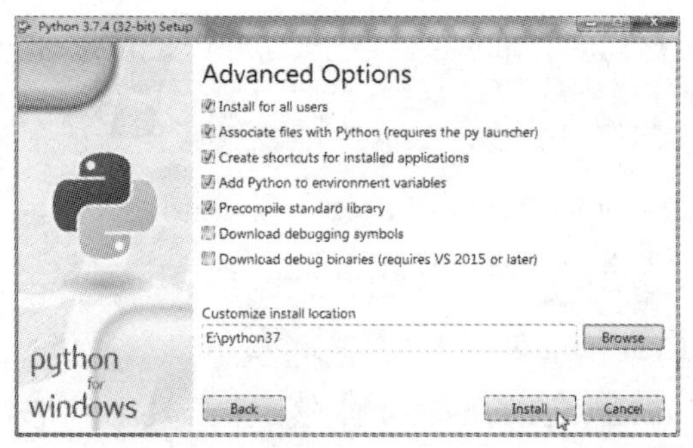

图 1.9　高级选项页面的最终设置

接下来，单击“Install”按钮，就开始安装Python，并显示安装进度，如图1.10所示。安装完成后，就会显示“安装成功”对话框，如图1.11所示。

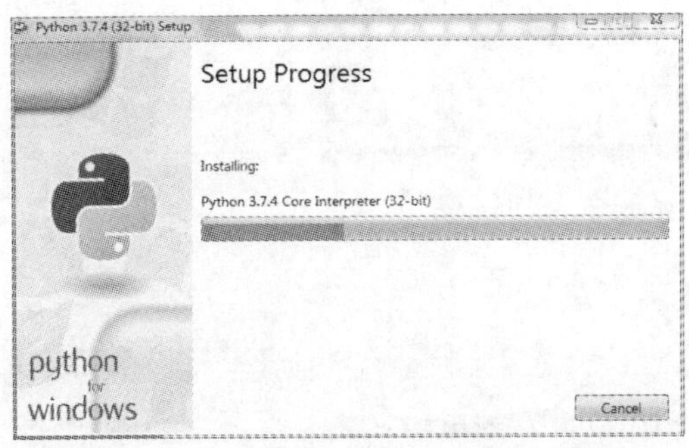

图1.10　开始安装Python并显示安装进度

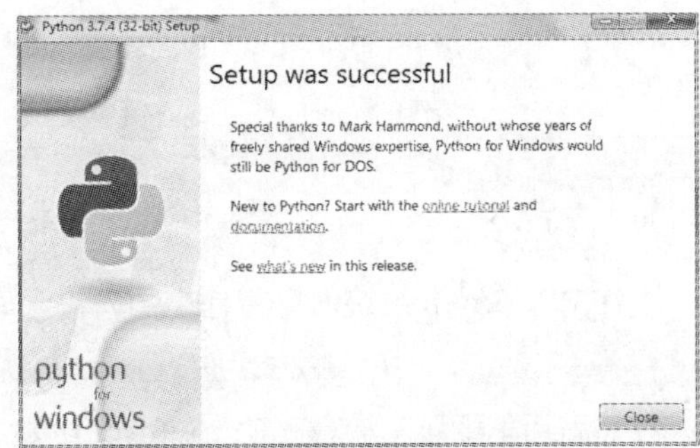

图1.11　安装成功对话框

单击“Close”按钮，这样整个程序安装完毕。

1.2.3　Python的环境变量配置

程序和可执行文件可以在许多目录中，而这些路径很可能不在操作系统提供可执行文件的搜索路径中。Path（路径）存储在环境变量中，这是由操作系统维护的一个命名的字符串。这些变量包含可用的命令行解释器和其他程序的信息。

> **提醒：**虽然在上述安装中已把Python 3.7.4添加到Path（路径）存储在环境变量中，但很多读者在安装时，可能会没有选中“Add Python 3.7 to PATH”复选框，即没有把Python 3.7.4添加到Path（路径）存储在环境变量中，所以下面做一下讲解。

在环境变量中添加Python目录，有两种方法，一是利用命令提示框；二是利用计算机属性设置。

1. 命令提示框

单击桌面左下角的“开始”按钮，弹出“开始”菜单，然后在文本框中输入“cmd”，如图1.12所示。

在文本框中输入“cmd”后，回车，就打开Windows系统命令行程序，如图1.13所示。

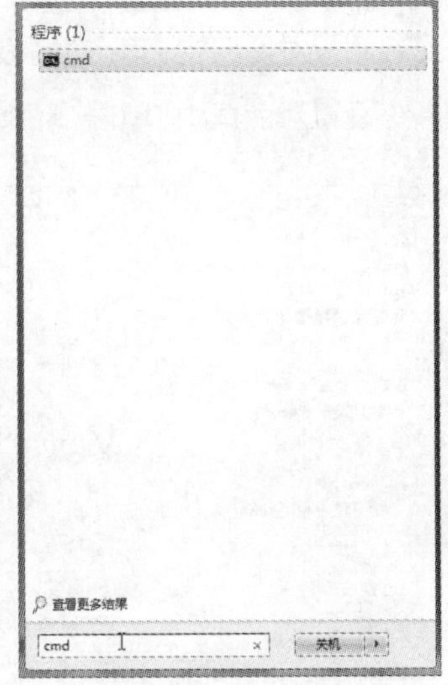

图1.12　开始菜单

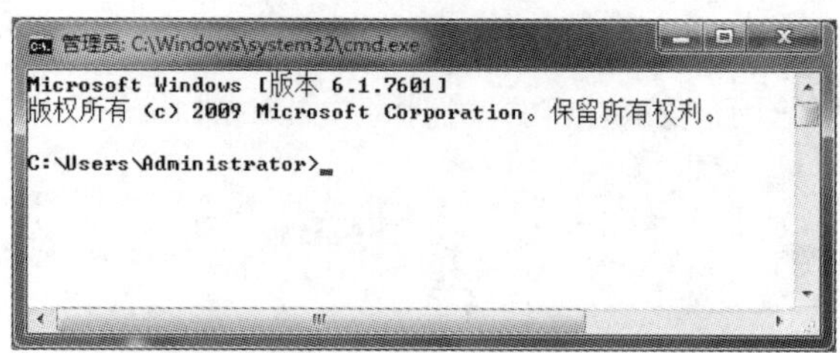

图 1.13　Windows 系统命令行程序

在 Windows 系统命令行程序中，输入如下代码：

```
path=%path%;E:\python37
```

然后回车即可。注意：E:\python37 是 Python 的安装目录。

2. 利用计算机属性设置

鼠标指向计算机图标，单击右键，在弹出的右键菜单中选择“属性”命令，如图 1.14 所示。单击“属性”命令，弹出“控制面板”对话框，如图 1.15 所示。

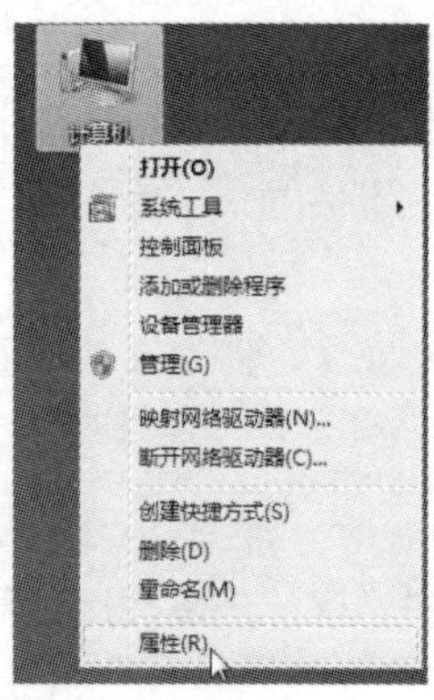

图 1.14　右键菜单

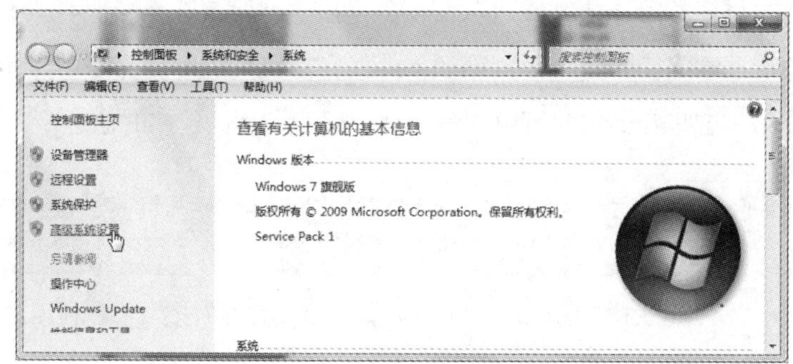

图 1.15　控制面板对话框

在控制面板对话框中，单击“高级系统设置”，弹出“系统设置”对话框，如图 1.16 所示。在系统设置对话框中，单击“环境变量”按钮，弹出“环境变量”对话框，如图 1.17 所示。

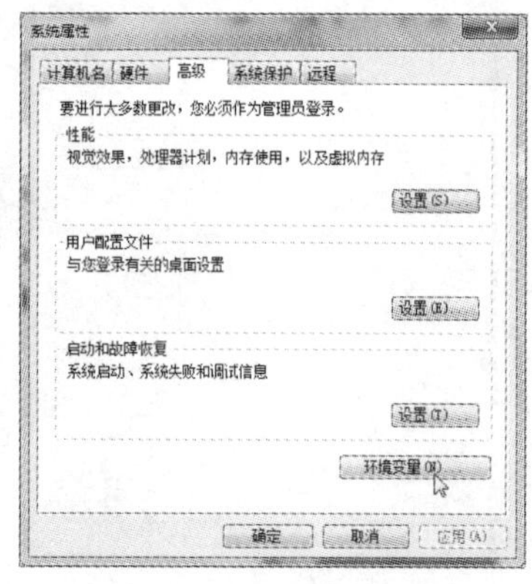

图 1.16　系统设置对话框

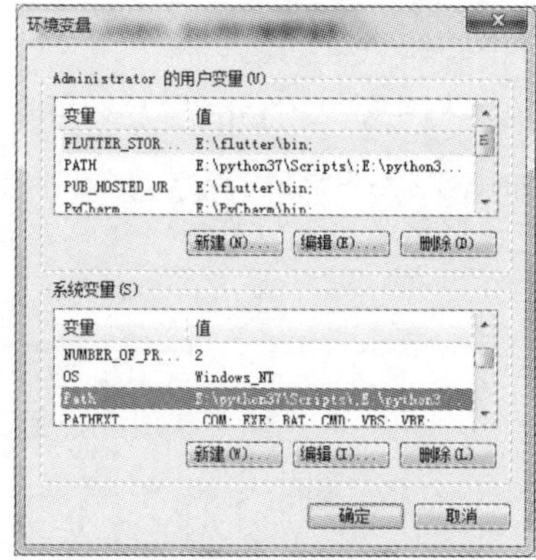

图 1.17　环境变量对话框

双击系统变量中的“Path”，弹出“编辑系统变量”对话框，然后在“变量名”文本框中添加Python安装路径，即E:\Python37。需要注意的是，路径一定要用分号“；”隔开。

在环境变量中添加 Python 目录后，在 Windows 系统命令行程序中，输入如下代码：

```
Python  -h
```

然后回车，就可以看到Python的相关信息，如图 1.18 所示。

```
管理员: C:\Windows\system32\cmd.exe
Microsoft Windows [版本 6.1.7601]
版权所有 (c) 2009 Microsoft Corporation。保留所有权利。

C:\Users\Administrator>path=%path%;E:\python37

C:\Users\Administrator>python -h
usage: python [option] ... [-c cmd | -m mod | file | -] [arg] ...
Options and arguments (and corresponding environment variables):
-b     : issue warnings about str(bytes_instance), str(bytearray_instance)
         and comparing bytes/bytearray with str. (-bb: issue errors)
-B     : don't write .pyc files on import; also PYTHONDONTWRITEBYTECODE=x
-c cmd : program passed in as string (terminates option list)
-d     : debug output from parser; also PYTHONDEBUG=x
-E     : ignore PYTHON* environment variables (such as PYTHONPATH)
-h     : print this help message and exit (also --help)
-i     : inspect interactively after running script; forces a prompt even
         if stdin does not appear to be a terminal; also PYTHONINSPECT=x
-I     : isolate Python from the user's environment (implies -E and -s)
-m mod : run library module as a script (terminates option list)
-O     : remove assert and __debug__-dependent statements; add .opt-1 before
         .pyc extension; also PYTHONOPTIMIZE=x
-OO    : do -O changes and also discard docstrings; add .opt-2 before
         .pyc extension
-q     : don't print version and copyright messages on interactive startup
-s     : don't add user site directory to sys.path; also PYTHONNOUSERSITE
```

图 1.18　Python 的相关信息

1.3　编写 Python 程序

Python 开发环境搭建成功后，下面就可以编写 Python 程序了。

1.3.1　利用交互式解释器执行 Python 程序

单击桌面左下角的“开始 / 所有程序”命令，就可以在开始菜单中看到“Python37”，再单击“Python37”，就可以看到Python自带的开发软件IDEL菜单命令，如图1.19所示。

单击“IDEL”菜单命令，打开 Python 3.7.4 Shell 软件，如图 1.20 所示。

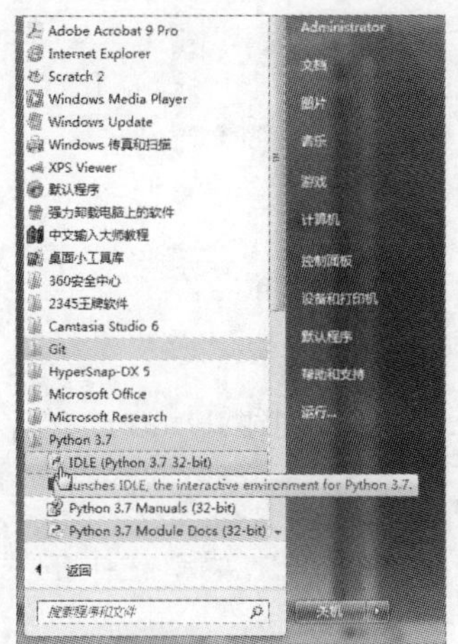

图 1.19　Python 自带的开发软件 IDEL 菜单命令

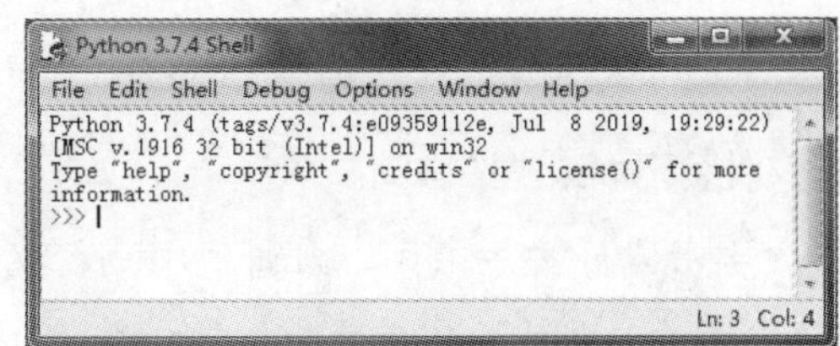

图 1.20　打开 Python 3.7.4 Shell 软件

在 Python 3.7.4 Shell 软件中，输入如下代码：

```
print ("hello world!")
```

然后回车，就可以看到程序运行结果，如图 1.21 所示。

这是 print 语句的一个实例。print 并不会真的往纸上打印文字，而是在屏幕上输出值。

print 语句还可以跟多个字符串，用逗号“,”隔开，就可以连成一串输出。在 Python 3.7.4 Shell 软件，输入如下代码：

```
print("举杯邀明月，对影成三人。\n","长风破浪会有时，直挂云帆济沧海。\n","天生我材必有用，千金散尽还复来。\n")
```

注意“\n”表示换行。然后回车，就可以看到程序运行结果，如图 1.22 所示。

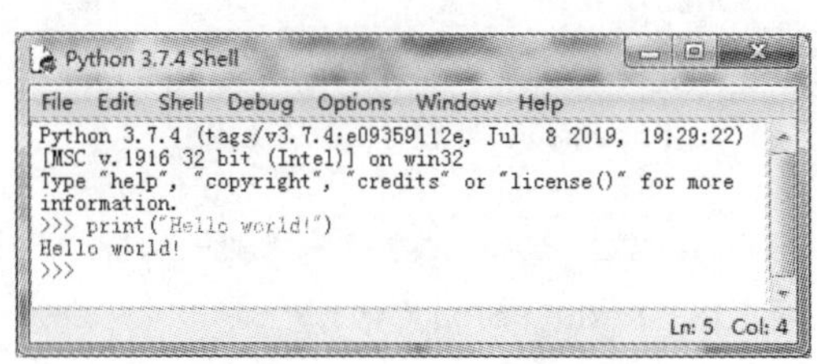

图 1.21　程序运行结果

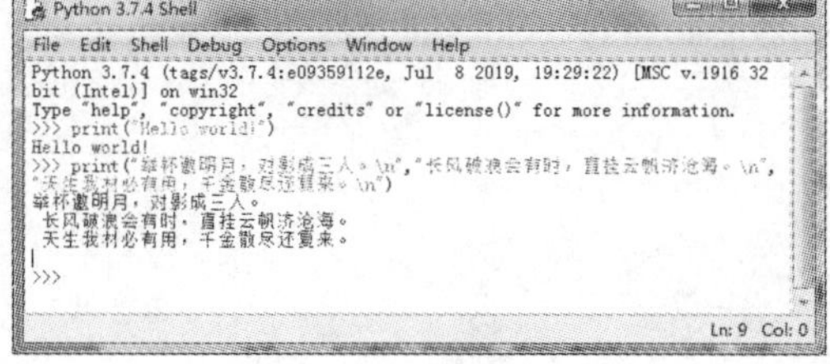

图 1.22　print 语句跟多个字符串

在这里还可以直接计算。在 Python 3.7.4 Shell 软件，输入如下代码：

```
12+16 , 32-8 , 12*6, 32/8
```

在这里一个语句可以实现加、减、乘、除运算。正确输入代码后，然后回车，就可以看到程序运行结果，如图 1.23 所示。

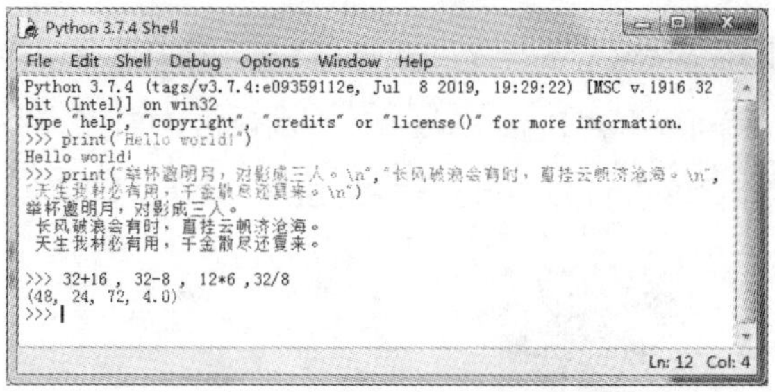

图 1.23　实现加、减、乘、除运算

1.3.2　文本编辑器编写并执行 Python 程序

如果要编写多行代码程序，直接输入不太方便，就需要创建 Python 文件，然后再运行文件，下面来举例说明。

单击“开始”菜单，打开 Python 3.7.4 Shell 软件。单击菜单栏中的“File/New File”命令，创建一个 Python 文件，如图 1.24 所示。

在 Python 文件中输入代码如下：

```
n = 10                                    # 定义整型变量，设置绘制等腰三角的 ※ 个数
i = 0                                     # 用来统计循环次数
while i < n:
    # 内容由两部分组成，空格和 ※ 符号
    # 空格一开始很多，是 2×（总行数 - 当前行数），然后越来越少
    #※ 的个数与行号的关系 ： ※ 个数 = 当前行号 × 2 + 1
    print("%s%s" % ("  "*(n - i), "※"*(i * 2 + 1)))
    i += 1
```

这里利用 while 循环绘制等腰三角图形。正确输入代码后，单击菜单栏中的“File/Save”命令，弹出“另存为”对话框，保存位置为默认，即 Python 安装目录下，文件名为“Python1-1.py”，如图 1.25 所示。

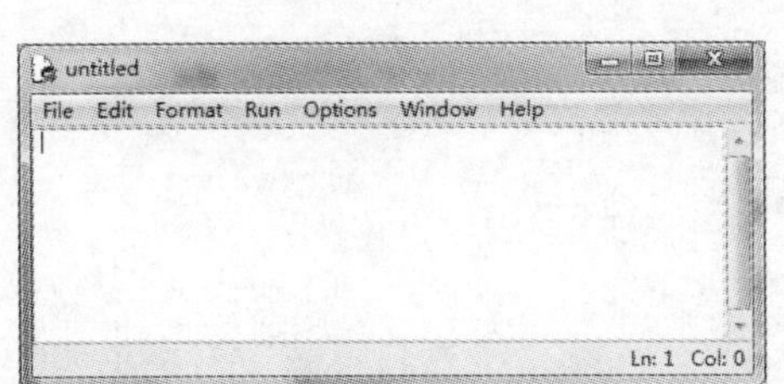

图 1.24　创建一个 Python 文件

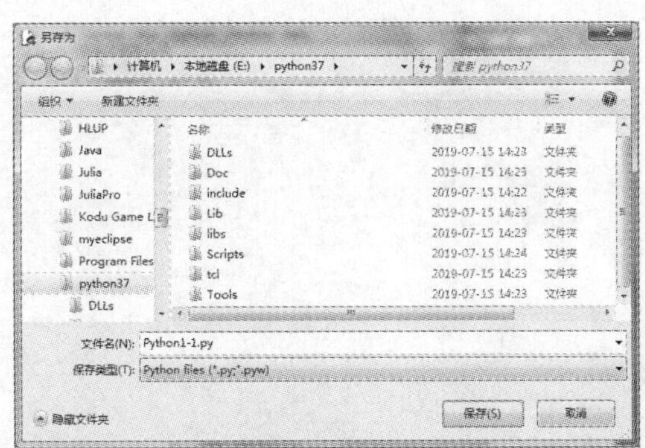

图 1.25　另存为对话框

单击“保存”按钮，就可以保存 Python 程序文件，下面来运行程序。单击菜单栏中的“Run”命令，弹出下一级子菜单，如图 1.26 所示。

单击下一级子菜单中的“Run module“命令或按键盘上的“F5”键，都可以运行程序，如图 1.27 所示。

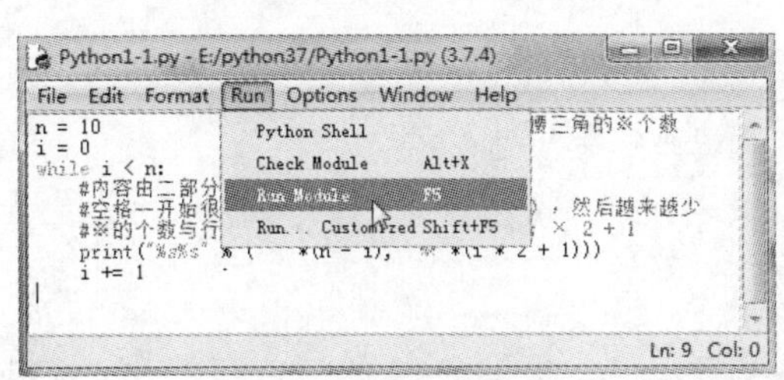

图 1.26　下一级子菜单

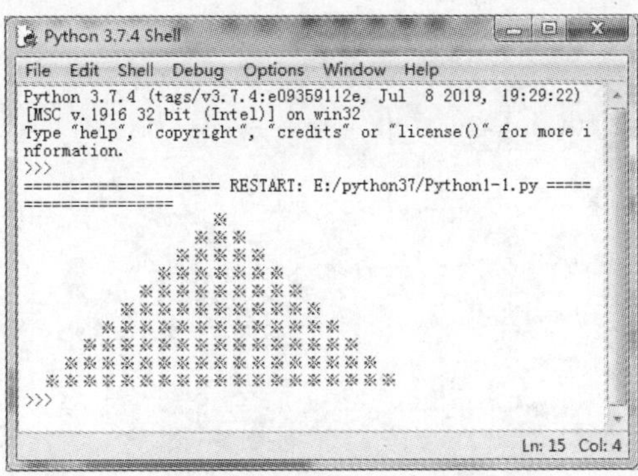

图 1.27　等腰三角图形

第 2 章

Python 程序设计的初步知识

每门编程语言都有自己的语法结构，如变量的定义、基本数据类型、运算符等。虽然大同小异，但各有特点，本章就来讲解一下 Python 语言程序设计的初步知识。

本章主要内容包括：

- 什么是变量
- 变量命名规则
- 变量的赋值
- 数值类型
- 字符串
- 算术运算符
- 赋值运算符
- 位运算符
- Python 的代码格式

2.1 变量

无论使用什么语言编程，其最终目的都是对数据进行处理。程序在编程过程中，为了处理数据更加方便，通常会将其存储在变量中。

2.1.1 什么是变量

变量是指在程序执行过程中其值可以变化的量，系统为程序中的每个变量分配一个存储单元。变量名实质上就是计算机内存单元的命名。因此，借助变量名就可以访问内存中的数据。

2.1.2 变量命名规则

变量是一个名称，给变量命名时，应遵循以下规则：

第一，名称只能由字母、数字和下画线组成；

第二，名称的第一个字符可以是字母或下画线，但不能是数字；

第三，名称对大小写敏感；

第四，名称不能与 Python 中的关键字相同。

关键字，即保留字。Python 的标准库提供了一个 keyword 模块，可以输出当前版本的所有关键字。

单击“开始”菜单，打开 Python 3.7.4 Shell 软件，然后单击菜单栏中的“File/New File”命令，创建一个 Python 文件，并命名为“Python2-1.py”，然后输入如下代码：

```
import  keyword      #导入 keyword 模块
print("显示 Python 中所有的关键字：\n",keyword.kwlist)
print("\n\n判断 for 是否是关键字：",keyword.iskeyword('for'))
print("\n\n判断 cat 是否是关键字：",keyword.iskeyword('cat'))
```

首先导入 keyword 模块，然后利用该模块中的 kwlist 列表，可以显示 Python 中所有的关键字。利用该模块的 iskeyword() 函数可以判断某字符串是否是关键字。

单击菜单栏中的“Run/Run Module”命令或按下键盘上的“F5”，就可以运行程序代码，如图 2.1 所示。

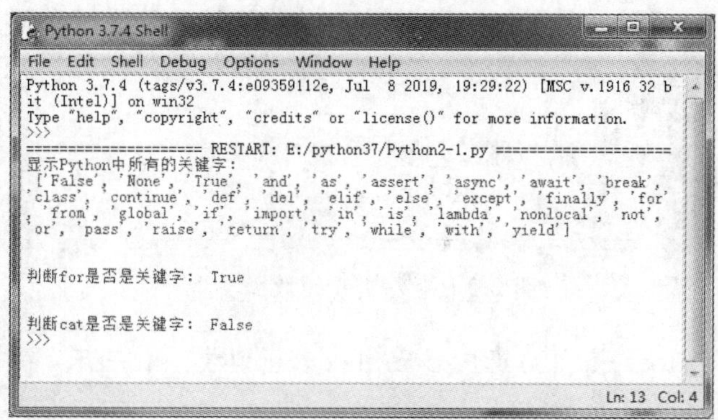

图 2.1　关键字

2.1.3　变量的赋值

每个变量在使用前都必须赋值，变量赋值以后该变量才会被创建。在 Python 中，变量就是变量，它没有类型，我们所说的“类型”是变量所指的内存中对象的类型。

等号（=）用来给变量赋值。等号（=）运算符左边是一个变量名，等号（=）运算符右边是存储在变量中的值，例如：

```
counter = 23                                          # 整型变量
miles   = -56.0                                       # 浮点型变量
name    =  "python"                                   # 字符串
```

另外，Python 允许同时为多个变量赋值。例如：

```
a = b = c = 69
```

上述代码表示，创建一个整型对象，赋值为 69，三个变量被分配到相同的内存空间上。

还可以为多个对象指定多个变量，例如：

```
a， b， c = 26， 56.23， "python"
```

上述代码表示，两个整型对象 26 和 56.23 分配给变量 a 和 b，字符串对象“python”分配给变量 c。

利用 type() 函数，可以查看变量的数据类型，下面举例说明。

单击“开始”菜单，打开 Python 3.7.4 Shell 软件，然后单击菜单栏中的“File/New File”命令，创建一个 Python 文件，并命名为“Python2-2.py”，然后输入如下代码：

```
a, b, c , d = 42, 56.5,  4+3j, "Python"           #为多个对象指定多个变量
print(type(a),  type(b),  type(c), type(d))       #查看变量的数据类型
```

单击菜单栏中的“Run/Run Module”命令或按下键盘上的“F5”，就可以运行程序代码，如图 2.2 所示。

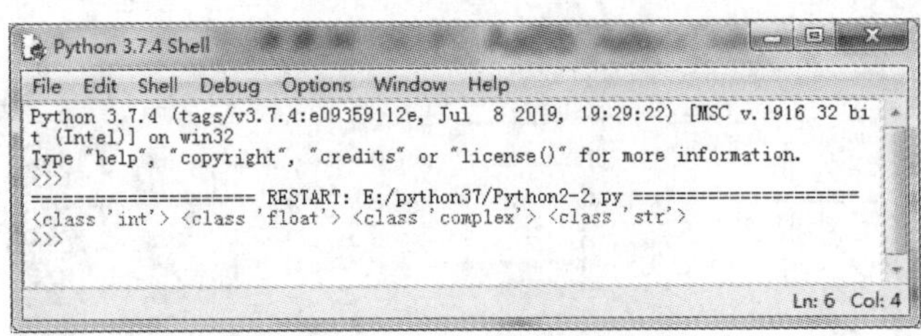

图 2.2　查看变量的数据类型

int 表示整型、float 表示浮点型、complex 表示复数、str 表示字符串。

2.2　变量的基本数据类型

在 Python 中，变量的标准类型只有 6 个，分别是数值、字符串、列表、元组、集合、字典。相对于 C 语言来讲，Python 的数据类型很少，但 Python 该有的功能一个不少。即使 C 语言的代表作链表和二叉树，Python 同样可以轻松应对。下面先来讲解一下 Python 的基本数据类型，即数值和字符串。

2.2.1　数值类型

Python 支持 3 种不同的数值类型，分别是整型（int）、浮点型（floating point real values）、复数（complex numbers），如图 2.3 所示。

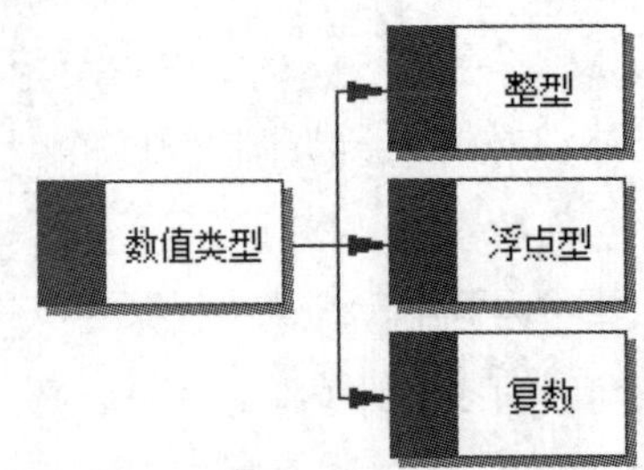

图 2.3　数值类型

1. 整型（int）

整型（int），通常被称为是整数，是正或负整数，不带小数点。Python3 整型是没有限制大小的，可以当作长整型（Long）类型使用，所以 Python3 没有 Python2 的长整型（Long）类型。需要注意的是，可以使用十六进制和八进制来代表整数。

八进制是指在数学中一种逢 8 进 1 的进位制。在 Python 中，八进制用 0o 来表示，例如 0o12 表示 10，即 8×1 + 2=10。

十六进制是指在数学中一种逢 16 进 1 的进位制。一般用数字 0 到 9 和字母 A 到 F（或 a~f）表示，其中：A~F 表示 10~15，这些称作十六进制数字。十六进制用 0x 来表示，例如 0x12 表示 18，即 16×1 + 2=18。

2. 浮点型（floating point real values）

浮点型由整数部分与小数部分组成，浮点型也可以使用科学计数法表示（2.5E+03 =

2.5 × 103 = 2500）。

3. 复数（complex numbers）

复数由实数部分和虚数部分构成，可以用 a+ bj 或者 complex（a，b）表示，复数的实部 a 和虚部 b 都是浮点型。

Python 的数值类型如表 2.1 所示。

表 2.1　Python 的数值类型

int	float	complex
30	0.8	3.14j
−60	−21.8	−25j
0o14	2.5E+2	3+4j
−0o26	−2.8E−5	9.322e−36j
0x72	−5E+3	3e+26j
−0x260	−8E−9	−0.6545+3j

有时候，我们需要对数值类型进行转换，数据类型的转换，只需要将数值类型作为函数名即可，具体如下：

int(x)：将 x 转换为一个整数。

float(x)：将 x 转换为一个浮点数。

complex(x)：将 x 转换为一个复数，实数部分为 x，虚数部分为 0。

complex(x，y)：将 x 和 y 转换为一个复数，实数部分为 x，虚数部分为 y。

下面来举例说明一下数值类型。

单击“开始”菜单，打开 Python 3.7.4 Shell 软件，然后单击菜单栏中的“File/New File”命令，创建一个 Python 文件，并命名为“Python2−3.py”，然后输入如下代码：

```
a1 = 28                                  #整型变量
a2 = -56                                 #整型变量
a3 = 0o24                                #八进制整型变量
a4 = -0x56                               #十六进制整型变量
a5 = -12.1                               #浮点型变量
a6 = 5.1E+6                              #浮点型变量用科学计数法表示
a7 = 3+4j                                #复数变量
                                         #显示各变量的值
print("整型变量 a1：",a1)
print("整型变量 a2：",a2)
print("八进制整型变量 a3：",a3)
print("十六进制整型变量 a4：",a4)
print("浮点型变量 a5:",a5)
print("浮点型变量 a6:",a6)
print("复数变量 a7:",a7)
print()                                  #换行
                                         #数据类型的转换
print("把整型变量 a1 转化为浮点型变量：",float(a1))
print("把浮点型变量 a6 转化为整型变量：",int(a6))
```

```
print("把整型变量 a2 转化为复数：",complex(a2))
print("把整型变量 a1 和浮点型变量 a6 转化为复数：",complex(a1,a6))
```

单击菜单栏中的“Run/Run Module”命令或按下键盘上的“F5”，就可以运行程序代码，结果如图 2.4 所示。

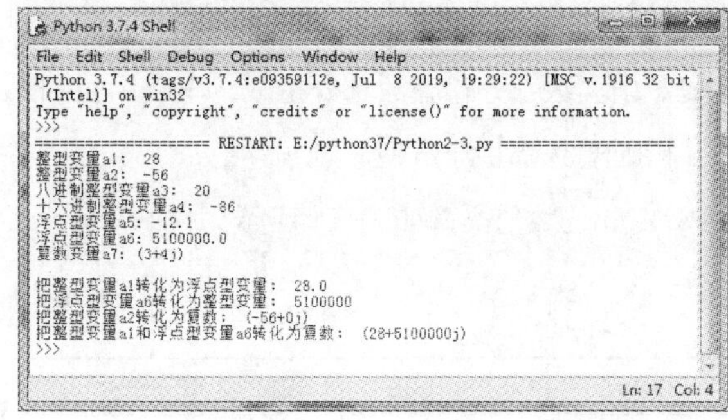

图 2.4　数值类型

2.2.2　字符串

字符串是Python编程语言中最常用的数据类型，可以使用单引号（‘）或双引号（“）来创建字符串。需要注意的是，Python 不支持单字符类型，单字符在 Python 中也是作为一个字符串使用。

在需要在字符中使用特殊字符时，Python 用反斜杠 (\) 转义字符。转义字符及意义如表 2.2 所示。

表 2.2　转义字符及意义

转义字符	意义
\(在行尾时)	续行符
\\	反斜杠符号
\’	单引号
\”	双引号
\a	响铃
\b	退格 (Backspace)
\e	转义
\000	空
\n	换行
\v	纵向制表符
\t	横向制表符
\r	回车
\f	换页
\oyy	八进制数，yy 代表的字符，例如：\o12 代表换行
\xyy	十六进制数，yy 代表的字符，例如：\x0a 代表换行
\other	其他的字符以普通格式输出

单击“开始”菜单，打开 Python 3.7.4 Shell 软件，然后单击菜单栏中的“File/New File”命令，创建一个 Python 文件，并命名为“Python2-4.py”，然后输入如下代码：

```
str1 = "I like Python"                              # 字符串变量
str2 = "I am zhoudao, \t  I like cat!"             # 带有转义字符的字符串变量
                                                    # 输出字符串变量
print("字符串变量 str1:",str1)
print("带有转义字符的字符串变量 str2: ",str2)
                                                    # 输出字符串中的字符
print("字符串变量 str1 中的第 1 个字符: ",str1[0])
print("字符串变量 str1 中的第 3 个到第 6 个字符: ",str1[2:6])
```

单击菜单栏中的“Run/Run Module”命令或按下键盘上的“F5”，就可以运行程序代码，结果如图 2.5 所示。

Python 支持格式化字符串的输出，尽管这样可能会用到非常复杂的表达式，但最基本的用法是将一个值插入一个有字符串格式符 %s 的字符串中。

提醒：在 Python 中，字符串格式化使用与 C 中 printf ( ) 函数一样的语法。

单击“开始”菜单，打开 Python 3.7.4 Shell 软件，然后单击菜单栏中的“File/New File”命令，创建一个 Python 文件，并命名为“Python2-5.py”，然后输入如下代码：

```
stuname = input("请输入学生的姓名: ")
stuscore  = input("请输入学生的成绩: ")
print("学生的姓名是 %s, 学生的成绩是 %f" % (stuname,float(stuscore)))
```

这里调用 input() 函数实现利用键盘动态输入。还要注意，input() 函数默认数据类型是字符串型，要想输出浮点型，需要使用 float() 函数进行数据类型转换。

单击菜单栏中的“Run/Run Module”命令或按下键盘上的“F5”，就可以运行程序代码，这时程序要求输入学生的姓名，如图 2.6 所示。

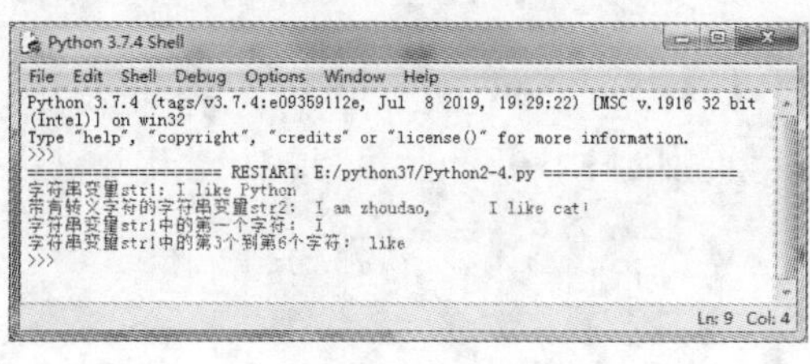

图 2.5 字符串

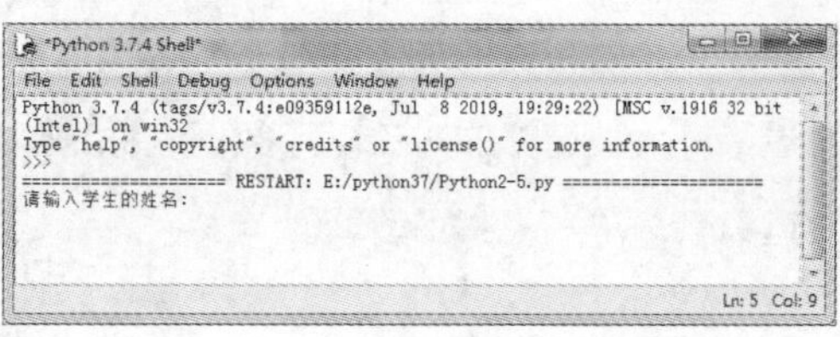

图 2.6 输入学生的姓名

在这里输入“赵化杰”，然后回车，这时程序要求输入学生的成绩，如图 2.7 所示。

在这里输入“98.5”，然后回车，这时程序就会显示你输入的姓名和成绩信息，如图 2.8 所示。

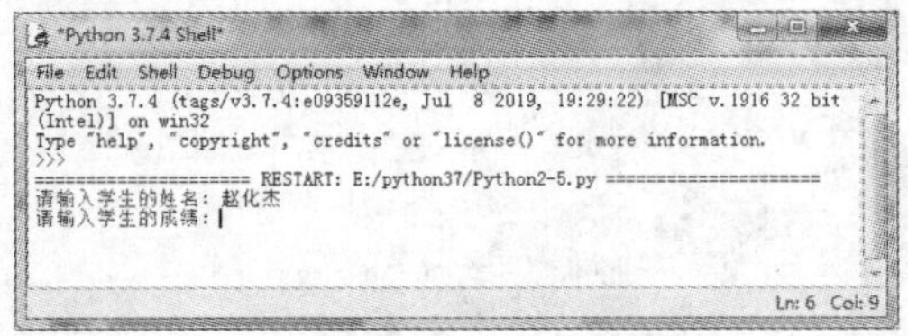

图 2.7　输入学生的成绩

图 2.8　格式化显示输入的信息

Python 字符串格式化符号及意义如表 2.3 所示。

表 2.3　字符串格式化符号及意义

字符串格式化符号	意义
%c	格式化字符及其 ASCII 码
%s	格式化字符串
%d	格式化整数
%u	格式化无符号整型
%o	格式化无符号八进制数
%x	格式化无符号十六进制数
%f	格式化浮点数字，可指定小数点后的精度
%e	用科学计数法格式化浮点数
%p	用十六进制数格式化变量的地址

2.3　运算符的应用

运算是对数据的加工，最基本的运算形式可以用一些简洁的符号来描述，这些符号称为运算符。被运算的对象（即数据）称为运算量。例如，12 + 6 = 18，其中 12 和 6 被称为运算量，“+”称为运算符。

2.3.1　算术运算符的应用

算术运算符及意义如表 2.4 所示。

表 2.4　算术运算符及意义

运算符	意义
+	两个数相加
–	两个数相减
*	两个数相乘

续表

运算符	意义
/	两个数相除，求商
%	取模，即两个数相除，求余数
//	两个数相除，求商，但只取商的整数部分
**	幂，即返回 x 的 y 次幂

单击“开始”菜单，打开 Python 3.7.4 Shell 软件，然后单击菜单栏中的“File/New File”命令，创建一个 Python 文件，并命名为“Python2-6.py”，然后输入如下代码：

```
num1 = input("请输入第一个数: ")                    #用于计算的第一个数
num2 = input("请输入第二个数: ")                    #用于计算的第二个数
print("第一个数是: %d,  第二个数是: %d " %(int(num1),int(num2)))
print()
print("两个数相加: ",int(num1)+int(num2))
print("两个数相减: ",int(num1)-int(num2))
print("两个数相乘: ",int(num1)*int(num2))
print("两个数相除: ",int(num1)/int(num2))
print("两个数相除，求余数，即取模: ",int(num1)%int(num2))
print("两个数相除，但只取商的整数部分: ",int(num1)//int(num2))
print("幂，即返回 x 的 y 次幂: ",int(num1)**int(num2))
```

单击菜单栏中的“Run/Run Module”命令或按下键盘上的“F5”，就可以运行程序代码，这时程序要求输入第一个数，假如在这里输入“16”，如图 2.9 所示。

然后回车，这时程序要求输入第二个数，假如在这里输入“2”，如图 2.10 所示。

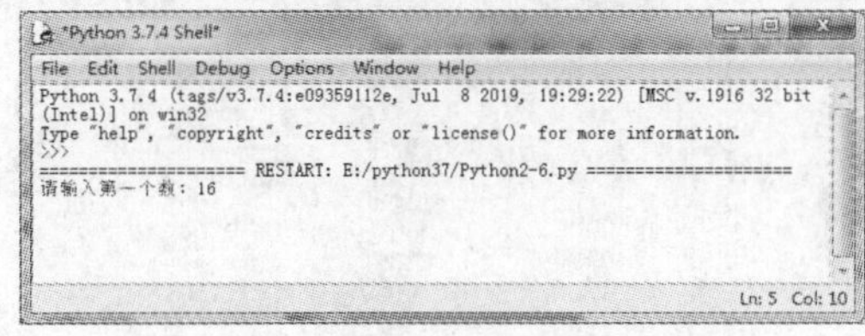

图 2.9　程序要求输入第一个数

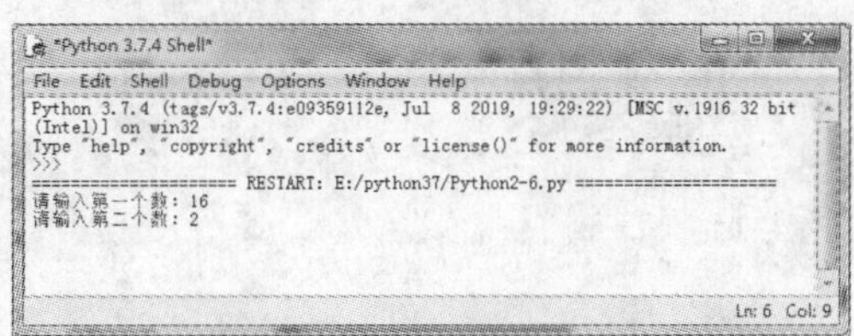

图 2.10　程序要求输入第二个数

然后回车，就可以看到这两个数的值，并看到这两个数的加、减、乘、除等运算结果，如图 2.11 所示。

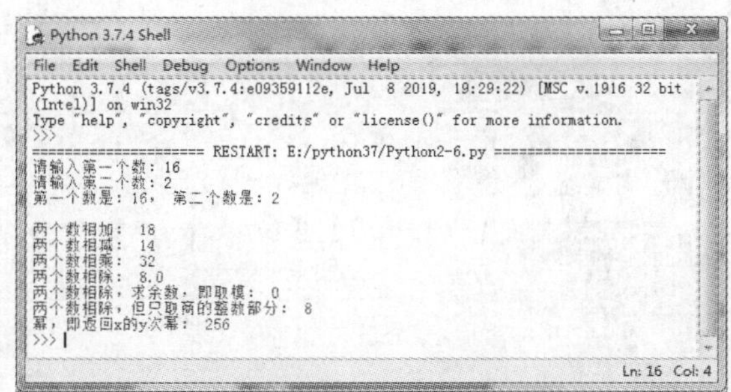

图 2.11　算术运算符

2.3.2 赋值运算符的应用

赋值运算符及意义如表 2.5 所示。

表 2.5 赋值运算符及意义

运算符	意义
=	简单的赋值运算符
+=	加法赋值运算符
−=	减法赋值运算符
*=	乘法赋值运算符
/=	除法赋值运算符
%=	取模赋值运算符
//=	取整除赋值运算符
**=	幂赋值运算符

单击“开始”菜单，打开 Python 3.7.4 Shell 软件，然后单击菜单栏中的“File/New File”命令，创建一个 Python 文件，并命名为“Python2−7.py”，然后输入如下代码：

```
x = 32                                    # 整型变量 x，并赋值为 32
y = 8                                     # 整型变量 y，并赋值为 8
print(" 变量 x 的初始值为 :",x,"    变量 y 的初始值为: ",y )
y += x
print("y += x 后，变量 y 的值为: ",y)
y -= x
print("y -= x 后，变量 y 的值为: ",y)
y *= x
print("y *= x 后，变量 y 的值为: ",y)
y /= x
print("y /= x 后，变量 y 的值为: ",y)
y %= x
print("y %= x 后，变量 y 的值为: ",y)
y //= x
print("y //= x 后，变量 y 的值为: ",y)
y **= x
print("y **= x 后，变量 y 的值为: ",y)
```

单击菜单栏中的“Run/Run Module”命令或按下键盘上的“F5”，就可以运行程序代码，如图 2.12 示。

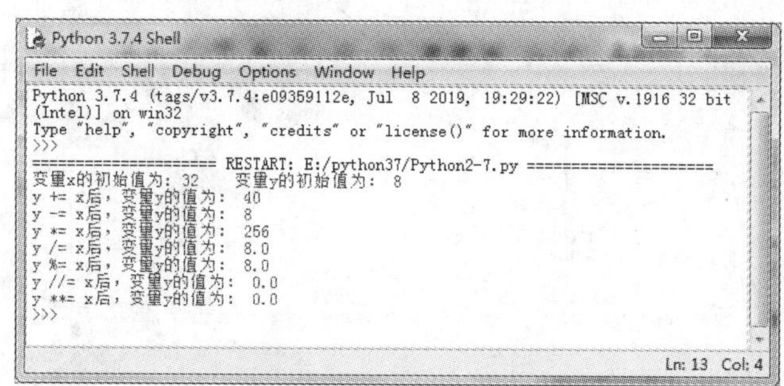

图 2.12 赋值运算符

2.3.3 位运算符的应用

位运算符是把数字看作二进制来进行计算的。位运算符及意义如表 2.6 所示。

表 2.6 位运算符及意义

运算符	意义
&	按位与运算符：参与运算的两个值，如果两个位都为 1，则该位的结果为 1，否则为 0
|	按位或运算符：只要对应的两个二进位有一个为 1 时，结果位就为 1
^	按位异或运算符：当两个对应的二进位相异时，结果为 1
~	按位取反运算符：对数据的每个二进制位取反，即把 1 变为 0，把 0 变为 1
<<	左移动运算符：运算数的各二进位全部左移若干位，由 "<<" 右边的数指定移动的位数，高位丢弃，低位补 0
>>	右移动运算符：把 ">>" 左边的运算数的各二进位全部右移若干位，">>" 右边的数指定移动的位数

单击“开始”菜单，打开 Python 3.7.4 Shell 软件，然后单击菜单栏中的“File/New File”命令，创建一个 Python 文件，并命名为“Python2-8.py”，然后输入如下代码：

```
a = 60                              # 60 = 0011 1100
b = 13                              # 13 = 0000 1101
c = 0
c = a & b                           # 12 = 0000 1100
print ("a & b 的值为：", c)
c = a | b                           # 61 = 0011 1101
print ("a | b 的值为：", c)
c = a ^ b                           # 49 = 0011 0001
print ("a ^ b 的值为：", c)
c = ~a                              # -61 = 1100 0011
print ("~a 的值为：",  c)
c = a << 2                          # 240 = 1111 0000
print ("a << 2 的值为：",  c)
c = a >> 2                          # 15 = 0000 1111
print ("a >> 2 的值为：",  c)
```

单击菜单栏中的“Run/Run Module”命令或按下键盘上的“F5”，就可以运行程序代码，如图 2.13 示。

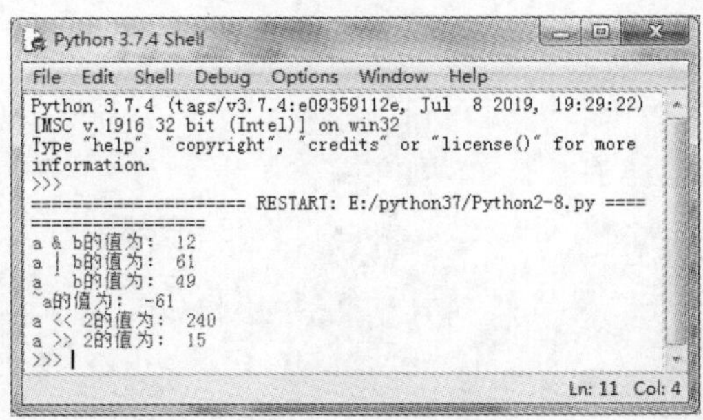

图 2.13 位运算符

2.4 Python 的代码格式

Python 是一门新兴的编程语言，在格式上与其他传统编程语言虽然相差不大，但也有不同之处，特别是代码缩进。下面来具体讲解一下 Python 的代码格式。

2.4.1 代码缩进

Python 最具特色的就是使用缩进来表示代码块，不需要使用大括号 {}。缩进的空格数是可变的，但是同一个代码块的语句必须包含相同的缩进空格数。实例如下：

```
if True:
    print ("正确")
else:
    print ("错误")
```

以下代码最后一行语句缩进数的空格数不一致，会导致运行错误：

```
if True:
    print ("Answer")
    print ("True")
else:
    print ("Answer")
  print ("False")     # 缩进不一致，会导致运行错误
```

错误信息如图 2.14 所示。

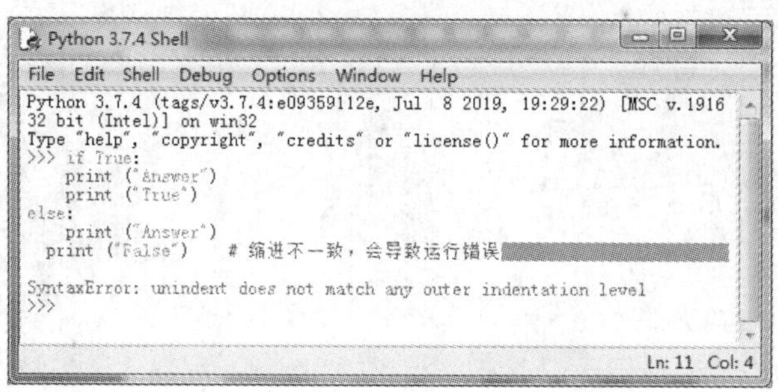

图 2.14　缩进不一致，会导致运行错误

2.4.2 代码注释

Python 中单行注释以 # 开头，实例如下：

```
print ("Hello, Python!")  # 第一个注释
多行注释可以用多个 # 号，还有 ''' 和 """
# 第一个注释
# 第二个注释
'''
第三个注释
第四个注释
'''
"""
第五个注释
```

```
第六个注释
"""
```

2.4.3 空行

函数之间或类的方法之间用空行分隔，表示一段新的代码的开始。类和函数入口之间也用一行空行分隔，以突出函数入口的开始。

空行与代码缩进不同，空行并不是 Python 语法的一部分。书写时不插入空行，Python 解释器运行也不会出错。但是空行的作用在于分隔两段不同功能或含义的代码，便于日后代码的维护或重构。

> **提醒**：空行也是程序代码的一部分。

2.4.4 同一行显示多条语句

Python 可以在同一行中使用多条语句，语句之间使用分号(;)分隔，在 Python 3.7.4 Shell 软件中，输入如下代码：

```
x=3;y=102;z=32;print(x*y+16/4-z)
```

回车，执行代码，就会显示运行结果，如图 2.15 所示。

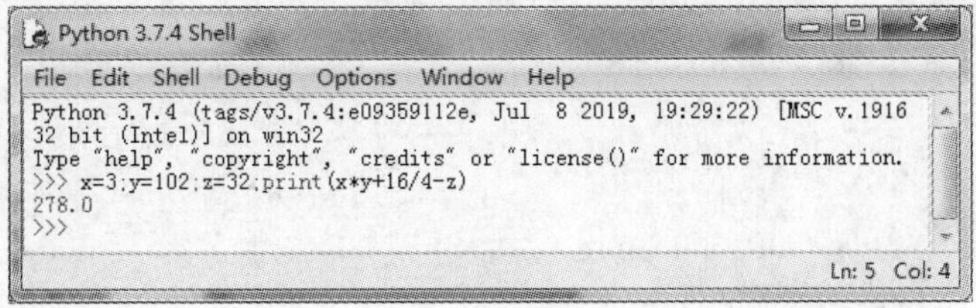

图 2.15 同一行显示多条语句

第3章

Python 程序设计的判断结构

判断结构是一种程序化设计的基本结构，它用于解决这样一类问题：可以根据不同的条件选择不同的操作。对选择条件进行判断只有两种结果，“条件成立”或“条件不成立”。在程序设计中通常用“真”表示条件成立，用“True”表示；用“假”表示条件不成立，用“False”表示；并称“真”和“假”为逻辑值。

本章主要内容包括：

- if语句的一般格式
- If语句的注意事项
- 实例：任意输入两个职工的工资，显示高的工资信息
- 实例：奇偶数判断
- 实例：登录系统
- 实例：奖金发放系统
- 关系运算符及意义
- 实例：成绩评语系统
- 实例：分解正整数
- 逻辑运算符及意义
- 实例：判断输入的年份是闰年还是平年
- 实例：剪刀、石头、布游戏
- 实例：每周学习计划
- 实例：水仙花数
- 嵌套 if语句的一般格式
- 实例：判断一个数是否是 3 或 7 的倍数
- 实例：随机产生数并显示最大数和最小数
- 实例：火车站安检系统

3.1 if……else 语句

if……else 语句是指 Python 编程语言中用来判定所给定的条件是否满足，根据判定的结果（真或假）决定执行给出的两种操作之一。

3.1.1 If 语句的一般格式

在 Python 中，if 语句的一般格式如下：

```
if  表达式 1:
    语句 1
else:
    语句 2
```

If 语句的执行具体如下：

第一，如果“表达式 1”为 True，将执行“语句 1”语句，if 语句结束；

第三，如果“表达式 1”为 False，将执行“语句 2”语句。

3.1.2 If 语句的注意事项

If 语句的注意事项有 3 点，具体如下：

第一，每个条件后面要使用冒号（：），表示接下来是满足条件后要执行的语句块。

第二，使用缩进来划分语句块，相同缩进数的语句在一起组成一个语句块。

第三，在 Python 中没有 switch-case 语句。

3.1.3 实例：任意输入两个职工的工资，显示高的工资信息

单击“开始”菜单，打开 Python 3.7.4 Shell 软件，然后单击菜单栏中的“File/New File”命令，创建一个 Python 文件，并命名为“Python3-1.py”，然后输入如下代码：

```
num1 = input("请输入第一个职工的工资：")
num2 = input("请输入第二个职工的工资：")
mynum1 = float(num1)
mynum2 = float(num2)
print("\n第一个职工的工资：",mynum1,"\t第二个职工的工资：",mynum2)
if  mynum1 > mynum2 :
    print("\n第一个职工的工资高，工资是：",mynum1)
else :
    print("\n第二个职工的工资高，工资是：",mynum2)
```

单击菜单栏中的“Run/Run Module”命令或按下键盘上的“F5”，就可以运行程序代码，提醒“输入第一个职工的工资”，在这里输入 9876，然后回车，提醒“输入第二

个职工的工资”，在这里输入 5689，然后回车，如图 3.1 所示。

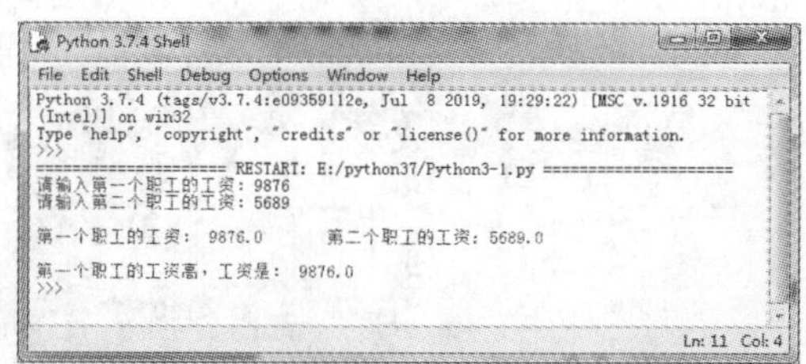

图 3.1 任意输入两个职工的工资，显示高的工资信息

3.1.4 实例：奇偶数判断

单击“开始”菜单，打开 Python 3.7.4 Shell 软件，然后单击菜单栏中的“File/New File”命令，创建一个 Python 文件，并命名为“Python3-2.py”，然后输入如下代码：

```
num = input("请输入一个正数：")
mynum = int(num)
#下面利用 if 语句，判断输入的正数是奇数，还是偶数
if  mynum%2 == 0  :
    #如果输入的数取模于 2，即除以 2 求余数，如果余数为 0，就是偶数
    print("\n 输入的正数是：",num)
    print(num,"是偶数")
else  :
    print("\n 输入的正数是：",num)
    print(num,"是奇数")
```

上述代码首先利用键盘输入一个数，然后输入的数取模于 2，即除以 2 求余数，如果余数为 0，就是偶数；如果余数不为 0，就是奇数。

单击菜单栏中的“Run/Run Module”命令或按下键盘上的“F5”，就可以运行程序代码，提醒“输入一个正数”，假如在这里输入“215”，然后回车，就可以判断显示 215 是奇数，还是偶数，如图 3.2 所示。

假如在这里输入“316”，然后回车，就可以判断显示 316 是奇数，还是偶数，如图 3.3 所示。

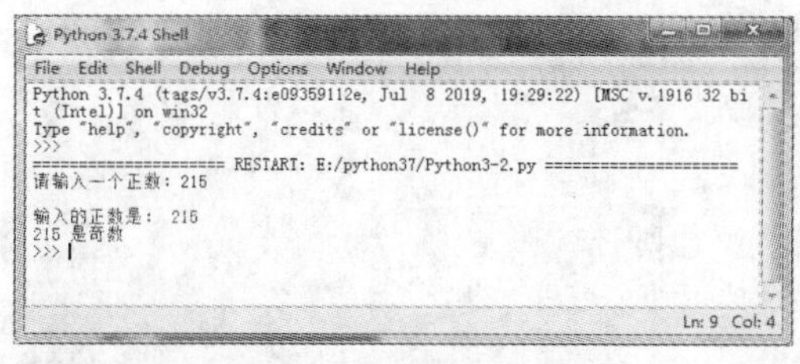

图 3.2 215 是奇数

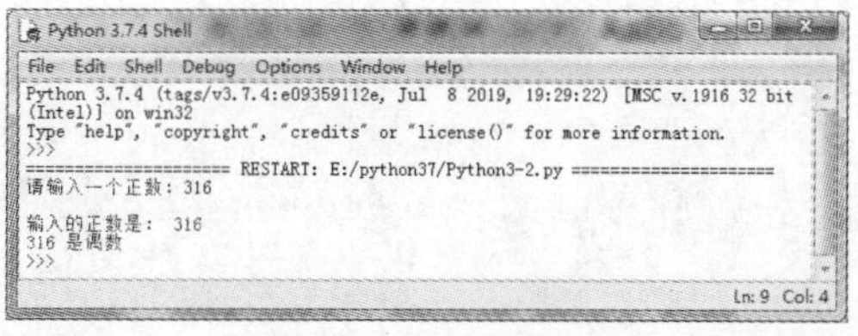

图 3.3 316 是偶数

3.2 多个 if......else 语句

if......else 语句可以多个同时使用，构成多个分支。多个 if......else 语句的语法格式如下：

```
if  表达式 1:
    语句 1
elif  表达式 2:
    语句 2
......
elif  表达式 n:
    语句 n
else:
    语句 n+1
```

If 语句的执行具体如下：

如果“表达式 1”为 True，将执行“语句 1”语句，if 语句结束；

如果“表达式 1”为 False，将判断“表达式 2”，如果“表达式 2”为 True 将执行“语句 2”语句，if 语句结束；

……

如果“表达式 n”为 True，将执行“语句 n”语句，if 语句结束；如果“表达式 n”为 False，将执行“语句 n+1”语句，if 语句结束。

> **提醒：** Python 中用 elif 代替了 else if，所以 if 语句的关键字为：if，elif，else。

3.2.1 实例：登录系统

现在很多游戏不让未成年人玩。也就是说，如果你是小于 18 岁的未成年人，就无法成功登录游戏系统；如果你大于或等于 18 岁，则可以成功登录游戏系统。下面编程实现游戏登录判断系统。

单击“开始”菜单，打开 Python 3.7.4 Shell 软件，然后单击菜单栏中的“File/New File”命令，创建一个 Python 文件，并命名为“Python3-3.py”，然后输入如下代码：

```
age = input("请输入您的年龄：")
yourage = int(age)
if yourage <= 0 :
    print("\n 您是在逗我吧！年龄不能小于或等于 0！ ")
elif  yourage < 18 :
    print("\n 您还未成年，不能登录游戏系统玩游戏！ ")
else:
    print("\n 欢迎您登录游戏系统，正在登录，请耐心等待……")
```

在这里，首先定义变量 age，用于存放 input() 函数动态输入的值，注意这里的变量 age 是字符串。为了在后面的 if 语句利用 age 变量进行判断，要把它转化为整型变量。yourage = int(age) 代码，就是把 age 变量转化为整变量，并存放在 yourage 变量中。

在这里如果整型变量 yourage 小于或等于 0，则会显示“您是在逗我吧！年龄不能小于或等于 0！”

如果整型变量 yourage 大于 0 而小于 18，则会显示“您还未成年，不能登录游戏系统玩游戏！”

如果整型变量 yourage 大于或等于 18，则会显示“欢迎您登录游戏系统，正在登录，请耐心等待……”

单击菜单栏中的“Run/Run Module”命令或按下键盘上的“F5”，就可以运行程序代码，并提醒“输入您的年龄”，如果输入的年龄小于或等于 0，则会显示“您是在逗我吧！年龄不能小于或等于 0！”。如果输入的年龄大于 0 而小于 18，则会显示“您还未成年，不能登录游戏系统玩游戏！”。如果输入的年龄大于或等于 18，则会显示“欢迎您登录游戏系统，正在登录，请耐心等待……”。在这里输入 16，然后回车，如图 3.4 所示。

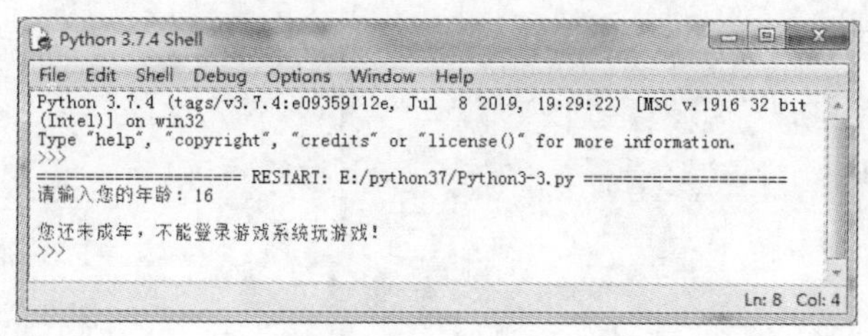

图 3.4　登录系统

3.2.2　实例：奖金发放系统

企业发放奖金一般是根据利润提成来定的，具体规则如下：

第一，利润低于或等于 10 万元时，奖金可提 5%；

第二，利润高于 10 万元，低于 20 万元时，低于 10 万元的部分按 5% 提成，高于 10 万元的部分，可提成 8%；

第三，20 万元到 40 万元之间时，高于 20 万元的部分，可提成 10%；

第四，40 万元到 60 万元之间时高于 40 万元的部分，可提成 15%；

第五，60 万元到 100 万元之间时，高于 60 万元的部分，可提成 20%；

第六，高于 100 万元时，超过 100 万元的部分按 25% 提成。

下面编写代码，实现动态输入员工的利润，计算员工的提成，即发放的奖金。

单击“开始”菜单，打开 Python 3.7.4 Shell 软件，然后单击菜单栏中的“File/New File”命令，创建一个 Python 文件，并命名为“Python3-4.py”，然后输入如下代码：

```
mygain = input("请输入你当前年份的利润：")
gain = float(mygain)
#根据不同的利润，编写不同的提成计算方法
reward1 = 100000 * 0.05
reward2 = reward1 + 100000 * 0.08
reward3 = reward2 + 200000 * 0.1
reward4 = reward3 + 200000 * 0.15
reward5 = reward4  + 400000 * 0.2
```

```
# 利用 if 语句实现，根据输入利润的多少，计算出奖金提成来
if  gain < 100000  :
    reward = gain * 0.05
elif  gain < 2000000  :
    reward = reward1 + (gain-100000) * 0.08
elif  gain < 4000000  :
    reward = reward2 + (gain-200000) * 0.1
elif  gain < 6000000  :
    reward = reward3 + (gain-400000) * 0.15
elif  gain < 10000000  :
    reward = reward4 + (gain-600000) * 0.2
else :
    reward = reward5 + (gain- 1000000) * 0.25
print("\n\n 员工的利润是：",gain,"\t 员工的奖金是：",reward)
```

单击菜单栏中的“Run/Run Module”命令或按下键盘上的“F5”，就可以运行程序代码，提醒“输入你当前年份的利润”，假如在这里输入“865000”，然后回车，就可以看到其奖金提成，如图 3.5 所示。

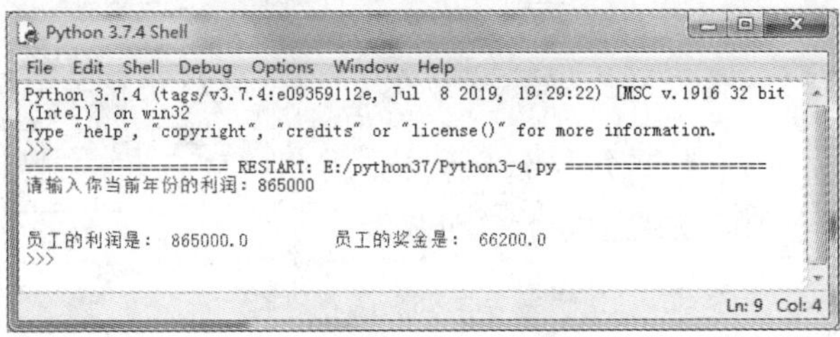

图 3.5 奖金发放系统

3.3 关系运算符

关系运算用于对两个量进行比较。在 Python 中，关系运算符有 6 种关系，分别是小于、小于等于、大于、等于、大于等于、不等于。

3.3.1 关系运算符及意义

关系运算符及意义如表 3.1 所示。

表 3.1 关系运算符及意义

关系运算符	意义
==	等于，比较对象是否相等
!=	不等于，比较两个对象是否不相等
>	大于，返回 x 是否大于 y
<	小于，返回 x 是否小于 y。所有比较运算符返回 1 表示真，返回 0 表示假。这分别与特殊的变量 True 和 False 等价。注意这些变量名的大写
>=	大于等于，返回 x 是否大于等于 y
<=	小于等于，返回 x 是否小于等于 y

在使用关系运算符时，要注意以下 3 点，具体如下：

第一，后四种关系运算符的优先级别相同，前两种也相同。后四种高于前两种。

第二，关系运算符的优先级低于算术运算符。

第三，关系运算符的优先级高于赋值运算符。

3.3.2 实例：成绩评语系统

现在学生的成绩分为 5 级，分别是 A、B、C、D、E。A 表示学生的成绩在全市或全区的前 10%；B 表示学生的成绩在全市或全区的前 10%~20%；C 表示学生的成绩在全市或全区的前 20%~50%；D 表示学生的成绩在全市或全区的 50%~80%；E 表示学生的成绩在全市或全区的后 20%。在一次期末考试成绩中，成绩大于等于 90 的，是 A；成绩大于等于 82 的是 B；成绩大于等于 75 的是 C；成绩大于等于 50 的是 D；成绩小于 50 的是 E，下面编程实现学生成绩评语系统。

单击“开始”菜单，打开 Python 3.7.4 Shell 软件，然后单击菜单栏中的“File/New File”命令，创建一个 Python 文件，并命名为“Python3-5.py”，然后输入如下代码：

```
stuscore = input("请输入学生的成绩：")
score  = int(stuscore)
if score > 100 :
    print("\n学生的成绩最高为100，您太会逗了！")
elif  score == 100 :
    print("\n您太厉害了，满分，是A级！")
elif  score >= 90 :
    print("\n您的成绩很优秀，是A级！")
elif  score >= 82 :
    print("\n您的成绩优良，是B级，还要努力呀！")
elif  score >= 75 :
    print("\n您的成绩中等，是C级，加油才行哦！")
elif  score >= 50 :
    print("\n您的成绩差，是D级，不要放弃，爱拼才会赢！")
elif  score >= 0 :
    print("\n您的成绩很差，是E级，只要努力，一定会有所进步！")
else:
    print("\n哈哈，您输错了吧，不可能0分以下！")
```

在这里，首先定义变量 stuscore，用于存放 input() 函数动态输入的值，注意这里的变量 stuscore 是字符串。为了在后面的 if 语句利用 stuscore 变量进行判断，要把它转化为整型变量。score= int(stuscore) 代码，就是把 stuscore 变量转化为整变量，并存放在 score 变量中。

在这里如果整型变量 score 大于 100，则会显示“学生的成绩最高为 100，您太会逗了！”

在这里如果整型变量 score 等于 100，则会显示“您太厉害了，满分，是 A 级！”

在这里如果整型变量 score 大于或等于 90，则会显示“您的成绩很优秀，是 A 级！”

在这里如果整型变量 score 大于或等于 82，则会显示“您的成绩优良，是 B 级，还要努力呀！”

在这里如果整型变量 score 大于或等于 75，则会显示“您的成绩中等，是 C 级，加油才行哦！”

在这里如果整型变量 score 大于或等于 50，则会显示“您的成绩差，是 D 级，不要放弃，爱拼才会赢！”

在这里如果整型变量 score 大于或等于 0，则会显示“您的成绩很差，是 E 级，只要努力，一定会有所进步！”

在这里如果整型变量 score 小于 0，则会显示“哈哈，您输错了吧，不可能 0 分以下！”

单击菜单栏中的“Run/Run Module”命令或按下键盘上的“F5”，就可以运行程序代码，并提醒“输入学生的成绩”，如果你输入 86，就会显示“您的成绩优良，是 B 级，还要努力呀！”，如图 3.6 所示。

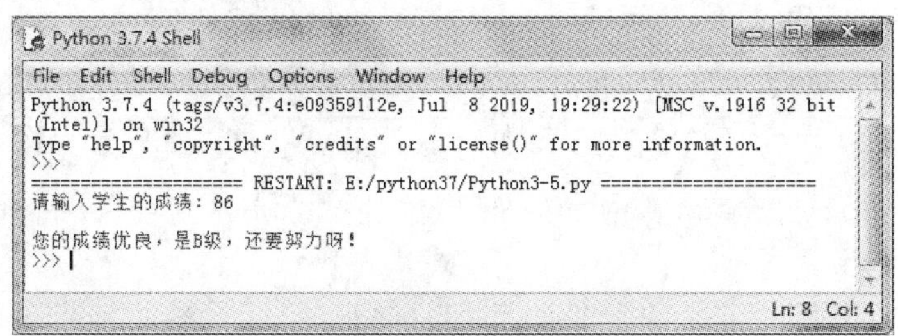

图 3.6 成绩评语系统

3.3.3 实例：分解正整数

任意输入给一个不多于 5 位的正整数，通过 Python 代码编程实现：

第一，求出输入的数是几位数；

第二，逆序打印出各位数字。

单击“开始”菜单，打开 Python 3.7.4 Shell 软件，然后单击菜单栏中的“File/New File”命令，创建一个 Python 文件，并命名为“Python3-6.py”，然后输入如下代码：

```
x = int(input("请输入一个不多于5位的正整数:"))      #输入一个不多于5位的正整数
a = int(x / 10000)                    #变量a为，x除以10000的商的整数
b = int(x % 10000 / 1000)             #变量b为，x除以10000的余数，再除以1000的商的整数
c = int(x % 1000 / 100)               #变量c为，x除以1000的余数，再除以100的商的整数
d = int(x % 100 / 10)                 #变量d为，x除以1000的余数，再除以100的商的整数
e = int(x % 10)                       #变量x为，x除以1000的余数
if a != 0:                            #如果a不等于0，则是5位数
   print("输入的数是 5 位数，这个数逆序打印为：",e,d,c,b,a)
elif b != 0:
   print("输入的数是 4 位数，这个数逆序打印为：：",e,d,c,b)
elif c != 0:
   print("输入的数是 3 位数，这个数逆序打印为：：",e,d,c)
elif d != 0:
   print("输入的数是 2 位数，这个数逆序打印为：",e,d)
else:
```

```
        print("输入的数是 1 位数，这个数为：",e)
```

单击菜单栏中的“Run/Run Module”命令或按下键盘上的“F5”，就可以运行程序代码，提醒“输入一个不多于 5 位的正整数”，如果你输入 65892，然后回车，这时如图 3.7 所示。

图 3.7　分解数字

3.4　逻辑运算符

逻辑运算符可以把语句连接成更复杂的复杂语句。在 Python 中，逻辑运算符有三个，分别是 and、or 和 not。

3.4.1　逻辑运算符及意义

逻辑运算符及意义如表 3.2 所示。

表 3.2　逻辑运算符及意义

运算符	逻辑表达式	意义
and	x and y	布尔“与”，如果 x 为 False，x and y 返回 False，否则它返回 y 的计算值
or	x or y	布尔“或”，如果 x 为 True，它返回 x 的值，否则它返回 y 的计算值
not	no t x	布尔“非”，如果 x 为 True，返回 False 。如果 x 为 False，它返回 True

在使用逻辑运算符时，要注意以下两点，具体如下：

第一，逻辑运算符的优先级低于关系运算符。

第二，当 not、and、or 在一起使用时，优先级为 not>and>or。

3.4.2　实例：判断输入的年份是闰年还是平年

平年一年有 365 天，而闰年一年有 366 天。闰年是为了弥补因人为历法规定造成的年度天数与地球实际公转周期的时间差而设立的，补上时间差的年份为闰年。

闰年分两种，分别是普通闰年和世纪闰年。

普通闰年是指能被 4 整除但不能被 100 整除的年份。例如，2012 年、2016 年是普通闰年，而 2017 年、2018 年不是普通闰年。

世纪闰年是指能被 400 整除的年份。例如，2000 年是世纪闰年，但 1900 不是世纪闰年。

下面编写程序实现，判断判断输入的年份是闰年还是平年。

单击“开始”菜单，打开 Python 3.7.4 Shell 软件，然后单击菜单栏中的“File/New File”命令，创建一个 Python 文件，并命名为“Python3-7.py”，然后输入如下代码：

```
year = input("请输入一个年份：")
myyear  =  int(year)
if ( myyear % 400 ==0) or (myyear % 4 ==0 and myyear % 100 !=0) :
    print("\n 您输入的年份是：",myyear,"，这一年是闰年。" )
else :
    print("\n 您输入的年份是：",myyear,"，这一年是平年。")
```

单击菜单栏中的“Run/Run Module”命令或按下键盘上的“F5”，就可以运行程序代码，并提醒“输入一个年份”，如果输入 2020，回车，如图 3.8 所示。

如果运行程序后，输入 2018，回车，如图 3.9 所示。

图 3.8　2020 是闰年

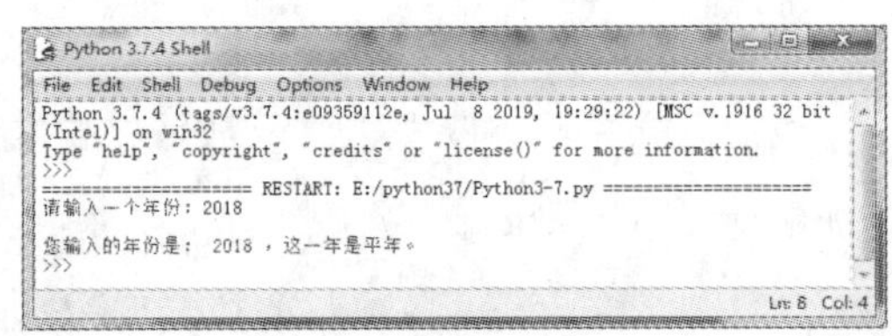

图 3.9　2018 是平年

3.4.3　实例：剪刀、石头、布游戏

下面利用 Python 代码，实现剪刀、石头、布游戏，其中 1 表示布，2 表示剪刀、3 表示石头。

单击“开始”菜单，打开 Python 3.7.4 Shell 软件，然后单击菜单栏中的“File/New File”命令，创建一个 Python 文件，并命名为“Python3-8.py”，然后输入如下代码：

```
import  random                                 #导入 random 标准库
gameplayer = int(input("请输入您要出的拳，其中 1 表示布、2 表示剪刀、3 表示石头 :"))
gamecomputer = random.randint(1,3)             #产生一个 1~3 的随机整数
if  ((gameplayer  ==1  and  gamecomputer  ==  3  )  or  (gameplayer  ==  2  and
gamecomputer == 1) or (gameplayer == 3 and gamecomputer == 2)):
    print("\n 您是高手，您赢了！ ")
elif  gameplayer == gamecomputer :
    print("\n 您和计算机一样厉害，平了！ ")
else :
    print("\n 计算机就是厉害，计算机赢了！ ")
```

这里要使用随机函数，所以要先导入 random 标准库。然后利用 input() 函数输入一个数，注意只能是 1、2 或 3，其中 1 表示布、2 表示剪刀、3 表示石头。由于这里使用的

是整型变量，所以还要把 input() 函数输入的数利用 int() 函数转化为整型。

接着调用 random.randint(1,3)，产生一个 1~3 的随机整数，然后利用 if 语句进行判断。

单击菜单栏中的“Run/Run Module”命令或按下键盘上的“F5”，就可以运行程序代码，并提醒输入您要出的拳，如果你输入 3，即石头，这时计算机随机产生一个数，然后进行条件判断，结果如图 3.10 所示。

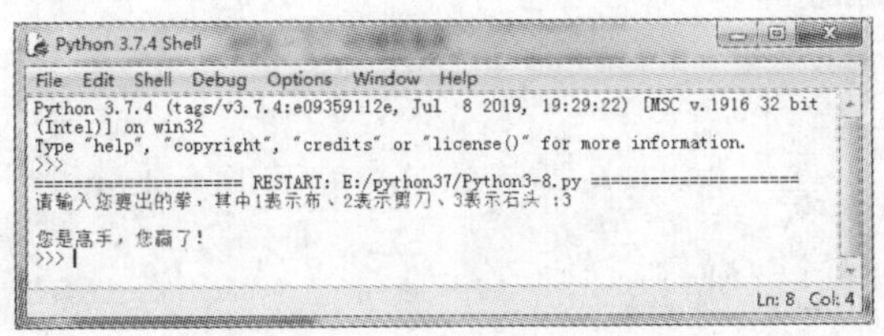

图 3.10　剪刀、石头、布游戏

3.4.4　实例：每周学习计划

下面编写程序，实现星期一，即输入 1，显示“新的一周开始，努力学习开始！”；星期二到星期五，即输入 2~5 之间的任何整数，显示“努力学习中！”；星期六到星期天，即输入 6 或 7，显示“世界这么大，我要出去看看！”；如果输入 1~7 之外的数，会显示“兄弟，一周就七天，您懂的！”。

单击“开始”菜单，打开 Python 3.7.4 Shell 软件，然后单击菜单栏中的“File/New File”命令，创建一个 Python 文件，并命名为“Python3-9.py”，然后输入如下代码：

```
myday = input("请输入今天星期几：")
day = int(myday)
if day == 1 :
    print("\n新的一周开始，开始努力学习！ ")
elif day >=2  and  day <=5 :
    print("\n努力学习中！ ")
elif day == 6 or day == 7 :
    print("\n世界这么大，我要出去看看！ ")
else :
    print("\n兄弟，一周就七天，您懂的！ ")
```

单击菜单栏中的“Run/Run Module”命令或按下键盘上的“F5”，就可以运行程序代码，提醒“输入今天星期几”，如果你输入 1，就会显示“新的一周开始，开始努力学习！”，如图 3.11 所示。

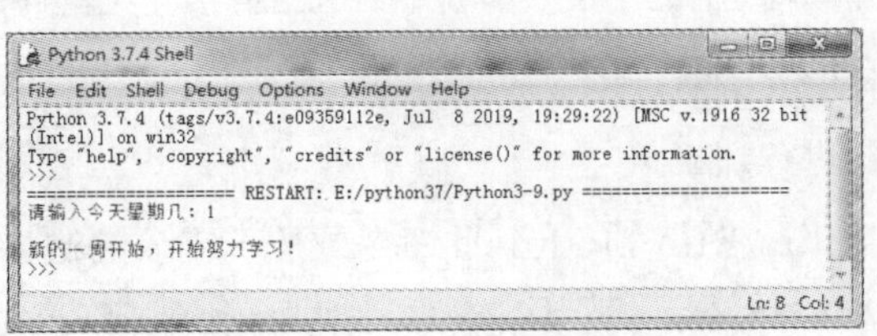

图 3.11　每周学习计划

3.4.5 实例：水仙花数

水仙花数，又称阿姆斯特朗数、自恋数、自幂数，是指一个 3 位数，它的每个位上的数字的 3 次幂之和等于它本身（例如：13+53+33 = 153）。

水仙花数是自幂数的一种，严格来说 3 位数的 3 次幂数才称为水仙花数。其他位数的自幂数的名称如下：

一位自幂数：独身数；

两位自幂数：没有；

四位自幂数：四叶玫瑰数；

五位自幂数：五角星数；

六位自幂数：六合数；

七位自幂数：北斗七星数；

八位自幂数：八仙数；

九位自幂数：九九重阳数；

十位自幂数：十全十美数；

下面编写代码，实现输入一个三位数，判断该数是否是水仙花数。

单击“开始”菜单，打开 Python 3.7.4 Shell 软件，然后单击菜单栏中的“File/New File”命令，创建一个 Python 文件，并命名为“Python3-10.py”，然后输入如下代码：

```
import math      # 导入 math 标准库
num = input("请输入一个三位数：")
if  int(num) == pow(int(num[0]),3) + pow(int(num[1]),3) + pow(int(num[2]),3) :
    print()
    print(num,"是水仙花数！")
else :
    print()
    print(num,"不是水仙花数！")
```

首先利用 input() 函数输入一个三位数，需要注意的是，这时的 num 是字符串，这样可以利用字符串索引下标提取三位数中个位、十位、百位上的数。

这里要实现每个位上的数字的 3 次幂之和等于它本身，需要调用 pow() 函数，该函数的功能是返回 xy（x 的 y 次方）的值。但要使用该函数，要先导入 math 标准库，即 import math。

由于 num 是字符串，提出的个位、十位、百位上的数也是字符串类型，所以在使用 pow() 函数时，要利用 int() 函数转化为整型。

最后再利用 if 语句进行判断。

单击菜单栏中的“Run/Run Module”命令或按下键盘上的“F5”，就可以运行程序代码，并提醒输入一个三位数，如果你输入 628，就会显示“628 不是水仙花数！”，如图 3.12 所示。

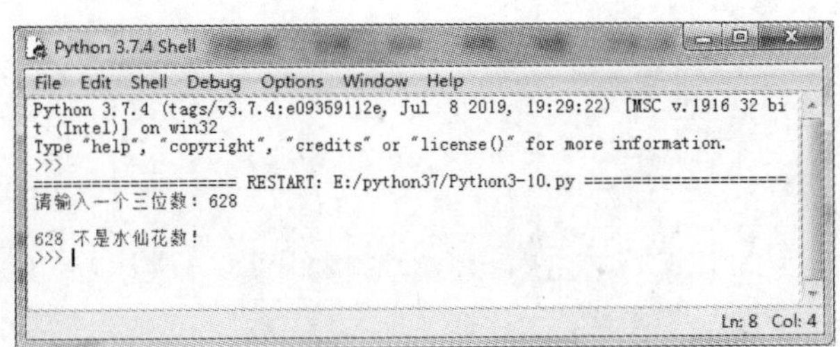

图 3.12　628 不是水仙花数

3.5　嵌套 if 语句

在嵌套 if 语句中，可以把 if...elif...else 结构放在另外一个 if...elif...else 结构中。

3.5.1　嵌套 if 语句的一般格式

嵌套 if 语句的一般格式如下：

```
if 表达式 1:
    语句 1
    if 表达式 2:
        语句 2
    elif 表达式 3:
        语句 3
    else:
        语句 4
elif 表达式 4:
    语句 5
else:
    语句 6
```

嵌套 if 语句的执行具体如下：

如果“表达式 1”为 True，将执行“语句 1”语句，并判断“表达式 2”；如果“表达式 2”为 True 将执行“语句 2”语句；如果“表达式 2”为 False，将判断“表达式 3”，如果“表达式 3”为 True 将执行“语句 3”语句。如果“表达式 3”为 False，将执行“语句 4”语句。如果“表达式 1”为 False，将判断“表达式 4”，如果“表达式 4”为 True 将执行“语句 5”语句；如果“表达式 4”为 False，将执行“语句 6”语句。

3.5.2　实例：判断一个数是否是 3 或 7 的倍数

单击“开始”菜单，打开 Python 3.7.4 Shell 软件，然后单击菜单栏中的“File/New File”命令，创建一个 Python 文件，并命名为“Python3-11.py”，然后输入如下代码：

```
mynum = input(" 输入一个数字：")
num = int(mynum)
if num % 3 == 0  :
    if num % 7 == 0 :
        print ("\n 输入的数字可以整除 3 和 7")
    else:
        print ("\n 输入的数字可以整除 3，但不能整除 7")
else:
    if num % 7 == 0 :
        print ("\n 输入的数字可以整除 7，但不能整除 3")
    else:
        print  ("\n 输入的数字不能整除 3 和 7")
```

单击菜单栏中的“Run/Run Module”命令或按下键盘上的“F5”，就可以运行程序代码，并提醒你输入一个数，如果你输入 6，就会显示“输入的数字可以整除 3，但不能整除 7”；如图你输入 22，就会显示“输入的数字不能整除 3 和 7”。在这里输入 56，显示“输入的数字可以整除 7，但不能整除 3”，如图 3.13 所示。

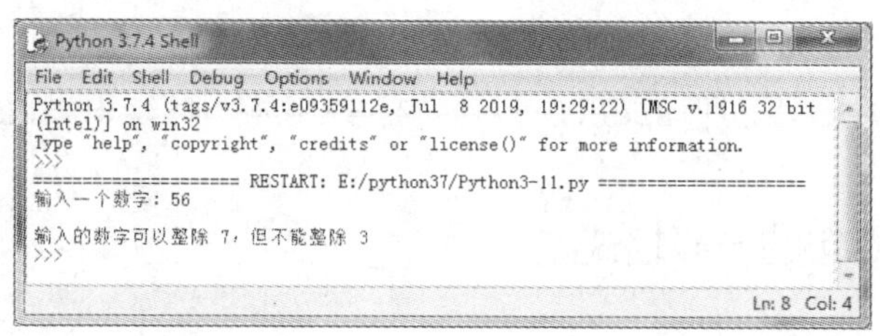

图 3.13　判断一个数是否是 3 或 7 的倍数

3.5.3　实例：随机产生数并显示最大数和最小数

在 10~90 之间随机产生三个正整数，并显示最大数和最小数。

单击“开始”菜单，打开 Python 3.7.4 Shell 软件，然后单击菜单栏中的“File/New File”命令，创建一个 Python 文件，并命名为“Python3-12.py”，然后输入如下代码：

```
import random       # 导入 random 标准库
a = random.randint(1,9)
b = random.randint(1,9)
c = random.randint(1,9)
print(" 显示随机产生的 3 个 9 以内的正整数：",a,b,c)
print()
if a > b:
    if b > c:                                 # 这时 a>b>c
        print(" 最大值：%s" %a)
        print(" 最小值：%s" %c)
    elif c > a :                              # 这时 a>b， c>b ,c>a，即 c>a>b
        print(" 最大值：%s" % c)
        print(" 最小值：%s" % b)
    else :                                    # 这时 a>b， c>b  a>c，即 a>c>b
        print(" 最大值：%s" % a)
        print(" 最小值：%s" % b)
else :
    if c > b :                                # 这时 b>a ,c>b，即 c>b>a
        print(" 最大值：%s" %c)
        print(" 最小值：%s" %a)
```

```
    elif a > c :                              # 这时 b>a , b>c, a<c 即 b>a>c
        print(" 最大值: %s" % b)
        print(" 最小值: %s" % c)
    else :                                    # 这时 b>a,b>c,c>a, 即 b>c>a
        print(" 最大值: %s" % b)
        print(" 最小值: %s" % a)
```

这里要使用随机函数 random，所以要先导入随机模块。然后在 10~90 之间随机产生三个正整数，分别赋值给变量 a、b、c。

然后利用嵌套 if 语句对变量 a、b、c 进行大小比较，最后输出最大值和最小值。

单击菜单栏中的“Run/Run Module”命令或按下键盘上的“F5”，就可以运行程序代码，如图 3.14 所示。

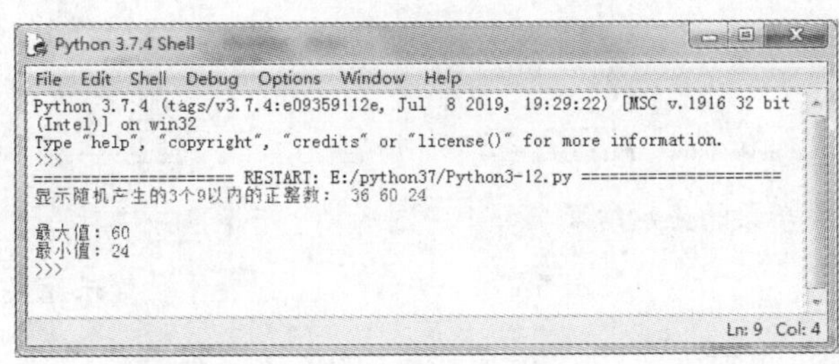

图 3.14 随机产生数并显示最大数和最小数

3.5.4 实例：火车站安检系统

定义一个 ticket 表示是否有车票，再定义一个变量 kf_length 表示刀的长度，单位：厘米。

首先检查是否有车票，如果有才允许进行安检，如果没有车票，不允许进入火车站大门。

有车票进行安检时，需要检查刀的长度，判断是否超过 20 厘米。如果超过 20 厘米，提示刀的长度，不允许上车；如果不超过 20 厘米，安检通过。

单击“开始”菜单，打开 Python 3.7.4 Shell 软件，然后单击菜单栏中的“File/New File”命令，创建一个 Python 文件，并命名为“Python3-13.py”，然后输入如下代码：

```
myticket = input(" 请输入你是否有车票，如果有，输入 1；没有输入 0： ")
ticket = int(myticket)
if ticket :
    kf_length = int(input("\n 请输入您携带的刀的长度 :"))
    print("\n\n 车票检查通过，准备开始安检 !")
    if  kf_length >20 :
        print("\n 您携带的刀太长了，有 %d 厘米长！ " % kf_length)
        print("\n 不允许带上车！ ")
    else:
        print("\n 安检已经通过，祝您旅途愉快！ ")
else:
    print("\n\n 对不起，请先买票 ")
```

单击菜单栏中的“Run/Run Module”命令或按下键盘上的“F5”，就可以运行程

序代码，并提醒你“请输入你是否有车票，如果有，输入 1；没有输入 0”，如果你输入 0，即没有车票，这时就会显示“对不起，请先买票”，如图 3.15 所示。

程序运行后，如果你输入 1，即你有车票，这时会提醒你“请输入您携带的刀的长度”，如果输入的刀的长度小于或等于 20，这时显示结果如图 3.16 所示。

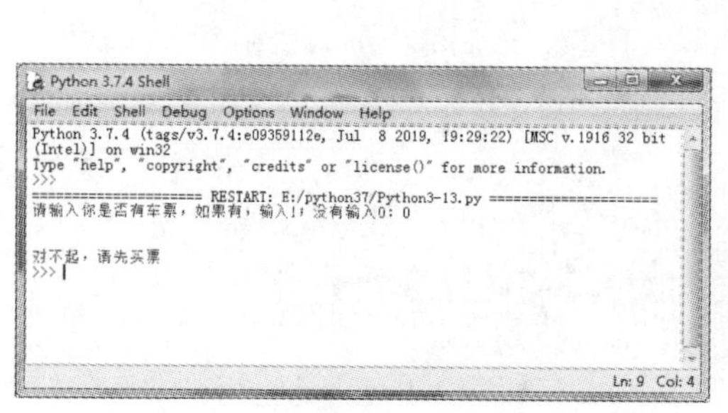

图 3.15　没有车票的显示结果

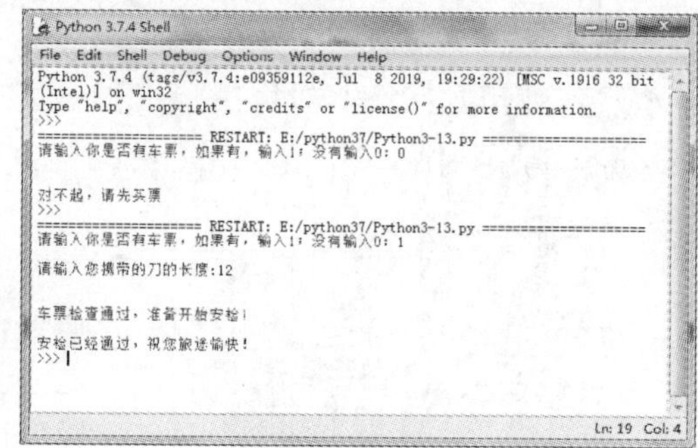

图 3.16　有车票并且刀的长度小于或等于 20 的显示结果

如果输入的刀的长度大于 20，这时显示结果如图 3.17 所示。

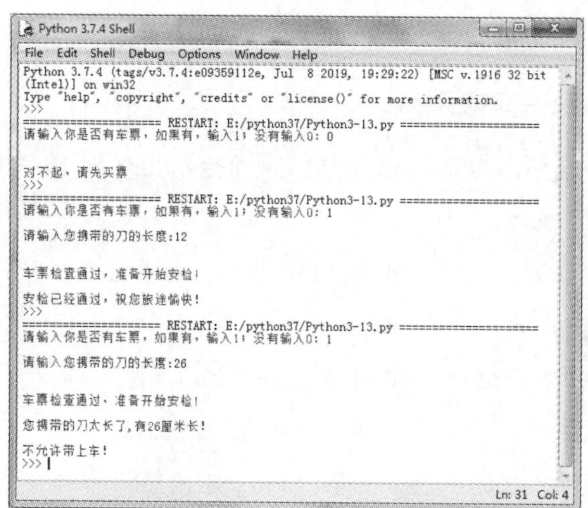

图 3.17　有车票并且刀的长度大于 20 的显示结果

第 4 章

Python 程序设计的循环结构

在程序设计中，循环是指从某处开始有规律地反复执行某一块语句的现象，我们将复制执行的块语句称为循环的循环体。使用循环体可以简化程序，节约内存、提高效率。

本章主要内容包括：

- while 循环的一般格式
- 实例：计算 1+2+3+……+200 的和
- 实例：利用 while 循环显示 100 内的自然数
- 实例：随机产生 20 个随机数，并显示最小的数
- 实例：求 s=a+aa+aaa+……+aa...a 的值
- 实例：统计字符个数
- 实例：猴子吃桃问题
- while 循环中使用 else 语句的一般格式
- 实例：阶乘求和
- 实例：计算 100 之内奇数的和
- for 循环的一般格式
- 实例：遍历显示学生的姓名
- 实例：遍历显示字符串中的字符
- range() 函数
- 实例：显示 100 之内的偶数
- 实例：小球反弹的高度
- 实例：任意输入两个数，求这两个数的最大公约数
- 实例：9×9 乘法表
- 实例：绘制 ※ 的菱形
- 实例：查找完数
- 实例：弗洛伊德三角形
- 实例：杨辉三角
- break 语句
- continue 语句
- pass 语句

4.1 while 循环

while 循环是计算机的一种基本循环模式，当满足条件时进入循环，进入循环后，当条件不满足时，跳出循环。

4.1.1 while 循环的一般格式

在 Python 中，while 循环的一般格式如下：

```
while 判断条件:
    语句
```

while 循环语句同样需要注意冒号和缩进。另外，在 Python 中没有 do...while 循环。

4.1.2 实例：计算 1+2+3+……+200 的和

面编写 Python 代码，计算 1+2+3+……+200 的和。

单击“开始”菜单，打开 Python 3.7.4 Shell 软件，然后单击菜单栏中的“File/New File”命令，创建一个 Python 文件，并命名为“Python4-1.py”，然后输入如下代码：

```
mysum = 0                    #定义两个整型变量
num = 1
while num<=200 :             #条件是 num 小于等于 200，就继续执行 while 循环体中的代码
    mysum= mysum + num
    num +=1                  #mysum 变量就是 1+2+3+……+200 的和，而 num 变量是循环计数
print("1 加到 200 的和为： " ,mysum)
```

单击菜单栏中的“Run/Run Module”命令或按下键盘上的“F5”，就可以运行程序代码，如图 4.1 所示。

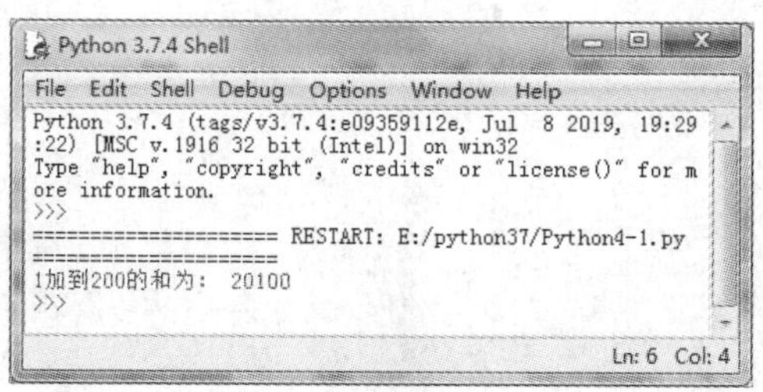

图 4.1 计算 1+2+3+……+200 的和

4.1.3 实例：利用 while 循环显示 100 内的自然数

单击“开始”菜单，打开 Python 3.7.4 Shell 软件，然后单击菜单栏中的“File/New

File”命令，创建一个 Python 文件，并命名为“Python4-2.py”，然后输入如下代码：

```
i = 1
print("\n\n-------- 利用 while 循环显示 100 内的自然数 ---------\n\n")
while i<= 100 :
    print(i,"\t",end="")      # 不换行显示
    i = i+1
```

单击菜单栏中的“Run/Run Module”命令或按下键盘上的“F5”，就可以运行程序代码，如图 4.2 所示。

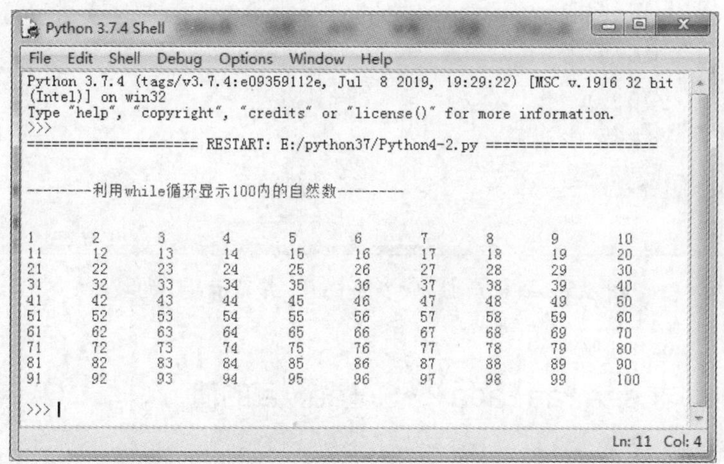

图 4.2　利用 while 循环显示 100 内的自然数

4.1.4　实例：随机产生 20 个随机数，并显示最小的数

单击“开始”菜单，打开 Python 3.7.4 Shell 软件，然后单击菜单栏中的“File/New File”命令，创建一个 Python 文件，并命名为“Python4-3.py”，然后输入如下代码：

```
import random                          # 导入 random 标准库
mymin =200                             # 定义变量，存放随机数中的最小数
i = 1                                  # 定义变量，用于统计循环次数
while i <= 20:
    r = random.randint(50,150)          # 在 50~150 之间随机产生一个数
    i += 1                             # 循环次数加 1
    print(" 第 %d 随机数是 : %s "%(i-1,r))         # 显示第几个随机数是几
    if r < mymin:
        mymin = r                                  # 把随机数中的最小数放到 mymin 中
print("\n\n 这 20 个数中，最小的数是：",mymin)
```

首先导入 random 标准库，这样在下面程序中就可以利用 randow.randint() 函数；然后定义两个整型变量，分别存放随机数的最小值和用于统计循环次数。

接下来利用 while 循环语句，产生 20 个随机数，并显示这 20 个随机数，最后显示这 20 个数中最小的数。

单击菜单栏中的“Run/Run Module”命令或按下键盘上的“F5”，就可以运行程序代码，如图 4.3 所示。

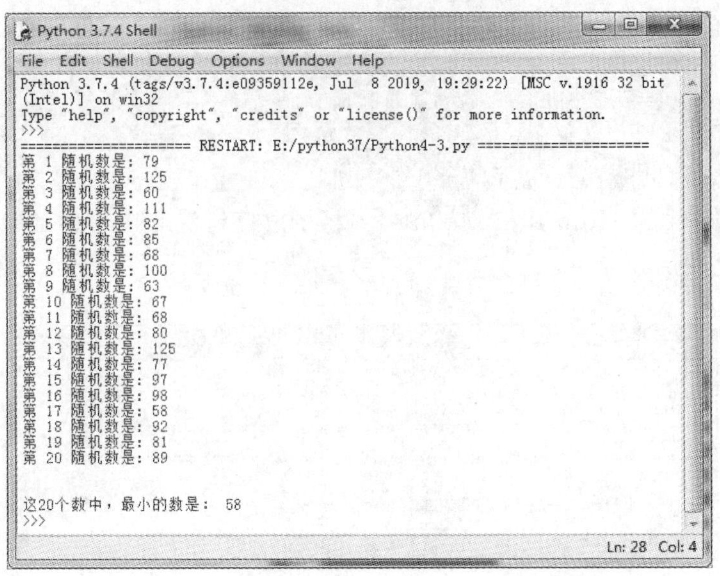

图 4.3　随机产生 20 个随机数，并显示最小的数

4.1.5　实例：求 s=a+aa+aaa+⋯⋯+aa...a 的值

下面编写 Python 语言代码，求 s=a+aa+aaa+⋯⋯+aa...a 的值。在这里可以动态输入 a 的值，还要输入共有几个数 n。

单击“开始”菜单，打开 Python 3.7.4 Shell 软件，然后单击菜单栏中的“File/New File”命令，创建一个 Python 文件，并命名为“Python4-4.py”，然后输入如下代码：

```
s = 0
a = int(input("请输入 a 的值: "))
n = int(input("请输入 n 的值: "))
t = a    #把输入的 a 值赋给变量 t
while  n>0 :
    s = s + t    #变量 s 存放 a+aa+aaa+⋯⋯+aa...a
    a = a * 10   #每循环一次，a 的值扩大 10 倍
    t = t + a    #变量 t 为 aaa...aa 的值
    n = n - 1    #控制循环次数
print("\n\na+aa+...+aaa...aa=",s)
```

单击菜单栏中的“Run/Run Module”命令或按下键盘上的“F5”，就可以运行程序代码，提醒“输入 a 的值”，在这里输入 8，回车，又提醒“输入 n 的值”，在这里输入 6，如图 4.4 所示。

正确输入 a 和 n 的值后，然后回车，就可以看到 s=a+aa+aaa+⋯⋯+aa...a 的值，如图 4.5 所示。

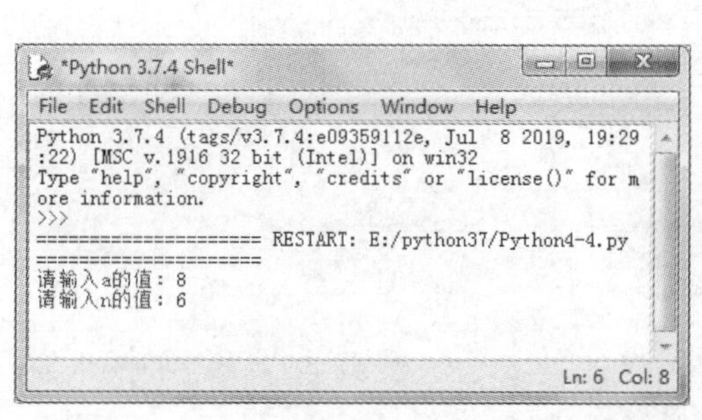

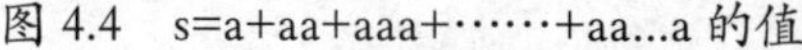

图 4.4 s=a+aa+aaa+……+aa...a 的值

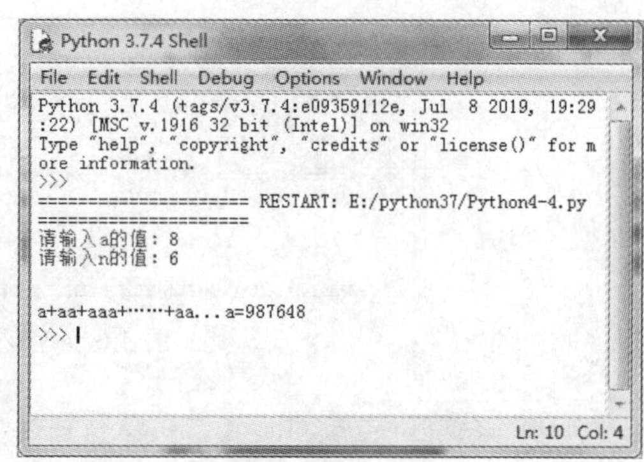

图 4.5 s=a+aa+aaa+……+aa...a 的值

4.1.6 实例：统计字符个数

输入一行字符串，分别统计出其中英文字母、空格、数字和其他字符的个数。

单击“开始”菜单，打开 Python 3.7.4 Shell 软件，然后单击菜单栏中的“File/New File”命令，创建一个 Python 文件，并命名为“Python4-5.py”，然后输入如下代码：

```
mystr = input("请输入一行字符串：")            # 调用 input() 函数输入字符串
myletters = 0                                  # 定义整型变量，用来统计字母的个数
myspaces = 0                                   # 定义整型变量，用来统计空格的个数
mynums = 0                                     # 定义整型变量，用来统计数字的个数
others = 0                                     # 定义整型变量，其他字符的个数
i =0                                           # 定义整型变量，用来统计循环次数
while  i < len(mystr) :
    mychar = mystr[i]                          # 定义字符串变量，提取 mystr 中的每个字符
    i = i + 1                                  # 统计循环次数的变量加 1
    if mychar.isalpha() :                      # 调用字符串的 isalpha()，统计字母的个数
        myletters = myletters +1
    elif mychar.isspace() :
        myspaces =myspaces +1
    elif mychar.isdigit() :
        mynums = mynums +1
    else :
        others =others + 1
print("\n 字母的个数为：%d" % myletters )
print(" 空格的个数为： %d" % myspaces )
print(" 数字的个数为： %d" % mynums )
print(" 其他字符的个数为： %d" % others )
```

这里首先调用 input() 函数输入字符串，然后定义 4 个整型变量，用于统计字母、空格、数字、其他字符的个数。接着又定义了一个整型变量，用来统计循环次数，然后利用 while 循环语句，分别提取输入字符串中的每个字符，再通过 isalpha()、isspace()、isdigit() 统计字母、空格、数字的个数。

最后显示统计出的字母、空格、数字、其他字符的个数。

单击菜单栏中的“Run/Run Module”命令或按下键盘上的“F5”，就可以运行程序代码，提醒你输入一行字符串，如果输入“I like Python3.7，I like Java，I like C++!”，如图 4.6 所示。

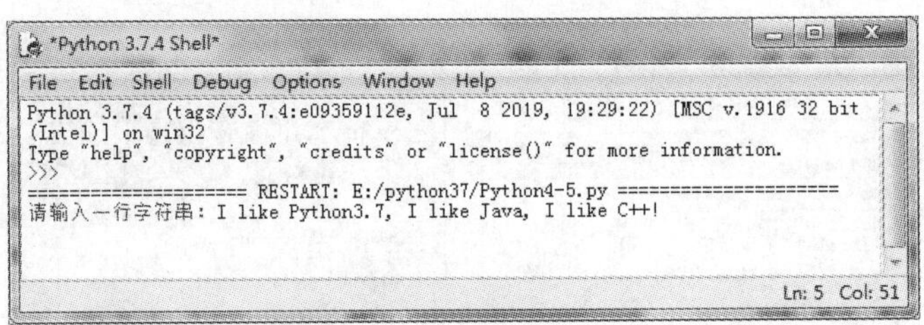

图 4.6　输入一行字符串

输入一行字符串后，回车，就可以看到统计信息，即字母、空格、数字、其他字符的个数，如图 4.7 所示。

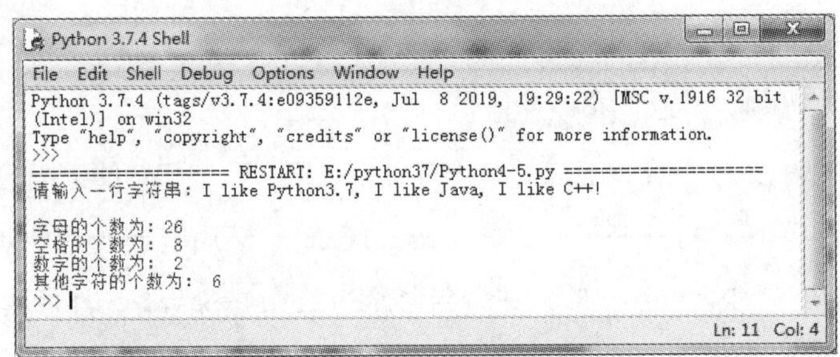

图 4.7　字母、空格、数字、其他字符的统计信息

4.1.7　实例：猴子吃桃问题

猴子第一天摘下若干个桃子，当即吃了一半，还不过瘾，又多吃了一个；第二天早上又将剩下的桃子吃掉一半，又多吃了一个。以后每天早上都吃了前一天剩下的一半多一个，到第 16 天早上想再吃时，看见只剩下一个桃子了。求第一天共摘了多少。

这里采用逆向思维，从后往前推，具体如下：

设 x1 为前一天桃子数，设 x2 为第二天桃子数，则：

x2=x1/2-1，x1=(x2+1)*2

x3=x2/2-1，x2=(x3+1)*2

以此类推：x 前 =(x 后 +1)*2

这样，从第 16 天可以类推到第 1 天，是一个循环过程，利用 while 循环来实现。

单击“开始”菜单，打开 Python 3.7.4 Shell 软件，然后单击菜单栏中的“File/New File”命令，创建一个 Python 文件，并命名为“Python4-6.py”，然后输入如下代码：

```
x1 = 0
x2 = 1
myday = 15
print("第 16 天的桃数为: 1")
while  myday > 0 :
    x1 = ( x2 + 1 ) * 2   #第一天的桃子数是第 2 天桃子数加 1 后的 2 倍
    x2 = x1
```

```
    myday = myday - 1
    print("第 ",myday+1 ," 天的桃数为: ",x1)
```

单击菜单栏中的“Run/Run Module”命令或按下键盘上的“F5”，就可以运行程序代码，如图 4.8 所示。

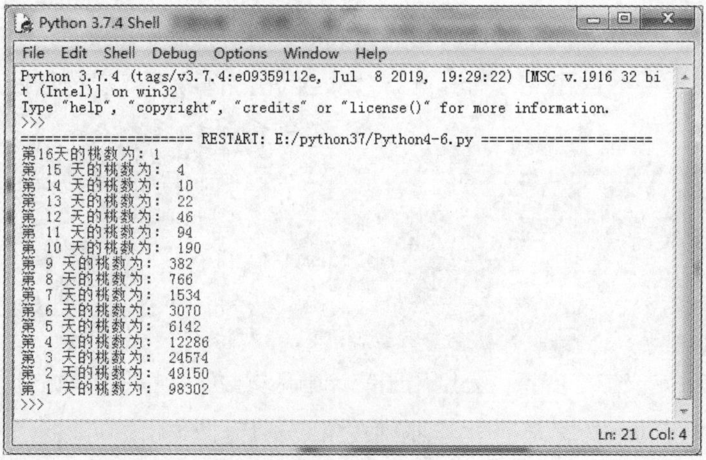

```
Python 3.7.4 Shell
File  Edit  Shell  Debug  Options  Window  Help
Python 3.7.4 (tags/v3.7.4:e09359112e, Jul  8 2019, 19:29:22) [MSC v.1916 32 bit (Intel)] on win32
Type "help", "copyright", "credits" or "license()" for more information.
>>>
==================== RESTART: E:/python37/Python4-6.py ====================
第16天的桃数为: 1
第 15 天的桃数为:  4
第 14 天的桃数为:  10
第 13 天的桃数为:  22
第 12 天的桃数为:  46
第 11 天的桃数为:  94
第 10 天的桃数为:  190
第 9 天的桃数为:  382
第 8 天的桃数为:  766
第 7 天的桃数为:  1534
第 6 天的桃数为:  3070
第 5 天的桃数为:  6142
第 4 天的桃数为:  12286
第 3 天的桃数为:  24574
第 2 天的桃数为:  49150
第 1 天的桃数为:  98302
>>>
Ln: 21  Col: 4
```

图 4.8　猴子吃桃问题

4.2　while 循环中使用 else 语句

在 while......else 语句中，如果条件语句为 False 时，则执行 else 的语句块。

4.2.1　while 循环中使用 else 语句的一般格式

在 Python 中，while 循环中使用 else 语句的一般格式如下：

```
while 判断条件:
    语句 1
else
    语句 2
```

If 语句的执行具体如下：

第一，如果“判断条件”为 True，进入循环，即反复执行“语句 1”语句。

第二，进入循环后，当条件不满足时，跳出 while 循环，开始执行“语句 2”语句。

4.2.2　实例：阶乘求和

阶乘是基斯顿 · 卡曼（Christian Kramp，1760 ~ 1826）于 1808 年发明的运算符号，是数学术语。

一个正整数的阶乘是所有小于及等于该数的正整数的积，并且 0 的阶乘为 1。自然数 n 的阶乘写作 n!，其计算公式如下：

n!=1×2×3×......×n

下面编写 Python 代码，求出 1！ +2！ +……+15！之和。

单击“开始”菜单，打开 Python 3.7.4 Shell 软件，然后单击菜单栏中的“File/New File”命令，创建一个 Python 文件，并命名为“Python4-7.py”，然后输入如下代码：

```
n = 0                                   # 定义整型变量，用于统计循环次数
t = 1                                   # 定义整型变量，用于计算每个数的阶乘
s = 0                                   # 定义整型变量，用于计算阶乘之和
while  n < 15 :
    n = n +1                            # 变量 n 加 1
    t = t * n                           # 每个数的阶乘
    s = s + t                           # 阶乘之和
else :
    print("1!+2!+……+15! = %d" % s)
```

在这个首先定义三个变量，分别用于统计循环次数、计算每个数的阶乘、计算阶乘之和；接下来利用 while 循环语句实现阶乘之和，最后打印输出。

单击菜单栏中的“Run/Run Module”命令或按下键盘上的“F5”，就可以运行程序代码，就可以看到求出 1！ +2！ +……+15！之和，如图 4.9 所示。

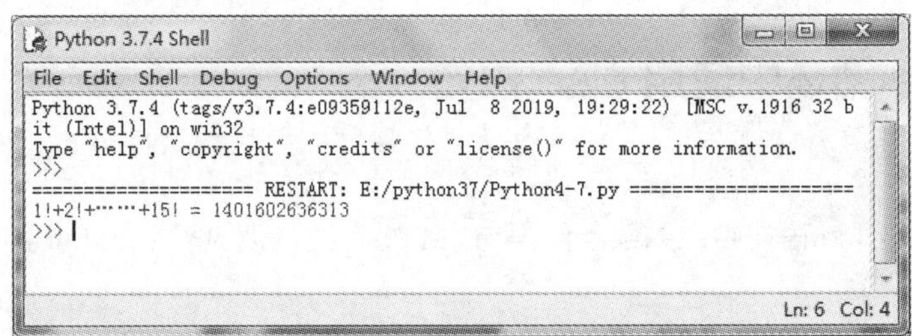

图 4.9 阶乘求和

4.2.3 实例：计算 100 之内奇数的和

单击“开始”菜单，打开 Python 3.7.4 Shell 软件，然后单击菜单栏中的“File/New File”命令，创建一个 Python 文件，并命名为“Python4-8.py”，然后输入如下代码：

```
mysum = 0
num = 1
while num<= 100 :
    if num % 2 == 1 :
        mysum= mysum + num
    num +=1
else :
    print("100 之内奇数的和为：" ,mysum)
```

单击菜单栏中的“Run/Run Module”命令或按下键盘上的“F5”，就可以运行程序代码，就可以计算出 100 之内奇数的和，如图 4.10 所示。

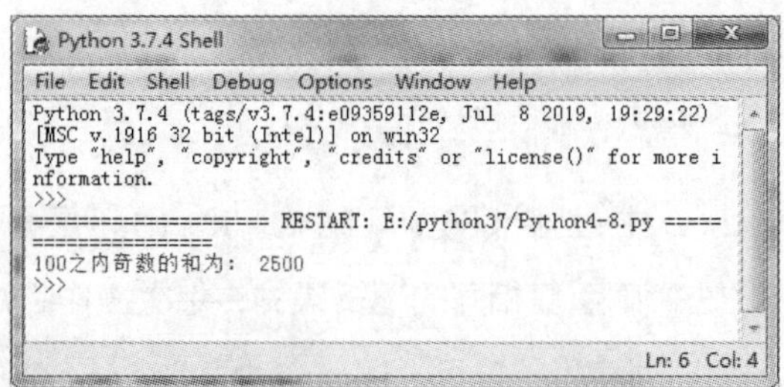

图 4.10　计算 100 之内奇数的和

4.3　无限循环

可以通过设置条件表达式永远不为 False 来实现无限循环，下面通过实例来说明一下。

单击“开始”菜单，打开 Python 3.7.4 Shell 软件，然后单击菜单栏中的“File/New File”命令，创建一个 Python 文件，并命名为“Python4-9.py”，然后输入如下代码：

```
num = 1
while num == 1 :                                    #表达式永远为 true
   mystr = input("请输入一个字母或一个数字  :")
   print ("您输入的字母或数字是：", mystr)
```

单击菜单栏中的“Run/Run Module”命令或按下键盘上的“F5”，就可以运行程序代码，这时显示“请输入一个字母或一个数字”，你随便输入一下字母或数学，就会显示这个字母或数学，并继续显示“请输入一个字母或一个数字”，这个程序就这样无限循环下去，如图 4.11 所示。

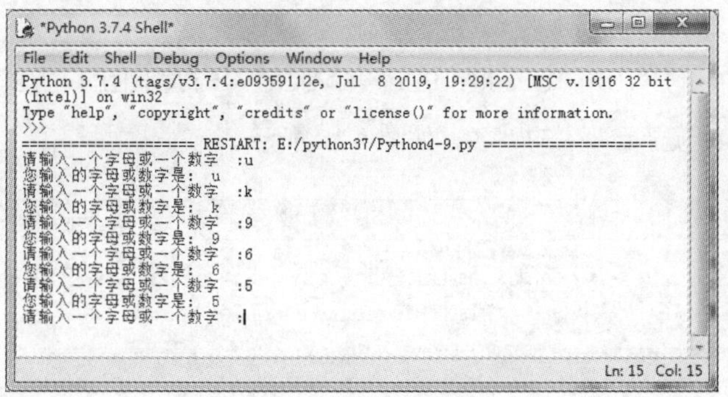

图 4.11　无限循环

对于无限循环，该如何结束程序运行呢？按下键盘上的“Ctrl+C”键，就可以结束无限循环。

提醒：无限循环在服务器的客户端的实时请求非常有用。

4.4 for 循环

for 循环提供了 Python 中最强大的循环结构。for 循环是一种迭代循环机制，而 while 循环是条件循环，迭代即重复相同的逻辑操作，每次操作都是基于上一次的结果而进行的。for 循环可以遍历任何序列的项目，如一个列表或者一个字符串。

4.4.1 for 循环的一般格式

在 Python 中，for 循环的一般格式如下：

```
for <variable> in <sequence>:
    <statements>
```

每次循环，variable 迭代变量被设置为可迭代对象（字符串、序列、迭代器或者是其他支持迭代的对象）的当前元素，提供给 statements 语句块使用。

4.4.2 实例：遍历显示学生的姓名

下面编写 Python 程序，遍历显示学生的姓名。

单击“开始”菜单，打开 Python 3.7.4 Shell 软件，然后单击菜单栏中的“File/New File”命令，创建一个 Python 文件，并命名为“Python4-10.py”，然后输入如下代码：

```
names = ["周涛", "王佳欣", "王雨欣", "张高远","高飞","李硕","周文康","宫志伟"]
print("\n遍历显示学生的姓名：\n")
for stuname in names:
    print(stuname)
```

首先定义了一个列表变量 names，用于存放学生的姓名，然后就利用 for 循环进行遍历显示。

单击菜单栏中的“Run/Run Module”命令或按下键盘上的“F5”，就可以运行程序代码，就可以遍历显示学生的姓名，如图 4.12 所示。

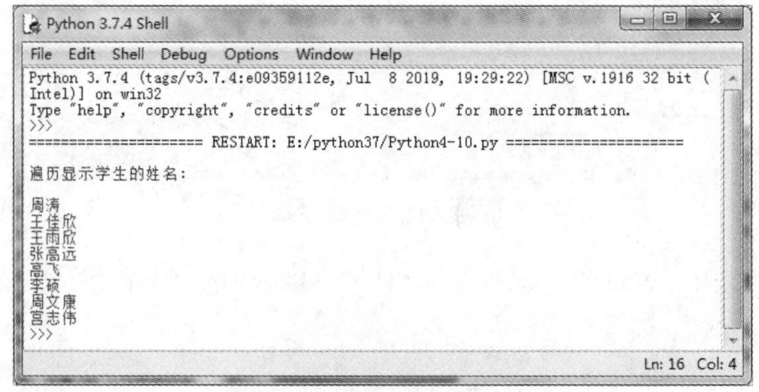

图 4.12 遍历显示学生的姓名

4.4.3 实例：遍历显示字符串中的字符

下面编写 Python 程序，遍历显示字符串中的字符。

单击“开始”菜单，打开 Python 3.7.4 Shell 软件，然后单击菜单栏中的“File/New File”命令，创建一个 Python 文件，并命名为“Python4-11.py”，然后输入如下代码：

```
mystr = input("请输入要遍历显示的字符串：")
for char in  mystr :
    print(char)
```

单击菜单栏中的“Run/Run Module”命令或按下键盘上的“F5”，就可以运行程序代码，就会提醒你“请输入要遍历显示的字符串：”，如图 4.13 所示。

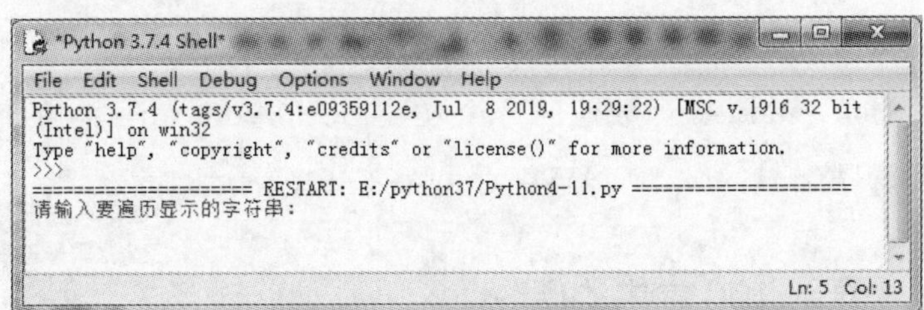

图 4.13 输入要遍历显示的字符串

在这里输入“I like Python！”，然后回车，效果如图 4.14 所示。

```
Python 3.7.4 Shell
File Edit Shell Debug Options Window Help
Python 3.7.4 (tags/v3.7.4:e09359112e, Jul  8 2019, 19:29:22) [MSC v.1916 32 bit
(Intel)] on win32
Type "help", "copyright", "credits" or "license()" for more information.
>>>
==================== RESTART: E:/python37/Python4-11.py ====================
请输入要遍历显示的字符串：I like Python!
I

l
i
k
e

P
y
t
h
o
n
!
>>> |
Ln: 20 Col: 4
```

图 4.14 遍历显示字符串中的字符

4.5 在 for 循环中使用 range() 函数

如果你需要遍历数字序列，可以使用内置 range() 函数，它会生成数列。

4.5.1 range() 函数

range() 函数的语法如下：

```
range(stop)
range(start, stop[, step])
```

range() 函数是一个用来创建算数级数序列的通用函数，返回一个 [start， start + step， start + 2 * step，……] 结构的整数序列；range 函数具有如下一些特性：

第一，如果 step 参数缺省，默认 1；如果 start 参数缺省，默认 0。

第二，如果 step 是正整数，则最后一个元素（start + i×step）小于 stop。

第三，如果 step 是负整数，则最后一个元素（start + i×step）大于 stop。

第四，step 参数必须是非零整数，否则显示异常。

需要注意的是，range() 函数返回一个左闭右开（[left,right)）的序列数。例如 range(4)，显示的是 0，1，2，3，没有 4；range(2，5)，显示的是 2，3，4，没有 5。

4.5.2 实例：显示 100 之内的偶数

单击“开始”菜单，打开 Python 3.7.4 Shell 软件，然后单击菜单栏中的“File/New File”命令，创建一个 Python 文件，并命名为“Python4-12.py”，然后输入如下代码：

```
print(" 显示 100 之内的偶数 ")
for i in  range(1,101) :
if  i % 2 == 0 :
print(i,"\t",end="")
```

单击菜单栏中的“Run/Run Module”命令或按下键盘上的“F5”，就可以运行程序代码，效果如图 4.15 所示。

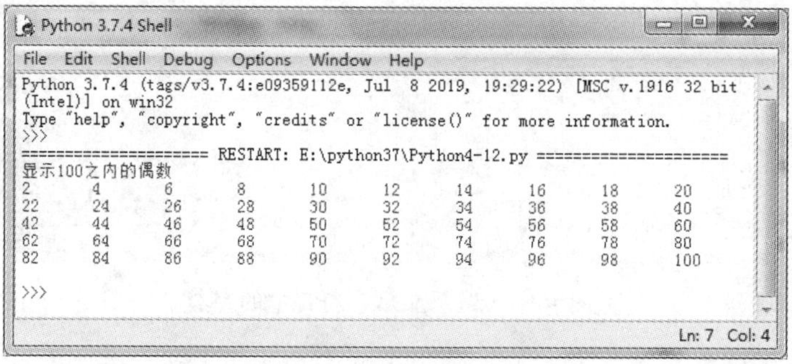

```
Python 3.7.4 Shell
File  Edit  Shell  Debug  Options  Window  Help
Python 3.7.4 (tags/v3.7.4:e09359112e, Jul  8 2019, 19:29:22) [MSC v.1916 32 bit
(Intel)] on win32
Type "help", "copyright", "credits" or "license()" for more information.
>>>
==================== RESTART: E:\python37\Python4-12.py ====================
显示100之内的偶数
2	4	6	8	10	12	14	16	18	20
22	24	26	28	30	32	34	36	38	40
42	44	46	48	50	52	54	56	58	60
62	64	66	68	70	72	74	76	78	80
82	84	86	88	90	92	94	96	98	100

>>>
Ln: 7  Col: 4
```

图 4.15　显示 100 之内的偶数

4.5.3 实例：小球反弹的高度

一球从 100 米高度自由落下，每次落地后反跳回原高度的一半；再落下，求它在第 10 次落地时，共经过多少米？第 10 次反弹多高？

下面编写 Python 代码实现。单击“开始”菜单，打开 Python 3.7.4 Shell 软件，然后单击菜单栏中的“File/New File”命令，创建一个 Python 文件，并命名为“Python4-13.py”，然后输入如下代码：

```
Sn = 100.0
Hn = Sn / 2
print("第 1 次反弹的高度是：",Hn,"米")
for n in range(2,11):
    Sn += 2 * Hn
    Hn /= 2
    print("第 ",n," 次反弹的高度是：",Hn," 米")
print("\n\n第 10 次落地时共经过 %f 米" % Sn)
```

单击菜单栏中的“Run/Run Module”命令或按下键盘上的“F5”，运行程序代码，就可以看到每次小球反弹的高度及第 10 次落地时，一共反弹多少米，如图 4.16 所示。

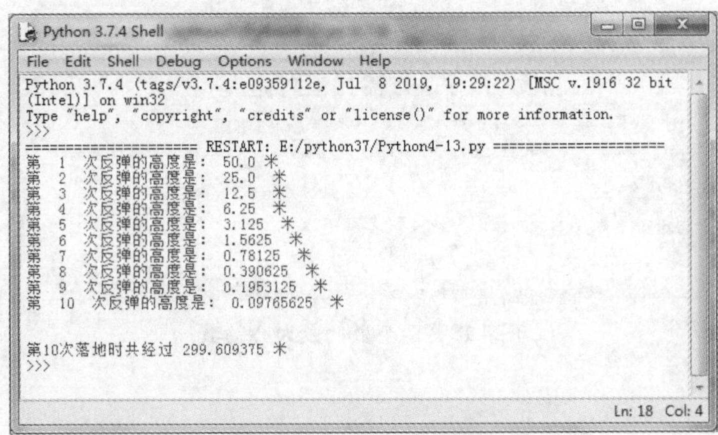

图 4.16 小球反弹的高度

4.5.4 实例：任意输入两个数，求这两个数的最大公约数

最大公约数，又称最大公因子，是指两个或多个整数共有约数中最大的一个。

单击“开始”菜单，打开 Python 3.7.4 Shell 软件，然后单击菜单栏中的“File/New File”命令，创建一个 Python 文件，并命名为“Python4-14.py”，然后输入如下代码：

```
num1 = int(input("请输入第一个数："))
num2 = int(input("请输入第二个数："))
#如果 num2 大于 num1 交换两个变量
if  num2 > num1 :
    temp = num2
    num2 = num1
    num1 = temp
for i in range(1,num2+1) :
    if num1 % i == 0 and num2 % i == 0 :
        mymax = i
print("\n\n两个数的最大公约数是：",mymax)
```

单击菜单栏中的“Run/Run Module”命令或按下键盘上的“F5”，运行程序代码，提醒“请输入第一个数”，在这里输入 48，然后回车，提醒“请输入第二个数”，在这里输入 56，如图 4.17 所示。

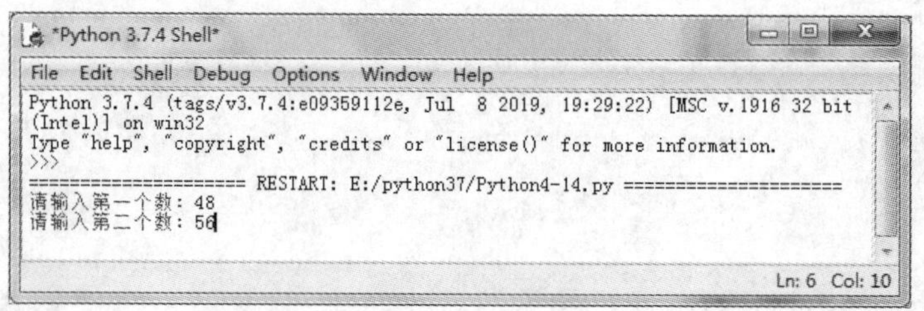

图 4.17　输入两个数

然后回车，就可以看到这两个数的最大公约数，如图 4.18 所示。

```
Python 3.7.4 Shell
File Edit Shell Debug Options Window Help
Python 3.7.4 (tags/v3.7.4:e09359112e, Jul  8 2019, 19:29:22) [MSC v.1916 32 bit (Intel)] on win32
Type "help", "copyright", "credits" or "license()" for more information.
>>>
==================== RESTART: E:/python37/Python4-14.py ====================
请输入第一个数: 48
请输入第二个数: 56

两个数的最大公约数是:  8
>>>
Ln: 10 Col: 4
```

图 4.18　两个数的最大公约数

4.6 循环嵌套

while 循环和 for 循环，这两种形式的循环可以互相嵌套，构成多层次的复杂循环结构，从而解决一些实际生活中的问题。但需要注意的是，每一层循环在逻辑上必须是完整的。另外，采用按层缩进的格式书写多层次循环有利于阅读程序和发现程序中的问题。

4.6.1 实例：9×9 乘法表

单击“开始”菜单，打开 Python 3.7.4 Shell 软件，然后单击菜单栏中的“File/New File”命令，创建一个 Python 文件，并命名为“Python4-15.py”，然后输入如下代码：

```
for i in range(1, 10):
    print()
    for j in range(1, i+1):
        print("%d*%d=%d  " % (i, j, i*j),end='')
```

这里是利用双 for 循环语句，实现 9×9 乘法表的显示。单击菜单栏中的“Run/Run Module”命令或按下键盘上的“F5”，运行程序代码，如图 4.19 所示。

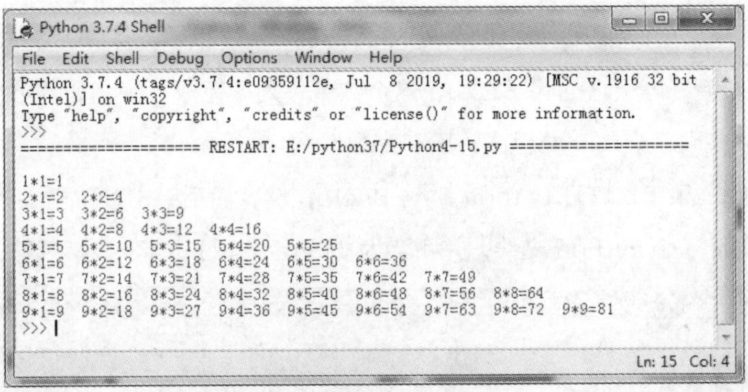

```
Python 3.7.4 Shell
File  Edit  Shell  Debug  Options  Window  Help
Python 3.7.4 (tags/v3.7.4:e09359112e, Jul  8 2019, 19:29:22) [MSC v.1916 32 bit
(Intel)] on win32
Type "help", "copyright", "credits" or "license()" for more information.
>>>
==================== RESTART: E:/python37/Python4-15.py ====================

1*1=1
2*1=2  2*2=4
3*1=3  3*2=6  3*3=9
4*1=4  4*2=8  4*3=12  4*4=16
5*1=5  5*2=10  5*3=15  5*4=20  5*5=25
6*1=6  6*2=12  6*3=18  6*4=24  6*5=30  6*6=36
7*1=7  7*2=14  7*3=21  7*4=28  7*5=35  7*6=42  7*7=49
8*1=8  8*2=16  8*3=24  8*4=32  8*5=40  8*6=48  8*7=56  8*8=64
9*1=9  9*2=18  9*3=27  9*4=36  9*5=45  9*6=54  9*7=63  9*8=72  9*9=81
>>> |
Ln: 15  Col: 4
```

图 4.19　9×9 乘法表

4.6.2　实例：绘制 ※ 的菱形

下面编写 Python 代码，绘制 ※ 的菱形。

单击“开始”菜单，打开 Python 3.7.4 Shell 软件，然后单击菜单栏中的“File/New File”命令，创建一个 Python 文件，并命名为“Python4-16.py”，然后输入如下代码：

```
print("绘制※的菱形\n")
for i in range(4):
    for j in range(2 - i + 1):
        print("  ",end="")
    for k in range(2 * i + 1):
        print('※',end="")
    print()
for i in range(3):
    for j in range(i + 1):
        print("  ",end="")
    for k in range(4 - 2 * i + 1):
        print('※',end="")
    print()
```

单击菜单栏中的“Run/Run Module”命令或按下键盘上的“F5”，就可以运行程序代码，效果如图 4.20 所示。

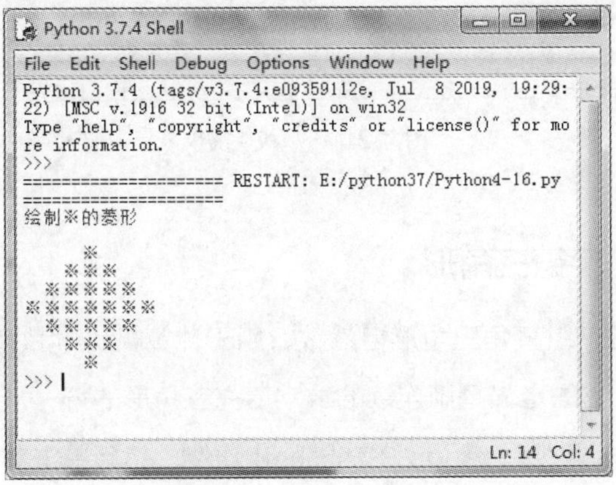

```
Python 3.7.4 Shell
File  Edit  Shell  Debug  Options  Window  Help
Python 3.7.4 (tags/v3.7.4:e09359112e, Jul  8 2019, 19:29:
22) [MSC v.1916 32 bit (Intel)] on win32
Type "help", "copyright", "credits" or "license()" for mo
re information.
>>>
==================== RESTART: E:/python37/Python4-16.py
====================
绘制※的菱形

      ※
    ※※※
  ※※※※※
※※※※※※※
  ※※※※※
    ※※※
      ※
>>> |
Ln: 14  Col: 4
```

图 4.20　绘制 ※ 的菱形

4.6.3 实例：查找完数

一个数如果恰好等于它的因子之和，这个数就称为“完数”，例如 6=1 + 2 + 3。下面编写 Python 代码，查找 500 以内的所有完数。

单击“开始”菜单，打开 Python 3.7.4 Shell 软件，然后单击菜单栏中的“File/New File”命令，创建一个 Python 文件，并命名为“Python4-17.py”，然后输入如下代码：

```
print("显示500以内的所有完数：\n")
for j in range(2, 501):
    k = []
    n = -1
    s = j
    for i in range(1, j):
        if j % i == 0 :
            n = n + 1
            s = s - i
            k.append(i)
    if s == 0:
        print("完数：%d" % j ,"，其因子如下：" )
        for i in range(n+1):
           print(str(k[i]))
```

单击菜单栏中的“Run/Run Module”命令或按下键盘上的“F5”，就可以运行程序代码，效果如图 4.21 所示。

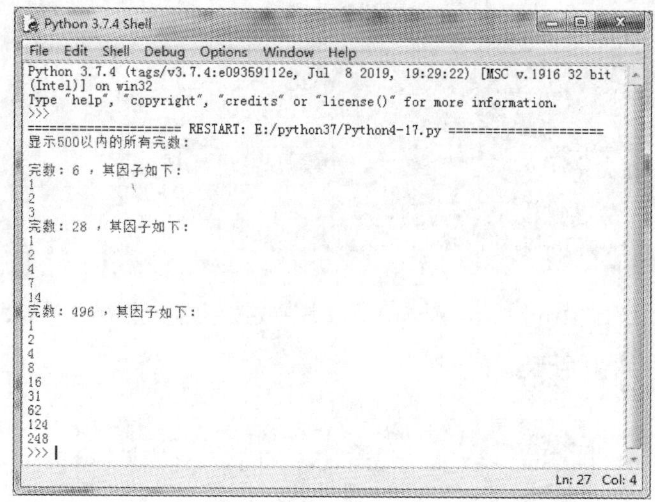

图 4.21 查找完数

4.6.4 实例：弗洛伊德三角形

弗洛伊德三角形是一组直角三角形自然数，用于计算机科学教育。它是以罗伯特·弗洛伊德的名字命名的。它的定义是用连续的数字填充三角形的行，从左上角的 1 开始。

单击“开始”菜单，打开 Python 3.7.4 Shell 软件，然后单击菜单栏中的“File/New File”命令，创建一个 Python 文件，并命名为“Python4-18.py”，然后输入如下代码：

```
n = int(input("请输入要显示弗洛伊德三角形的行数:"))
j = 1
#利用 i 控制行数
for i in range(1,n+1) :
    #利用 l 控制每行有多个数，利用 j 输入每行的具体数值
    for l in range (1,i+1) :
        print(j,"\t",end="")
        j = j + 1
#换行
    print()
```

单击菜单栏中的“Run/Run Module”命令或按下键盘上的“F5”，运行程序代码，提醒“请输入要显示弗洛伊德三角形的行数”，假如在这里输入“15”，然后回车，就可以看到弗洛伊德三角形的 15 行数据，如图 4.22 所示。

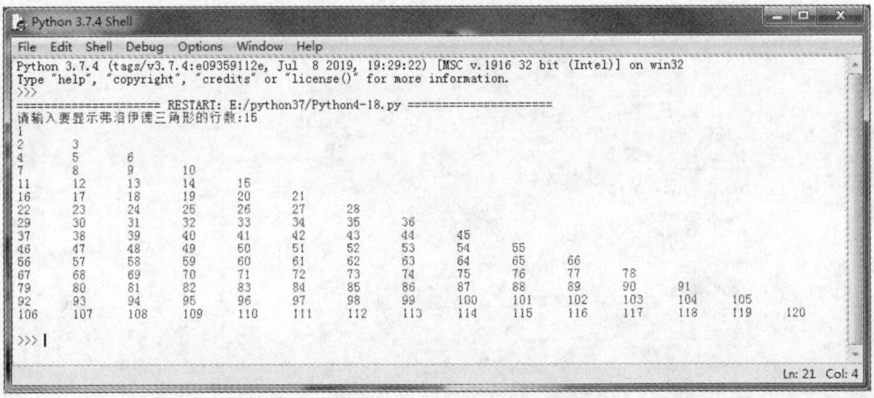

```
Python 3.7.4 Shell
File Edit Shell Debug Options Window Help
Python 3.7.4 (tags/v3.7.4:e09359112e, Jul  8 2019, 19:29:22) [MSC v.1916 32 bit (Intel)] on win32
Type "help", "copyright", "credits" or "license()" for more information.
>>>
==================== RESTART: E:/python37/Python4-18.py ====================
请输入要显示弗洛伊德三角形的行数:15
1
2	3
4	5	6
7	8	9	10
11	12	13	14	15
16	17	18	19	20	21
22	23	24	25	26	27	28
29	30	31	32	33	34	35	36
37	38	39	40	41	42	43	44	45
46	47	48	49	50	51	52	53	54	55
56	57	58	59	60	61	62	63	64	65	66
67	68	69	70	71	72	73	74	75	76	77	78
79	80	81	82	83	84	85	86	87	88	89	90	91
92	93	94	95	96	97	98	99	100	101	102	103	104	105
106	107	108	109	110	111	112	113	114	115	116	117	118	119	120
>>> |
Ln: 21 Col: 4
```

图 4.22　弗洛伊德三角形

4.6.5　实例：杨辉三角

杨辉三角，是二项式系数在三角形中的一种几何排列。在欧洲，这个表叫作帕斯卡三角形。帕斯卡是在 1654 年发现这一规律的，比杨辉要晚 393 年。杨辉三角是中国古代数学的杰出研究成果之一，它把二项式系数图形化，把组合数内在的一些代数性质直观地从图形中体现出来，是一种离散型的数与形的结合，如图 4.23 所示。

```
                        1
                      1   1
                    1   2   1
                  1   3   3   1
                1   4   6   4   1
              1   5   10  10  5   1
            1   6   15  20  15  6   1
          1   7   21  35  35  21  7   1
        1   8   28  56  70  56  28  8   1
      1   9   36  84  126 126 84  36  9   1
    1   10  45  120 210 252 210 120 45  10  1
  1   11  55  165 330 462 462 330 165 55  11  1
1   12  66  220 495 792 924 792 495 220 66  12  1
...
```

图 4.23　杨辉三角

杨辉三角的特点如下：

第一，每行端点与结尾的数为 1。

第二，每个数等于它上方两数之和。

第三，每行数字左右对称，由 1 开始逐渐变大。

第四，第 n 行的数字有 n 项。

第五，第 n 行的 m 个数可表示为 C(n−1，m−1)，即为从 n−1 个不同元素中取 m−1 个元素的组合数。

第六，第 n 行的第 m 个数和第 n−m+1 个数相等，为组合数性质之一。

单击“开始”菜单，打开 Python 3.7.4 Shell 软件，然后单击菜单栏中的“File/New File”命令，创建一个 Python 文件，并命名为“Python4−19.py”，然后输入如下代码：

```
coef = 1
rows = int(input("请输入要显示杨辉三角的行数 :"))
# 利用 i 控制杨辉三角的行数
for i in range(0,rows) :
    # 利用 space 控制每行的空格数
    for space in range(1,rows+1-i) :
        print("    ",end="")
    # 利用 j 控制每行要显示的杨辉三角
    for  j in range(0,i+1) :
        if  j ==0 or i==0 :
            coef = 1
        else :
            coef = int(coef * (i -j +1)/j)
        print("    ",coef,end="")
    # 换行
    print()
```

单击菜单栏中的“Run/Run Module”命令或按下键盘上的“F5”，运行程序代码，提醒“输入要显示杨辉三角的行数”，假如在这里输入“15”，然后回车，就可以看到杨辉三角的 15 行数据，如图 4.24 所示。

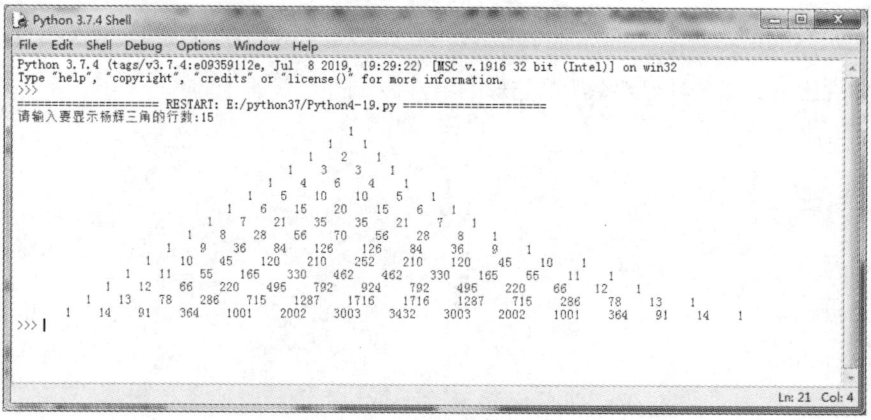
Python 3.7.4 Shell
File Edit Shell Debug Options Window Help
Python 3.7.4 (tags/v3.7.4:e09359112e, Jul 8 2019, 19:29:22) [MSC v.1916 32 bit (Intel)] on win32
Type "help", "copyright", "credits" or "license()" for more information.
>>>
==================== RESTART: E:/python37/Python4-19.py ====================
请输入要显示杨辉三角的行数:15
1
1 1
1 2 1
1 3 3 1
1 4 6 4 1
1 5 10 10 5 1
1 6 15 20 15 6 1
1 7 21 35 35 21 7 1
1 8 28 56 70 56 28 8 1
1 9 36 84 126 126 84 36 9 1
1 10 45 120 210 252 210 120 45 10 1
1 11 55 165 330 462 462 330 165 55 11 1
1 12 66 220 495 792 924 792 495 220 66 12 1
1 13 78 286 715 1287 1716 1716 1287 715 286 78 13 1
1 14 91 364 1001 2002 3003 3432 3003 2002 1001 364 91 14 1
>>>
Ln: 21 Col: 4

图 4.24 杨辉三角

4.7 break 语句

使用break语句可以使流程跳出while或for的本层循环，特别是在多层次循环结构中，利用 break 语句可以提前结束内层循环。

需要注意的是，如何从 for 或 while 循环中终止，任何对应的循环 else 块将不再执行。

单击“开始”菜单，打开 Python 3.7.4 Shell 软件，然后单击菜单栏中的“File/New File”命令，创建一个 Python 文件，并命名为“Python4-20.py”，然后输入如下代码：

```
for letter in "Python":        # 第一个实例
   if letter == 'h':
      break
   print ('当前字母为 :', letter)
print()
var = 16                       # 第二个实例
while var > 0:
   print ('当期变量值为 :', var)
   var = var -1
   if var == 10:
      break
print ("\n 程序运行完毕，再见！ ")
```

单击菜单栏中的“Run/Run Module”命令或按下键盘上的“F5”，运行程序代码，如图 4.25 所示。

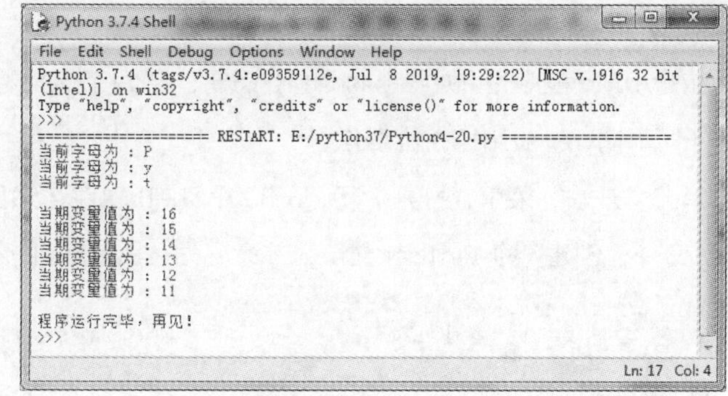

图 4.25 break 语句

4.8 continue 语句

continue 语句被用来告诉 Python 跳过当前循环块中的剩余语句，然后继续进行下一轮循环，下面通过实例来说明一下。

单击“开始”菜单，打开 Python 3.7.4 Shell 软件，然后单击菜单栏中的“File/New File”命令，创建一个 Python 文件，并命名为“Python4-21.py”，然后输入如下代码：

```
var = 12
while var > 0:
   var = var -1
   if var == 5 or var == 7 or var == 9 :  # 变量为 5、7、9 时跳过输出
```

```
        continue
    print ('当前变量值 :', var)
print ("\n程序运行完毕，再见！")
```

单击菜单栏中的“Run/Run Module”命令或按下键盘上的“F5”，运行程序代码，如图 4.26 所示。

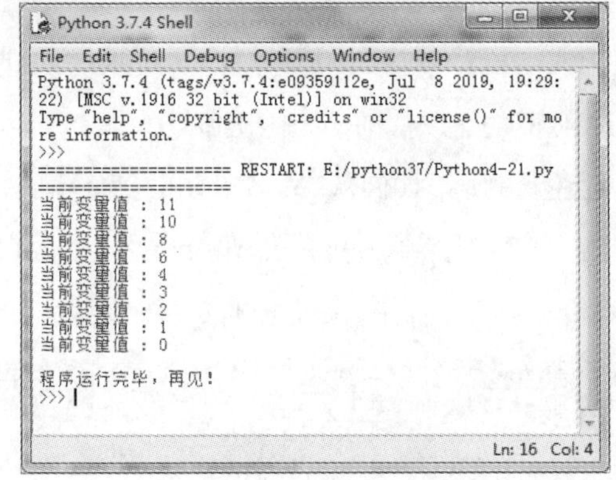

图 4.26 continue 语句

4.9 pass 语句

在 Python 程序设计中，pass 是空语句，是为了保持程序结构的完整性。pass 语句不做任何事情，一般用作占位语句。

单击“开始”菜单，打开 Python 3.7.4 Shell 软件，然后单击菜单栏中的“File/New File”命令，创建一个 Python 文件，并命名为“Python4-22.py”，然后输入如下代码：

```
for myl in "Java":
    if myl == 'a':
        pass
        print ('执行 pass 块')
    print ('当前字母 :', myl)
print ("\n程序运行完毕，再见！")
```

单击菜单栏中的“Run/Run Module”命令或按下键盘上的“F5”，运行程序代码，如图 4.27 所示。

图 4.27 pass 语句

第 5 章

Python 程序设计的常用数据结构

Python 有 4 个常用数据结构，分别是列表（list）、元组（tuple）、字典（dict）、集合（set）。这 4 种数据结构都可用于保存多个数据项，这对于编程来说是非常重要的，因为程序不仅需要使用单个变量来保存数据，还需要使用多种数据结构来保存大量数据，而列表、元组、字典和集合就可满足保存大量数据的需求。还需要注意的是，元组的元素不能修改。

本章主要内容包括：

- 创建列表
- 列表数据的显示、修改和删除
- 列表函数和列表方法的应用
- 实例：排序随机数
- 元组的创建、连接和删除
- 显示元组中的数据信息
- 元组函数的应用
- 实例：显示用户名和密码信息
- 字典的创建、删除及函数的应用
- 显示字典中的值和键
- 实例：利用字典实现用户注册功能
- 实例：利用字典实现用户登录功能
- 集合的创建和运算
- 集合的两个基本功能
- 实例：利用集合实现无重复的随机数排序

5.1 列表及应用

列表是 Python 程序设计中最常用的数据类型。列表是一个可变序列，序列中的每个元素都分配一个数字，即它的位置或索引。第一个索引是 0，第二个索引是 1，以此类推。

5.1.1 创建列表

在 Python 语言中，是用中括号 [ ] 来解析列表的。列表中的元素可以是数字、字符串、列表、元组等。创建一个列表，只要把逗号分隔的不同的数据项使用中括号括起来即可，具体如下：

```
list1 = ["C" , "python", "C++" , "Java"]
list2 = [11, 22, 53, 84, 95 ,98 ]
list3 = [" 李红 ", " 女 ", 96]
```

还可以定义空列表，具体如码如下：

```
List4 = []
```

5.1.2 显示列表中的数据信息

可以使用下标索引来显示列表中的数据信息，也可以使用中括号的形式截取字符，还可以利用 for 循环语句来遍历列表中的值。

单击“开始”菜单，打开 Python 3.7.4 Shell 软件，然后单击菜单栏中的“File/New File”命令，创建一个 Python 文件，并命名为“Python5-1.py”，然后输入如下代码：

```
#定义列表变量
list = ["C" , "python", "C++" , "Java" , "Julia" ]
#显示列表中所有数据信息
print("\n 我喜欢的编程语言是： ",list)
#使用下标索引来访问列表中的值
print ("\n\n 列表中的第一个值 : ", list[0])
print (" 列表中的第三个值 : ", list[2])
#使用中括号的形式截取字符
print ("\n\n 列表中的第二和第三个值 : ", list[1:3])
#利用 for 循环语句来遍历列表中的值
print("\n\n 利用 for 循环语句来遍历列表中的值 :")
for i in list:
    print(i)
```

单击菜单栏中的“Run/Run Module”命令或按下键盘上的“F5”，就可以运行程序代码，结果如图 5.1 所示。

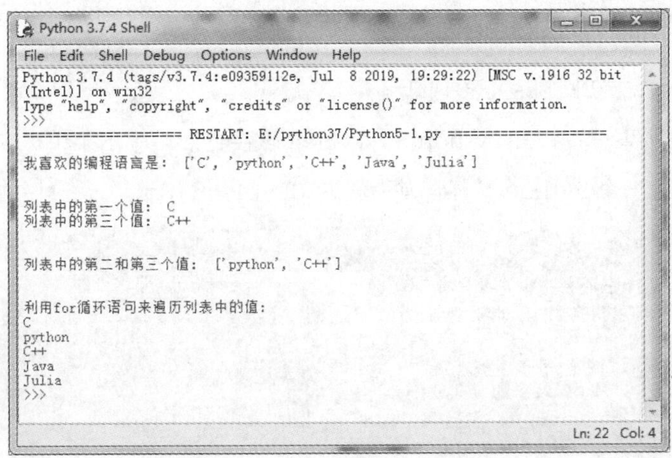

图 5.1 显示列表中的数据信息

5.1.3 修改列表中的数据信息

可以对列表的数据项进行修改或更新，也可以使用 append() 方法来添加列表项，需要注意的是，利用 append() 每次只能添加一个列表项。

单击“开始”菜单，打开 Python 3.7.4 Shell 软件，然后单击菜单栏中的“File/New File”命令，创建一个 Python 文件，并命名为“Python5-2.py”，然后输入如下代码：

```
#定义列表变量
list1 = ["admin","admin888","zhangping","zhangping2019"]
print("\n列表中的初始数据信息：",list1)
#修改第二项数据，即把 admin888 改为 admin2018
list1[1] = "admin2018"
print("修改数据后的列表信息：",list1)
#向列表中添加数据
list1.append("lihong")
list1.append("lihong2016")
print("添加数据后的列表信息：",list1)
```

单击菜单栏中的“Run/Run Module”命令或按下键盘上的“F5”，就可以运行程序代码，结果如图 5.2 所示。

```
Python 3.7.4 (tags/v3.7.4:e09359112e, Jul 8 2019, 19:29:22) [MSC v.1916 32 bit (Intel)] on win32
Type "help", "copyright", "credits" or "license()" for more information.
>>>
==================== RESTART: E:/python37/Python5-2.py ====================

列表中的初始数据信息： ['admin', 'admin888', 'zhangping', 'zhangping2019']
修改数据后的列表信息： ['admin', 'admin2018', 'zhangping', 'zhangping2019']
添加数据后的列表信息： ['admin', 'admin2018', 'zhangping', 'zhangping2019', 'lihong', 'lihong2016']
>>>
```

图 5.2 修改列表中的数据信息

5.1.4 删除列表中的数据信息

可以使用 del 语句来删除列表中的元素。

单击“开始”菜单，打开 Python 3.7.4 Shell 软件，然后单击菜单栏中的“File/New File”命令，创建一个 Python 文件，并命名为“Python5-3.py”，然后输入如下代码：

```
#定义列表变量
list1 = ["admin","admin888","zhangping","zhangping2019"]
print("\n 列表中的初始数据信息：",list1)
#删除数据，即删除第三项和第四项数据
del list1[2:4]
print("\n 删除数据后的列表信息：",list1)
#删除列表，就可以删除列表中的所有数据
del list1
print("\n 成功删除所有列表数据！ ")
```

单击菜单栏中的“Run/Run Module”命令或按下键盘上的“F5”，就可以运行程序代码，结果如图 5.3 所示。

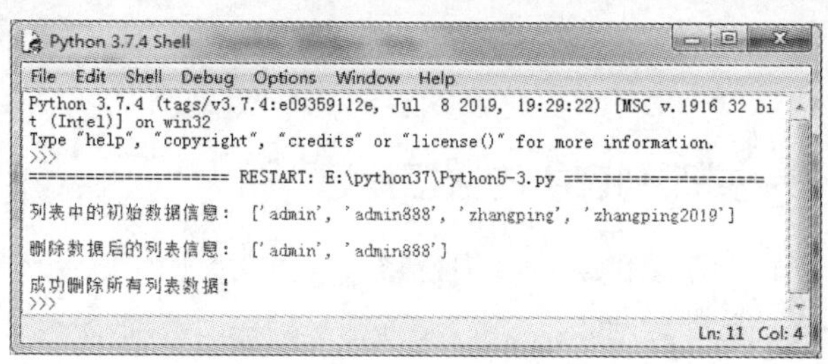

图 5.3 删除列表中的数据信息

5.1.5 列表函数的应用

列表包括 5 个函数，函数的名称及意义如表 5.1 所示。

表 5.1 列表的函数名称及意义

列表的函数名称	意义
len(list)	列表元素个数
max(list)	返回列表元素的最大值
min(list)	返回列表元素的最小值
list(seq)	将元组转换为列表
id(list)	获取列表对象的内存地址

需要注意的是，如果要使用 max() 和 min() 函数，列表中的数据要属于同一个类型，即要么都是数值类型，要么都是字符串。

单击“开始”菜单，打开 Python 3.7.4 Shell 软件，然后单击菜单栏中的“File/New File”命令，创建一个 Python 文件，并命名为“Python5-4.py”，然后输入如下代码：

```
#list1 列表中都是字符串数据
list1 = ["我","爱","python"]
#list2 列表中都是数值型数据
list2 = [100, 200, 300,400,125]
print( "list1 的最大值：", max(list1) )
```

```
print( "list2 的最大值 :", max(list2) )
print( "list1 的最小值 :", min(list1) )
print( "list2 的最小值 :", min(list2) )
print("\nlist1 的元素个数 :",len(list1))
print("list2 的元素个数 :",len(list2))
 # id() 函数用于获取对象的内存地址
print("\nList1 列表中的第一个元素，即我字，的内存地址值: ", id(list1[0]) )
print("List1 列表中的第二个元素，即爱字，的内存地址值: ", id(list1[1]) )
print("python 的内存地址值 ", id(list1[2]) )
aTuple = (123, 'www.baidu.com', 'www.163.com')  # 定义元组
list1 = list(aTuple)                                   # 把元组变成列表
print ("\n 列表元素 : ", list1)
```

单击菜单栏中的“Run/Run Module”命令或按下键盘上的“F5”，就可以运行程序代码，结果如图 5.4 所示。

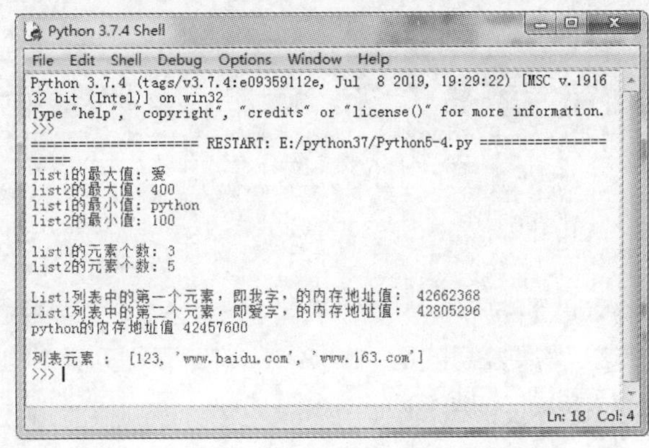

图 5.4 列表函数的应用

5.1.6 列表方法的应用

前面已经讲解过列表的 append() 方法，下面来讲解一下其他列表方法。列表的方法名称及意义如表 5.2 所示。

表 5.2 列表的方法名称及意义

列表的方法名称	意义
list.copy()	复制列表
list.clear()	清空列表
list.sort([func])	对原列表进行排序
list.reverse()	反向列表中的元素
list.remove(obj)	移除列表中某个值的第一个匹配项
list.pop(obj=list[-1])	移除列表中的一个元素（默认最后一个元素），并且返回该元素的值
list.insert(index, obj)	将对象插入列表
list.index(obj)	从列表中找出某个值第一个匹配项的索引位置
list.extend(seq)	在列表末尾一次性追加另一个序列中的多个值（用新列表扩展原来的列表）
list.count(obj)	统计某个元素在列表中出现的次数

单击“开始”菜单，打开 Python 3.7.4 Shell 软件，然后单击菜单栏中的“File/New

File”命令，创建一个 Python 文件，并命名为“Python5-5.py”，然后输入如下代码：

```
#定义列表变量
list1 = ["C" , "python", "C++" , "Java" ]
print("原来列表 list1 中的数据：",list1)
list2 = list1.copy()                #复制列表
print("\n 复制列表 list2 中的数据：",list2)
list2.reverse()
print("反向显示列表 list2 中的数据：",list2)
list2.sort()
print("排序显示列表 list2 中的数据：",list2)
list2.remove("C++")
print("\n 移除 "C++" 后的列表 list2 中的数据：",list2)
list2.pop()
print("移除最后一项数据后的列表 list2 中的数据 ",list2)
list2.insert(1,"C#")
print("\n 利用 insert 插入一项数据：",list2)
list2.extend(["VB","VC","C","Julia","C++","PHP"])
print("利用 extend 插入多项数据：",list2)
print("\n 查找 list2 列中是否有 "C#"，如果有，是第几个数据：",list2.index("C#"))
print("统计一下 "C" 在 list2 中出现几次：",list2.count("C"))
list2.clear()
print ("\n 列表 list2 清空后 ：", list2)
print("原来列表 list1 中的数据：",list1)
```

在这里需要注意的是，list2.clear() 只是把列表中的数据清空了，但 list2 对象还存在。而 del list2 不仅把列表中的数据清空了，还删除了 list2 对象。

单击菜单栏中的“Run/Run Module”命令或按下键盘上的“F5”，就可以运行程序代码，结果如图 5.5 所示。

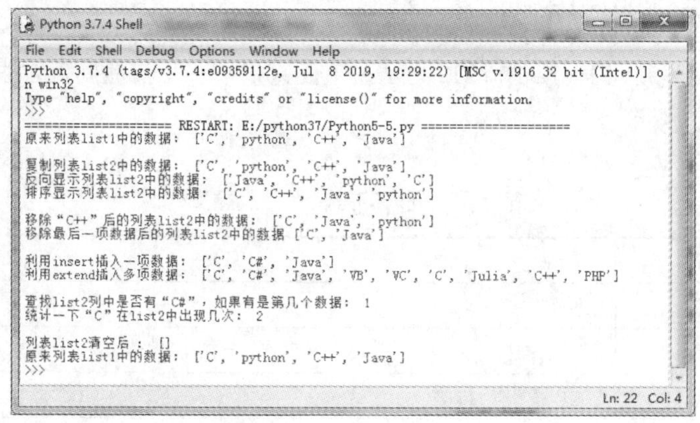

图 5.5 列表的方法

5.1.7 实例：排序随机数

前面利用 if 语句实现三个数的排序很麻烦，但如果利用列表来实现就简单很多，并且可以实现多个随机数的排序，下面通过实例来讲解一下。

单击“开始”菜单，打开 Python 3.7.4 Shell 软件，然后单击菜单栏中的“File/New File”命令，创建一个 Python 文件，并命名为“Python5-6.py”，然后输入如下代码：

```
import random
list1 = []                          # 定义一个空列表
for i in  range(8) :                # 利用 for 循环向列表中添加数据
    mynum = random.randint(100,1000)
    list1.append(mynum)
print("\n 随机产生的 8 个随机数是：",list1)
list1.sort()                        # 默认为升序
print("\n\n 从小到大排序 8 个随机数 :",list1)
list1.sort(reverse = True)          # 设置排序为降序
print(" 从大到小排序 8 个随机数 :",list1)
print("\n\n8 个随机数中的最大数：",max(list1))
print("8 个随机数中的最小数：",min(list1))
```

首先导入 random 标准库，这样在下面程序中就可以利用 randow.randint() 函数产生随机数。

然后利用列表的 sort() 方法来排序，需要注意的是，默认排序方式为升序，要降序排列数字，需要添加 reverse=True。最后调用 max() 和 min() 函数显示数字中的最大值和最小值。

单击菜单栏中的“Run/Run Module”命令或按下键盘上的“F5”，就可以运行程序代码，结果如图 5.6 所示。

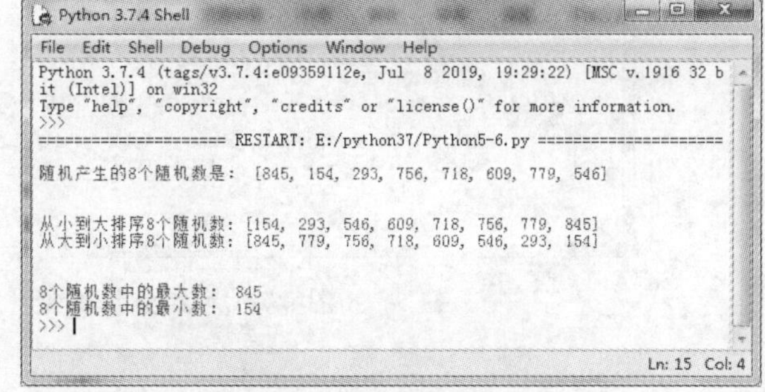

图 5.6　排序随机数

5.2　元组及应用

Python 程序设计中的元组与列表类似，不同之处在于元组的元素不能修改。另外，元组使用小括号，列表使用中括号。

5.2.1　创建元组

元组创建很简单，只需要在括号中添加元素，并使用逗号隔开即可，具体代码如下：

```
tup1 = ("Google", "Baidu", 2018, 2019)
tup2 = (1, 2, 3, 4, 5,6,7,8,9 )
tup3 = "a", "b", "c", "d","f","g"                  # 不需要括号也可以
```

还可以定义空元组，具体如码如下：

```
tup1 = ()
```

元组中只包含一个元素时，需要在元素后面添加逗号，否则括号会被当作运算符使用，下面举例说明一下。

单击“开始”菜单，打开 Python 3.7.4 Shell 软件，然后单击菜单栏中的“File/New File”命令，创建一个 Python 文件，并命名为“Python5-7.py”，然后输入如下代码：

```
tup1 = (24.32)
tup2 = (24.32,)
tup3 = ("Python")
tup4 = ("Python",)
print("tup1 = (24.32) 的数据类型是：",type(tup1))
print("tup2 = (24.32,) 的数据类型是：",type(tup2))
print("\ntup3 = ("Python") 的数据类型是：",type(tup3))
print("tup4 = ("Python",) 的数据类型是：",type(tup4))
```

单击菜单栏中的“Run/Run Module”命令或按下键盘上的“F5”，就可以运行程序代码，结果如图 5.7 所示。

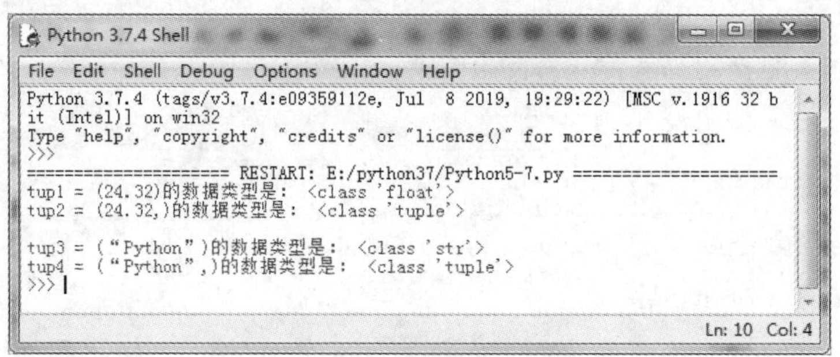

图 5.7 元组数据类型

5.2.2 显示元组中的数据信息

可以使用下标索引显示元组中的数据信息，也可以使用中括号的形式截取字符，还可以利用 for 循环语句来遍历元组中的值。

单击“开始”菜单，打开 Python 3.7.4 Shell 软件，然后单击菜单栏中的“File/New File”命令，创建一个 Python 文件，并命名为“Python5-8.py”，然后输入如下代码：

```
#创建元组
tup1 = ("苹果" , "香蕉", "葡萄", "橙子", "梨")
#显示元组中所有数据信息
print("\n我喜欢吃的水果是：",tup1)
#使用下标索引显示元组中的数据信息
print ("\n\n元组中的第二个值：", tup1[1])
#使用中括号的形式截取字符
print ("元组中的第二和第五个值：", tup1[1:5])
#利用 for 循环语句来遍历元组中的值
print("\n\n利用 for 循环语句来遍历元组中的值：")
for i in tup1:
    print(i)
```

单击菜单栏中的“Run/Run Module”命令或按下键盘上的“F5”，就可以运行程序代码，结果如图 5.8 所示。

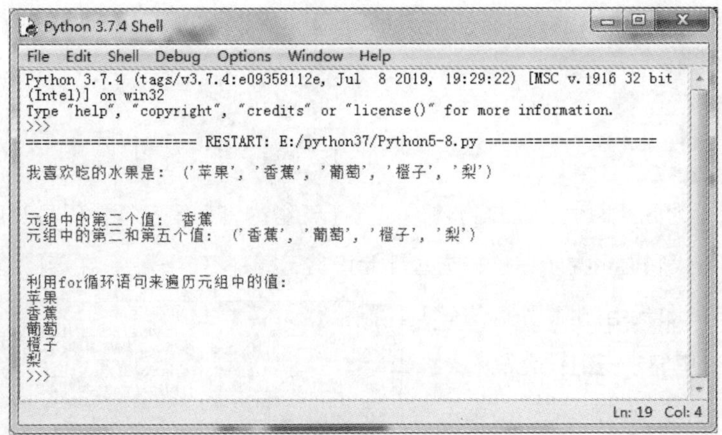

图 5.8　显示元组中的数据信息

5.2.3　连接元组

元组中的元素值是不允许修改的，但可以利用“+”号对元组进行连接组合。

单击“开始”菜单，打开 Python 3.7.4 Shell 软件，然后单击菜单栏中的“File/New File”命令，创建一个 Python 文件，并命名为“Python5-9.py”，然后输入如下代码：

```
tup1 = ("周文康","李硕","李晓波")
tup2 = ('男', '女',"男")
tup3 = (96, 89 ,97)
# 以下修改元组元素的操作是非法的。
# tup1[3] = 100
# 创建一个新的元组
tup4 = tup1 + tup2 + tup3
print ("连接元组后的信息：\n",tup4)
```

单击菜单栏中的“Run/Run Module”命令或按下键盘上的“F5”，就可以运行程序代码，结果如图 5.9 所示。

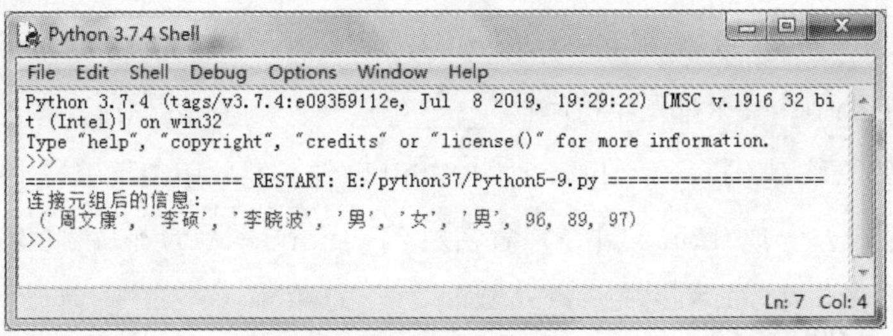

图 5.9　连接元组

5.2.4　删除整个元组

元组中的元素值是不允许删除的，但我们可以使用 del 语句来删除整个元组。

单击“开始”菜单，打开 Python 3.7.4 Shell 软件，然后单击菜单栏中的“File/New

File”命令，创建一个 Python 文件，并命名为“Python5-10.py”，然后输入如下代码：

```
tup = ("周文康","李硕","李晓波")
print (tup)
del tup
print ("删除后的元组 tup : ")
print (tup)
```

第一行代码为元组赋值；第二行代码是显示元组内容；第三行代码是利用 del 语句删除元组；第四行代码显示提示信息，这些都会正常运行，不会出错。在运行第五行代码时，程序就会报错，即元组删除后就没有该元组了，所以再显示元组就会报错。

单击菜单栏中的“Run/Run Module”命令或按下键盘上的“F5”，就可以运行程序代码，结果如图 5.10 所示。

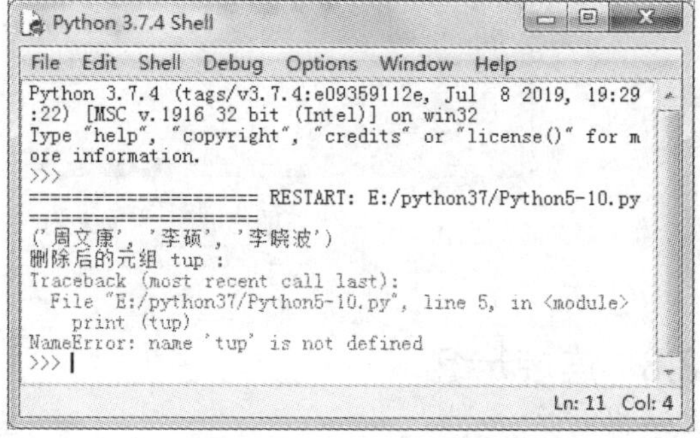

图 5.10　删除整个元组

5.2.5　元组函数的应用

元组包括 4 个函数，函数的名称及意义如表 5.3 所示。

表 5.3　元组的函数名称及意义

元组的函数名称	意义
len(tuple)	元组元素个数
max(tuple)	返回元组元素的最大值
min(tuple)	返回元组元素的最小值
tuple (seq)	将列表转换为元组

需要注意的是，如果要使用 max() 和 min() 函数，元组中的数据要属于同一个类型，即要么都是数值类型，要么都是字符串。

单击“开始”菜单，打开 Python 3.7.4 Shell 软件，然后单击菜单栏中的“File/New File”命令，创建一个 Python 文件，并命名为“Python5-11.py”，然后输入如下代码：

```
tuple1 = (18, 72, 63,12,16,38,156,369)
tuple2 = ("who", "what", "whose", "when")
print("\ntuple1 元组中元素的最大值: ",max(tuple1))
print("tuple1 元组中元素的最小值: ",min(tuple1))
print("\n\ntuple2 元组中元素的最大值: ",max(tuple2))
print("tuple2 元组中元素的最小值: ",min(tuple2))
print("\n\ntuple1 元组中元素的个数: ",len(tuple1))
print("tuple2 元组中元素的个数: ",len(tuple2))
print("\n\n 把元组转换成列表, 并显示: ",list(tuple1))
print("\n\n 把列表为元组, 并显示: ",tuple(list(tuple1)))
```

单击菜单栏中的“Run/Run Module”命令或按下键盘上的“F5”，就可以运行程

序代码，结果如图 5.11 所示。

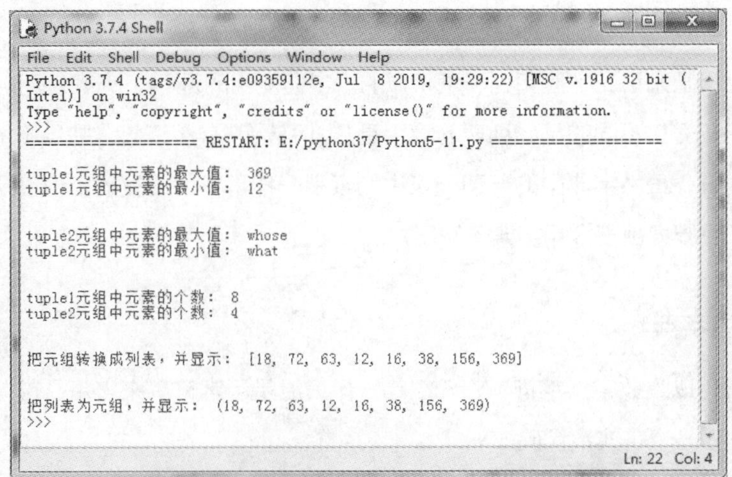

图 5.11　元组的函数

5.2.6　实例：显示用户名和密码信息

单击“开始”菜单，打开 Python 3.7.4 Shell 软件，然后单击菜单栏中的“File/New File”命令，创建一个 Python 文件，并命名为“Python5-12.py”，然后输入如下代码：

```
#定义元组，注意是嵌套元组
accounts = (("张平","qd123456"),("李红","liping2019"),("赵杰","sdqd2018"))
print("编号\t\t用户名\t\t密码")
for index , value in enumerate(accounts):
    print ("%s\t\t%s\t\t%s" %(index,value[0],value[1]))
```

首先定义用户名和密码数据，注意元组中的数据还是元组。然后利用转义字符 \t 来制作表格，再利用 enumerate() 函数将一个可遍历的数据对象（如列表、元组、字典或字符串）组合为一个索引序列，这样就可以利用 for 循环语句进行格式化输出。

单击菜单栏中的“Run/Run Module”命令或按下键盘上的“F5”，就可以运行程序代码，结果如图 5.12 所示。

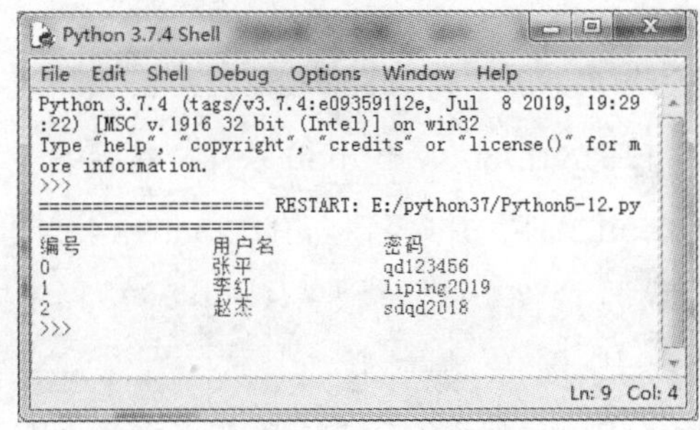

图 5.12　显示用户名和密码信息

5.3 字典及应用

从某种意义上来讲，字典和列表是相似的。字典使用的是 { }，列表使用的是 [ ]，元素的分隔符都是逗号。不同的是，列表的索引是从 0 开始的有序整数，并且不能重复；而字典的索引称为键，虽然字典中的键和列表中的索引一样是不可重复的，但键是元素的。字典中元素的任意排列都不影响字典的使用。

5.3.1 创建字典

字典的键可以是数字、字符串、元组等，但一般是用字符串来表示，键与键值之间用冒号分开。创建一个字典，代码如下：

```
dict1 = {'姓名': '张可可', '年龄': 15, '年级': '8','学习成绩':'优'}
```

提醒：字典中的键必须是唯一的并且不可变；字典中的值可以不唯一也可以变。

5.3.2 显示字典中的值和键

显示字典中的值，可以使用下标索引来访问，也可以利用 values() 方法来访问。可以利用 keys() 方法访问字典中的键，也可以利用 items() 方法同时访问字典中的值和键。

单击“开始”菜单，打开 Python 3.7.4 Shell 软件，然后单击菜单栏中的“File/New File”命令，创建一个 Python 文件，并命名为“Python5-13.py”，然后输入如下代码：

```
dict1 = {'姓名': '赵杰', '年龄': 19, '年级': '大一','学习成绩':'优'}
print("姓名: ",dict1['姓名'])
print("年龄: ",dict1['年龄'])
print("年级: ",dict1['年级'])
print("学习成绩: ",dict1['学习成绩'])
print ("\n字典所有值是 : ",  tuple(dict1.values())) #以元组方式返回字典中的所有值
print ("\n字典所有的键是 : ",  list(dict1.keys()))   #以列表方式返回字典中的所有键
print ("\n字典所有值和键是 : %s" %  dict1.items())   #利用 items() 方法同时访问字典中的值和键
```

单击菜单栏中的“Run/Run Module”命令或按下键盘上的“F5”，就可以运行程序代码，结果如图 5.13 所示。

还可以利用 for 循环语句来遍历字典中的键和值。

单击“开始”菜单，打开 Python 3.7.4 Shell 软件，然后单击菜单栏中的“File/New File”命令，创建一个 Python 文件，并命名为“Python5-14.py”，然后输入如下代码：

```
dict1 = {'姓名': '赵杰', '年龄': 19, '年级': '大一','学习成绩':'优'}
for i,j in dict1.items():
    print(i, ":", j)
```

单击菜单栏中的“Run/Run Module”命令或按下键盘上的“F5”，就可以运行程序代码，结果如图 5.14 所示。

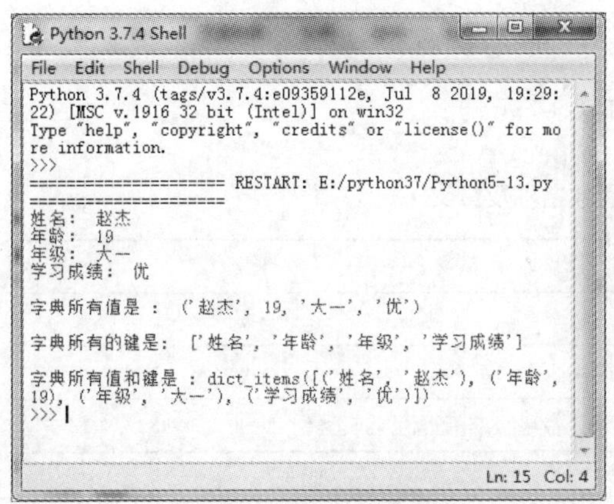

图 5.13　显示字典中的键和值

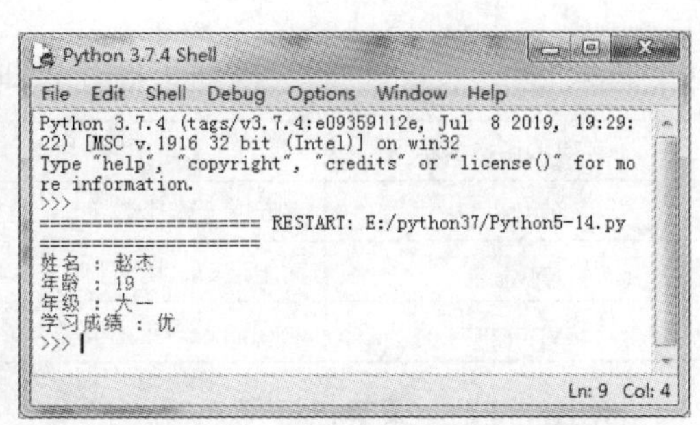

图 5.14　利用 for 循环语句来遍历字典中的键和值

5.3.3　修改字典

修改字典，即向字典中添加新的数据项、修改字典中原有的数据项、删除字典中的某一项数据、清空字典中所有数据项。

单击“开始”菜单，打开 Python 3.7.4 Shell 软件，然后单击菜单栏中的“File/New File”命令，创建一个 Python 文件，并命名为“Python5-15.py”，然后输入如下代码：

```
dict1 = {'姓名': '赵杰', '年龄': 19, '年级': '大一','学习成绩':'优'}
print("字典的初始数据：",dict1.items())
dict1['性别'] = '男'                              # 添加新的数据项
print ("\n 添加数据项后字典是 : %s" %  dict1.items())
dict1['学习成绩'] = '及格'                        # 修改原有的数据项
print ("\n 修改数据项后字典是 : %s" %  dict1.items())
del dict1['学习成绩']                             # 删除字典中的某一项数据
print ("\n 删除某一项数据后字典是 : %s" %  dict1.items())
dict1.clear()                                     # 清空字典中所有数据项
print ("\n 清空所有数据后字典是 : %s" %  dict1.items())
```

单击菜单栏中的“Run/Run Module”命令或按下键盘上的“F5”，就可以运行程序代码，结果如图 5.15 所示。

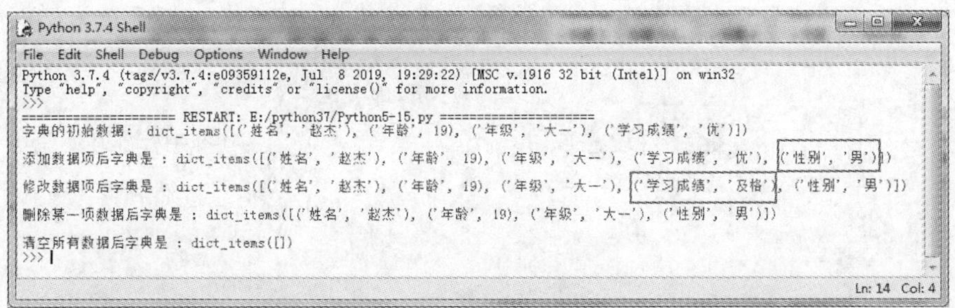

图 5.15　利用 for 循环语句来遍历字典中的键和值

5.3.4 字典函数的应用

字典包括 3 个函数，函数的名称及意义如表 5.4 所示。

表 5.4 字典的函数名称及意义

字典的函数名称	意义
len(dict)	字典中元素个数，即键的总数
str(dict)	输出字典，用可打印的字符串表示
type(dict)	返回输入的变量类型，如果变量是字典就返回字典类型

单击“开始”菜单，打开 Python 3.7.4 Shell 软件，然后单击菜单栏中的“File/New File”命令，创建一个 Python 文件，并命名为“Python5-16.py”，然后输入如下代码：

```
dict1 = {'姓名': '赵杰', '年龄': 19, '年级': '大一','学习成绩':'优'}
print("字符串表示的字典数据:",str(dict1))
print("\n字典中元素个数，即键的总数:",len(dict1))
print("\n字典的数据类型:",type(dict1))
```

单击菜单栏中的“Run/Run Module”命令或按下键盘上的“F5”，就可以运行程序代码，结果如图 5.16 所示。

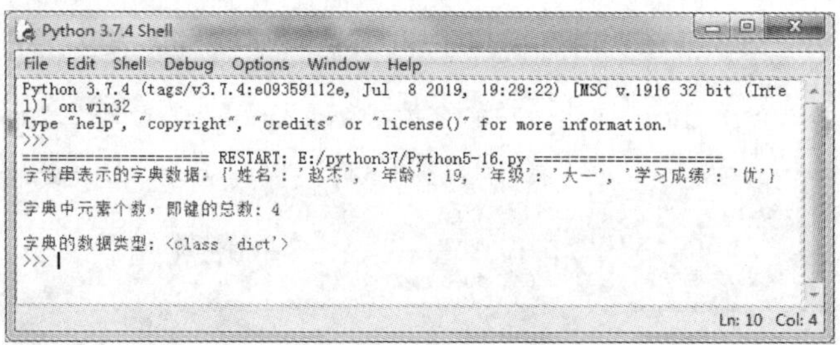

图 5.16 字典函数的应用

5.3.5 实例：利用字典实现用户注册功能

单击“开始”菜单，打开 Python 3.7.4 Shell 软件，然后单击菜单栏中的“File/New File”命令，创建一个 Python 文件，并命名为“Python5-17.py”，然后输入如下代码：

```
users = {'num1':{"name":"admin","passwd888":"admin","sex":"1"},}
                                        #字典的初始值
list1 = []    #定义一个空列表
for name,info in users.items():   #利用双 for 循环，提出嵌套字典中的数据
    for key,value in info.items():
        list1.append(value)         #把字典中的数据添加到列表中
print("用户注册之前信息: ",users)
print("******************用户的创建*********************") #提示信息
print('注册'.center(50,'*'))        #注册
name = input('请输入注册姓名:')     #利用 input() 函数输入注册姓名
if not name in list1[0]:            #如果姓名没有在 users 中，就可以继续输入其他信息
    passwd = input('请输入注册密码:')
    sex = input("请输入性别: 0表示'女',1表示'男':")
    users["num2"] = {"name":name,"passwd":passwd,"sex":sex}   #向字典中添加数据
```

```
        print("新用户注册成功!")
        print("新用户注册成功后的信息: ",users)
    else :
        print("该用户名已注册，对不起! ")
```

首先定义字典变量，存放已注册的用户，然后再定义一个列表变量，用于存放双 for 循环提取的嵌套字典中的数据。接着显示注册的用户信息，并显示用户注册提示信息。然后利用 input() 函数输入注册姓名，如果姓名没有在 users 中，就可以继续输入其他信息，就可以继续填写其他注册信息。接着添加到字典变量 users 中，最后再显示新用户注册成功后的信息。

单击菜单栏中的“Run/Run Module”命令或按下键盘上的“F5”，就可以运行程序代码，首先输入注册用户的姓名，如图 5.17 所示。

在这时输入“赵杰”，然后回车，如果该用户名没有注册，就可以继续输入注册密码和性别信息，如图 5.18 所示。

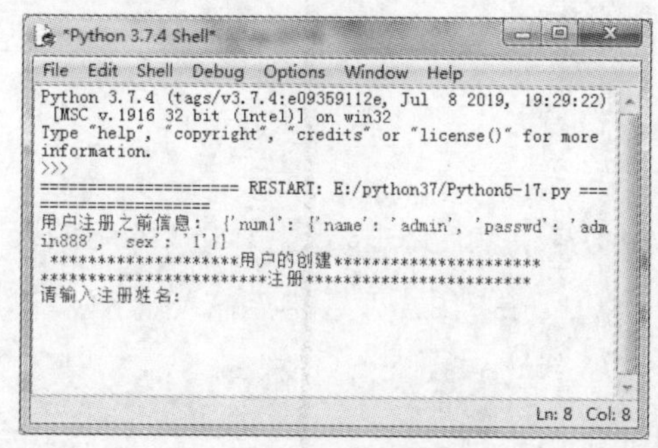

图 5.17　注册用户的姓名

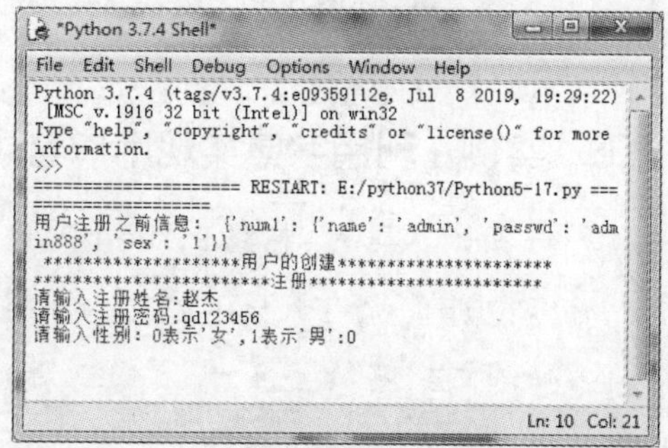

图 5.18　注册密码和性别信息

正确输入注册信息后，然后回车，就可以看到注册成功提示信息，并显示新用户注册成功后的信息，如图 5.19 所示。

在程序运行时，如果输入注册用户的姓名在字典中已经存在，回车后就会显示“该用户名已注册，对不起！”，如图 5.20 所示。

图 5.19　用户注册成功

```
Python 3.7.4 Shell
File Edit Shell Debug Options Window Help
Python 3.7.4 (tags/v3.7.4:e09359112e, Jul  8 2019, 19:29:22) [
MSC v.1916 32 bit (Intel)] on win32
Type "help", "copyright", "credits" or "license()" for more in
formation.
>>>
==================== RESTART: E:/python37/Python5-17.py =====
================
用户注册之前信息: {'num1': {'name': 'admin', 'passwd': 'admin
888', 'sex': '1'}}
 *******************用户的创建*********************
***********************注册***********************
请输入注册姓名:赵杰
请输入注册密码:qd123456
请输入性别: 0表示'女',1表示'男':0
新用户注册成功!
新用户注册成功后的信息: {'num1': {'name': 'admin', 'passwd':
'admin888', 'sex': '1'}, 'num2': {'name': '赵杰', 'passwd': 'q
d123456', 'sex': '0'}}
>>>
==================== RESTART: E:/python37/Python5-17.py =====
================
用户注册之前信息: {'num1': {'name': 'admin', 'passwd': 'admin
888', 'sex': '1'}}
 *******************用户的创建*********************
***********************注册***********************
请输入注册姓名:admin
该用户名已注册，对不起!
>>>
Ln: 20 Col: 4
```

图 5.20　输入注册用户的姓名在字典中已经存在

5.3.6　实例：利用字典实现用户登录功能

单击“开始”菜单，打开 Python 3.7.4 Shell 软件，然后单击菜单栏中的“File/New File”命令，创建一个 Python 文件，并命名为“Python5–18.py”，然后输入如下代码：

```
    #定义一个嵌套字典变量
    users = {'num1': {'name': 'admin', 'passwd': 'admin888', 'sex': '1'}, 'num2':
{'name': '赵杰', 'passwd': 'qd123456', 'sex': '0'}}
    list1 = []                                              #定义两个空的列表
    list2 = []
    for key1 ,value1 in users.items() :
        list1.append(value1['name'])                        #添加用户姓名
        list2.append(value1['passwd'])                      #添加用户密码
    print("用户登录系统".center(50,'*'))
    timeout = 0                                             #定义整型变量，用于统计次数
    name = input("请输入用户的姓名：")
    while timeout < 3 :
        if  not name in  list1 :                            #如果用户姓名不在嵌套字典
            if timeout == 2 :                               #如果已输入 3 次，就会显示登录失败
                print("登录失败！")
                break
            print("用户不存在，请重新输入！")                   #显示提示信息
            timeout = timeout +1                            #统计次数加上并显示还有几次机会
            print("您还有 %d 次机会（共有 3 次机会）" %(3-timeout),"\n")
            name = input("请输入用户的姓名：")
        else :                                              #如果用户姓名在嵌套字典
            passwd = input("请输入用户的密码：")               #利用 input() 函数输入密码
            if  (name == list1[0] and passwd == list2[0]) or (name == list1[1] and
passwd == list2[1]):
                print("登录成功！")                           #如果密码正确，就会显示登录成功
                break
            else :                                          #如果密码不正确，就会显示提示信息，
并显示还有几次机会，当 timeout 等于 2 时，就会显示登录失败，并结束程序
                if timeout == 2 :
                    print("登录失败！")
```

```
        break
    print("密码不正确，请重新输入")
    timeout = timeout +1
    print("\n您还有 %d 次机会（共有 3 次机会）" %(3-timeout) ,"\n")
```

首先定义一个嵌套字典和两个空的列表，然后利用 for 循环语句提取嵌套字典中用户姓名和用户密码，添加到两个空列表中。

接下来实现用户登录的判断，首先这里通过 while 循环语句，实现用户有 3 次出错机会。用户的姓名正确，就判断用户的密码，如果都正确，就可以登录成功，否则就显示密码错误，并显示还有几次机会。如果用户姓名不正确，就会提醒“用户不存在，请重新输入！”，并显示还有几次机会。

单击菜单栏中的“Run/Run Module”命令或按下键盘上的“F5”，就可以运行程序代码，首先输入用户的姓名，如图 5.21 所示。

在这里输入“张亮”，由于张亮不在嵌套字典中，所以就会显示“用户不存在，请重新输入！”和“您还有 2 次机会（共有 3 次机会）”，还显示请输入用户的姓名，如图 5.22 所示。

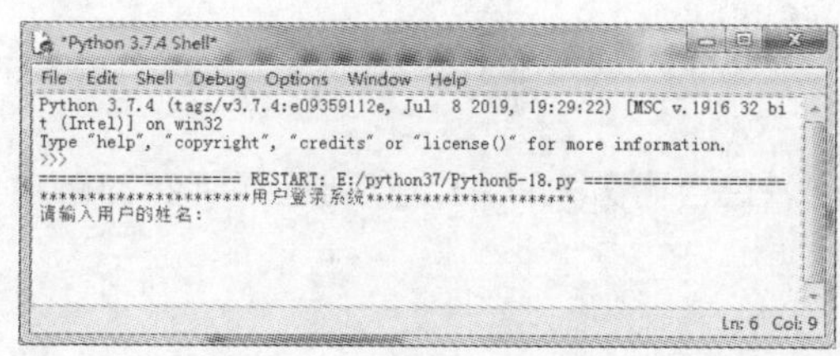

图 5.21　输入用户的姓名

图 5.22　张亮不在嵌套字典中的提示信息

如果连续输入三次用户姓名都不在嵌套字典中，就会显示登录失败，如图 5.23 所示。

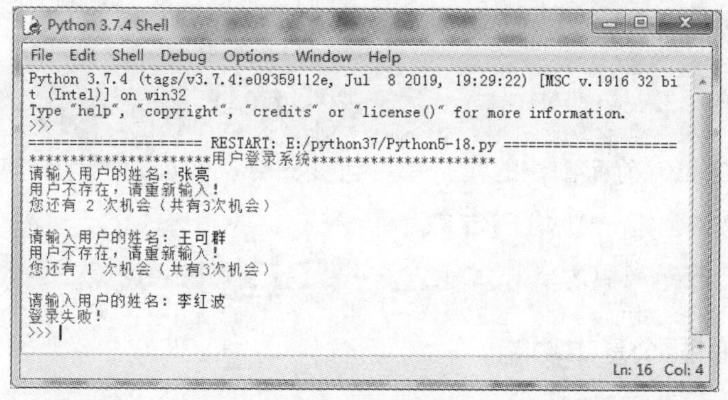

图 5.23　用户名不存在的登录失败

如果输入的用户名存在，但连续输入三次密码都输入错了，也会显示登录失败，如图 5.24 所示。

如果输入的用户名存在，输入的密码也正确，就会显示登录成功，如图 5.25 所示。

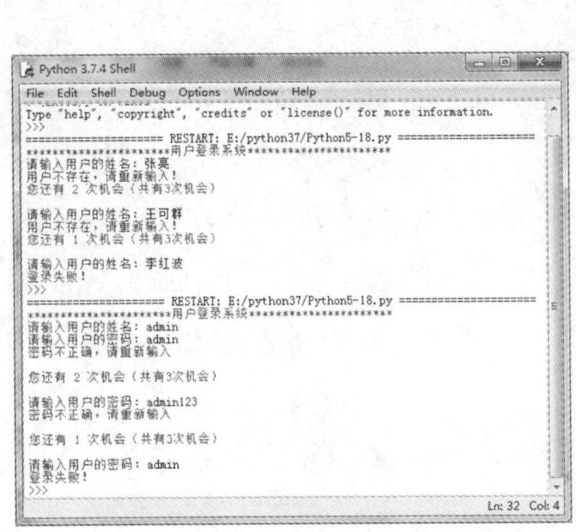

图 5.24　三次密码都错误的提示信息

图 5.25　登录成功

5.4　集合及应用

集合（set）是一个无序不重复元素的序列。集合可分为两种，分别是不可变的集合和可变的集合。

5.4.1　创建集合

可以使用大括号 { } 或者 set() 函数创建集合。需要注意的是，创建一个空集合必须用 set() 而不是 { }，因为 { } 是用来创建一个空字典。创建集合的代码如下：

```
student = {'Tom', 'Jim', 'Mary', 'Tom', 'Jack', 'Rose',1,2}
a = set('who what how when')
b = set()
```

需要注意的是，前面创建的集合都是可变集合。要创建不可变集合，需要使用 frozenset() 函数来创建，具体代码如下：

```
numset = frozenset([1,2,3,4,5,6])
```

5.4.2　集合的两个基本功能

集合的两个基本功能分别是去重和成员测试。

去重是指把一个还有重复元素的列表或元组等数据类型转变为集合，其中的重复元素只出现一次。

成员测试，即判断元素是否在集合内。

单击“开始”菜单，打开 Python 3.7.4 Shell 软件，然后单击菜单栏中的“File/New File”命令，创建一个 Python 文件，并命名为“Python5-19.py”，然后输入如下代码：

```
#定义一个集合
stus = {'张平', '李亮', '张可', '赵杰', '李亮', '赵杰',10,52,10,52,"张可","周涛"}
print("输出集合，重复的元素被自动去掉：",stus)
# 成员测试
if('张可' in stus) :
    print('\n张可在集合中，所以张可是一名学生！')
else :
    print('\n张可不在集合中，所以张可不是一名学生！')
if('李杰' in stus):
    print('\n李杰在集合中，所以李杰是一名学生！')
else:
    print('\n李杰不在集合中，所以李杰不是一名学生！')
```

单击菜单栏中的“Run/Run Module”命令或按下键盘上的“F5”，就可以运行程序代码，结果如图 5.26 所示。

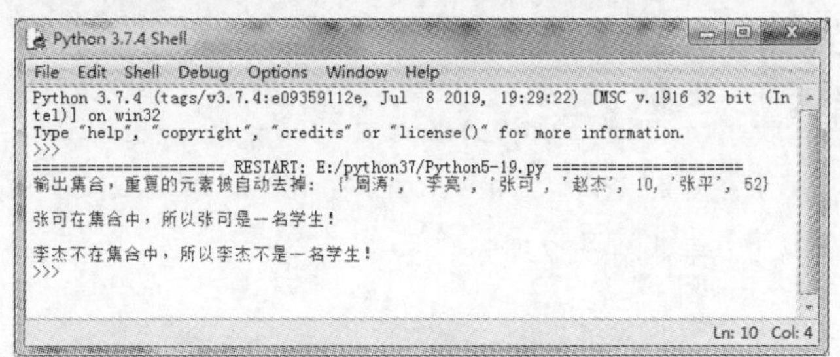

图 5.26　去重和成员测试

5.4.3　集合的运算符

集合的运算符及说明如表 5.5 所示。

表 5.5　集合的运算符及说明

数学符号	Python 符号	说明
∩	&	交集，如 a&b
∪	|	并集，如 a|b
- 或 \	-	差补或相对补集
△	^	对称差分
⊂	<	真子集
⊆	<=	子集
⊃	>	真超集
⊇	>=	超集
=	==	等于，两个集合相等
≠	!=	不等于
∈	in	属于，是里面的元素
∉	not in	不属于

单击“开始”菜单，打开 Python 3.7.4 Shell 软件，然后单击菜单栏中的“File/New

File”命令，创建一个 Python 文件，并命名为“Python5-20.py”，然后输入如下代码：

```
a = set('I like Python!')
b = set('I like Java too!')
print("a 集合中的元素：",a,"\n")
print("b 集合中的元素：",b,"\n")
print(" 集合的差、并、交集运算结果：\n")
print("a 和 b 的差集 :",a - b)
print("a 和 b 的并集 :",a | b)
print("a 和 b 的交集 :",a & b,"\n")
print(" 集合的其他运算结果：\n")
print("a 和 b 中不同时存在的元素 :",a ^ b)
print("a 和 b 的真子值 :",a < b)
print("a 和 b 的子值 :",a <= b)
print("a 和 b 的真超值 :",a > b)
print("a 和 b 的超值 :",a >= b)
print("a 和 b 的相等 :",a == b)
print("a 和 b 的不相等 :",a != b,"\n")
print(" 集合的成员测试运算结果：\n")
print("a 属于 b:",a in b)
print("a 不属于 b:",a not in b)
```

单击菜单栏中的“Run/Run Module”命令或按下键盘上的“F5”，就可以运行程序代码，结果如图 5.27 所示。

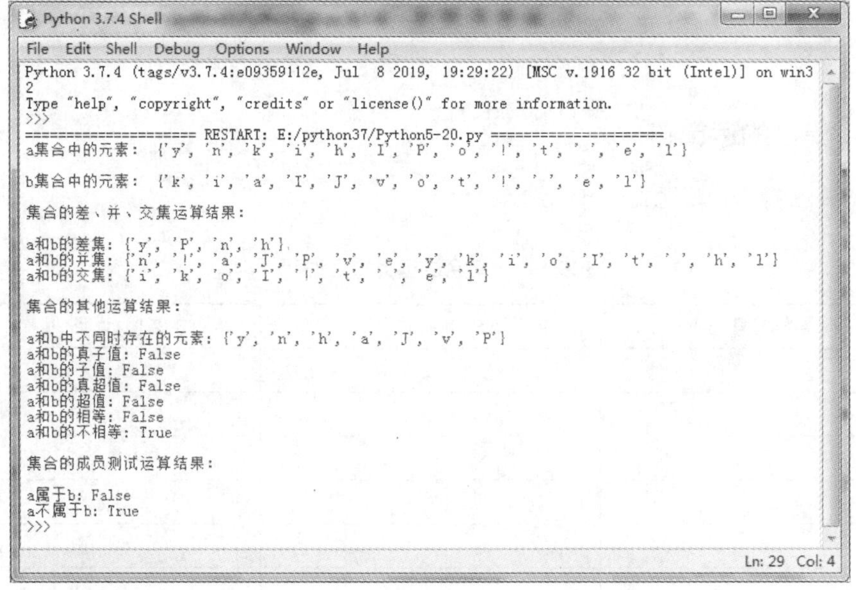

图 5.27　集合的运算符

5.4.4　实例：利用集合实现无重复的随机数排序

单击“开始”菜单，打开 Python 3.7.4 Shell 软件，然后单击菜单栏中的“File/New File”命令，创建一个 Python 文件，并命名为“Python5-21.py”，然后输入如下代码：

```
import random
mynum = input(" 请输入要排序的数字个数：")
mylist1 = []
```

```
    for  i in range(int(mynum)) :
        num =random.randint(100,1000)
        mylist1.append(num)
        mylist1.sort()
        print(" 输入的数字排序：",mylist1)
    myset1 = set(mylist1)
    print("\n\n 无重复数字：",myset1)
    print("\n 升序排列无重复数字 ",sorted(myset1))
    print("\n 降序排列无重复数字 ",sorted(myset1,reverse=True))
```

单击菜单栏中的“Run/Run Module”命令或按下键盘上的“F5”，就可以运行程序代码，提醒“请输入要排序的数字个数”，在这里输入 20，然后回车，如图 5.28 所示。

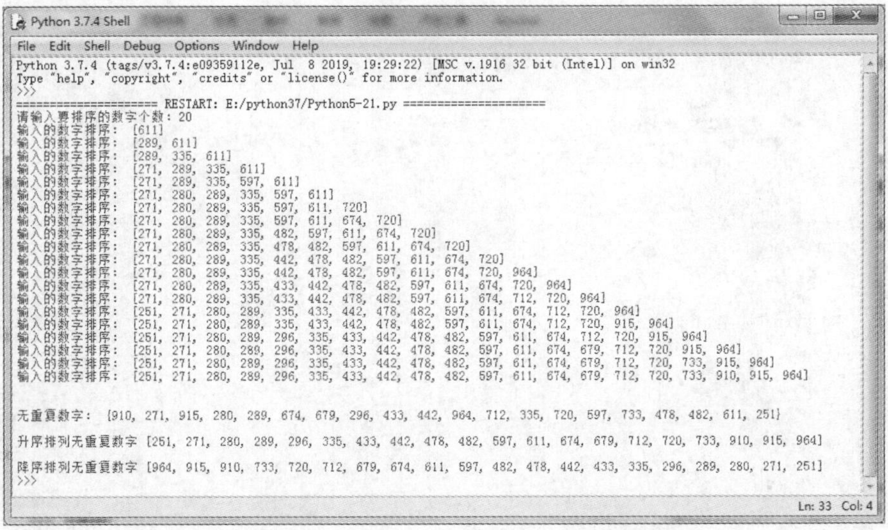

```
Python 3.7.4 Shell
File  Edit  Shell  Debug  Options  Window  Help
Python 3.7.4 (tags/v3.7.4:e09359112e, Jul  8 2019, 19:29:22) [MSC v.1916 32 bit (Intel)] on win32
Type "help", "copyright", "credits" or "license()" for more information.
>>>
==================== RESTART: E:/python37/Python5-21.py ====================
请输入要排序的数字个数: 20
输入的数字排序:  [611]
输入的数字排序:  [289, 611]
输入的数字排序:  [289, 335, 611]
输入的数字排序:  [271, 289, 335, 611]
输入的数字排序:  [271, 289, 335, 597, 611]
输入的数字排序:  [271, 280, 289, 335, 597, 611]
输入的数字排序:  [271, 280, 289, 335, 597, 611, 720]
输入的数字排序:  [271, 280, 289, 335, 597, 611, 674, 720]
输入的数字排序:  [271, 280, 289, 335, 482, 597, 611, 674, 720]
输入的数字排序:  [271, 280, 289, 335, 478, 482, 597, 611, 674, 720]
输入的数字排序:  [271, 280, 289, 335, 442, 478, 482, 597, 611, 674, 720]
输入的数字排序:  [271, 280, 289, 335, 442, 478, 482, 597, 611, 674, 720, 964]
输入的数字排序:  [271, 280, 289, 335, 433, 442, 478, 482, 597, 611, 674, 720, 964]
输入的数字排序:  [271, 280, 289, 335, 433, 442, 478, 482, 597, 611, 674, 712, 720, 964]
输入的数字排序:  [251, 271, 280, 289, 335, 433, 442, 478, 482, 597, 611, 674, 712, 720, 964]
输入的数字排序:  [251, 271, 280, 289, 335, 433, 442, 478, 482, 597, 611, 674, 712, 720, 915, 964]
输入的数字排序:  [251, 271, 280, 289, 296, 335, 433, 442, 478, 482, 597, 611, 674, 712, 720, 915, 964]
输入的数字排序:  [251, 271, 280, 289, 296, 335, 433, 442, 478, 482, 597, 611, 674, 679, 712, 720, 915, 964]
输入的数字排序:  [251, 271, 280, 289, 296, 335, 433, 442, 478, 482, 597, 611, 674, 679, 712, 720, 733, 915, 964]
输入的数字排序:  [251, 271, 280, 289, 296, 335, 433, 442, 478, 482, 597, 611, 674, 679, 712, 720, 733, 910, 915, 964]


无重复数字:  {910, 271, 915, 280, 289, 674, 679, 296, 433, 442, 964, 712, 335, 720, 597, 733, 478, 482, 611, 251}

升序排列无重复数字 [251, 271, 280, 289, 296, 335, 433, 442, 478, 482, 597, 611, 674, 679, 712, 720, 733, 910, 915, 964]

降序排列无重复数字 [964, 915, 910, 733, 720, 712, 679, 674, 611, 597, 482, 478, 442, 433, 335, 296, 289, 280, 271, 251]
>>>
Ln: 33  Col: 4
```

图 5.28　利用集合实现无重复的随机数排序

第 6 章

Python 程序设计的函数及应用

函数是集成化的子程序，是用来实现某些运算和完成各种特定操作的重要手段。在程序设计中，灵活运用函数库，能体现程序设计智能化，提高程序可读性，充分体现算法设计的正确性、可读性、健壮性、效率与低存储量需求。

本章主要内容包括：

- 函数概述
- 数学函数和随机函数
- 三角函数和字符串函数
- 函数的定义和调用
- 函数的参数类型和参数传递
- 匿名函数和递归函数
- 实例：计算一个数为两个质数之和
- 实例：利用内置函数实现小学四则运算
- 实例：利用递归函数解决年龄问题

6.1 函数概述

程序需要完成多个功能或操作，每个函数可以实现一个独立功能或完成一个独立的操作，因此学习“程序设计”必须掌握函数的编写。因为函数可以被多次调用，所以可以减少代码的重复，即函数能提高应用的模块性和代码的重复利用率。

Python 提供了许多内置函数，比如 print()。但也可以自己创建函数，这被叫作用户自定义函数。

6.2 Python 的内置函数

Python 提供大量功能强大的内置函数，即数学函数、随机函数、三角函数、字符串函数。下面详细讲解一下。

6.2.1 数学函数及应用

数学函数用于各种数学运算。数学函数及意义如表 6.1 所示。

表 6.1 数学函数及意义

数学函数	意义（返回值）
abs(x)	返回数字的绝对值，如 abs(−5) 返回 5
ceil(x)	返回数字的上入整数，如 math.ceil(4.3) 返回 5
floor(x)	返回数字的下舍整数，如 math.floor(4.9) 返回 4
round(x [，n])	返回浮点数 x 的四舍五入值，如给出 n 值，则代表舍入到小数点后的位数
exp(x)	返回 e 的 x 次幂，如 math.exp(1) 返回 2.718281828459045
log10(x)	返回以 10 为基数的 x 的对数，如 math.log10(100) 返回 2.0
pow(x， y)	x**y 运算后的值
sqrt(x)	返回数字 x 的平方根
max(x1， x2，...)	返回给定参数的最大值，参数可以为序列
min(x1， x2，...)	返回给定参数的最小值，参数可以为序列

单击“开始”菜单，打开 Python 3.7.4 Shell 软件，然后单击菜单栏中的“File/New File”命令，创建一个 Python 文件，并命名为“Python6−1.py”，然后输入如下代码：

```
import math    # 导入 math 标准库
print("-123 的绝对值：",abs(-123))
print("16.2 的上入整数：",math.ceil(16.2))
print("16.2 的下舍整数：",math.floor(16.2))
print("16.2 的四舍五入整数：",round(16.2))
print("e 的 3 次幂：",math.exp(3))
print("以 10 为基数的 1000 的对数：",math.log10(1000))
print("4 的 5 次方：",math.pow(4,5))
print("64 的平方根：",math.sqrt(64))
print("96、6、13、68 数中的最大数：",max(96,6,13,68))
print("96、6、13、68 数中的最小数：",min(96,6,13,68))
```

在这里需要说明的是，首先要导入 math 标准库，这样才可以使用该库中的函数，否则程序会报错。

单击菜单栏中的“Run/Run Module”命令或按下键盘上的“F5”，就可以运行程序代码，结果如图 6.1 所示。

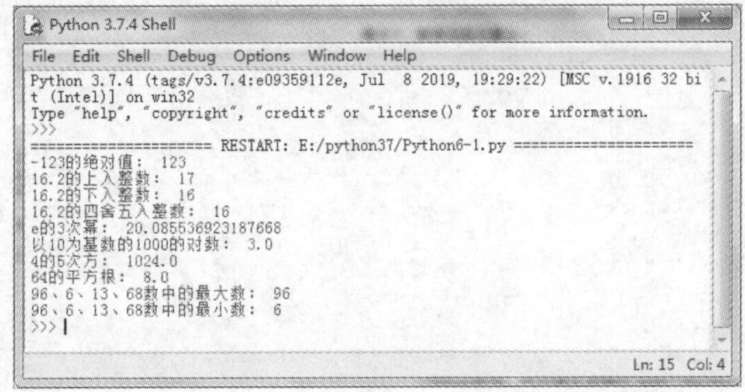

图 6.1　数学函数的应用

6.2.2 随机函数及应用

随机数可以用于数学、游戏、安全等领域中，还经常被嵌入到算法中，用于提高算法的效率，并提高程序的安全性。随机数函数及意义如表 6.2 所示。

表 6.2　随机数函数及意义

随机数函数	意义（返回值）
choice(seq)	从序列的元素中随机挑选一个元素
sample((seq,n)	从一个序列中随机选择 n 个元素，不改变原始序列
randint(a,b)	随机生成一个随机整数，该随机数在 [a，b] 范围内
uniform(x， y)	随机生成下一个浮点数，它在 [x，y] 范围内
randrange ([start，] stop [，step])	从指定范围内，按指定基数递增的集合中获取一个随机数，基数默认值为 1
random()	随机生成下一个实数，它在 [0，1) 范围内
seed([x])	改变随机数生成器的种子 seed。如果你不了解其原理，你不必特别去设定 seed，Python 会帮你选择 seed
shuffle(lst)	将序列的所有元素随机排序

单击“开始”菜单，打开 Python 3.7.4 Shell 软件，然后单击菜单栏中的“File/New File”命令，创建一个 Python 文件，并命名为“Python6-2.py”，然后输入如下代码：

```
import random   # 导入 radmom 标准库
print ("从一个列表中随机返回一个元素：", random.choice(['红色','蓝色','绿色','黄色']))
```

```
    print ("从一个元组中随机返回一个元素 : ", random.choice(('A级','B级','C级','D级','E级')))
    print ("从字符串中随机返回一个字符 : ", random.choice('Python!'))
    print()
    print ("从一个列表中随机返回两个元素 : ", random.sample(['红色','蓝色','绿色','黄色'],2))
    print ("从一个元组中随机返回三个元素 : ", random.sample(('A级','B级','C级','D级','E级'),3))
    print ("从字符串中随机返回四个字符 : ", random.sample('Python!',4))
    print()
    print("从1~100之间随机产生一个整数:",random.randint(1,100))
    print("从80~100之间随机产生一个整数:",random.randint(80,100))
    print()
    print("从1~100之间随机产生一个浮点数:",random.uniform(1,100))
    print("从80~100之间随机产生一个浮点数:",random.uniform(80,100))
    print()
    print("从1~100之间随机产生一个整数:",random.randrange(100))
    print("从1~99之间随机产生一个奇数:",random.randrange(1,99,2))
    print("从3~99之间随机产生一个3的倍数:",random.randrange(3,99,3))
    print()
    print("在0~1之间产生一个随机数:",random.random())
    print()
    random.seed()
    print("使用默认种子生成随机数:",random.random())
    random.seed(10)
    print("使用整数种子生成随机数:",random.random())
    random.seed("hello",2)
    print("使用字符串种子生成随机数:",random.random())
    print()
    list1 = [12,15,11,99,32,86,52,33]
    print("列表中原来的数据:",list1)
    random.shuffle(list1)
    print("随机排序列表后的数据 :",list1)
```

在这里需要说明的是，首先要导入 radmom 标准库，这样才可以使用该库中的函数，否则程序会报错。

单击菜单栏中的“Run/Run Module”命令或按下键盘上的“F5”，就可以运行程序代码，结果如图 6.2 所示。

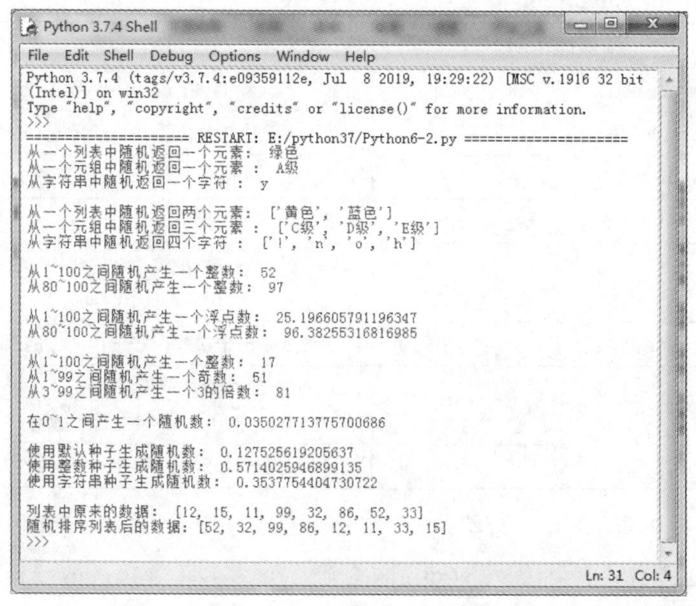

图 6.2 随机函数及应用

6.2.3 三角函数及应用

三角函数及意义如表 6.3 所示。

表 6.3 三角函数及意义

三角函数	意义（返回值）
acos(x)	返回 x 的反余弦弧度值
asin(x)	返回 x 的反正弦弧度值
atan(x)	返回 x 的反正切弧度值
atan2(y， x)	返回给定的 x 及 y 坐标值的反正切值
cos(x)	返回 x 的弧度的余弦值
hypot(x， y)	返回欧几里德范数 sqrt(x*x + y*y)
sin(x)	返回 x 弧度的正弦值
tan(x)	返回 x 弧度的正切值
degrees(x)	将弧度转换为角度
radians(x)	将角度转换为弧度

单击“开始”菜单，打开 Python 3.7.4 Shell 软件，然后单击菜单栏中的“File/New File”命令，创建一个 Python 文件，并命名为“Python6-3.py”，然后输入如下代码：

```
import math    # 导入 math 标准库
print ("acos(0.64) 的值是 : ", math.acos(0.64))
print ("acos(0) 的值是 : ",  math.acos(0))
print ("asin(-1) 的值是 : ",  math.asin(-1))
print ("asin(1) 的值是 : ",  math.asin(1))
print ("atan(0) 的值是 : ",  math.atan(0))
print ("atan(10) 的值是 : ",  math.atan(10))
print ("atan2(5, 5) 的值是 : ",  math.atan2(5,5))
print ("atan2(-10, 10) 的值是 : ",  math.atan2(-10,10))
print()
print ("cos(3) 的值是 : ",  math.cos(3))
print ("cos(-3)  的值是 : ",  math.cos(-3))
print ("hypot(3,  2) 的值是 : ",  math.hypot(3, 2))
print ("hypot(-3,  3) 的值是 : ",  math.hypot(-3, 3))
print ("sin(3) 的值是 : ",  math.sin(3))
print ("sin(-3) 的值是 : ",  math.sin(-3))
print ("(tan(3) 的值是 : ",  math.tan(3))
print ("tan(-3)  的值是 : ",  math.tan(-3))
print()
print ("degrees(3) 的值是 : ",  math.degrees(3))
print ("degrees(-3) 的值是 : ",  math.degrees(-3))
print ("radians(3) 的值是 : ",  math.radians(3))
print ("radians(-3) 的值是 : ",  math.radians(-3))
```

在这里需要说明的是，首先要导入 math 标准库，这样才可以使用该模块中的函数，否则程序会报错。

单击菜单栏中的“Run/Run Module”命令或按下键盘上的“F5”，就可以运行程序代码，结果如图 6.3 所示。

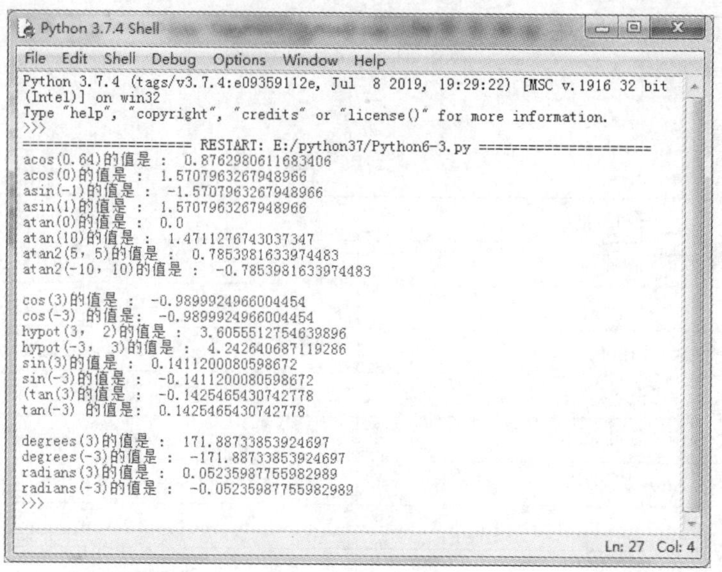

图 6.3　三角函数

6.2.4　字符串函数及应用

字符串函数及意义如表 6.4 所示。

表 6.4　字符串函数及意义

字符串函数	意义（返回值）
capitalize()	将字符串的第一个字符转换为大写
center(width, fillchar)	返回一个指定的宽度 width 居中的字符串，fillchar 为填充的字符，默认为空格
count(str, beg= 0, end=len(string))	返回 str 在 string 里面出现的次数，如果 beg 或者 end 指定则返回指定范围内 str 出现的次数
expandtabs(tabsize=8)	把字符串 string 中的 tab 符号转为空格，tab 符号默认的空格数是 8
find(str, beg= 0 end=len(string))	检测 str 是否包含在字符串中，如果指定范围 beg 和 end，则检查是否包含在指定范围内，如果包含返回开始的索引值，否则返回 -1
index(str, beg= 0, end=len(string))	与 find() 方法一样，只不过如果 str 不在字符串中会报一个异常
isalnum()	如果字符串至少有一个字符并且所有字符都是字母或数字则返回 True，否则返回 False
isalpha()	如果字符串至少有一个字符并且所有字符都是字母则返回 True， 否则返回 False
isdigit()	如果字符串只包含数字则返回 True，否则返回 False
isspace()	如果字符串中只包含空白则返回 True，否则返回 False
islower()	如果字符串中包含至少一个区分大小写的字符，并且所有这些（区分大小写的）字符都是小写则返回 True，否则返回 False

续表

字符串函数	意义（返回值）
isupper()	如果字符串中包含至少一个区分大小写的字符，并且所有这些（区分大小写的）字符都是大写则返回 True，否则返回 False
join(seq)	以指定字符串作为分隔符，将 seq 中所有的元素（的字符串表示）合并为一个新的字符串
len(string)	返回字符串长度
ljust(width[， fillchar])	返回一个原字符串左对齐，并使用 fillchar 填充至长度 width 的新字符串，fillchar 默认为空格
rjust(width，[， fillchar])	返回一个原字符串右对齐，并使用 fillchar(默认空格）填充至长度 width 的新字符串
lstrip()	截掉字符串左边的空格或指定字符
rstrip()	删除字符串末尾的空格
strip([chars])	在字符串上执行 lstrip() 和 rstrip()
max(str)	返回字符串 str 中最大的字母
min(str)	返回字符串 str 中最小的字母
replace(old， new [， max])	将字符串中的 str1 替换成 str2，如果 max 指定，则替换不超过 max 次
split(str=" "，num=string.count(str))	num=string.count(str)) 以 str 为分隔符截取字符串，如果 num 有指定值，则仅截取 num 个子字符串
splitlines([keepends])	按照行（'\r'， '\r\n'， \n'）分隔，返回一个包含各行作为元素的列表，如果参数 keepends 为 False，不包含换行符，如果为 True，则保留换行符
swapcase()	将字符串中的大写转换为小写，小写转换为大写
upper()	转换字符串中的小写字母为大写
lower()	转换字符串中所有大写字母为小写

单击“开始”菜单，打开 Python 3.7.4 Shell 软件，然后单击菜单栏中的“File/New File”命令，创建一个 Python 文件，并命名为“Python6-4.py”，然后输入如下代码：

```
str = "how are you?"
print ("将字符串的第一个字符转换为大写：", str.capitalize())
str = "www.baidu.com"
print ("指定的宽度 50 并且居中的字符串：", str.center(50, '*'))
str="www.qq.com"
sub='q'
print ("返回字符串中某字符出现的次数：", str.count(sub))
print()
str = "this is\tstring example....wow!!!"
print ("原始字符串：" , str)
print ("替换 \\t 符号：" , str.expandtabs())
print ("使用 16 个空格替换 \\t 符号：" , str.expandtabs(16))
print()
str1 = "I like python!"
str2 = "pyth";
print ("在 str1 字符串中查找 str2:",str1.find(str2))
print ("在 str1 字符串中查找 str2，从第 6 个字符开始：",str1.find(str2, 5))
print ("在 str1 字符串中查找 str2，从第 11 个字符开始：",str1.find(str2, 10))
```

```
print()
str = "qd2019"                                   # 字符串只有字母和数字
print (str.isalnum())
str = "www.163.com"                              # 字符串除了字母和数字，还有小数点
print (str.isalnum())
str = "python"                                   # 字符串只有字母
print (str.isalpha())
str = "www.baidu.com"                            # 字符串除了字母，还有别的字符
print (str.isalpha())
str = "123456"                                   # 字符串只有数字
print (str.isdigit())
str = "I like python!"
print (str.isdigit())
str = "GOOD,python"                              # 字符串有大写字母
print (str.islower())
str = "good,python"                              # 字符串只有小写字母
print (str.islower())
str = "       "                                  #字符串中只包含空白
print (str.isspace())
str = "I like python!"
print (str.isspace())
str = "I LIKE PYTHON"                            # 字符串只有大写字母
print (str.isupper())
str = "I Like Python!"
print (str.isupper())
print()
s1 = "-"
s2 = ""
seq = ("p", "y", "t", "h", "o", "n")             # 字符串序列
print (s1.join( seq ))
print (s2.join( seq ))
print()
str = "python"
print("字符串长度 :",len(str))                    # 字符串长度
l = [1,2,3,4,5]
print("列表元素个数 :",len(l))                    # 列表元素个数
print()
str = "I like python!"
print ("左对齐: ",str.ljust(50, '*'))
print ("右对齐: ",str.rjust(50, '*'))
print()
str = "     I like python!     "
print("删除字符串左边的空格: ",str.lstrip() )
print("删除字符串右边的空格: ",str.rstrip() )
print("删除字符串左右两边的空格: ",str.strip() )
print()
str = "python"
print ("最大字符 : " + max(str))
print ("最小字符 : " + min(str));
str = "www.qdlike.com"
print ("网站原来的网址: ", str)
print ("网站新的网址: ", str.replace("www.qdlike.com", "www.chinalike.com"))
str = "I like python!"
print (str.split( ))
print("ab c\n\nde fg\rkl\r\n".splitlines())
print()
str = "I like python!"
print ("将字符串中大写转换为小写，小写转换为大写 :",str.swapcase())
print ("转换字符串中的小写字母为大写 : ", str.upper())
print( "转换字符串中的大写字母为小写 : ",str.lower() )
```

单击菜单栏中的“Run/Run Module”命令或按下键盘上的“F5”，就可以运行程序代码，结果如图 6.4 所示。

```
Python 3.7.4 Shell
File Edit Shell Debug Options Window Help
>>>
==================== RESTART: E:/python37/Python6-4.py ====================
将字符串的第一个字符转换为大写:  How are you?
指定的宽度50并且居中的字符串:  *****************www.baidu.com******************
返回字符串中某字符出现的次数:  2

原始字符串:  this is    string example....wow!!!
替换 \t 符号:  this is string example....wow!!!
使用16个空格替换 \t 符号:  this is         string example....wow!!!

在str1字符串中查找str2: 7
在str1字符串中查找str2,从第6个字符开始: 7
在str1字符串中查找str2,从第11个字符开始: -1

True
False
True
False
True
False
False
True
True
False
True
False

p-y-t-h-o-n
python

字符串长度: 6
列表元素个数: 5

左对齐:  I like python!************************************
右对齐:  ************************************I like python!

删除字符串左边的空格:  I like python!
删除字符串右边的空格:        I like python!
删除字符串左右两边的空格:  I like python!

最大字符: y
最小字符: h
网站原来的网址:  www.qdlike.com
网站新的网址:  www.chinalike.com
['I', 'like', 'python!']
['ab c', '', 'de fg', 'kl']

将字符串中大写转换为小写，小写转换为大写: i LIKE PYTHON!
转换字符串中的小写字母为大写:  I LIKE PYTHON!
转换字符串中的大写字母为小写:  i like python!
Ln: 53 Col: 4
```

图 6.4　字符串函数

6.3　Python 的自定义函数

前面讲解了 Python 的内置函数，下面来讲解一下 Python 的自定义函数。

6.3.1　函数的定义

在 Python 中，自定义函数的规则如下：

第一，函数代码块以 def 关键词开头，后接函数标识符名称和圆括号 ()。

第二，任何传入参数和自变量必须放在圆括号中间，圆括号之间可以用于定义参数。

第三，函数的第一行语句可以选择性地使用文档字符串，用于存放函数说明。

第四，函数内容以冒号起始，并且缩进。

第五，return[表达式] 结束函数，选择性地返回一个值给调用方。不带表达式的 return 相当于返回 None。

自定义函数的一般格式如下：

```
def 函数名(参数列表):
    函数体
```

默认情况下，参数值和参数名称是按函数声明中定义的顺序匹配起来的。

下面定义一个简单函数，实现输出 Python，您好！，具体代码如下：

```
def  myprint() :
   print("Python, 您好! ")
```

下面再定义一个含有参数的函数，实现三角形的面积计算，具体代码如下：

```
def myarea(x1,x2):
    return 1/2*x1*x2
```

6.3.2 调用自定义函数

自定义函数后就可以调用函数。函数的调用很简单，下面举例说明。

单击“开始”菜单，打开 Python 3.7.4 Shell 软件，然后单击菜单栏中的“File/New File”命令，创建一个 Python 文件，并命名为“Python6-5.py”，然后输入如下代码：

```
def  myprint() :                                    # 自定义函数，实现输出 Python，您好！
   print("Hello,Python, 您好! ")
def myarea(x1,x2):                                  # 自定义函数，实现三角形的面积计算
    return 1/2*x1*x2
myprint()    # 调用自定义函数 myprint()
print()
# 调用自定义函数 myarea()
w = int(input(" 请输入三角形的底: "))
h = int(input(" 请输入三角形的高: "))
print(" 三角形的底 =", w, " 三角形的高 =", h, " 三角形的面积 =", myarea(w, h))
```

在上述代码中，先自定义函数，然后再调用函数。首先调用的是自定义函数 myprint()，然后利用 input() 输入三角形的底和高，然后调用 myarea() 函数，计算三角形的面积。

单击菜单栏中的“Run/Run Module”命令或按下键盘上的“F5”，就可以运行程序代码，先显示“Hello,Python, 您好！”并提醒“输入三角形的底”，如图 6.5 所示。

在这里输入“9”，然后回车，这时提醒“输入三角形的高”，如图 6.6 所示。

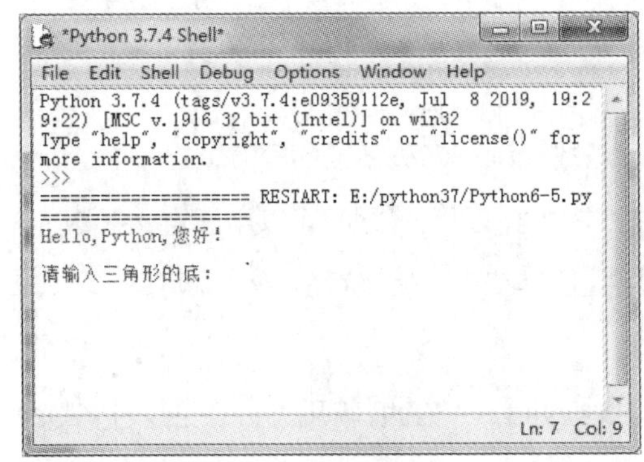

图 6.5 输入三角形的底

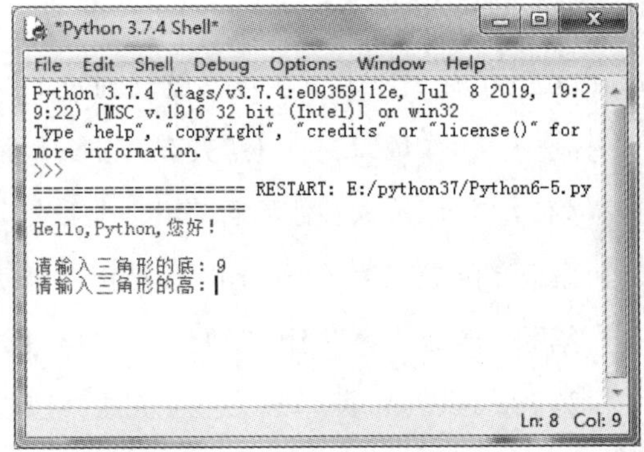

图 6.6 输入三角形的高

在这里输入“8”，然后回车，就可以看到三角形的面积，如图 6.7 所示。

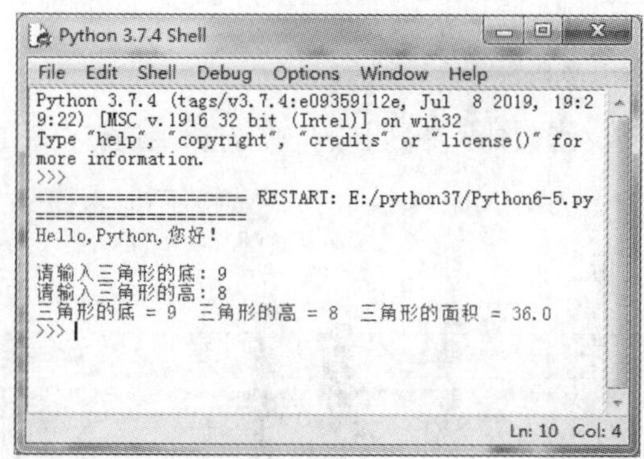

图 6.7 三角形的面积

6.3.3 函数的参数传递

在 Python 中，类型属于对象，变量是没有类型的，例如：

```
x = [10,22,36,48,57,69]
y = "python"
```

在上述代码中，[10,22,36,48,57,69] 是列表（list）类型，“Python”是字符串（String）类型，而变量 x 是没有类型，它仅仅是一个对象的引用（一个指针），可以是指向 List 类型对象，也可以是指向 String 类型对象。

1. 不可更改对象

在 Python 中，字符串（string），元组（tuple）和数值型（number）是不可更改对象。例如，变量赋值 a=6 后再赋值 a=18，这里实际是新生成一个 int 值对象 18，再让 a 指向它，而 6 被丢弃，不是改变 a 的值，相当于新生成了 a。

在 Python 函数的参数传递中，不可变对象类似 C++ 的值传递，如整数、字符串、元组。如 fun（a），传递的只是 a 的值，没有影响 a 对象本身。比如在 fun（a）内部修改 a 的值，只是修改另一个复制的对象，不会影响 a 本身。

单击“开始”菜单，打开 Python 3.7.4 Shell 软件，然后单击菜单栏中的“File/New File”命令，创建一个 Python 文件，并命名为“Python6-6.py”，然后输入如下代码：

```
def ChangeInt( a ):
    print("函数参数 a 的值：",a)                              #结果是 2
    a = 10
    print("函数参数重新赋值后的值：",a,"\n")                   #结果是 10
    return a
b = 2
print()
print("调用函数，并显示函数返回值：",ChangeInt(b))             #返回值是 10
print( "\n 变量 b 的值：",b )                                # 结果是 2
```

在这里可以看到，变量 b 首先赋值为 2，然后调用自定义函数 ChangeInt(b)，这时把

b 的值传给函数，所以自定义函数中的 a 就是传过来的值，是 2。

在自定义函数中，重新为变量 a 赋值为 10，这样 a 的值就为 10。所以函数的返回值是 a，即 return a，所以函数的返回值是 10。

需要注意的是，自定义函数外，参数 b 的值仍是原来的值，即 2。

单击菜单栏中的“Run/Run Module”命令或按下键盘上的“F5”，就可以运行程序代码，结果如图 6.8 所示。

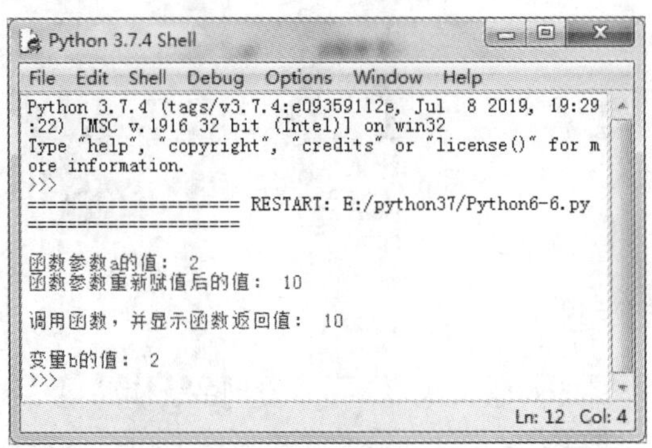

图 6.8　不可更改对象

2. 可更改对象

在 Python 中，列表 (list)、字典（dict）等是可以修改的对象。例如，变量赋值 la=[1,2,3,4] 后再赋值 la[2]=5，则是将列表 la 中的第三个元素值更改，本身 la 没有动，只是其内部的一部分值被修改了。

在 Python 函数的参数传递中，可变对象类似于 C++ 的引用传递，如列表、字典。如 fun（la），则是将 la 真正传过去，修改后 fun 外部的 la 也会受到影响。

> **提醒：** Python 中一切都是对象，严格意义不能说值传递还是引用传递，应该说传不可变更对象和传可变更对象。

单击“开始”菜单，打开 Python 3.7.4 Shell 软件，然后单击菜单栏中的“File/New File”命令，创建一个 Python 文件，并命名为“Python6-7.py”，然后输入如下代码：

```
def changeme( mylist1 ):
   print("函数参数 mylist1 的值：",mylist1)
   #修改传入的列表
   mylist1.append(['青色','黑色'])
   print ("函数内取值：", mylist1)
   return
mylist = ["红色","绿色","蓝色","黄色"]
print("列表最初数据信息：",mylist)
print()
#调用 changeme 函数
changeme( mylist )
print()
print ("函数外取值：", mylist)
```

传入函数的和在末尾添加新内容的对象用的是同一个引用，所以函数内取值和函数外取值是一样的。

单击菜单栏中的“Run/Run Module”命令或按下键盘上的“F5”，就可以运行程序代码，结果如图 6.9 所示。

```
Python 3.7.4 Shell
File  Edit  Shell  Debug  Options  Window  Help
Python 3.7.4 (tags/v3.7.4:e09359112e, Jul  8 2019, 19:29:22) [MSC v.1916 32 bit
(Intel)] on win32
Type "help", "copyright", "credits" or "license()" for more information.
>>>
===================== RESTART: E:/python37/Python6-7.py =====================
列表最初数据信息： ['红色', '绿色', '蓝色', '黄色']

函数参数mylist1的值： ['红色', '绿色', '蓝色', '黄色']
函数内取值： ['红色', '绿色', '蓝色', '黄色', ['青色', '黑色']]

函数外取值： ['红色', '绿色', '蓝色', '黄色', ['青色', '黑色']]
>>>
Ln: 11  Col: 4
```

图 6.9　可更改对象

6.3.4　函数的参数类型

调用函数时，可以使用的正式参数类型有 4 种，分别是必需参数、关键字参数、默认参数、不定长参数，如图 6.10 所示。

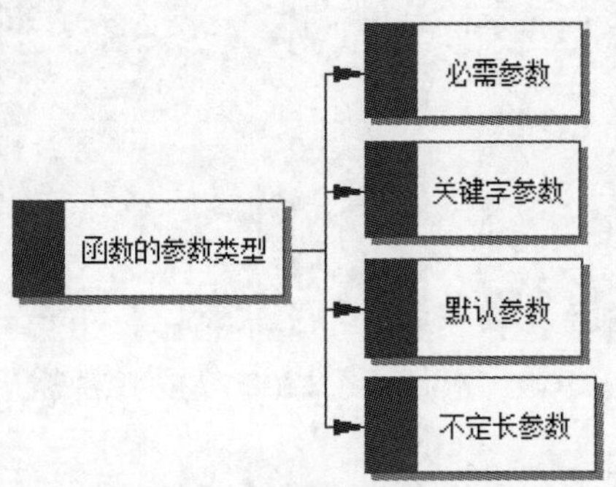

图 6.10　函数的参数类型

1. 必需参数

必需参数须以正确的顺序传入函数，并且调用时的数量必须和声明时的一样，下面举例说明。

单击“开始”菜单，打开 Python 3.7.4 Shell 软件，然后单击菜单栏中的“File/New File”命令，创建一个 Python 文件，并命名为“Python6-8.py”，然后输入如下代码：

```
def printme( str ):
   #打印任何传入的字符串
   print (str)
   return
#第一次调用 printme 函数，带有参数
```

```
printme("第一次调用函数！")
#第二次调用 printme 函数，没有参数
printme()
```

在这时可以看到，先定义一个含有必需参数的函数，第一次调用带有参数会正确显示；第二次调用函数时没有输入参数，就会显示报错信息。

单击菜单栏中的“Run/Run Module”命令或按下键盘上的“F5”，就可以运行程序代码，结果如图 6.11 所示。

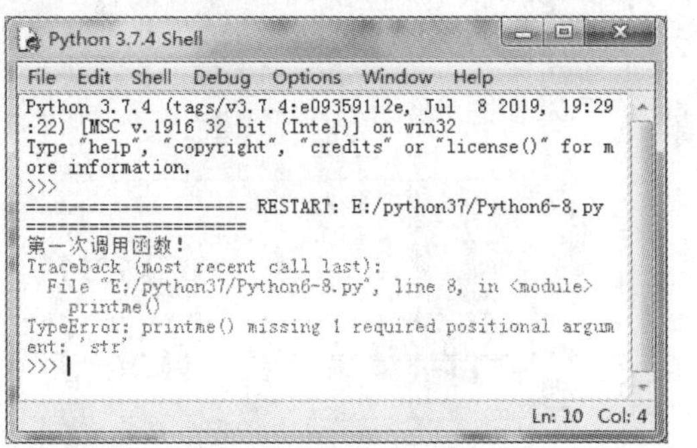

图 6.11　必需参数

2. 关键字参数

关键字参数和函数调用关系紧密，函数调用使用关键字参数来确定传入的参数值。

需要注意的是，使用关键字参数允许函数调用时参数的顺序与声明时不一致，因为 Python 解释器能够用参数名匹配参数值。

单击“开始”菜单，打开 Python 3.7.4 Shell 软件，然后单击菜单栏中的“File/New File”命令，创建一个 Python 文件，并命名为“Python6-9.py”，然后输入如下代码：

```
def printinfo( name, sex,age, score):
   #打印任何传入的字符串或数值
   print ("名字：", name)
   print ("性别：",   sex)
   print ("年龄：", age)
   print ("成绩：", score)
   return
 #调用 printinfo 函数
printinfo( age=9, name="赵杰",sex="男", score=89 )
```

单击菜单栏中的“Run/Run Module”命令或按下键盘上的“F5”，就可以运行程序代码，结果如图 6.12 所示。

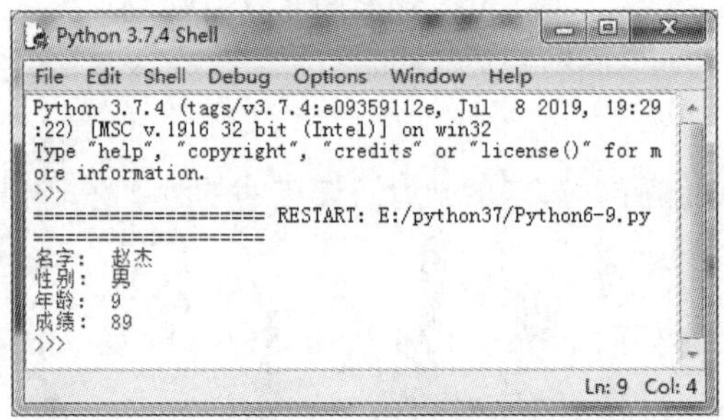

图 6.12　关键字参数

3. 默认参数

调用函数时，如果没有传递参数，则会使用默认参数。

单击“开始”菜单，打开 Python 3.7.4 Shell 软件，然后单击菜单栏中的“File/New File”命令，创建一个 Python 文件，并命名为“Python6-10.py”，然后输入如下代码：

```
def printinfo( name,score ,age = 13 ,sex = '女' ):
    print ("名字：", name)
    print ("性别：",   sex)
    print ("年龄：", age)
    print ("成绩：", score)
    return
 #第一次调用 printinfo 函数
printinfo( age=12, name="李红波",sex="男", score=97 )
print()
print ("*" * 30)
print()
#第二次调用 printinfo 函数
printinfo( name="张贺", score=85 )
```

需要注意的是，含有的默认参数要放在必需参数的后面，否则程序会报错。

第一次调用函数，用的是关键字参数；第二次调用函数用到了默认参数，即调用函数是没有传入 age 和 sex 数值，这样就采用默认参数值。

单击菜单栏中的“Run/Run Module”命令或按下键盘上的“F5”，就可以运行程序代码，结果如图 6.13 所示。

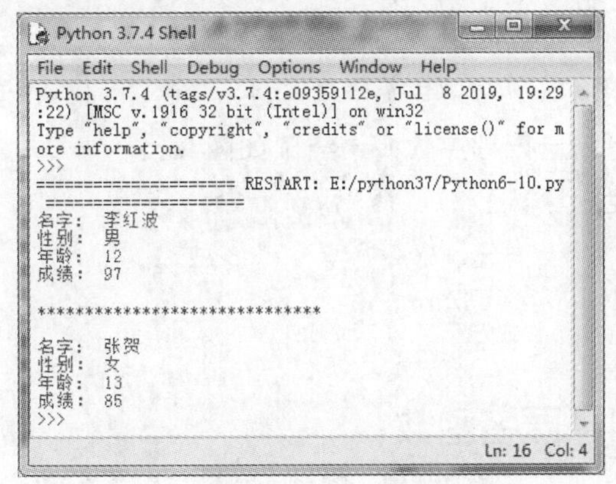

图 6.13　默认参数

4. 不定长参数

有时可能需要一个函数能处理比当初声明时更多的参数，这些参数叫作不定长参数，和上述 3 种参数不同，声明时不会被命名，基本语法如下：

```
def functionname([formal_args,] *var_args_tuple ):
    function_suite
    return [expression]
```

加了星号（*）的变量名会存放所有未命名的变量参数，如果在函数调用时没有指定参数，它就是一个空元组。

单击“开始”菜单，打开 Python 3.7.4 Shell 软件，然后单击菜单栏中的“File/New File”命令，创建一个 Python 文件，并命名为“Python6-11.py”，然后输入如下代码：

```
def printinfo( arg1, *vartuple ):
    "打印任何传入的参数"
    print ("必需参数的值：",arg1)
    print()
    if len(vartuple)==0 :
        print("没有可变参数传入")
```

```
    else:
        for var in vartuple:
            print ("可变参数的值：",var)
    return
 # 第一次调用printinfo 函数
printinfo( 80 );
print ("-----------------------")
#第二次调用printinfo 函数
printinfo( 120, 110, 40,90,50 )
```

在这里两次调用函数，第一次调用函数只传入必需参数，这样可变参数的变量的长度就为 0，即 len(vartuple)==0 成立，这样就会显示“没有可变参数传入”。

第二次调用函数传入 5 个参数，第一个参数是必需参数，其他 4 个参数是可变参数。这样 len(vartuple)==0 不成立，程序运行 else 语句内容，即通过 for 循环语句显示可变参数的值。

单击菜单栏中的“Run/Run Module”命令或按下键盘上的“F5”，就可以运行程序代码，结果如图 6.14 所示。

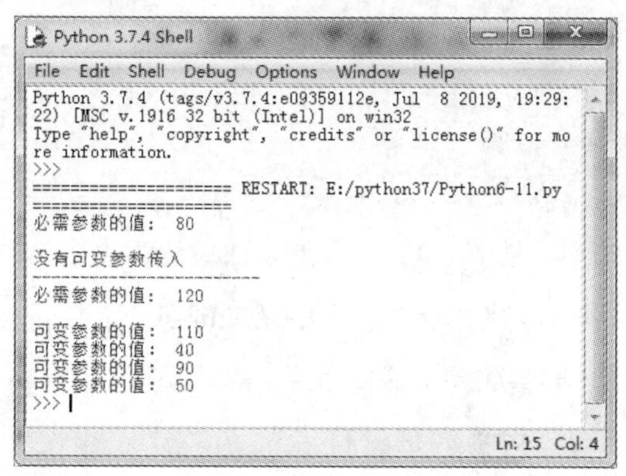

图 6.14　不定长参数

6.4 匿名函数

所谓匿名，就是不再使用 def 语句这样标准的形式定义一个函数。在 Python 中，使用 lambda 来创建匿名函数。匿名函数需要注意以下几点：

第一，lambda 只是一个表达式，函数体比 def 简单很多。

第二，lambda 的主体是一个表达式，而不是一个代码块。仅能在 lambda 表达式中封装有限的逻辑进去。

第三，lambda 函数拥有自己的命名空间，且不能访问自己参数列表之外或全局命名空间里的参数。

第四，虽然 lambda 函数看起来只能写一行，却不等同于 C 或 C++ 的内联函数，后者的目的是调用小函数时不占用栈内存从而提高运行效率。

lambda 函数的语法只包含一个语句，具体如下：

```
lambda [arg1 [,arg2,.....argn]]:expression
```

单击“开始”菜单，打开 Python 3.7.4 Shell 软件，然后单击菜单栏中的“File/New File”命令，创建一个 Python 文件，并命名为“Python6-12.py”，然后输入如下代码：

```
mylamb = lambda arg1, arg2, arg3, arg4 : arg1 * arg2 - arg3 / arg4
# 调用匿名函数 mylamb
print ("调用匿名函数，并返回运算值 : ", mylamb( 18, 32,126 ,64))
```

单击菜单栏中的“Run/Run Module”命令或按下键盘上的“F5”，就可以运行程序代码，结果如图 6.15 所示。

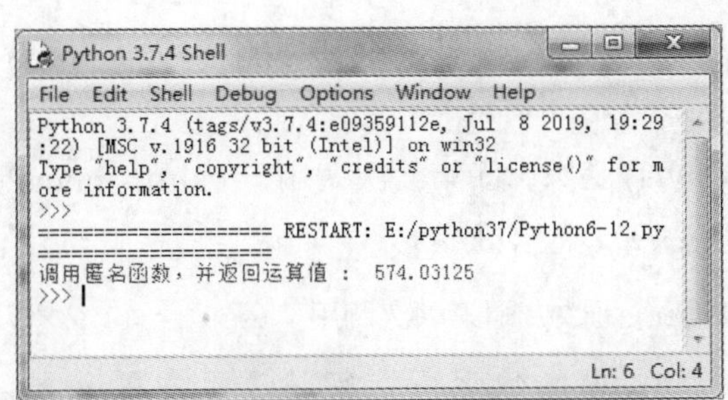

图 6.15 匿名函数

6.5 递归函数

一个函数在它的函数体内调用它自身称为递归调用，这种函数称为递归函数。执行递归函数将反复调用其自身，每调用一次就进入新的一层，当最内层的函数执行完毕后，再一层一层地由里到外退出。

单击“开始”菜单，打开 Python 3.7.4 Shell 软件，然后单击菜单栏中的“File/New File”命令，创建一个 Python 文件，并命名为“Python6-13.py”，然后输入如下代码：

```
# 定义递归函数 myn()
def  myn( n ) :
    if  n==0  or n==1 :
        result = 1
    else :
        result = myn(n-1) * n   # 递归调用
    return result
# 调用函数
print("递归函数的返回值: ",myn(8))
```

这里定义递归函数，然后在主函数中调用。主函数中传过来的参数是 8，即 n=8，下面来看一下如何递归调用。

第一次调用是 result=myn(8−1)×8=myn(7) ×8；

myn(7) 继续调用 myn() 函数，即第二次调用，result= myn(7−1) ×7×8= myn(6) ×7×8；

myn(6) 继续调用 myn() 函数，即第三次调用，result= myn(6−1) ×6×7×8= myn(5) ×6×7×8；

myn(5) 继续调用 myn() 函数，即第四次调用，result= myn(5−1) ×5 ×6×7×8= myn(4) ×5×6×7×8；

myn(4) 继续调用 myn() 函数，即第五次调用，result= myn(4−1) ×4×5 ×6×7×8= myn(3) ×4×5×6×7×8；

myn(3) 继续调用 myn() 函数，即第六次调用，result= myn(3−1) ×3×4×5 ×6×7×8= myn(2) ×3×4×5×6×7×8；

myn(2) 继续调用 myn() 函数，即第七次调用，result= myn(2−1) ×2×3×4×5 ×6×7×8= myn(1) ×2×3×4×5×6×7×8；

myn(1) 继续调用 myn() 函数，即第八次调用，result= 1×2×3×4×5 ×6×7×8；

经过八次调用后，myn() 函数运行结束，返回值为 result = 1×2×3×4×5 ×6×7×8=40320。

单击菜单栏中的“Run/Run Module”命令或按下键盘上的“F5”，就可以运行程序代码，结果如图 6.16 所示。

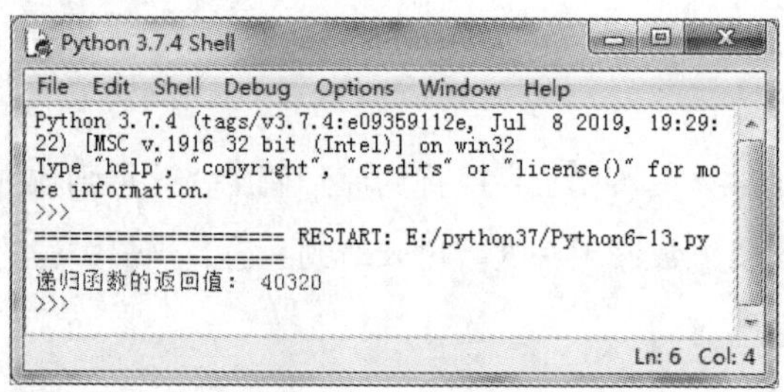

图 6.16 递归函数

6.6 实例：计算一个数为两个质数之和

质数又称素数，是指整数在一个大于 1 的自然数中，除了 1 和此整数自身外，没法被其他自然数整除的数。换句话说，只有两个正因数（1 和自己）的自然数即为质数。

单击“开始”菜单，打开 Python 3.7.4 Shell 软件，然后单击菜单栏中的“File/New File”命令，创建一个 Python 文件，并命名为“Python6-14.py”，首先自定义 myprime() 函数，判断一个数是不是质数，具体代码如下：

```
def myprime(n) :
    isprime = 1
```

```
    for i in range(2,int(n/2)+1) :
        if n % i ==0 :
            isprime = 0
            break
    return  isprime
```

自定义函数myprime(),有一个形式参数n,即判断这个n是不是素数,该如何判断呢?

就是让 n 除以 2、3、4……n/2，如果有任何一个除以后等于 0，那么此数就不是质数。如果不是质数，变量 isprime 为 0；如果是质数，变量为 isprime，该函数的返回值是 isprime。

接下来编写程序来调用 myprime() 函数，具体代码如下：

```
flag = 0
n = int(input("请输入一个正整数: "))
for i in range(2,int(n/2)+1) :
    #检测判断
    if  myprime(i) == 1 :
        #递归调用 myprime() 函数
        if myprime(n-i) ==1 :
            print(n,"=",i,"+",n-i)
            flag = 1
if flag == 0 :
    print(n,"不能分解为两个质数")
```

单击菜单栏中的“Run/Run Module”命令或按下键盘上的“F5”，就可以运行程序代码，提醒“请输入一个正整数”，在这里输入 72，然后回车，就可以看以到 72 由哪两个质数相加得到，结果如图 6.17 所示。

如果输入一个质数，如 17，这时提示信息如图 6.18 所示。

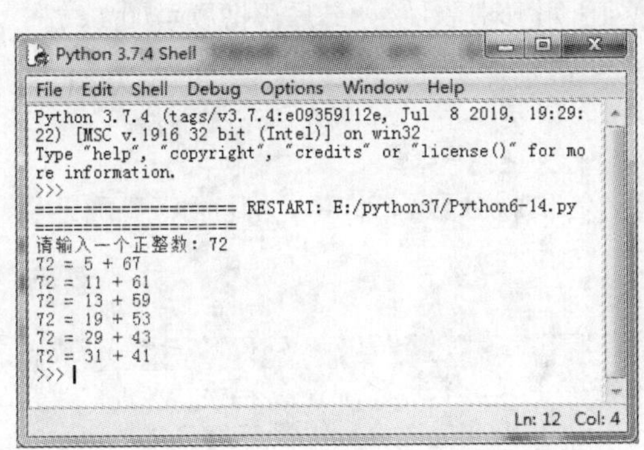

图 6.17　计算一个数为两个质数之和

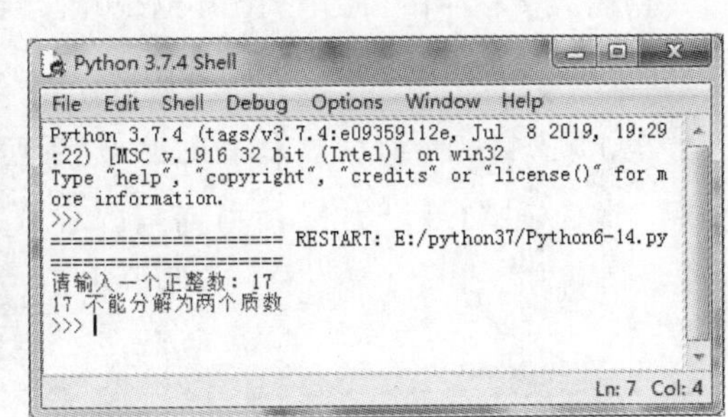

图 6.18　输入一个质数的提示信息

6.7　实例：利用内置函数实现小学四则运算

单击“开始”菜单，打开 Python 3.7.4 Shell 软件，然后单击菜单栏中的“File/New File”命令，创建一个 Python 文件，并命名为“Python6-15.py”，首先自定义

myprime() 函数，判断一个数是不是质数，具体代码如下：

```
import random                                         # 首先导入 random 标准库
print("小学四则运算测试（输入 8888 结束）：")
ops = ['+', '-', '*', '/']                            # 运算符
ans = ""                                              # 用户回答
i = 1                                                 # 统计题号
while ans != "8888":
    add1 = random.randint(10, 20)                     # 随机产生第一个数
    add2 = random.randint(10, 20)                     # 随机产生第二个数
    op = random.randint(0, 3)                         # 随机产生运算符
    eq = str(add1) + ops[op] + str(add2)              # 算式
    # eval() 函数，可以将字符串 str 当成有效的表达式来求值并返回计算结果
    val = eval(eq)                                    # 算式答案
    print("第 %d 题：%s=" %(i,eq) )                   # 显示提问问题
    ans = input("请答题，把正确答案写在其后：")         # 用户回答
    if ans == '8888':                                 # 退出循环
        break
    elif val == int(ans):                             # 正确
        print("你牛，你的回答正确！")
    else:                                             # 错误
        print("对不起，你的回答错误！正确答案是：%d" % val)
    i = i +1                                          # 题号加 1
    print()
```

首先导入 random 标准库，然后定义三个变量，分别是用来存放运算符、用户回答、统计题号。接着 while 循环，进行循环出题，只有输入“8888”程序才会结束。

在循环语句中，首先随机产生两个数和一个运算符，然后调用 eval() 函数，将字符串当成有效的表达式来求值并返回计算结果。接着显示提问问题，再利用 input() 函数。如果回答“8888”，退出循环；如果回答正确，就会显示“你牛，你的回答正确！”；如果回答错语，就会显示“对不起，你的回答错误！正确答案是几”，最后再把题号加 1。

单击菜单栏中的“Run/Run Module”命令或按下键盘上的“F5”，就可以运行程序代码，就会看到第 1 题，如图 6.19 所示。

第 1 题：11+15=，在这里输入 26，然后回车，这时就会显示“你牛，你的回答正确！”，然后自动显示第 2 题，如图 6.20 所示。

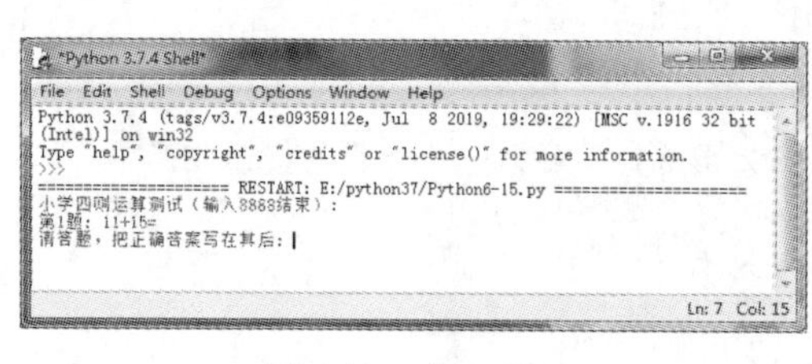

图 6.19　第 1 题

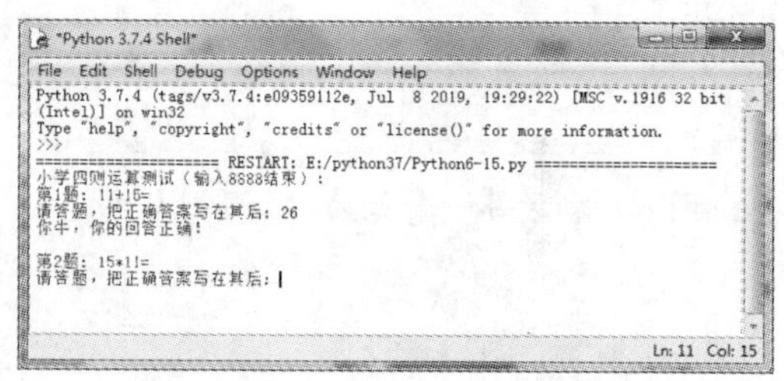

图 6.20　回答正确提示信息

第 2 题：15*11=，在这里输入 155，然后回车，这时就会显示“对不起，你回答错误！正确答案是：165”，然后自动显示第 3 题，如图 6.21 所示。

就这样，只要不输入“8888”，计算机就会无限出题。输入“8888”，程序就会结束，

如图 6.22 所示。

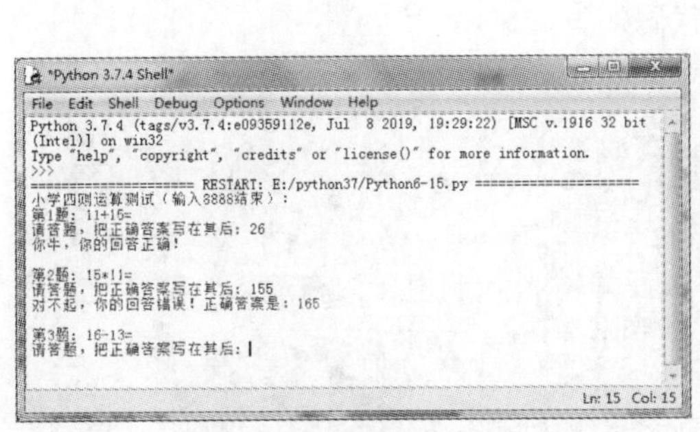

图 6.21 回答错误提示信息

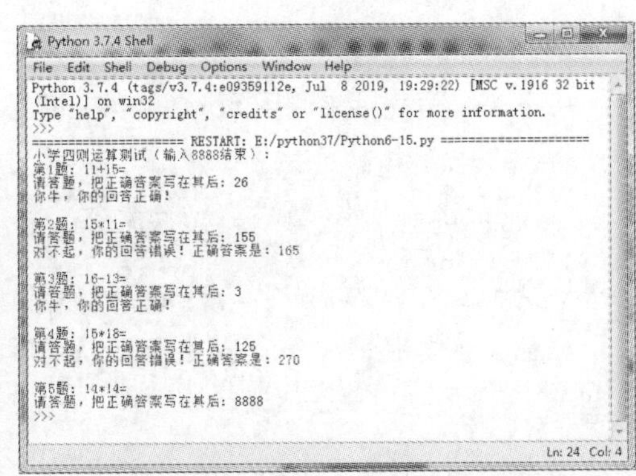

图 6.22 输入“8888”程序结束

6.8 实例：利用递归函数解决年龄问题

许多人按年龄大小从左到右坐在一起，其中相邻的两个人相差 2 岁。假设最右边的人为 1，则第 n−1 个人与第 n 个人的年龄相差 2 岁。如果最右边人的年龄为 10 岁，问第 n 个人的年龄为几岁。

下面编写 Python 代码解决年龄问题。

年龄问题是一个递归问题。假如要求第 5 个人的年龄，必须先知道第 4 个人的年龄，显然第 4 个人的年龄也是未知的，但可以由第 3 个人的年龄推算出来。而想知道第 3 个人的年龄又必须先知道第 2 个人的年龄，第 2 个人的年龄则取决于第 1 个人的年龄。

又已知每个人的年龄都比其前一个人的年龄大 2，因此根据题意，可得到如下几个表达式：

```
age(5)=age(4)+2
age(4)=age(3)+2
age(3)=age(2)+2
age(2)=age(1)+2
age(1)=10
```

归纳上面 5 个表达式，用数学公式表达出来为：

```
age(n)=age(n-1)+2
```

单击“开始”菜单，打开 Python 3.7.4 Shell 软件，然后单击菜单栏中的“File/New File”命令，创建一个 Python 文件，并命名为“Python6-16.py”，首先自定义 age() 函数，实现递归调用，具体代码如下：

```
def age(n) :
    if n == 1 :
```

```
        x = 10
    else :
        x = age(n-1) +2   #递归调用函数
    return x
```

接下来编写程序来调用 age() 函数，具体代码如下：

```
while True :
    n = int(input("\n 请输入 n 的值: "))
    if n == 0 :    # 如果输入 0，程序结束
        break
    print("第",n,"个人的年龄是：",age(n))
```

注意：这里定义是一个无限循环，这样可以反复输入 n 的值，只有输入 0 时，程序才会结束。

单击菜单栏中的“Run/Run Module”命令或按下键盘上的“F5”，就可以运行程序代码，提醒“输入 n 的值”， 在这里输入 12，然后回车，就可以看到第 12 个人的年龄，如图 6.23 所示。

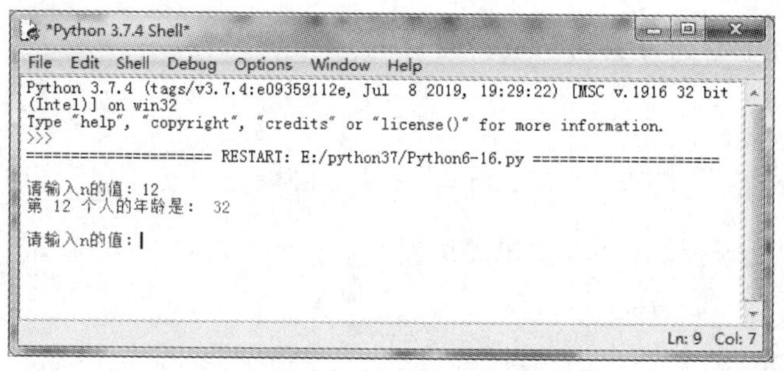

图 6.23　第 12 个人的年龄

这时又提醒“输入 n 的值”，假如输入 16，就可以看到第 16 个人的年龄，然后又提醒“输入 n 的值”。总之，只要不输入 0，就可以反复输入 n 的值，一旦输入 0，然后回车，程序结束，如图 6.24 所示。

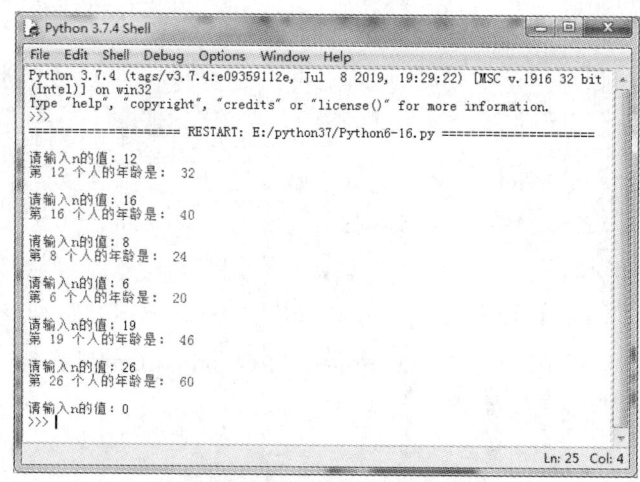

图 6.24　程序运行效果

第 7 章

Python 的面向对象程序设计

面向对象程序设计更有利于人们开拓思维，在具体的开发过程中便于程序的划分，方便程序员分工合作，提高开发效率。

本章主要内容包括：

- ➢ 类和对象
- ➢ 面向对象程序设计的优点和特点
- ➢ 类的定义和对象的创建
- ➢ 类的构造方法和 self 参数
- ➢ 类的继承
- ➢ 类的多态
- ➢ 模块的自定义和调用
- ➢ 标准模块和 import 语句
- ➢ Python 的自定义包
- ➢ 在自定义包创建模块并调用

7.1 初识面向对象

面向对象编程是当今主流的程序设计思想，已经取代了过程化程序开发技术。Python 从设计之初就已经是一门面向对象的语言，所以在 Python 中创建一个类和对象是很容易的。

7.1.1 什么是对象

对象是人们要进行研究的任何事物，从最简单的整数到复杂的飞机等均可看作对象，它不仅能表示具体的事物，还能表示抽象的规则、计划或事件。

对象具有状态，一个对象用数据值来描述它的状态。对象还有操作，用于改变对象的状态，对象及其操作就是对象的行为。对象实现了数据和操作的结合，使数据和操作封装于对象的统一体中。

7.1.2 什么是类

具有相同特性（数据元素）和行为（功能）的对象的抽象就是类。因此，对象的抽象是类，类的具体化就是对象，也可以说类的实例是对象，类实际上就是一种数据类型。

类具有属性，它是对象状态的抽象，用数据结构来描述类的属性。类具有操作，它是对象行为的抽象，用操作名和实现该操作的方法来描述。

7.1.3 面向对象程序设计的优点

面向对象程序设计的优点有三点，分别是可重用性、可扩展性和可管理性，如图 7.1 所示。

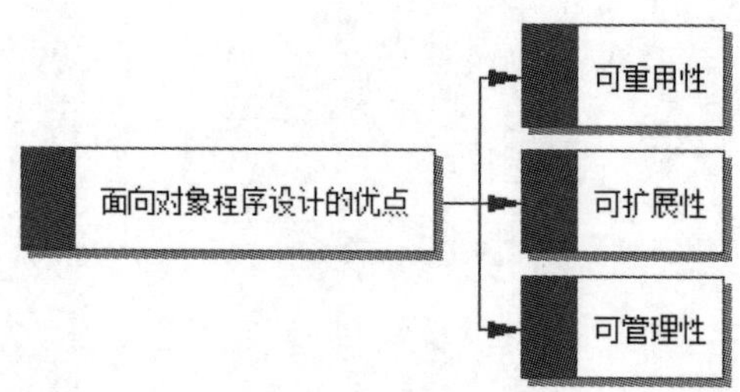

图 7.1　面向对象程序设计的优点

1. 可重用性

可重用性是面向对象软件开发的核心思路，提高了开发效率。面向对象程序设计的抽象、继承、封装和多态四大特点都围绕这个核心。

2. 可扩展性

可扩展性使面向对象设计脱离了基于模块的设计，便于软件的修改。

3. 可管理性

可管理性能够将功能与数据结合，方便管理。

7.1.4 面向对象程序设计的特点

面向对象程序设计的特点有 4 项，分别是抽象、继承、封装和多态，如图 7.2 所示。

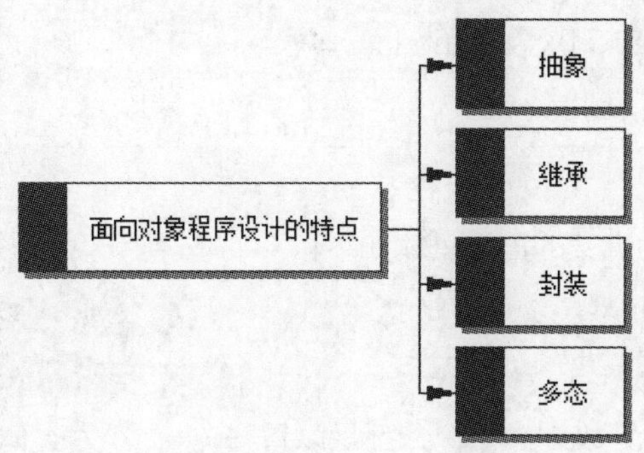

图 7.2 面向对象程序设计的特点

1. 抽象

抽象是很容易理解的。例如，当您开车时，您不必关心汽车的内部工作情况。您所关心的是通过方向盘、刹车踏板、油门踏板等接口与汽车进行交互。在这里，您对汽车的知识是抽象的。

在面向对象程序设计中，抽象是只定义数据和程序的过程，而隐藏实现细节。更简单地说，抽象是隐藏不相关的信息，或者只显示相关信息，并通过将其与现实世界中类似的东西进行比较来简化它。

类实现了对象的数据（即状态）和行为的抽象。

2. 继承

继承是子类自动继承父类数据结构和方法的机制，这是类之间的一种关系。在定义和实现一个类的时候，可以在一个已经存在的类的基础上来进行，把这个已经存在的类所定义的内容作为自己的内容，并加入若干新的内容。

3. 封装

封装是将代码及其处理的数据绑定在一起的一种编程机制，该机制保证了程序和数据都不受外部干扰且不被误用。封装的目的在于保护信息。

4. 多态

在 Python 中，变量并没有声明类型，因此同一个变量完全可以在不同的时间引用不同的对象。当同一个变量在调用同一个方法时，完全可能呈现出多种行为（具体呈现出哪种行为由该变量所引用的对象来决定），这就是多态。

7.2 类的定义和对象的创建

下面来看一下类的定义和对象的创建。

7.2.1 类的定义

在 Python 中，类的定义的语法具体如下：

```
class 类名:
    零个到多个类变量
    零个到多个方法
```

Python 的类定义与函数定义相似，都是以冒号（:）作为类体的开始，以统一缩进的部分作为类体。区别只是函数定义使用 def 关键字，而类定义则使用 class 关键字。类名只要是一个合法的标识符即可。

类中各成员之间的定义顺序没有任何影响，各成员之间可以相互调用。

Python 类所包含的最重要的两个成员就是变量和方法，变量用于定义该类本身所包含的状态数据；方法则用于定义该类的对象的行为或功能的实现。

```
class MyClass:
    age = 36          #定义类变量
    name = "周文静"
    love = ["跳舞","唱歌","运动"]
    def myfun(self):     #定义类方法
        return "hello world!"
```

7.2.2 对象的创建

类定义成功后，就可以创建对象，下面举例说明。

单击“开始”菜单，打开 Python 3.7.4 Shell 软件，然后单击菜单栏中的“File/New File”命令，创建一个 Python 文件，并命名为“Python7-1.py”，然后输入如下代码：

```
class MyClass:
```

```
        age = 36          #定义类变量
        name = "周文静"
        love = ["跳舞","唱歌","运动"]
        def myfun(self):    #定义类方法
            return "hello world!"
    #创建对象
    myc = MyClass()
    #访问类的属性和方法
    print("MyClass 类的属性 age,即年龄为：", myc.age)
    print("MyClass 类的属性 name,即姓名为：", myc.name)
    print("MyClass 类的属性 love,即爱好为：", myc.love)
    print("\n MyClass 类的方法 myfun 输出为：", myc.myfun())
```

在这里可以看出，首先定义类，类名 MyClass，该类有三个类变量和一个类方法，类变量分别为 age、name 和 love，类方法为 myfun()。接着创建类对象，这样就可以调用类的属性和方法，最后利用 print() 函数来显示。

单击菜单栏中的“Run/Run Module”命令或按下键盘上的“F5”，就可以运行程序代码，结果如图 7.3 所示。

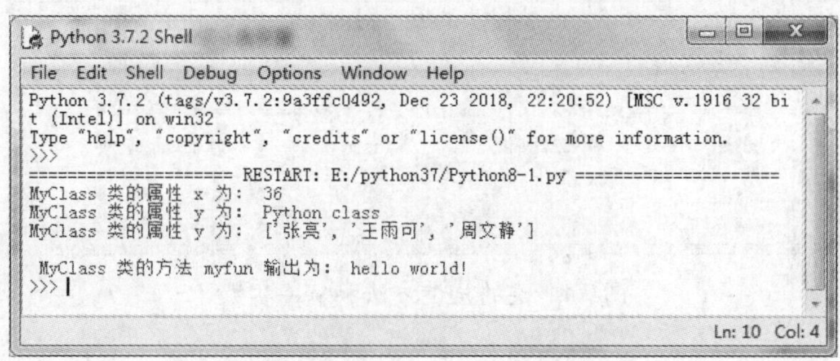

图 7.3　类定义与对象的创建

7.3　类的构造方法和 self 参数

很多类都倾向于将对象创建为有初始状态的。因此类可能会定义一个名为 __init__() 的特殊方法（构造方法），具体代码如下：

```
    def __init__(self):
        self.data = []
```

如果类定义了 __init__() 方法，那么类的实例化操作会自动调用 __init__() 方法。当然，__init__() 方法可以有参数，参数通过 __init__() 传递到类的实例化操作上。

类的方法与普通的函数只有一个区别，即它们必须有一个额外的第一个参数名称，按照惯例它的名称是 self。self 代表的是类的实例，代表当前对象的地址；而 self.class 则指向类。

单击“开始”菜单，打开 Python 3.7.4 Shell 软件，然后单击菜单栏中的“File/New File”命令，创建一个 Python 文件，并命名为“Python7-2.py”，然后输入如下代码：

```
class Complex:
    #定义类的特殊方法，即构造方法
    def __init__(self, realpart, imagpart):
        self.k = realpart
        self.i = imagpart
    #定义类的方法
    def prt(self):
        print("self 代表的是类的实例，代表当前对象的地址 :",self)
        print("self.class 指向类 :",self.__class__)
x = Complex(85.3, 75)   #实例化类
print(x.k,"\t",x.i)
x.prt()
```

单击菜单栏中的“Run/Run Module”命令或按下键盘上的“F5”，就可以运行程序代码，结果如图 7.4 所示。

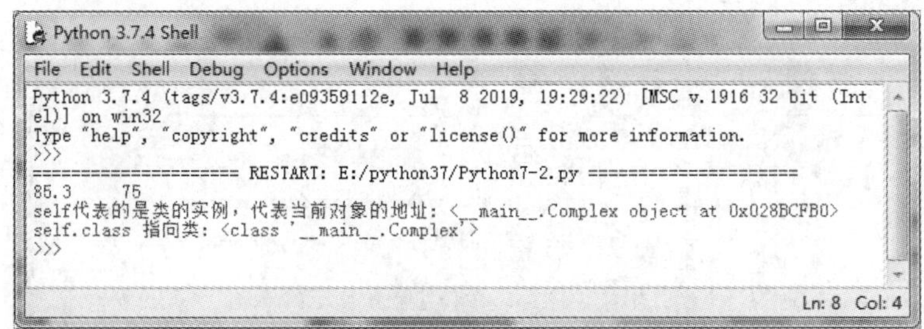

图 7.4　类的构造方法和 self 参数

7.4　类的继承

继承是面向对象编程技术的一块基石，因为它允许创建分等级层次的类。继承就是子类继承父类的特征和行为，使得子类对象（实例）具有父类的实例域和方法，或子类从父类继承方法，使得子类具有父类相同的行为。

7.4.1　类继承的语法格式

Python 子类继承父类的语法是在定义子类时，将多个父类放在子类之后的圆括号里，其语法格式如下：

```
class  子类名 ( 父类 )
    #子类定义部分
```

如果在定义一个 Python 类时并未显式指定这个类的直接父类，则这个类默认继承 object 类。因此，object 类是所有类的父类，要么是其直接父类，要么是其间接父类。

实现继承的类被称为子类，被继承的类被称为父类（也被称为基类、超类）。父类和子类的关系是一般和特殊的关系。例如水果和苹果的关系，苹果继承了水果，苹果是水果的子类，则苹果是一种特殊的水果。

7.4.2 类继承实例

单击“开始”菜单，打开 Python 3.7.4 Shell 软件，然后单击菜单栏中的“File/New File”命令，创建一个 Python 文件，并命名为“Python7-3.py”，然后输入如下代码：

```
#类定义
class people:
    #定义基本属性
    name = ''
    age = 0
    #定义私有属性，私有属性在类外部无法直接进行访问
    __weight = 0
    #定义构造方法
    def __init__(self,n,a,w):
        self.name = n
        self.age = a
        self.__weight = w
    #定义 speak 方法
    def speak(self):
        print("%s 说：我 %d 岁。" %(self.name,self.age))

#单继承类
class student(people):
    grade = ''
    def __init__(self,n,a,w,g):
        #调用父类的构造函数
        people.__init__(self,n,a,w)
        self.grade = g
    #覆写父类的方法
    def speak(self):
          print("%s 说：我 %d 岁了，我在读 %d 年级。"%(self.name,self.age,self.
grade))
#利用 input() 函数动态输入学生的信息
sname = input("请输入学生的姓名：")
sage  = int(input("请输入学生的年龄："))
sweight = int(input("请输入学生的体重："))
sgrade = int(input("请输入学生所在的年级："))
s = student(sname,sage,sweight,sgrade)    #类的实例化
s.speak()      #调用类中的方法
```

在这里，先定义 people 类，类中有两个基本属性（name 和 age）和一个私有属性（__weight），类中有两个方法，即类的构造方法和 speak() 方法；在继承类（子类 student）中，定义一个属性（grade），定义两个方法，即子类的构造方法和子类的 speak() 方法，这样在调用时，就会覆写父类（people）的 speak() 方法。

最后就是子类 student 实例化，再调用子类的 speak() 方法。

单击菜单栏中的“Run/Run Module”命令或按下键盘上的“F5”，就可以运行程序代码，提醒你请输入学生的姓名，如图 7.5 所示。

在这里输入“赵文龙”，然后回车；又可以输入学生的年龄，在这里输入“10”，然

后回车；又可以输入学生的体重，在这里输入“36”，然后回车；又可以输入学生所在的年级，在这里输入“4”，如图 7.6 所示。

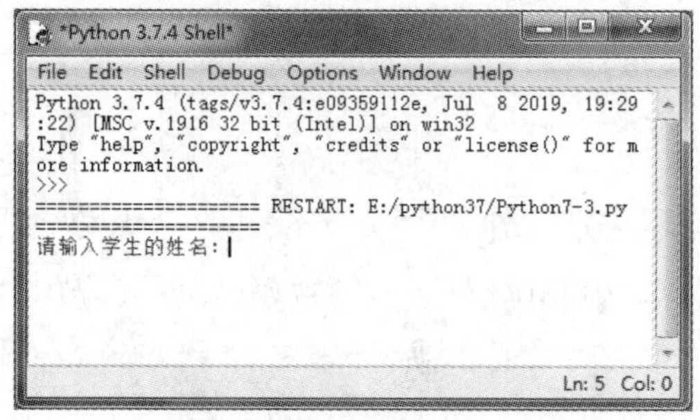

图 7.5　输入学生的姓名

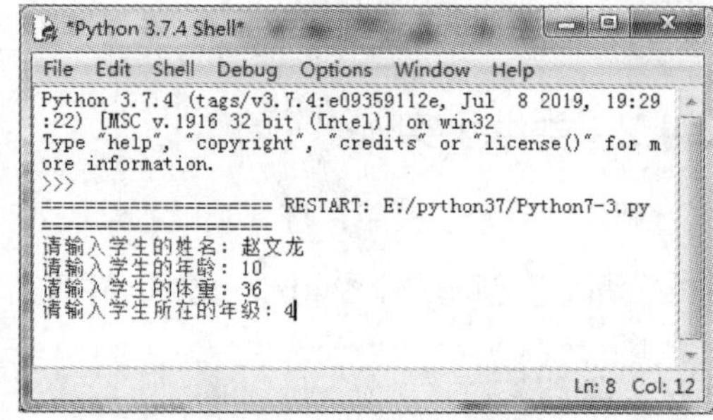

图 7.6　输入学生的基本信息

正确输入学生的基本信息后，回车，就可以看到学生的自我介绍，注意这里没有说体重（因为 __weight 是私有属性），如图 7.7 所示。

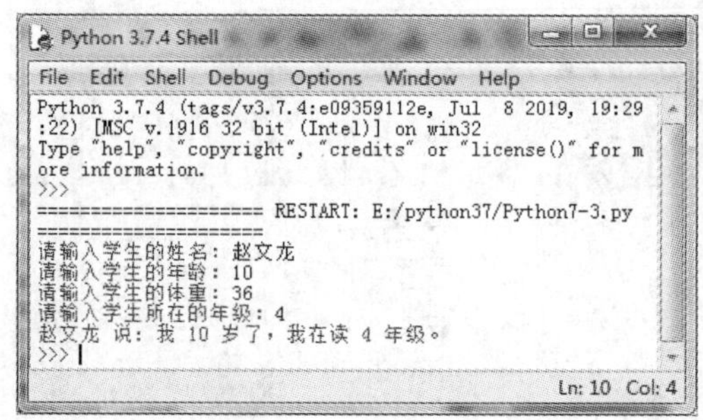

图 7.7　学生的自我介绍

7.4.3　类的多继承

Python 同样有限地支持多继承形式。

```
class  子类名 （父类 1, 父类 2……)
    #子类定义部分
```

单击“开始”菜单，打开 Python 3.7.4 Shell 软件，然后单击菜单栏中的“File/New File”命令，创建一个 Python 文件，并命名为“Python7-4.py”，然后输入如下代码：

```
#类定义
class people:
    #定义基本属性
    name = ''
    age = 0
    #定义私有属性，私有属性在类外部无法直接进行访问
    __weight = 0
    #定义构造方法
    def __init__(self,n,a,w):
        self.name = n
        self.age = a
        self.__weight = w
```

```
        def speak(self):
            print("%s 说： 我 %d 岁。" %(self.name,self.age))
    #单继承
    class student(people):
        grade = ''
        def __init__(self,n,a,w,g):
            #调用父类的构造函数
            people.__init__(self,n,a,w)
            self.grade = g
        #覆写父类的方法
        def speak(self):
              print("%s 说： 我 %d 岁了，我在读 %d 年级"%(self.name,self.age,self.
grade))
    #另一个类，多重继承之前的准备
    class speaker():
        topic = ''
        name = ''
        def __init__(self,n,t):
            self.name = n
            self.topic = t
        def speak(self):
            print("我叫 %s，我是一个演说家，我演讲的主题是 %s"%(self.name,self.topic))
    #多重继承
    class sample(speaker,student):
        a =''
        def __init__(self,n,a,w,g,t):
            student.__init__(self,n,a,w,g)
            speaker.__init__(self,n,t)
    test = sample("周文涛",15,70,7,"Python 编程！ ")
    test.speak()    #方法名同，默认调用的是在括号中排前的父类的方法
```

在这里，先定义了三个类，分别是 people 类、student 类、speaker 类，其中 student 类是 people 类的子类，需要注意的是，三个类中都有 speak() 方法。

然后定义 sample 类，sample 类是多重继承，既是 student 类的子数，同时也是 speaker 类的子数。sample 类定义了一个类变量，即 a；定义一个构造方法，在构造方法中调用了父类 student 的构造方法和父类 speaker 的构造方法。

最后，sample 类实例化，再调用 speak() 方法。需要注意的是，由于 people 类、student 类、speaker 类中都有 speak() 方法，默认情况下，调用的是在括号中排前的父类的方法，即 speaker 类中的 speak() 方法。

单击菜单栏中的“Run/Run Module”命令或按下键盘上的“F5”，就可以运行程序代码，结果如图 7.8 所示。

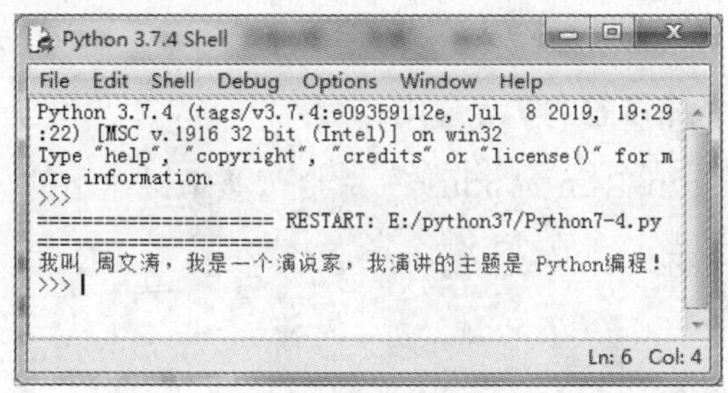

图 7.8　多继承

7.5 类的多态

多态是一种非常灵活的编程机制，下面来看一下 Python 编程中的多态。

单击“开始”菜单，打开 Python 3.7.4 Shell 软件，然后单击菜单栏中的“File/New File”命令，创建一个 Python 文件，并命名为“Python7-5.py”，然后输入如下代码：

```
class Canvas:
    def draw_pic(self, shape):
        print('\n-- 开始绘图 --')
        shape.draw(self)
class Rectangle:
    def draw(self, canvas):
        print(' 即开始绘制矩形 ' )
class Triangle:
    def draw(self, canvas):
        print(' 即开始绘制三角形 ')
class Circle:
    def draw(self, canvas):
        print(' 即开始绘制圆形 ')
class Line:
    def draw(self, canvas):
        print(' 即开始绘制直线 ')
class Arc:
    def draw(self, canvas):
        print(' 即开始绘制圆弧 ')
c = Canvas()
# 传入 Rectangle 参数，绘制矩形
c.draw_pic(Rectangle())
# 传入 Triangle 参数，绘制三角形
c.draw_pic(Triangle())
# 传入 Circle 参数，绘制圆形
c.draw_pic(Circle())
# 传入 Line 参数，绘制直线
c.draw_pic(Line())
# 传入 Line 参数，绘制圆弧
c.draw_pic(Arc())
```

类 Canvas 的 draw_pic() 方法需要传入一个 shape 参数，该方法就是调用 shape 参数的 draw() 方法将自己绘制到画布上。

Canvas 的 draw_pic() 传入的参数对象只要带一个 draw() 方法就行，至于该方法具有何种行为（到底执行怎样的绘制行为），这与 draw_pic() 方法是完全分离的，这就为编程增加了很大的灵活性。

接下来定义了 5 个图形类，并为它们都提供了 draw() 方法，这样它们就能以不同的行为绘制在画布上，这就是多态的实际应用。

单击菜单栏中的“Run/Run Module”命令或按下键盘上的“F5”，就可以运行程序代码，结果如图 7.9 所示。

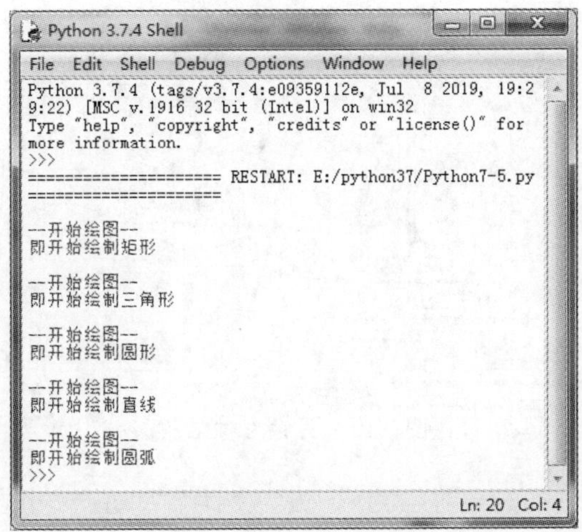

图 7.9　类的多态

7.6　模块

模块是一个包含所有定义的函数和变量的文件，其后缀名是 .py。模块可以被别的程序引入，以使用该模块中的函数等功能。

7.6.1　Python 中的自定义模块

模块的自定义方法与 Python 文件的创建是一样的，但在保存时一定要保存到 Python 的当前目录下，这样就可以直接调用，下面举例来说明。

单击“开始”菜单，打开 Python 3.7.4 Shell 软件，然后单击菜单栏中的“File/New File”命令，创建一个 Python 文件，然后输入如下代码：

```
def print_func( par ):
    print ("您好，调用了模块 (mymodule) 中的 print_func 函数：", par)
    return
def fib(n):                                    # 定义到 n 的斐波那契数列
    a, b = 0, 1
    while b < n:
        print(b, end=' ')                      # 不换行输出
        a, b = b, a+b
    print()                                    # 输出一个空行
```

在上述代码中，定义了两个函数，分别是 print_func() 和 fib()。

下面来保存文件。单击菜单栏中的“File/Save as”命令，弹出“另存为”对话框，如图 7.10 所示。

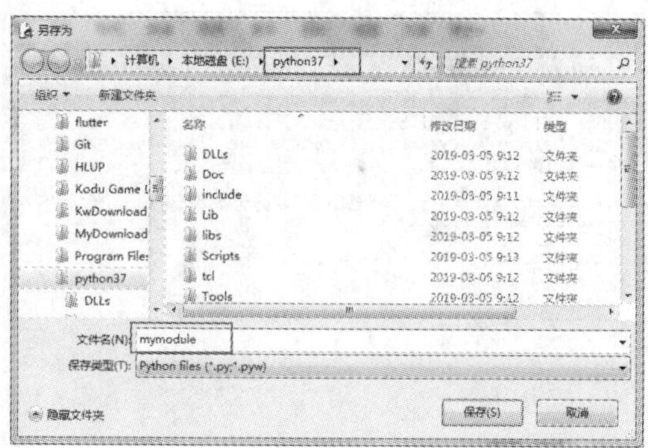

图 7.10　另存为对话框

在这里保存在 Python 的当前目录下，设置文件名为 mymodule，然后单击“保存”按钮，这样自定义模块就完成了。

7.6.2　自定义模块的调用

要调用自定义模块，首先是导入自定义模块，然后就可以调用了。

单击“开始”菜单，打开 Python 3.7.4 Shell 软件，如果直接调用模块中的函数，即直接输入 mymodule.fib(200)，然后回车，就会报错，如图 7.11 所示。

在这里可以看到，报错是“name ‘mymodule’ is not defined”，即 mymodule 没有定义，原因在于调用之前没有导入该模块。

输入 import mymodule，然后回车，就会导入 mymodule 模块，然后就可以调用模块中的 fib()，接着输入 mymodule.fib(200)，回车，就可以看到输出结果，如图 7.12 所示。

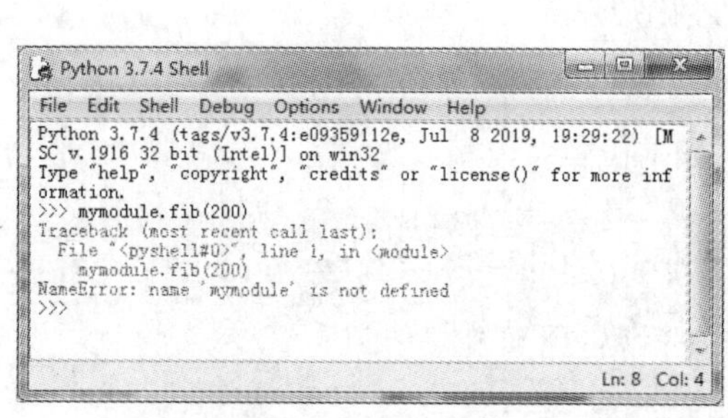

图 7.11　报错信息

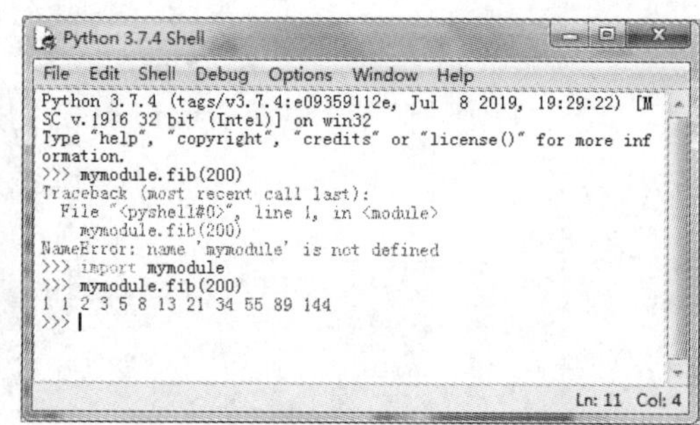

图 7.12　调用自定义模块中的 fib() 函数

还可以调用 mymodule 模块中的 print_func() 函数，即输入 mymodule.print_func(“赵文龙”)，回车，输出结果如图 7.13 所示。

如果打算经常使用某模块，为了简化输入，可以为模块另命名，如 import mymodule as m。这样在下面的代码中就可以用 m 代替 mymodule。代码及运行结果如图 7.14 所示。

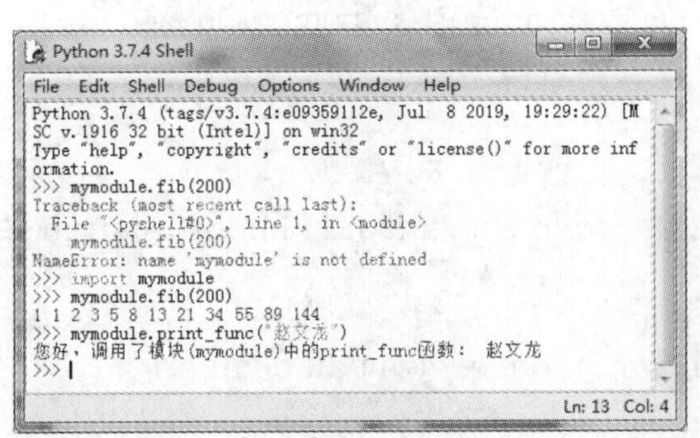

图 7.13　调用自定义模块中的 print_func() 函数

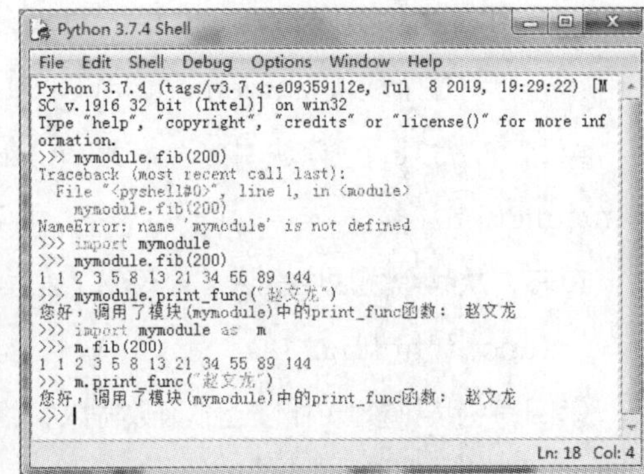

图 7.14　简化模块调用

7.6.3　import 语句

想使用 Python 源文件，只需在另一个源文件里执行 import 语句，其语法具体如下：

```
import module1[, module2[,... moduleN]
```

当 Python 解释器遇到 import 语句，如果模块在当前的搜索路径就会被导入。所以模块文件一定要放在当前的搜索路径中。可以利用 Python 标准库中的 sys.py 模块来查看当前路径。

> **提醒**：Python 标准库都在 Python 安装目录中的 lib 文件夹中。

单击“开始”菜单，打开 Python 3.7.4 Shell 软件，输入 import sys，回车，然后再输入 print(“Python 当前的搜索路径：”，sys.path)，回车，如图 7.15 所示。

在这里可以看到，Python 当前的搜索路径是“E:\\Python37”，只要把模块文件放到当前的搜索路径中，就可以直接调用该模块文件，如图 7.16 所示。

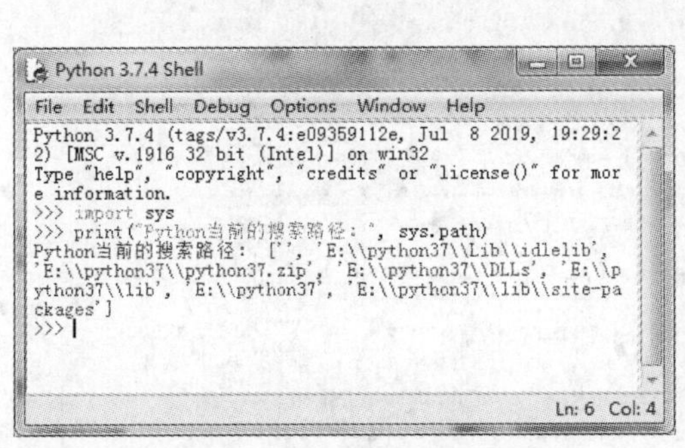

图 7.15　Python 当前的搜索路径

图 7.16　Python 搜索路径文件夹

> **提醒**：利用 Python 3.7.4 Shell 软件创建文件，默认状态下就保存在 Python37 文件夹中。不管你执行了多少次 import，一个模块只会被导入一次。这样可以防止导入模块被一遍又一遍地执行。

在 Python 中，用 import 或 from...import 来导入相应的模块，具体如下：

第一，将整个模块(somemodule)导入，格式为： import somemodule。

第二，从某个模块中导入某个函数，格式为：from somemodule import somefunction。

第三，从某个模块中导入多个函数，格式为： from somemodule import firstfunc, secondfunc, thirdfunc。

第四，将某个模块中的全部函数导入，格式为： from somemodule import *

7.6.4 标准模块

Python 本身带有一些标准的模块库，如操作系统接口 os 模块、文件通配符 glob 模块、命令行参数 sys 模块、字符串正则匹配 re 模块、数学函数 math 模块和 random 模块、日期和时间 datetime 模块、数据压缩 zlib 模块等。

单击“开始”菜单，打开 Python 3.7.4 Shell 软件，然后单击菜单栏中的“File/New File”命令，创建一个 Python 文件，并命名为“Python7-6.py”，然后输入如下代码：

```
import os,glob,sys,re,math,random,datetime,zlib
print("当前的工作目录：",os.getcwd())
print()
print("当前目录下所有以 py 为后缀的文件：",glob.glob('*.py'))
print()
print("当前文件的路径及名称：",sys.argv)
print()
print("显示字母 f 开头的单词：",re.findall(r'\bf[a-z]*', 'which foot or hand fell fastest'))
print()
print("调用数学 math 函数，计算 cos(math.pi / 4) 的值：",math.cos(math.pi / 4))
print()
print("调用 random 函数，显示 0~1 之间的随机数：",random.random())
print()
print ("当前的日期和时间是 %s" % datetime.datetime.now())
print()
print("没有压缩之前的长度和压缩之后的长度：",len(b'witch which has which witches wrist watch!'),len(zlib.compress(b'witch which has which witches wrist watch!')))
```

单击菜单栏中的“Run/Run Module”命令或按下键盘上的“F5”，就可以运行程序代码，结果如图 7.17 所示。

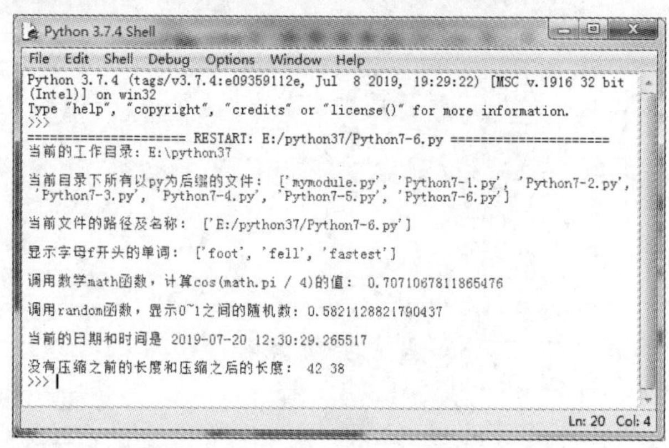

图 7.17 标准模块

7.7 包

包是一种管理 Python 模块命名空间的形式，采用“点模块名称”。例如一个模块的名称是 A.B，那么它表示一个包 A 中的子模块 B。

> **提醒：**从物理上看，包就是一个文件夹，在该文件夹下包含了一个 __init__.py 文件，该文件夹可用于包含多个模块源文件；从逻辑上看，包的本质依然是模块。

就好像使用模块的时候，不用担心不同模块之间的全局变量相互影响一样，采用点模块名称这种形式也不用担心不同库之间的模块重名的情况。这样不同的程序员就可以提供 NumPy 模块，或者是 Python 图形库。

假设想设计一套统一处理声音文件和数据的模块（或者称之为一个“包”）。现存很多种不同的音频文件格式，所以需要有一组不断增加的模块，用于在不同的格式之间转换。并且针对这些音频数据，还有很多不同的操作（比如混音，添加回声，增加均衡器功能，创建人造立体声效果），所以还需要一组怎么也写不完的模块来处理这些操作。

这里给出了一种可能的包结构（在分层的文件系统中），具体如下：

```
sound/                                  顶层包
      __init__.py                       初始化 sound 包
      formats/                          文件格式转换子包
              __init__.py
              wavread.py
              wavwrite.py
              aiffread.py
              aiffwrite.py
              auread.py
              auwrite.py
              ...
      effects/                          声音效果子包
              __init__.py
              echo.py
              surround.py
              reverse.py
              ...
      filters/                          filters 子包
              __init__.py
              equalizer.py
              vocoder.py
              karaoke.py
              ...
```

在导入一个包的时候，Python 会根据 sys.path 中的目录来寻找这个包中包含的子目录。

目录只有包含一个叫作 __init__.py 的文件才会被认作是一个包，主要是为了避免一些滥俗的名字（比如叫作 string）不小心影响搜索路径中的有效模块。

打开 Python 当前工作目录，即“E:\Python37”，然后双击“Lib”，这里的子文件夹都是一个包，在这里双击“html”，在该文件夹下就可以看到 __init__.py 文件，如图 7.18 所示。

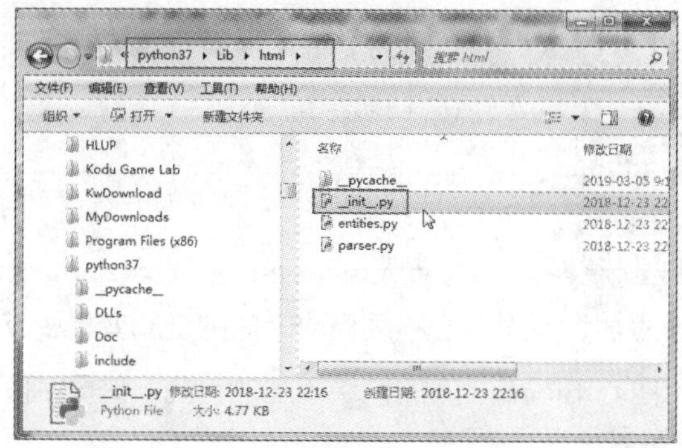

图 7.18　Python 中的包

打开 __init__.py 文件，就可以看到该文件中的代码，如图 7.19 所示。

```
__init__.py - E:\python37\Lib\html\__init__.py (3.7.2)
File  Edit  Format  Run  Options  Window  Help
import re as _re
from html.entities import html5 as _html5


__all__ = ['escape', 'unescape']


def escape(s, quote=True):
    """
    Replace special characters "&", "<" and ">" to HTML-safe sequences.
    If the optional flag quote is true (the default), the quotation mark
    characters, both double quote (") and single quote (') characters are also
    translated.
    """
    s = s.replace("&", "&amp;") # Must be done first!
    s = s.replace("<", "&lt;")
    s = s.replace(">", "&gt;")
    if quote:
        s = s.replace('"', "&quot;")
        s = s.replace('\'', "&#x27;")
    return s


# see http://www.w3.org/TR/html5/syntax.html#tokenizing-character-references

_invalid_charrefs = {
    0x00: '\ufffd',  # REPLACEMENT CHARACTER
    0x0d: '\r',      # CARRIAGE RETURN
    0x80: '\u20ac',  # EURO SIGN
    0x81: '\x81',    # <control>
    0x82: '\u201a',  # SINGLE LOW-9 QUOTATION MARK
    0x83: '\u0192',  # LATIN SMALL LETTER F WITH HOOK
    0x84: '\u201e',  # DOUBLE LOW-9 QUOTATION MARK
    0x85: '\u2026',  # HORIZONTAL ELLIPSIS
    0x86: '\u2020',  # DAGGER
    0x87: '\u2021',  # DOUBLE DAGGER
    0x88: '\u02c6',  # MODIFIER LETTER CIRCUMFLEX ACCENT
    0x89: '\u2030',  # PER MILLE SIGN
    0x8a: '\u0160',  # LATIN CAPITAL LETTER S WITH CARON
    0x8b: '\u2039',  # SINGLE LEFT-POINTING ANGLE QUOTATION MARK
    0x8c: '\u0152',  # LATIN CAPITAL LIGATURE OE
    0x8d: '\x8d',    # <control>
Ln: 1  Col: 0
```

图 7.19　__init__.py 文件代码

7.7.1　Python 的自定义包

首先打开“E:\python37\Lib”文件夹，然后在该文件夹中单击右键，在弹出的菜单中单击“新建 / 文件夹”命令，创建一个文件夹，命名为“mypack”，如图 7.20 所示。

双击“mypack”文件夹，然后单击右键，在弹出的菜单中单击“新建 / 文件夹”命令，创建一个文本文档，命名为“__init__.py”，如图 7.21 所示。

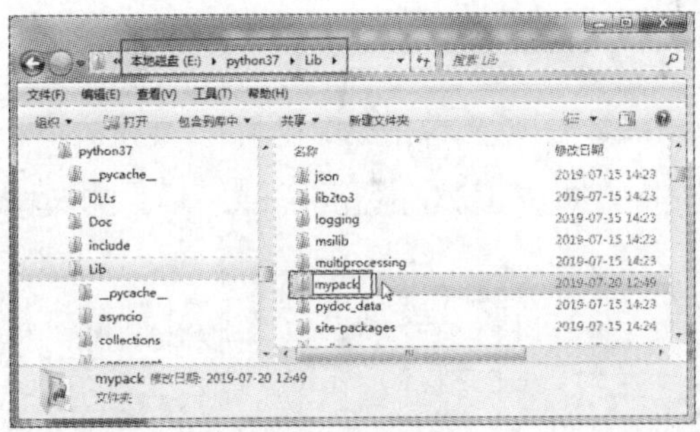

图 7.20 新建文件夹

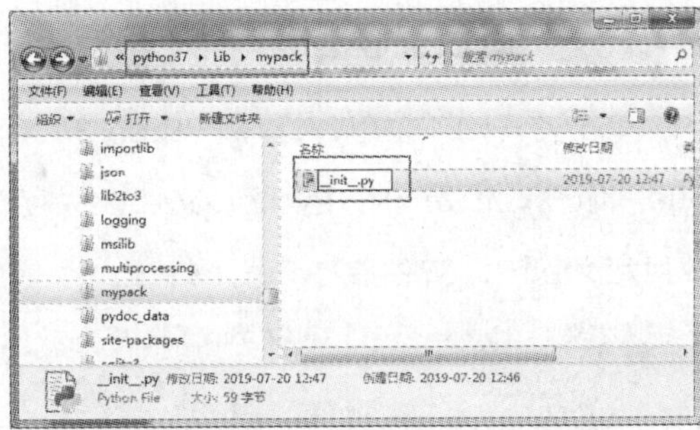

图 7.21 创建 __init__.py

利用 Python 3.7.4 Shell 软件打开该文件，然后输入如下代码：

```
#我是一个包
print("我是一个自定义 python 包")
```

接下来查看自定义包的信息。

单击“开始”菜单，打开 Python 3.7.4 Shell 软件，然后单击菜单栏中的“File/New File”命令，创建一个 Python 文件，并命名为“Python7-7.py”，然后输入如下代码：

```
#导入包
import mypack
print("-------------------")
print("包的说明性文档：",mypack.__doc__)
print("包的类型：",type(mypack))
print("包的位置：",mypack)
```

单击菜单栏中的“Run/Run Module”命令或按下键盘上的“F5”，就可以运行程序代码，结果如图 7.22 所示。

在这里可以看到包的类型就是模块。

需要注意的是，包被导入之后，会在包目录下生成一个 __pycache__ 文件夹，并在该文件夹内为包生成一个 __init__.cpython-37.pyc 文件，如图 7.23 所示。

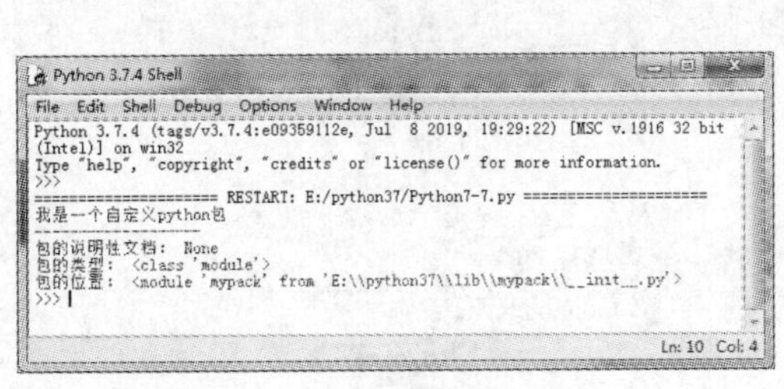

图 7.22 查看自定义包的信息

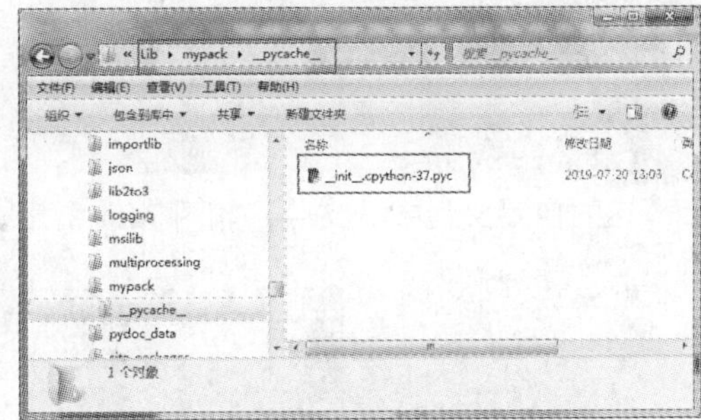

图 7.23 __pycache__ 文件夹中的 __init__.cpython-37.pyc 文件

7.7.2 在自定义包创建模块

单击“开始”菜单，打开 Python 3.7.4 Shell 软件，然后单击菜单栏中的“File/New File”命令，创建一个 Python 文件，保存在“E:\python37\Lib\mypack”中，即保存在自定义包中，文件名为“mymod1.py”。然后在文件中输入如下代码：

```
#定义函数 mydef1()，打印 9*9 乘法表
def  mydef1() :
    for i in range(1, 10):
        print()
        for j in range(1, i+1):
            print("%d*%d=%d  " % (i, j, i*j),end='')
#定义函数 mydef2()，显示学生的姓名信息
def  mydef2() :
    names = ["周涛", "王佳欣", "王雨欣", "张高远","高飞","李硕","周文康","宫志伟"]
    print("\n 遍历显示学生的姓名：\n")
    for stuname in names:
        print(stuname)
```

同理，再创建一个 Python 文件，保存在“E:\python37\Lib\mypack”中，文件名为“mymod2.py”。然后在文件中输入如下代码：

```
#定义函数 myd1()，显示 100 之内的偶数
def myd1() :
    print("显示 100 之内的偶数")
    for i in  range(1,101) :
        if  i % 2 == 0 :
            print(i,"\t",end="")

#定义函数 myd2()，绘制 ※ 的菱形
def myd2() :
    print("绘制 ※ 的菱形 \n")
    for i in range(4):
        for j in range(2 - i + 1):
            print("  ",end="")
        for k in range(2 * i + 1):
            print('※',end="")
        print()
    for i in range(3):
        for j in range(i + 1):
            print("  ",end="")
        for k in range(4 - 2 * i + 1):
            print('※',end="")
        print()
```

这时自定义包中的文件，如图 7.24 所示。

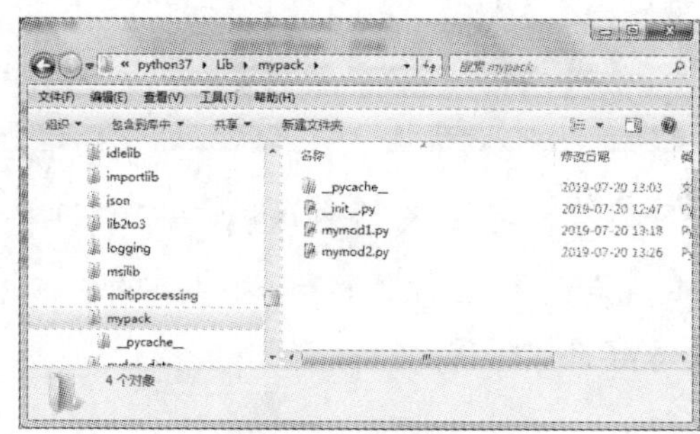

图 7.24　自定义包中的文件

7.7.3 调用自定义包中的模块

单击“开始”菜单，打开 Python 3.7.4 Shell 软件，然后单击菜单栏中的“File/New File”命令，创建一个 Python 文件，并命名为“Python7-8.py”，然后输入如下代码：

```
# 导入 mypack 包，实际上就是导入包下的 __init__.py 文件
import mypack
# 导入 mypack 包下的 mymod1 模块，实际上就是导入 mypack 文件夹下的 mymod1.py
import mypack.mymod1
# 导入 mypack 包下的 mymod2 模块
from mypack import mymod2
mypack.mymod1.mydef1()
print()
mypack.mymod1.mydef2()
print()
mypack.mymod2.myd1()
print()
mypack.mymod2.myd2()
print("包的位置：",mypack)
```

单击菜单栏中的“Run/Run Module”命令或按下键盘上的“F5”，就可以运行程序代码，结果如图 7.25 所示。

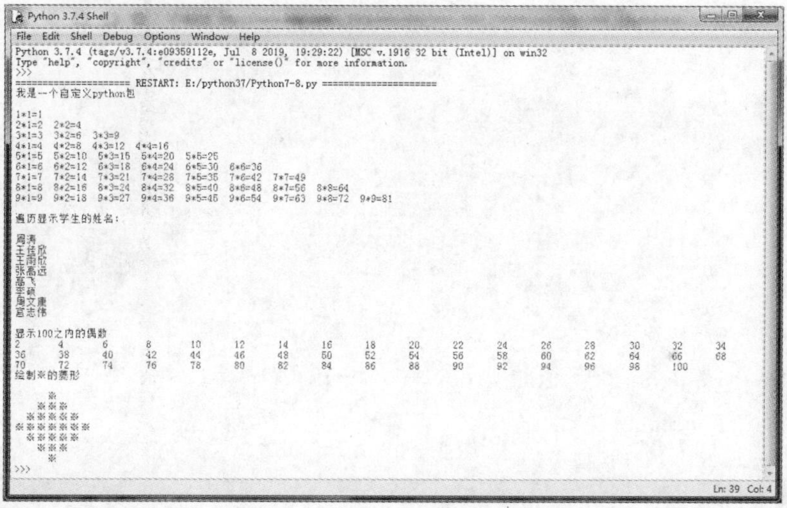

图 7.25　调用自定义包中的模块

第 8 章

Python 程序设计的日期时间处理

Python 提供了多个内置模块用于操作日期时间，如 calendar，time，datetime。calendar 用于处理日历相关；time 提供的接口与 C 标准库 time.h 基本一致；而其中应用最为广泛的是 datetime，因为该模块的接口更直观、更容易调用。

本章主要内容包括：

- time 模块表示时间的两种格式
- 时间戳和包括 9 个元素的元组
- 时间的格式化
- time 模块中的其他常用方法
- date 对象和 time 对象
- datetime 对象和 timedelta 对象
- calendar 模块

8.1 Python 处理日期时间的 time 模块

time 模块是 Python 自带的模块，用于处理时间问题，提供了一系列操作时间的方法。

8.1.1 time 模块表示时间的两种格式

time 模块提供两种表示时间的格式，分别是时间戳和包括 9 个元素的元组，如图 8.1 所示。

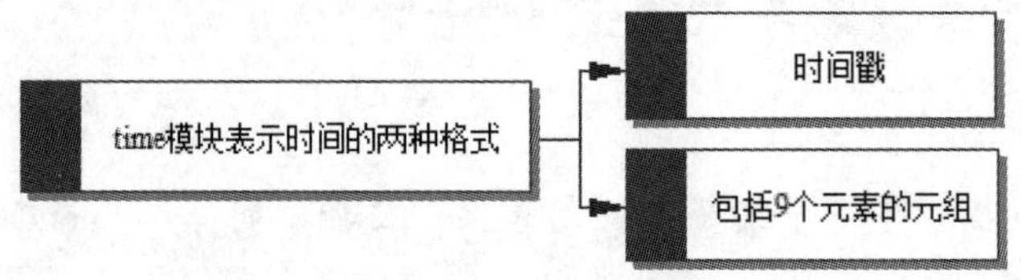

图 8.1　time 模块表示时间的两种格式

1. 时间戳

时间戳是指格林尼治时间 1970 年 1 月 1 日 00 时 00 分 00 秒（北京时间 1970 年 1 月 1 日 08 时 00 分 00 秒）起至现在的总秒数。通俗地讲，时间戳是能够表示一份数据在一个特定时间点已经存在的完整的可验证的数据。它的提出主要是为用户提供一份电子证据，以证明用户的某些数据的产生时间。在实际应用上，它可以使用在包括电子商务、金融活动的各个方面，尤其可以用来支持公开密钥基础设施的“不可否认”服务。

2. 包括 9 个元素的元组

包括 9 个元素的元组，这 9 个元素具体如下：

year：4 位数，表示年，例如：2019。

month：表示月份，范围是 1~12，例如：5。

day：表示天，范围是 1~31，例如：12。

hours：小时，范围是 0~23。

minute：分钟，范围是 0~59。

seconds：秒，范围是 0~59。

weekday：星期几，范围是 0~6，星期一是 0，星期二是 1，以此类推。

Julian day：是一年中的第几天，范围是 1~366。

DST：一个标志，决定是否使用夏令时，为 0 时表示不使用，为 1 时表示使用。

8.1.2 时间戳

利用 time 模块中的 time() 方法可以获取当前时间的时间戳，其语法格式如下：

```
Time.time()
```

需要注意的是，时间戳是 1970 纪元后经过的浮点秒数。

单击“开始”菜单，打开 Python 3.7.4 Shell 软件，首先导入 time 模块，即 import time，回车，然后再调用 time 模块中的 time() 方法，即 time.time()，然后回车，就可以看到当前时间的时间戳，如图 8.2 所示。

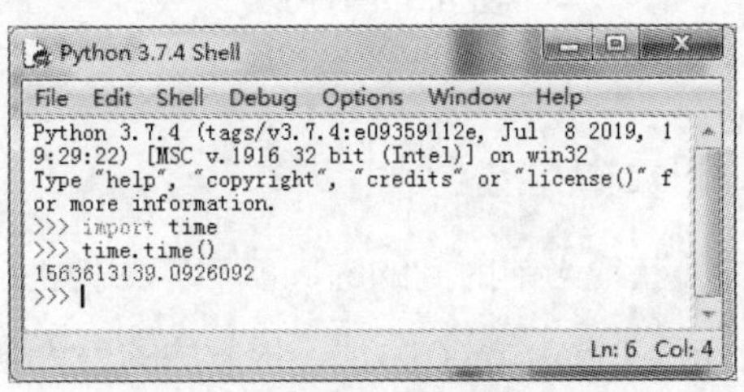

图 8.2 当前时间的时间戳

如果要把具体的某个时间转化为时间戳，就要用到 time 模块的 mktime() 方法，其语法格式如下：

```
time.mktime(t)
```

参数 t 为结构化的时间或者完整的 9 位元组元素。该方法的返回值是用秒数来表示时间的浮点数。

单击“开始”菜单，打开 Python 3.7.4 Shell 软件，然后单击菜单栏中的“File/New File”命令，创建一个 Python 文件，并命名为“Python8-1.py”，然后输入如下代码：

```
import  time                    #导入 time 模块
#定义元组变量，时间为 2019 年 3 月 13 日  21 时 58 分 57 秒  星期三  第 72 天，不使用夏令时
t = (2019, 3, 13, 21, 58, 57, 3, 72, 0)
mysecs = time.mktime(t)         #转换为时间戳
print("\n(2019, 3, 13, 21, 58, 57, 3, 72, 0) 的时间戳是: ",mysecs,"秒")
nowsecs = time.time()           #当前时间的时间戳
print("\n\n 当前时间的时间戳是: ",nowsecs,"秒")
#下面计算，当前时间的时间戳减去 (2019, 3, 13, 21, 58, 57, 3, 72, 0) 的时间戳
myc = nowsecs - mysecs
print("\n\n 当前时间的时间戳减去 (2019, 3, 13, 21, 58, 57, 3, 72, 0) 的时间戳的差是 :\n")
print(myc,"秒")
```

首先导入 time 模块，并定义包括 9 个元素的元组，接着把元组转化为时间戳并显示；然后又获得当前时间的时间戳，最后获得当前时间的时间戳减去元组转化的时间戳的差并显示。

单击菜单栏中的“Run/Run Module”命令或按下键盘上的“F5”，就可以运行程序代码，结果如图 8.3 所示。

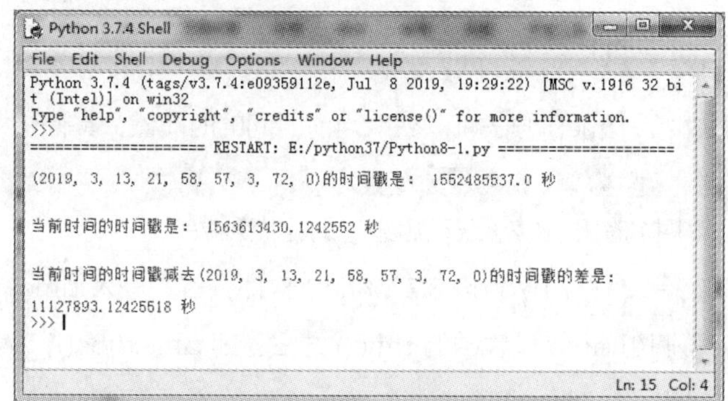

图 8.3　时间戳

8.1.3　包括 9 个元素的元组

利用 time.time() 方法，获得当前时间的时间戳后，如何把时间戳转化为包括 9 个元素的元组呢？这就要用到 time.localtime() 方法，该方法的语法格式如下：

```
time.localtime(secs)
```

参数 secs 为时间戳，即 1970 纪元后经过的浮点秒数。

单击“开始”菜单，打开 Python 3.7.4 Shell 软件，首先导入 time 模块，即 import time，回车，然后再调用 time 模块中的 localtime() 方法，具体代码如下：

```
time.localtime(time.time())
```

正确输入代码后，回车，就可以看到当前时间包括 9 个元素的元组，如图 8.4 所示。

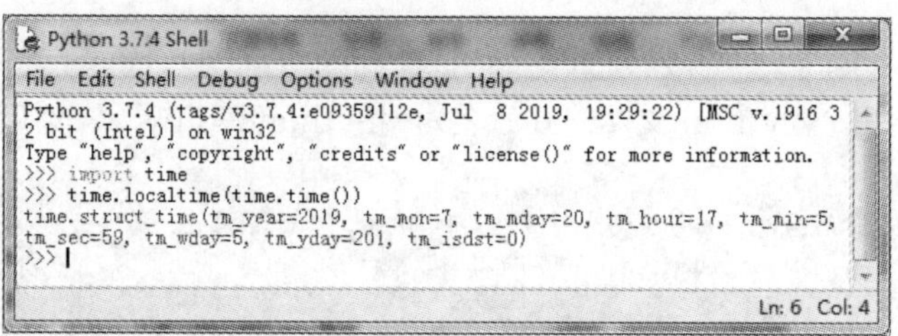

图 8.4　当前时间包括 9 个元素的元组

在这里可以看到，当前时间为 2019 年 7 月 20 日 17 时 5 分 59 秒 星期六 201 天不使用夏令时。

把时间戳转化为包括 9 个元素的元组后，还需要进一步格式化，这样才能得到我们想要的时间格式。

我们可以根据自己的要求，选择不同的时间格式，但是最简单的获取可读的时间格式的方法是 asctime() 方法，其语法格式如下：

```
time.asctime(tupletime)
```

参数 tupletime 是指包括 9 个元素的元组。

单击“开始”菜单，打开 Python 3.7.4 Shell 软件，然后单击菜单栏中的“File/New File”命令，创建一个 Python 文件，并命名为“Python8-2.py”，然后输入如下代码：

```
import time                                    # 导入 time 模块
n = time.time()                                # 获取当前时间的时间戳
tup1 = time.localtime(n)                       # 把时间戳转化为包括 9 个元素的元组
myf = time.asctime(tup1)                       # 把包括 9 个元素的元组格式化
print("显示格式化后的时间：",myf)                # 显示格式化后的当前时间
print()
tup2 = (2019, 3, 14, 15, 25, 37, 4, 73, 0)     # 定义一个包括 9 个元素的元组
myt = time.asctime(tup2)                       # 格式化包括 9 个元素的元组
print("显示格式化后的元组 tup2：",myt)
```

单击菜单栏中的“Run/Run Module”命令或按下键盘上的“F5”，就可以运行程序代码，结果如图 8.5 所示。

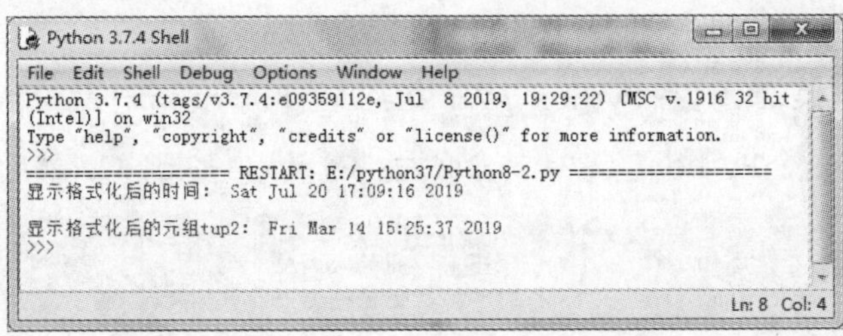

图 8.5　利用 asctime() 方法实现时间格式化

8.1.4　时间的格式化

利用 asctime() 方法只能实现简单的时间格式化，要想实现更精准、更复杂的时间格式，就要使用 strftime() 方法，该方法的语法格式如下：

```
time.strftime(fmt[,tupletime])
```

参数 fmt 是指时间格式化符号，而可选参数 tupletime 是指包括 9 个元素的元组。

时间格式化符号及意义如下：

%y：两位数的年份表示（00~99）。

%Y：四位数的年份表示（000~9999）。

%m：月份（01~12）。

%d：月内中的一天（0~31）。

%H：24 小时制小时数（0~23）。

%I：12 小时制小时数（01~12）。

%M：分钟数（00~59）。

%S：秒（00~59）。

%a：本地简化星期名称。

%A：本地完整星期名称。

%b：本地简化的月份名称。

%B：本地完整的月份名称。

%c：本地相应的日期和时间表示。

%j：年内的一天（001~366）。

%p：本地 A.M 或 P.M 的等价符。

%U：年内的第几个星期（00~53），星期天为星期的开始。

%w：本星期的星期几（0~6），星期天为星期的开始。

%x：本地相应的日期表示。

%X：本地相应的时间表示。

%z：当前时区的名称，例如，+0800 为北京时间。

单击“开始”菜单，打开 Python 3.7.4 Shell 软件，然后单击菜单栏中的“File/New File”命令，创建一个 Python 文件，并命名为“Python8-3.py”，然后输入如下代码：

```
import time                    # 导入 time 模块
n = time.time()                # 获取当前时间的时间戳
tup1 = time.localtime(n)       # 把时间戳转化为包括 9 个元素的元组
# 日期的两种表示方法
myd = time.strftime("%Y-%m-%d",tup1)
print("当前的日期：",myd)
myd1 = time.strftime("%y-%m-%d",tup1)
print("当前日期的另一种表示方法：",myd1)
# 时间的两种表示方法
myt = time.strftime("%H:%M:%S:%p",tup1)
print("\n当前时间：",myt)
myt1 = time.strftime("%I:%M:%S:%p",tup1)
print("当前时间的另一种表示方法：",myt1)
# 星期的两种表示方法
myw = time.strftime("%a",tup1)
print("\n当前是星期几：",myw)
myw1 = time.strftime("%A",tup1)
print("当前是星期几的另一种表示方法：",myw1)
# 月份的两种表示方法
mym = time.strftime("%b",tup1)
print("\n当前是几月份：",mym)
mym1 = time.strftime("%B",tup1)
print("当前是几月份的另一种表示方法：",mym1)
# 本地相应的日期和时间表示法
mypp = time.strftime("%c",tup1)
print("\n本地相应的日期和时间表示 :",mypp)
# 本地相应的日期表示
myppd = time.strftime("%x",tup1)
print("本地相应的日期表示：",myppd)
# 本地相应的时间表示
myppt = time.strftime("%X",tup1)
print("本地相应的时间表示：",myppt)
# 当前是年内的第几天
```

```
myday = time.strftime("%j",tup1)
print("\n 当前是年内的第几天：",myday)
# 当前是年内的第几个星期
myweeknum = time.strftime("%U",tup1)
print("\n 当前是年内的第几个星期：",myweeknum)
# 当前是本星期的星期几
myweeks = time.strftime("%w",tup1)
print(" 当前是本星期的星期几：",myweeks)
# 当前时区的名称
mywe = time.strftime("%z",tup1)
print("\n 当前时区的名称：",mywe)
```

单击菜单栏中的“Run/Run Module”命令或按下键盘上的“F5”，就可以运行程序代码，结果如图 8.6 所示。

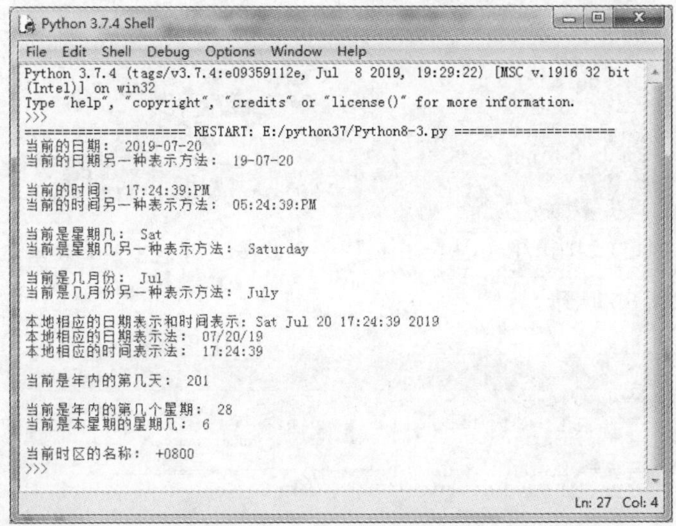

图 8.6　时间的格式化

8.1.5　time 模块中的其他常用方法

在 Python 中，利用 time 模块的 sleep() 方法，可以推迟调用线程的运行，其语法格式如下：

```
time.sleep(secs)
```

参数 secs 为推迟调用线程的时间，单位是秒数。

> **提醒：**延迟过程调用是 Windows 操作系统的机制，允许高优先级任务先执行，而低优先级任务稍后执行。这使得设备驱动程序与其他低层事件消费者更快地执行其处理的高优先级部分，调度非关键的附件处理，稍后以较低优先级执行。

time 模块的 process_time() 方法，可以显示出当前进程执行 CPU 的时间总和，注意不包含睡眠时间。如果想包含睡眠时间，就要使用 time 模块的 perf_counter() 方法，这两个方法的语法格式如下：

```
time.process_time()
```

```
time.perf_counter()
```

需要注意的是，这两个方法由于返回值的基准点是未定义的，所以，只有连续调用的结果之间的差才是有效的。

单击“开始”菜单，打开 Python 3.7.4 Shell 软件，然后单击菜单栏中的“File/New File”命令，创建一个 Python 文件，并命名为“Python8-4.py”，然后输入如下代码：

```
import time
scale = 35
print("开始执行程序","*"*45,"\n")
#调用一次 perf_counter()，从计算机系统里随机选一个时间点 A，计算其距离当前时间点 B1 有多少秒。
#当第二次调用该函数时，默认从第一次调用的时间点 A 算起，距离当前时间点 B2 有多少秒。
#两个函数取差，即实现从时间点 B1 到 B2 的计时功能。
start = time.perf_counter()
for i in range(scale+1):
    a = '*' * i                    #i 个长度的 * 符号
    b = '.' * (scale-i)
    c = (i/scale)*100              # 显示当前进度，百分之多少
    dur = time.perf_counter() - start         # 计时，计算进度条走到某一百分比的用时
    print("百分比:%.3f %% %s %s %.2f 秒" %(c,a,b,dur)) #格式化输出
    time.sleep(0.1)         # 在输出下一个百分之几的进度前停止 0.1 秒
print("\n"+"程序执行结束","*"*45)
```

单击菜单栏中的“Run/Run Module”命令或按下键盘上的“F5”，就可以运行程序代码，结果如图 8.7 所示。

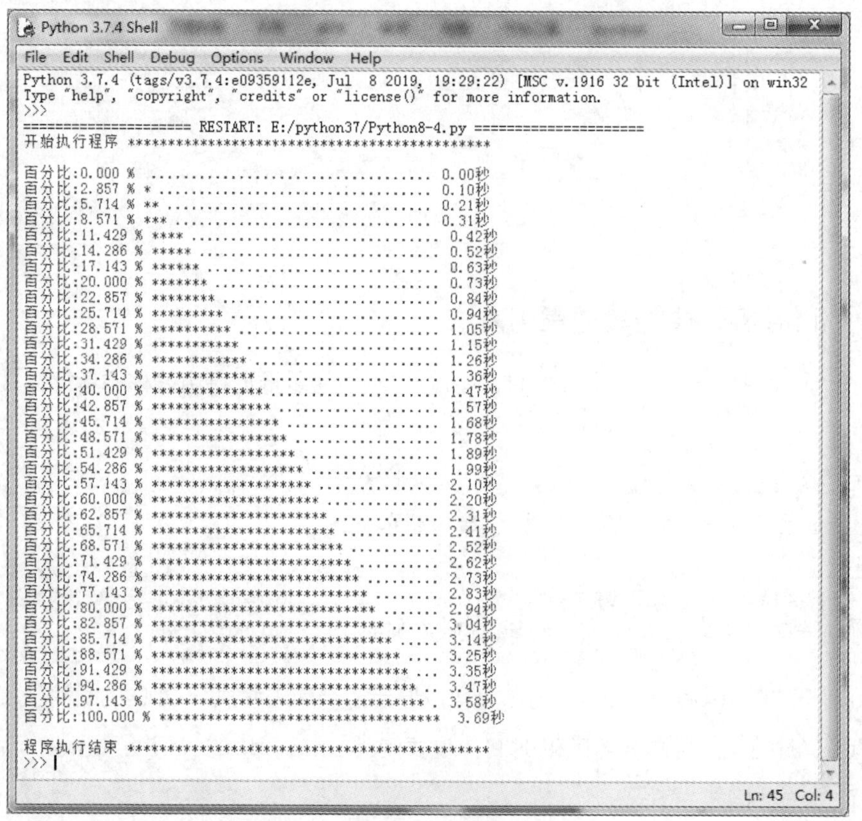

图 8.7　time 模块中的其他常用方法

8.2 Python 处理日期时间的 datetime 模块

time 模块虽然解决了时间的获取和表示，但处理时间能力较弱。datetime 模块则具有快速获取并操作时间中的年、月、日、时、分、秒信息的能力。

datetime 模块主要包括 4 部分，分别是 date 对象、time 对象、datetime 对象和 timedelta 对象。

8.2.1 date 对象

date 对象是由 year（年份）、month（月份）及 day（日期）三部分构成。

单击“开始”菜单，打开 Python 3.7.4 Shell 软件，然后单击菜单栏中的“File/New File”命令，创建一个 Python 文件，并命名为“Python8-5.py”，然后输入如下代码：

```
import  datetime                    # 导入 datetime 模块
myday = datetime.date.today()       # 调用 date 中的 today() 方法，显示当前的日期
print(" 当前的日期是：",myday)
print("\n 分别提取当前日期的年、月、日，并显示：")
y = myday.year
print(" 当前日期的年份是：",y)
m = myday.month
print(" 当前日期的月份是：",m)
d = myday.day
print(" 当前日期的几日是：",d)
print("\n\n 当前日期是：%d 年 %d 月 %d 日 " %(y,m,d))
```

单击菜单栏中的“Run/Run Module”命令或按下键盘上的“F5”，就可以运行程序代码，结果如图 8.8 所示。

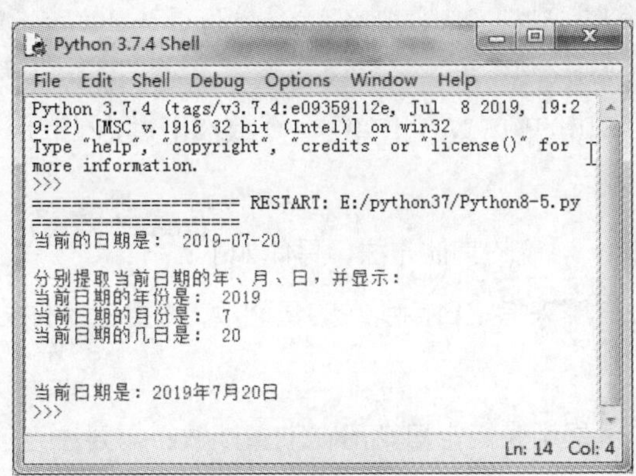

图 8.8　显示当前日期

下面再来看一下日期大小比较的方法，具体如表 8.1 所示。

表 8.1　日期大小比较的方法

方法名	方法说明	实例说明
__eq__()	等于 (x==y)	x.__eq__(y)
__ge__()	大于等于 (x>=y)	x.__ge__(y)
__gt__()	大于 (x>y)	x.__gt__(y)
__le__()	小于等于 (x<=y)	x.__le__(y)
__lt__()	小于	x.__lt__(y)
__ne__()	不等于 (x!=y)	x.__ne__(y)

另外，获取两个日期相差多少天，可以使用 __sub__() 方法，其语法格式如下：

```
x.__sub__(y)
```

该方法的返回值类型为 datetime.timedelta，如果获得整数类型的结果，还要再获取其 day 属性值。

单击“开始”菜单，打开 Python 3.7.4 Shell 软件，然后单击菜单栏中的“File/New File”命令，创建一个 Python 文件，并命名为“Python8-6.py”，然后输入如下代码：

```
import  datetime                          # 导入 datetime 模块
a = datetime.date.today()                 # 调用 date 中的 today() 方法，显示当前的日期
b = datetime.date(2019,2,26)              # 直接为 date 赋值
print("a 的日期是：",a)                    # 显示两个日期
print("b 的日期是：",b)
if a.__eq__(b) :
    print("a 的日期与 b 的日期相同！ ")
elif a.__gt__(b) :
    print("a 的日期大于 b 的日期 .")
    myc = a.__sub__(b).days
    print("a 的日期大于 b 的日期，多的天数是：",myc)
else :
    print("a 的日期小于 b 的日期 .")
    myc = b.__sub__(a).days
    print("b 的日期大于 a 的日期，多的天数是：",myc)
```

单击菜单栏中的“Run/Run Module”命令或按下键盘上的“F5”，就可以运行程序代码，结果如图 8.9 所示。

下面再来看一下 date 对象的其他方法，具体如下：

isoweekday() 方法：用来指定日期所在的星期数，需要注意的是，该方法的周一为 1…周日为 7。

weekday() 方法：也是用来指定日期所在的星期数，需要注意的是，该方法的周一为 0…周日为 6。

toordinal() 方法：返回公元公历开始到现在的天数，注意公元 1 年 1 月 1 日为 1。

replace() 方法：返回一个替换指定日期字段的新 date 对象。有 3 个可选参数，分别为 year、month、day。注意替换是产生新对象，不影响原 date 对象。

还要注意 date 对象的两个属性，具体如下：

max 属性：date 对象能表示的最大的年、月、日的数值。

min 属性：date 对象能表示的最小的年、月、日的数值。

单击“开始”菜单，打开 Python 3.7.4 Shell 软件，然后单击菜单栏中的“File/New File”命令，创建一个 Python 文件，并命名为“Python8-7.py”，然后输入如下代码：

```
import  datetime                                   # 导入 datetime 模块
myday = datetime.date.today()                      # 调用 date 中的 today() 方法，显示当前的日期
print(" 当前的日期是：",myday)
myweek = myday.isoweekday()
print(" 当前日期是星期几：",myweek)
mynumday = myday.toordinal()
print(" 从公元公历开始到现在的天数：",mynumday)
print()
a = myday.replace(2018,7,8)
print("a 的日期是：",a)
print("myday 的日期没有变化，仍是：",myday)
x = datetime.date.max
y = datetime.date.min
print("date 对象能表示的最大的日期是：",x)
print("date 对象能表示的最小的日期是：",y)
```

单击菜单栏中的“Run/Run Module”命令或按下键盘上的“F5”，就可以运行程序代码，结果如图 8.10 所示。

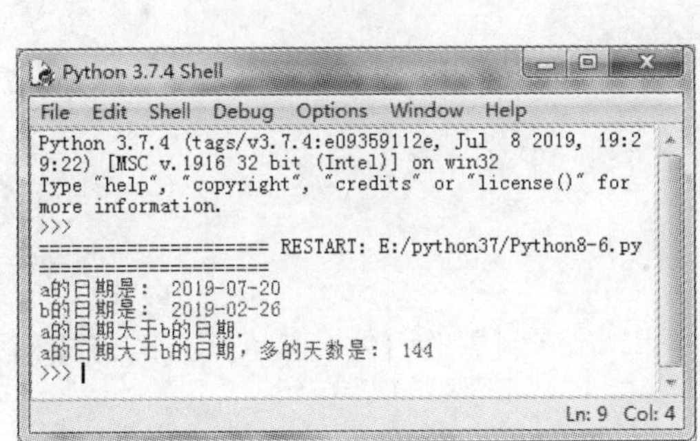

图 8.9　日期大小比较的方法

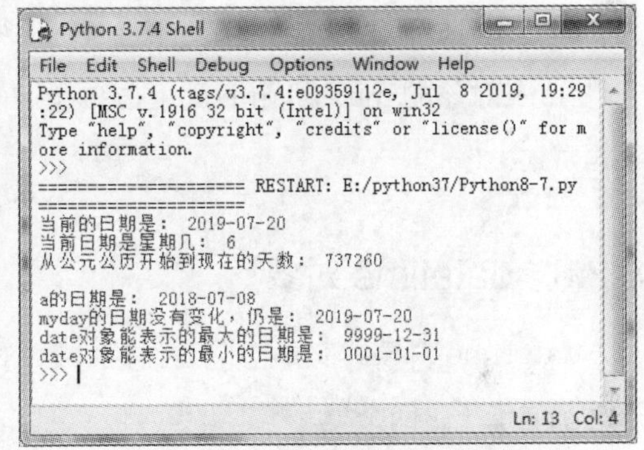

图 8.10　date 对象的其他方法和属性

8.2.2　time 对象

time 对象是由 hour（小时）、minute（分钟）、second（秒）、microsecond（毫秒）和 tzinfo（时区）五部分组成。其中 hour（小时）、minute（分钟）、second（秒）是必需参数，而 microsecond（毫秒）和 tzinfo（时区）是可选参数。

单击“开始”菜单，打开 Python 3.7.4 Shell 软件，然后单击菜单栏中的“File/New File”命令，创建一个 Python 文件，并命名为“Python8-8.py”，然后输入如下代码：

```
import  datetime
mytime = datetime.time(10,30,50)              # 定义一个 time 对象
myh = mytime.hour
print("mytime 的小时是：",myh)
```

```
mym = mytime.minute
print("mytime 的分钟是：",mym)
mys = mytime.second
print("mytime 的秒数是：",mys)
print()
print("mytime 的具体时间是：%d:%d:%d" %(myh,mym,mys))
```

单击菜单栏中的“Run/Run Module”命令或按下键盘上的“F5”，就可以运行程序代码，结果如图 8.11 所示。

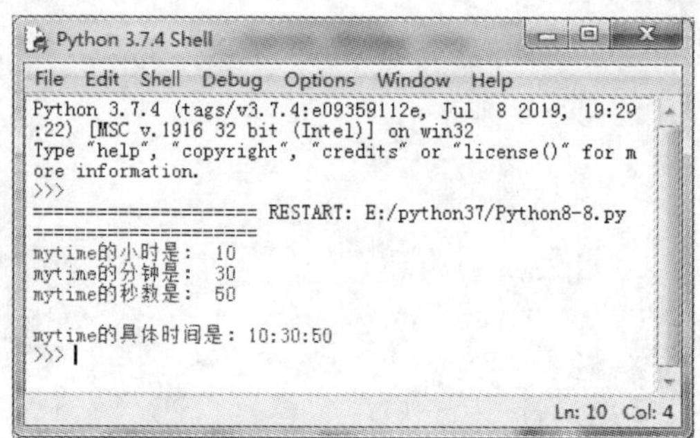

图 8.11　date 对象的其他方法和属性

时间大小比较与日期大小比较几乎一样，也是 6 个方法，分别是 __eq__()、__ge__()、__gt__()、__le__()、__lt__()、__ne__()。

time 对象的 max 和 min 属性与 date 对象的 max 和 min 属性用法也相同，这里也不再赘述。

8.2.3　datetime 对象

datetime 对象其实是可以看作是 date 对象和 time 对象的合体，其大部分的方法和属性都继承于这两个类。

datetime 对象由 8 部分组成，分别是 year（年份）、month（月份）、day（日期）、hour（小时）、minute（分钟）、second（秒）、microsecond（毫秒）、tzinfo（时区）。

单击“开始”菜单，打开 Python 3.7.4 Shell 软件，然后单击菜单栏中的“File/New File”命令，创建一个 Python 文件，并命名为“Python8-9.py”，然后输入如下代码：

```
import  datetime
mydatetime = datetime.datetime.now()                  # 获取当前日期和当前时间
print(" 当前日期和当前时间 :",mydatetime)
mydate = mydatetime.date()
print(" 当前日期 :",mydate)
mytime = mydatetime.time()
print(" 当前时间 :",mytime)
print()
myy = mydatetime.year
print(" 当前日期的年份: ",myy," 年 ")
mym = mydatetime.month
print(" 当前日期的月份: ",mym," 月 ")
myd = mydatetime.day
```

```
print(" 当前日期的几日：",myd," 日 ")
print()
myh = mydatetime.hour
print(" 当前时间是几时：",myh," 小时 ")
mymi = mydatetime.minute
print(" 当前时间是几分钟：",mymi," 分钟 ")
myse = mydatetime.second
print(" 当前时间是几秒：",myh," 秒 ")
```

单击菜单栏中的“Run/Run Module”命令或按下键盘上的“F5”，就可以运行程序代码，结果如图 8.12 所示。

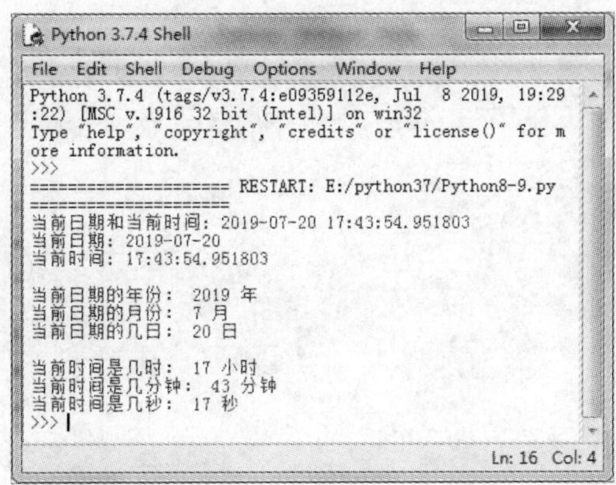

图 8.12 datetime 对象

8.2.4 timedelta 对象

timedelta 对象是用来计算两个 datetime 对象的差值的。该对象的主要属性具体如下:

days：天数。

seconds：秒数。

total_seconds：共多少秒。

microseconds：微秒数。

max：最大值

min：最小值

单击“开始”菜单，打开 Python 3.7.4 Shell 软件，然后单击菜单栏中的“File/New File”命令，创建一个 Python 文件，并命名为“Python8-10.py”，然后输入如下代码：

```
import  datetime
t1 = datetime.timedelta(seconds =30)                    # 时间差为 30 秒
t2 = datetime.timedelta( seconds =45 )                  # 时间差为 45 秒
print(" 显示 t1 的值：",t1)
print(" 显示 t2 的值：",t2)
print(" 显示 t1 的最大值：",t1.max)
print(" 显示 t1 的最小值：",t1.min)
print()
t3 = t1 + t2
# 两个 timedelta 相加
```

```
print(t3.seconds)
# 两个 timedelta 相减
t4 = t2 - t1
print(t4)
#timedelta 乘法
t5 = t2 * 3
print(t5)
#timedelta 除法
t6 = t1/3
print(t6)
#timedelta 比较操作
if t1>t2 :
    print("datetime.timedelta(seconds =30) 大于 datetime.timedelta(seconds =45)")
elif t1 == t2 :
    print("datetime.timedelta(seconds =30) 等于 datetime.timedelta(seconds =45)")
else :
    print("datetime.timedelta(seconds =30) 小于 datetime.timedelta(seconds =45)")

mydatetime = datetime.datetime.now()                # 获得当前的日期与时间
mydate = mydatetime.date()
mytime = mydatetime.time()
print("\n\n 当前的日期是: ",mydate)
myt = datetime.timedelta(days = 10 )                # 时间差为 10 天
mysum1 = mydate + myt                               #10 天后的日期
print("10 天后的日期 :",mysum1)
print("\n\n 当前的时间是: ",mytime)
myh = datetime.timedelta( seconds =60 )             # 时间差为 10 分钟
mysum2 = mydatetime + myh                           #10 分钟后的时间
print("10 分钟后的时间是: ",mysum2.time())
print()
time1 = datetime.datetime(2019, 3, 15, 12, 0, 0)
time2 = datetime.datetime.now();
differtime = (time1 -time2).total_seconds();
print("(2019,3,15,12,0,0) 与当前时间相差: ", differtime, " 秒! "); # 输出结果
```

单击菜单栏中的“Run/Run Module”命令或按下键盘上的“F5”，就可以运行程序代码，结果如图 8.13 所示。

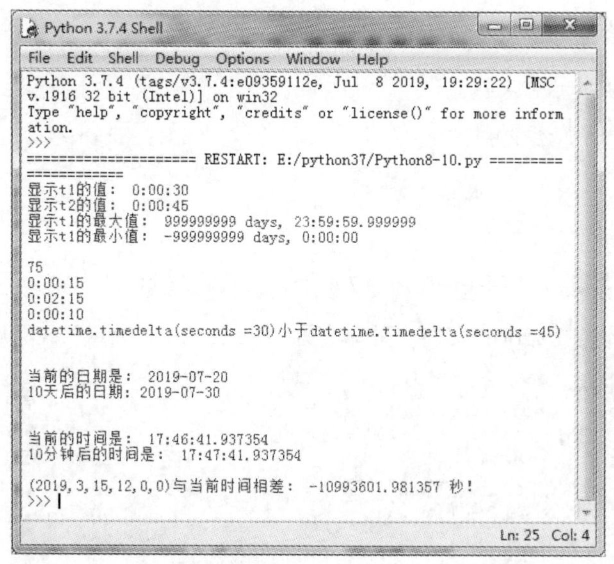

图 8.13　timedelta 对象

8.3 Python 处理日期的 calendar 模块

calendar 是 Python 的日历模块，此模块的方法都是与日历相关的。

8.3.1 calendar() 方法

calendar() 方法主要用来显示某年的日历，其语法格式如下：

```
calendar.calendar(year)
```

参数 year 为具体的年份。

单击“开始”菜单，打开 Python 3.7.4 Shell 软件，然后单击菜单栏中的“File/New File”命令，创建一个 Python 文件，并命名为“Python8-11.py”，然后输入如下代码：

```
import calendar
print(calendar.calendar(2019))
```

单击菜单栏中的“Run/Run Module”命令或按下键盘上的“F5”，就可以运行程序代码，就可以看到 2019 年的日历表，如图 8.14 所示。

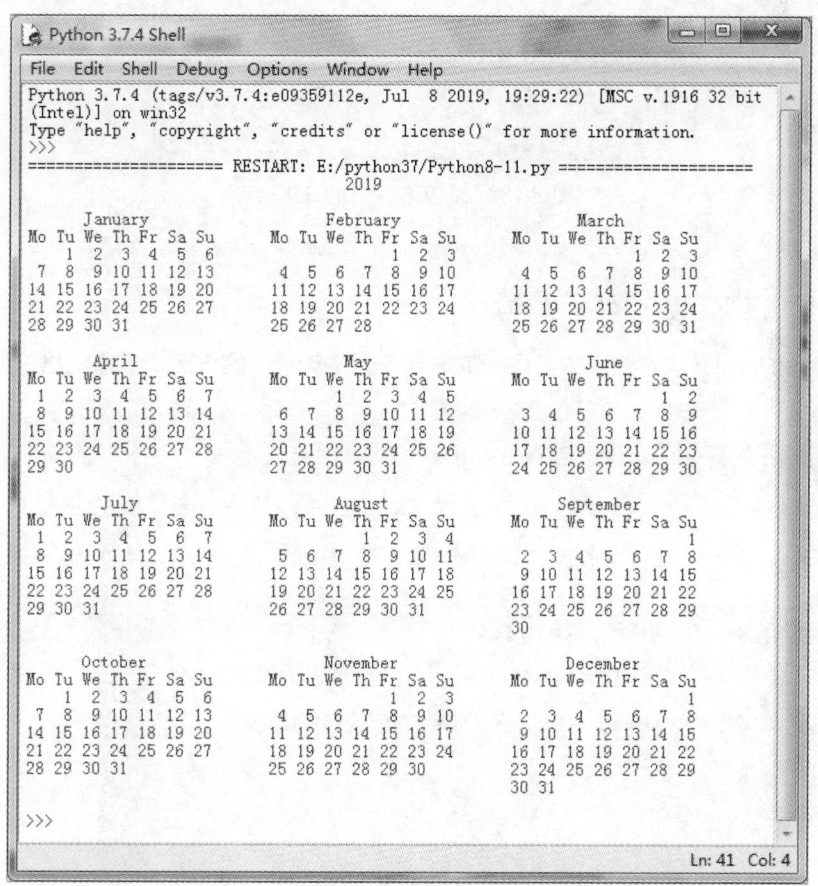

图 8.14　2019 年的日历表

8.3.2 month() 方法

month() 方法主要用来显示某年某月的日历，其语法格式如下：

```
calendar.month(year,month)
```

参数 year 为具体的年份，参数 month 为具体的月份。

单击“开始”菜单，打开 Python 3.7.4 Shell 软件，然后单击菜单栏中的“File/New File”命令，创建一个 Python 文件，并命名为“Python8-12.py”，然后输入如下代码：

```
import calendar
print(calendar.month(2019,7))
```

单击菜单栏中的“Run/Run Module”命令或按下键盘上的“F5”，就可以运行程序代码，就可以看到 2019 年 7 月的日历表，如图 8.15 所示。

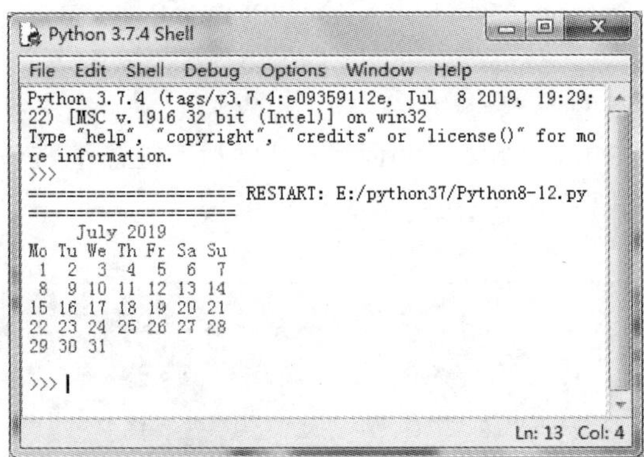

图 8.15　2019 年 7 月的日历表

8.3.3 monthcalendar () 方法

monthcalendar () 方法以嵌套列表的形式返回某年某月的日历，其语法格式如下：

```
calendar.monthcalendar(year,month)
```

参数 year 为具体的年份，参数 month 为具体的月份。

单击“开始”菜单，打开 Python 3.7.4 Shell 软件，然后单击菜单栏中的“File/New File”命令，创建一个 Python 文件，并命名为“Python8-13.py”，然后输入如下代码：

```
import calendar
print(calendar.monthcalendar(2019,7))
```

单击菜单栏中的“Run/Run Module”命令或按下键盘上的“F5”，就可以运行程序代码，就可以看到 2019 年 7 月的日历表，如图 8.16 所示。

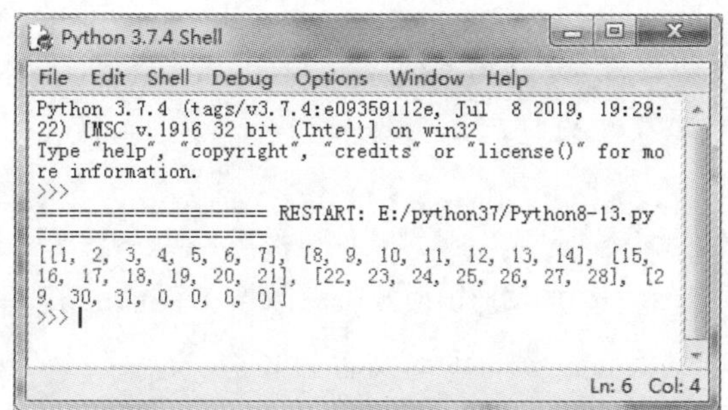

图 8.16　以嵌套列表的形式返回 2019 年 7 月的日历表

8.3.4　其他常用方法

1. isleap() 方法

isleap() 方法可以判断某年是不是闰年，其语法格式如下：

```
calendar.isleap(year)
```

参数 year 为具体的年份。

2. leapdays() 方法

leapdays() 方法返回某两年之间的闰年总数，其语法格式如下：

```
calendar.leapdays(year1,year2)
```

参数 year1 为具体的年份，参数 year2 不能为具体的年份。

3. monthrange() 方法

monthrange() 方法返回两个整数，第一个数为某月第一天为星期几，第二个数为该月有多少天，其语法格式如下：

```
calendar.monthrange(year,month)
```

参数 year 为具体的年份，参数 month 为具体的月份。

单击“开始”菜单，打开 Python 3.7.4 Shell 软件，然后单击菜单栏中的“File/New File”命令，创建一个 Python 文件，并命名为“Python8-14.py”，然后输入如下代码：

```
import  calendar
myyear1 = int(input(" 请输入一个年份: "))
if calendar.isleap(myyear1) :
    print("%d 年是闰年! " % myyear1)
else :
    print("%d 年不是闰年! "% myyear1)
print()
myyear2 = int(input(" 请再输入一个年份: "))
if  myyear2 > myyear1 :
    mynum1 = calendar.leapdays(myyear1,myyear2)
    print("%d 年到 %d 之间，有 %d 个闰年。" %(myyear1,myyear2,mynum1))
else:
    mynum1 = calendar.leapdays(myyear2,myyear1)
    print("%d 年到 %d 之间，有 %d 个闰年。" %(myyear2,myyear1,mynum1))
```

```
    print()
    mymonth = int(input("请再输入一个月份："))
    mynum2,mynum3 = calendar.monthrange(myyear1,mymonth)
    print("%d年%d月，第一天是星期%d，这个月共有%d天" %(myyear1,mymonth,mynum2,mynum3))
    print()
    mynum4,mynum5 = calendar.monthrange(myyear2,mymonth)
    print("%d年%d月，第一天是星期%d，这个月共有%d天" %(myyear2,mymonth,mynum4,mynum5))
```

单击菜单栏中的“Run/Run Module”命令或按下键盘上的“F5”，就可以运行程序代码，就会提醒你“请输入一个年份”，如图 8.17 所示。

在这里输入“2016”，然后回车，就可以看到 2016 年是否是闰年了，如图 8.18 所示。

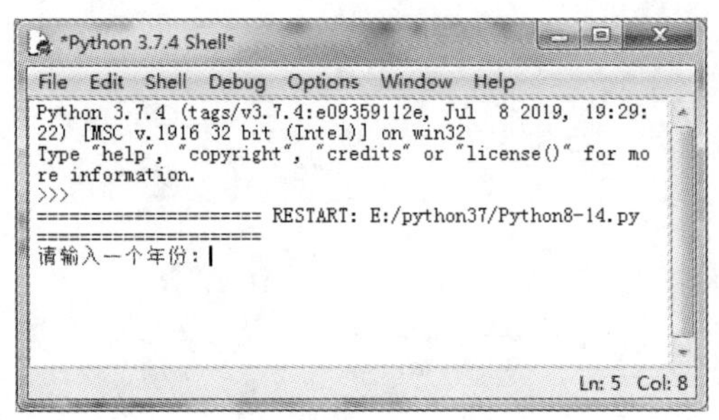

图 8.17 输入一个年份

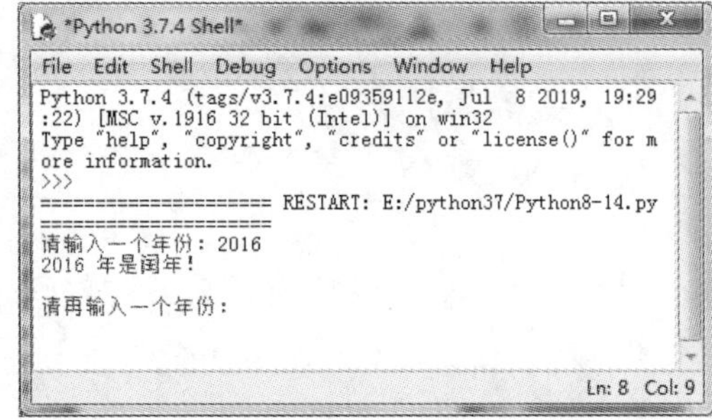

图 8.18 2016 年是闰年

这里又提醒“请再输入一个年份”，在这里输入“1997”，然后回车，在这里就可以看到 1997 年到 2016 年之间有几个闰年，如图 8.19 所示。

这里又提醒“请再输入一个月份”，在这里输入“7”，然后回车，就可以看到“2016 年 7 月，第一天是星期 4，这个月共有 31 天”和“1997 年 7 月，第一天是星期 1，这个月共有 31 天”，如图 8.20 所示。

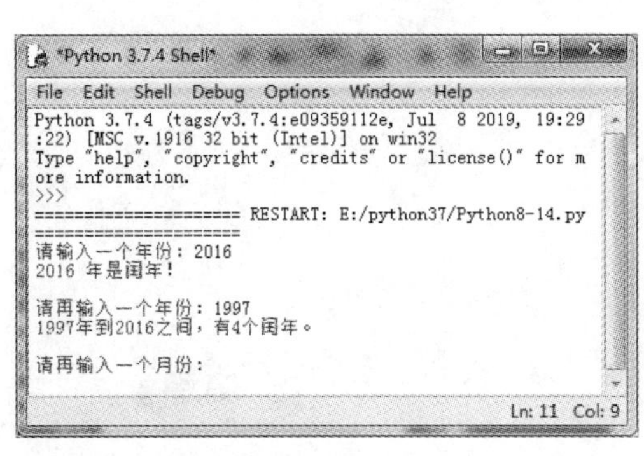

图 8.19 1997 年到 2016 年之间有 4 个闰年

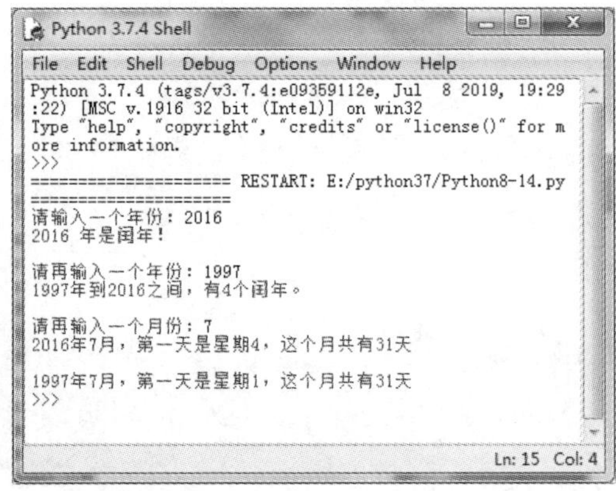

图 8.20 第一天是星期几和这个月有多少天

第 9 章

Python 程序设计的文件与文件夹操作

计算机操作系统是以文件为单位对数据进行管理的。文件是指存储在某种介质上的数据集合。文件在存储介质上的位置是由驱动器名称、文件夹及文件名来定位的。

本章主要内容包括：

- 创建文件
- 向文件中写入内容
- 打开文件并读取内容
- 设置文件中光标的位置
- 创建文件夹
- 判断文件夹是否存在
- 文件夹重命名与删除
- 获取和修改当前文件夹的位置
- 连接目录和文件名
- 文件的复制和删除

9.1 文件的操作

Python 具有强大的文件处理功能，如文件的创建、文件的打开、文件内容的写入、读出文件中的内容等。

9.1.1 创建文件

在 Python 中，利用 open() 方法创建文件，语法格式如下：

```
open(file_name,mode)
```

其中，file_name 为创建的文件名，mode 为创建文件的模式。mode 的参数及意义如下：

w：打开一个文件只用于写入。如果该文件已存在则打开文件，并从开头开始编辑，即原有内容会被删除。如果该文件不存在，创建新文件。

wb：以二进制格式打开一个文件只用于写入。如果该文件已存在则打开文件，并从开头开始编辑，即原有内容会被删除。如果该文件不存在，创建新文件。一般用于非文本文件，如图片等。

w+：打开一个文件用于读写。如果该文件已存在则打开文件，并从开头开始编辑，即原有内容会被删除。如果该文件不存在，创建新文件。

wb+：以二进制格式打开一个文件用于读写。如果该文件已存在则打开文件，并从开头开始编辑，即原有内容会被删除。如果该文件不存在，创建新文件。一般用于非文本文件，如图片等。

单击“开始”菜单，打开 Python 3.7.4 Shell 软件，然后单击菜单栏中的“File/New File”命令，创建一个 Python 文件，并命名为“Python9-1.py”，然后输入如下代码：

```
import os                                  # 导入 os 标准库
txt = open("mytxt.txt","w")                # 创建一个文本文件
print("成功创建一个文本文件，文件名为 mytxt.txt")
doc = open("mydoc.doc","w+")               # 创建一个 word 文件
print("成功创建一个 word 文件，文件名为 mydoc.doc")
excel = open ("myexcel.xls","wb")    # 创建一个 excel 表格文件
print("成功创建一个 excel 表格文件，文件名为 myexcel.xls")
ppt = open("myppt.ppt","wb+")              # 创建一个 PPT 文件
print("成功创建一个 PPT 文件，文件名为 myppt.ppt")
```

首先导入 os 标准库，然后以只写的方式创建一个文本文件；以读写的方式创建一个 word 文件；以二进制只写的方式创建一个 excel 表格文件；以二进制读写的方式创建一个 PPT 文件。

单击菜单栏中的“Run/Run Module”命令或按下键盘上的“F5”，就可以运行程序代码，结果如图 9.1 所示。

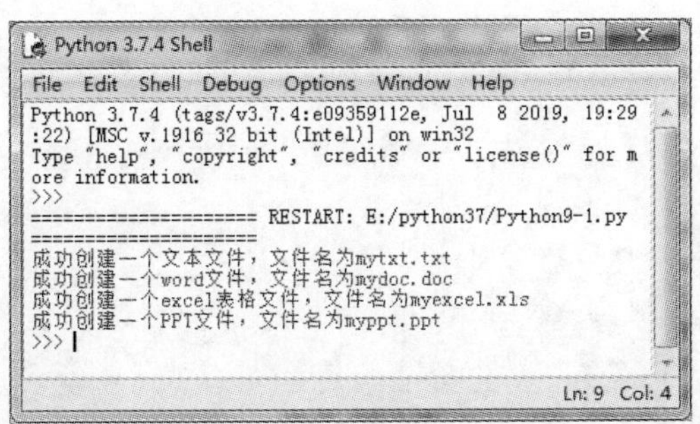

图 9.1　创建文件

需要注意的是，创建的文件保存在当前 Python 文件保存的位置，即“E:\python37”中，打开 python37 文件夹，就可以看到刚刚创建的 4 个文件，如图 9.2 所示。

图 9.2　创建文件的保存位置

9.1.2　向文件中写入内容

文件创建成功后，就可以向文件中写入内容。在 Python 中，利用 write() 方法向文件中写入内容，语法格式如下：

```
write(string)
```

其中，string 为要写入文件的字符串。write() 方法的返回值是写入的字符长度。使用 write() 方法，要注意以下几点：

第一，write() 方法将任何字符串写入打开的文件，但需要注意的是，Python 字符串可以是二进制数据，而不仅仅是文本。

第二，write() 方法不会在字符串的末尾添加换行符（“\n”）。

第三，在文件关闭前或缓冲区刷新前，字符串内容存储在缓冲区中，这时你在文件中是看不到写入的内容的。

单击“开始”菜单，打开 Python 3.7.4 Shell 软件，然后单击菜单栏中的“File/New File”命令，创建一个 Python 文件，并命名为“Python9-2.py”，然后输入如下代码：

```
import os                                                   # 导入 os 标准库
stu = open("stufile.txt","w")                               # 以只写的方式创建文本文件
print(" 成功创建一个文本文件，文件信息如下：\n")
print(" 创建的文件名：",stu.name)
print("\n 创建的模式：",stu.mode)
print("\n 创建的文件是否关闭：",str(stu.closed))
# 写入创建文件的信息
stu.write("\n 写入创建文件的信息如下：")
stu.write("\n\n 创建的文件名："+ stu.name)
stu.write("\n 创建的模式："+ stu.mode)
stu.write("\n 创建的文件是否关闭："+str(stu.closed))
# 向文本文件中写入内容
stu.write("\n\n\nPython 是一门功能强大、操作简单、通用型的脚本编程语言。")
stu.write("\nython 类库极其丰富，这使得 Python 可以应用到软件开发、大数据分析、网络爬虫、机器学习、网站开发等不同领域。\n")
# 利用 for 循环向文本文件中写入内容
for i in range(50) :
    stu.write(str(i)+"\t")
print("\n 已成功写入文件信息")
```

在这里，首先导入 os 标准库，然后以只写的方式创建文本文件，接下来显示并写入创建文件的信息。然后又写入普通文字信息，最后利用 for 循环向文本文件中写入内容。

需要注意的是，write() 函数只接收字符串输入，如果输入的不是字符串类型，要利用 str() 进行转换。

单击菜单栏中的“Run/Run Module”命令或按下键盘上的“F5”，就可以运行程序代码，结果如图 9.3 所示。

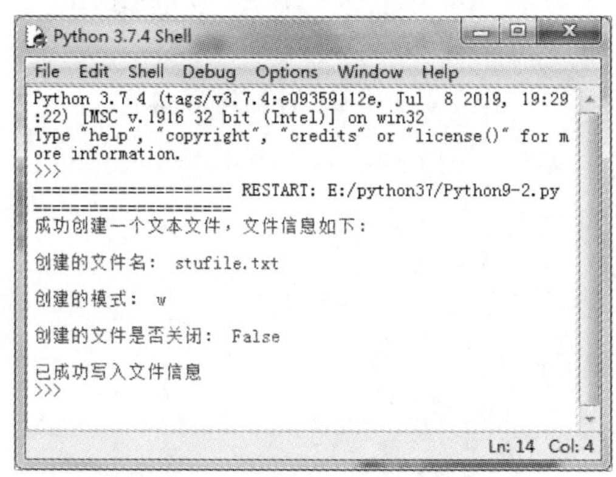

图 9.3　行程序代码后的提示信息

在这里可以看到，已成功创建一个文本文件，并且也向文件中成功写入内容。下面来查看创建的文件及文件内容。

由于创建的文件保存在“E:\python37”中，所以打开 Python37 文件夹，就可以看到刚刚创建的文件“stufile.txt”，如图 9.4 所示。

双击打开“stufile.txt”文件，这时你会发现，文件是空的，没有写入内容，如图 9.5 所示。

图 9.4 创建的文件 stufile.txt

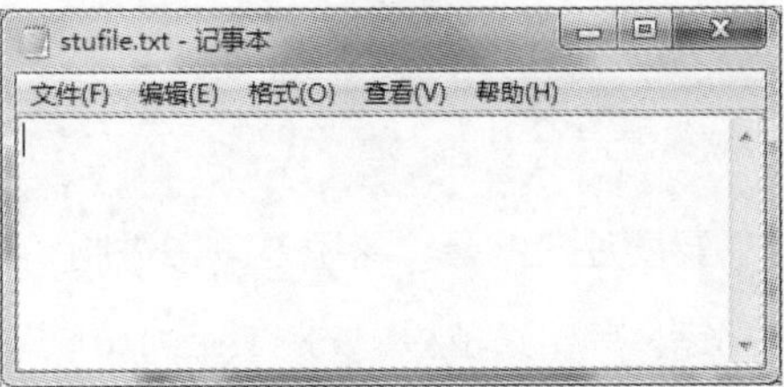

图 9.5 文件是空的

原因在于，在文件关闭前，字符串内容存储在缓冲区中。所以这时你在文件中是看不到写入的内容的。

下面来添加关闭文件的代码，具体如下：

```
stu.close()                                  # 关闭文件
```

成功添加代码后，单击菜单栏中的“Run/Run Module”命令或按下键盘上的“F5”，再次运行程序代码，然后再打开“E:\python37”中的“stufile.txt”文件，就可以看到写入的内容，如图 9.6 所示。

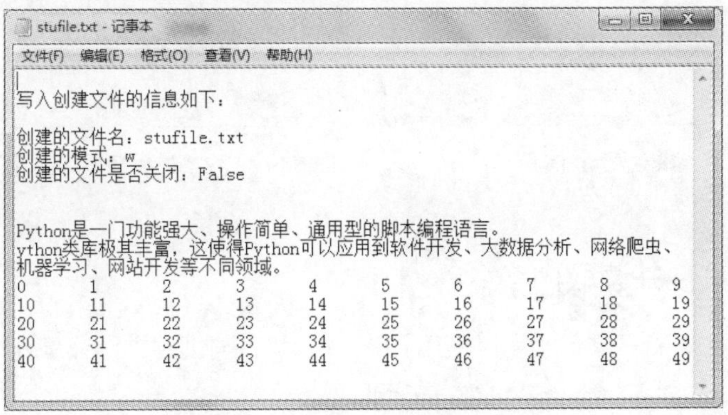

图 9.6 stufile.txt 文件中的内容

需要注意的是，如果创建文件的模式带 b（即二进制），那写入文件内容时，string（参数）要用 encode 方法转化为 bytes 形式，否则报错：TypeError: a bytes-like object is required, not ‘str’。

encode() 方法的语法格式如下：

```
str.encode(encoding='UTF-8',errors='strict')
```

两个参数都是可选参数。参数 encoding 用来指定要使用的编码，如“UTF-8”；参数 errors 可以指定不同的错误处理方案，如“strict”。

单击“开始”菜单，打开 Python 3.7.4 Shell 软件，然后单击菜单栏中的“File/New File”命令，创建一个 Python 文件，并命名为“Python9-3.py”，然后输入如下代码：

```
import os                                   # 导入 os 标准库
stu = open("stufile1.txt","wb")             # 以二进制只写的方式创建文本文件
str1 = "I like python!"                     # 定义字符串变量
stu.write(str1)                             # 写入字符串
stu.close()
print("成功创建文件，并写入字符串！")
```

需要注意的是，这里是以二进制只写的方式创建文本文件，如果直接写入字符串，就会出错。单击菜单栏中的“Run/Run Module”命令或按下键盘上的“F5”，就可以运行程序代码，结果如图 9.7 所示。

把代码 stu.write(str1) 改为 stu.write(str1.encode())，然后再运行程序，就可以运行成功，如图 9.8 所示。

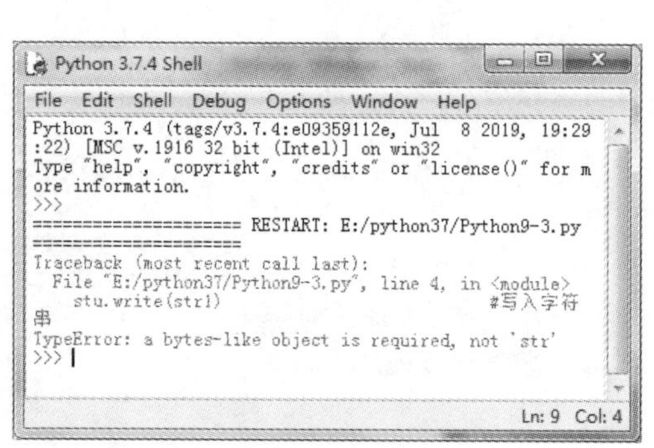

图 9.7　错误提示信息

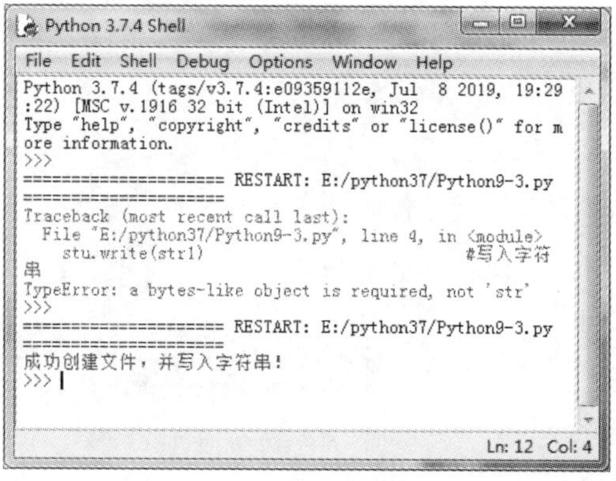

图 9.8　以二进制只写的方式创建文本文件

9.1.3　打开文件并读取内容

在 Python 中，打开文件也可以使用 open() 方法，与创建文件只是 mode 模式不同。

打开文件时，mode 的参数及意义如下：

r：以只读方式打开文件。文件的指针将会放在文件的开头。

r+：打开一个文件用于读写。文件指针将会放在文件的开头。

rb：以二进制格式打开一个文件用于只读。文件指针将会放在文件的开头。一般用于非文本文件，如图片等。

rb+：以二进制格式打开一个文件用于读写。文件指针将会放在文件的开头。一般用

于非文本文件，如图片等。

a：打开一个文件用于追加。如果该文件已存在，文件指针将会放在文件的结尾。也就是说，新的内容将会被写入到已有的内容之后。如果该文件不存在，创建新文件进行写入。

ab：以二进制格式打开一个文件用于追加。如果该文件已存在，文件指针将会放在文件的结尾。也就是说，新的内容将会被写入到已有的内容之后。如果该文件不存在，创建新文件进行写入。

a+：打开一个文件用于读写。如果该文件已存在，文件指针将会放在文件的结尾。也就是说，新的内容将会被写入到已有的内容之后。如果该文件不存在，创建新文件进行读写。

ab+：以二进制格式打开一个文件用于读写。如果该文件已存在，文件指针将会放在文件的结尾。也就是说，新的内容将会被写入到已有的内容之后。如果该文件不存在，创建新文件进行读写。

打开文件后，就可以读取其内容，就要用到 read() 方法，语法格式如下：

```
read(count)
```

其中，count 是从打开的文件读取的字符数。read() 方法是从文件的开始位置开始读取，如果 count 不指定值或丢失，则尽可能地尝试读取文件，直到文件结束。

需要注意的是，read() 方法不仅可以读取文本数据，还可以读取二进制数据。

单击“开始”菜单，打开 Python 3.7.4 Shell 软件，然后单击菜单栏中的“File/New File”命令，创建一个 Python 文件，并命名为“Python9-4.py”，然后输入如下代码：

```
import os                                          # 导入 os 标准库
myt = open("stufile.txt","r")                      # 以只读方式打开文件
str1 = myt.read(6)                                 # 读取前 6 个字符
# 显示读取的 6 个字符
print("stufile.txt 文件中的前 6 个字符 :\n",str1)
str2 = myt.read()                                  # 读取剩余的全部内容
# 显示 stufile.txt 文件中剩余的全部内容
print("\n\nstufile.txt 文件中剩余的全部内容 :\n",str2)
myt.close()
```

首先导入 os 标准库，然后调用 open() 方法，以只读方式打开 stufile.txt 文件，首先读取 6 个字符，利用 print() 函数进行显示。接着读取剩余的全部内容进行显示。

需要注意的是，“stufile.txt”文件是前面例子创建的文件，该文件要与当前 Python 文件保存在同一个文件夹中。

单击菜单栏中的“Run/Run Module”命令或按下键盘上的“F5”，就可以运行程序代码，结果如图 9.9 所示。

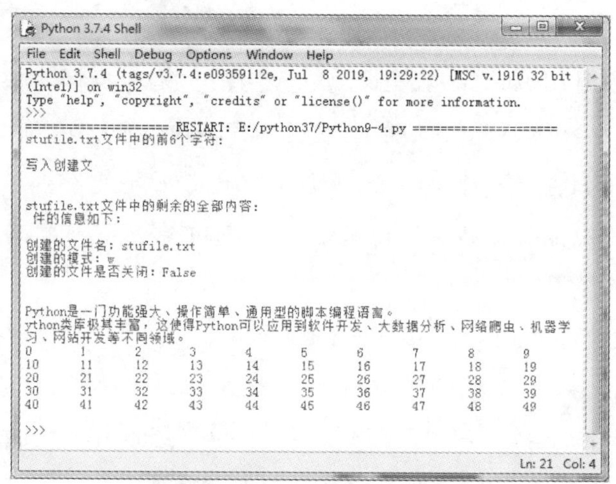

图 9.9 打开文件并读取内容

9.1.4 设置文件中光标的位置

当mode模式为r、r+、rb、rb+时，打开文件，光标（文件的指针）将会放在文件的开头。当mode模式为a、a+、ab、ab+时，打开文件，光标（文件的指针）将会放在文件的结尾。当利用read()方法读取文件中的部分内容后，光标（文件的指针）就会移动到这部分内容的后面。

我们在读取文件内容时，有时不一定是从开头读取，可能从中间某个位置开始，那么就需要知道当前光标的位置，并且还需要移动光标，这就要用到tell()方法和seek()方法。

tell()方法用来获取光标（文件的指针）在文件中的当前位置，即下一次读取或写入将发生在从文件开始处之后的多个字节数的位置，其语法格式如下：

```
tell()
```

该方法的返回值是光标（文件的指针）在文件中的当前位置。

seek()方法用来设置光标（文件的指针）在文件中的当前位置，其语法格式如下：

```
seek(offset[, whence])
```

参数offset用来设置偏移量，也就是代表需要移动偏移的字符数，如果是负数表示从倒数第几位开始。

whence：是可选参数，默认值为0。该参数给offset定义了一个参数，表示要从哪个位置开始偏移；0代表从文件开头开始算起，1代表从当前位置开始算起，2代表从文件末尾算起。

需要注意的是，如果当whence设为1或2时，只能使用二进制打开文件。另外还要注意，该方法没有返回值。

单击“开始”菜单，打开Python 3.7.4 Shell软件，然后单击菜单栏中的“File/New

File”命令，创建一个 Python 文件，并命名为“Python9-5.py”，然后输入如下代码：

```
import os                                       # 导入 os 标准库
myf = open("book1.txt","w+")                    # 以读写的方式创建一个文本文件
                                                # 向文本文件中写入内容
myf.write("It's been happening for many years")
myf.write("You weren't invited and don't want to stay")
myf.close()                                     # 关闭文件
print(" 文件 book1.txt 创建成功，并写入内容！ ")
print()
print(" 读取文件中的所有内容 :")
print()
myo = open("book1.txt","rb+")                   # 以二进制读写的方式打开 book1.txt 文件
str1 = myo.read()                               # 读取文件中的所有内容，放到字符串变量 str1 中
print(str1)                                     # 利用 print() 函数显示文件中的所有内容
print()
position = myo.tell()                           # 提取光标的当前位置
print(" 光标的当前位置 :",position)
print()
print(" 从文件开头算，提取第 11 到第 25 个字符：")
myo.seek(10,0)                                  # 将光标移动到第 10 个字符后
str2 = myo.read(15)                             # 读取 15 个字符
print(str2)                                     # 显示第 11 到第 25 个字符
print("\n 从文件末尾算，提取倒数 20 到倒数 11 的字符：")
myo.seek(-20,2)                                 # 将光标移动到倒数 20 个字符前
str3 = myo.read(10)                             # 读取 10 个字符
print(str3)
print()
myo.seek(20,0)                                  # 将光标移动到第 20 个字符后
print(" 将光标从当前位置再向后移 5 个字符 , 再选 8 个字符：")
myo.seek(5,1)                                   # 将光标从当前位置再向后移 5 个字符
str4 = myo.read(8)                              # 读取 8 个字符
print(str4)
myo.close()
```

在这里，以读写的方式创建一个文本文件，然后写入文本内容。然后以二进制读写的方式打开 book1.txt 文件，利用 open() 方法读取其中内容再显示。接着利用 tell() 方法提取光标的当前位置，然后利用 seek() 方法从文件的开头、末尾或光标所在的位置开始读取字符，然后再显示。

单击菜单栏中的“Run/Run Module”命令或按下键盘上的“F5”，就可以运行程序代码，如图 9.10 所示。

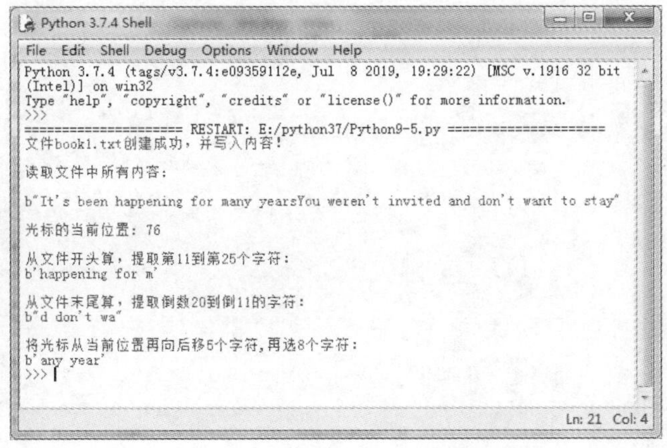

图 9.10　设置文件中光标的位置

9.2 文件夹的操作

所有文件都包含在各种文件夹中，Python 处理文件夹也很容易，如文件夹的创建、重命名、删除及遍历显示文件夹中的内容。

9.2.1 创建文件夹

在 Python 中，利用 mkdir() 方法创建文件夹，语法格式如下：

```
os.mkdir(path)
```

参数 path 是创建文件夹的路径。另外该方法没有返回值。

文件夹的路径有两种，分别是绝对路径和相对路径，如图 9.11 所示。

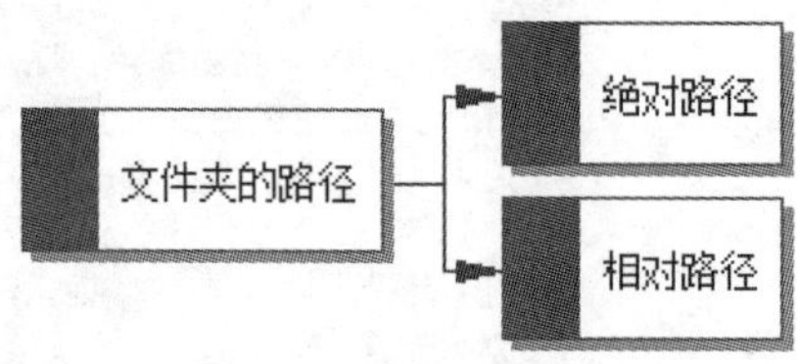

图 9.11　文件夹的路径

1. 绝对路径

绝对路径是指从磁盘的根目录开始定位，直到对应的位置为止。例如："C: /dir"或"F: /newdir"。

2. 相对路径

相对路径是指从当前所在的路径开始定位，直到对应的位置为止。用"."表示当前目录，用".."表示上一级目录。

单击"开始"菜单，打开 Python 3.7.4 Shell 软件，然后单击菜单栏中的"File/New File"命令，创建一个 Python 文件，并命名为"Python9-6.py"，然后输入如下代码：

```
import os                                    # 导入 os 标准库
print(" 在当前目录下创建一个文件夹 \n")
os.mkdir("mydir1")                           # 在当前目录下创建一个文件夹
print(" 在当前目录的上一级目录下创建一个文件夹 \n")
os.mkdir("../mydir2")                        # 在当前目录的上一级目录下创建一个文件夹
print(" 在当前目录中的 mydir1 中创建一个子件夹 \n")
os.mkdir("./mydir1/mydir3")                  # 在当前目录中的 mydir1 中创建一个子件夹
print(" 在当前目录中的 mydir1/mydir3 中创建一个子件夹 \n")
os.mkdir("./mydir1/mydir3/mydir4")           # 在当前目录中的 "mydir1/mydir3" 中创建一
个子件夹
print(" 在 C 盘中创建一个文件夹 \n")
os.mkdir("C:/mydir5")                        # 在 C 盘中创建一个文件夹
print(" 在 C:/mydir5 中创建一个文件夹 \n")
os.mkdir("C:/mydir5/mydir6")                 # 在 "C:/mydir5" 中创建一个文件夹
```

在这里，首先导入 os 标准库，然后在当前目录下创建一个文件夹、在当前目录的上一级目录下创建一个文件夹、在当前目录中的 mydir1 中创建一个子件夹、在当前目录中的 "mydir1/mydir3" 中创建一个子件夹，这几个文件夹都是相对路径。

最后在 C 盘中创建一个文件夹、在“C:/mydir5”中创建一个文件夹，这两个文件夹是绝对路径。

单击菜单栏中的“Run/Run Module”命令或按下键盘上的“F5”，就可以运行程序代码，结果如图 9.12 所示。

需要注意的是，如果你创建的文件夹已存在，再创建就会报错。上述程序第一次运行后，就创建 6 个文件夹，如果再运行一次，由于这些文件夹都已存在，所以就会报错，如图 9.13 所示。

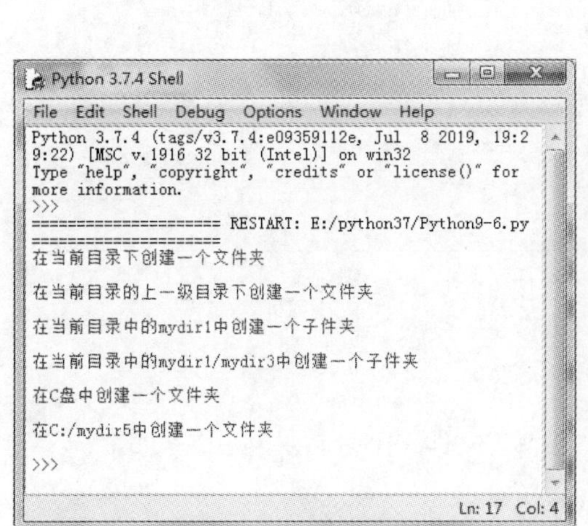

图 9.12　创建文件夹

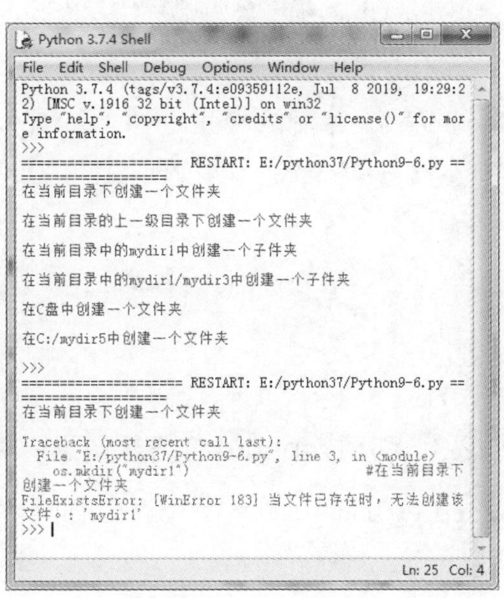

图 9.13　报错信息

9.2.2　利用 exists () 方法判断文件夹是否存在

在 Python 中，利用 os.path.exists () 方法判断文件夹是否存在，语法格式如下：

```
os.path.exists(path)
```

参数 path 是要判断文件夹的路径。另外该方法的返回值要么是 True，要么是 False。

单击“开始”菜单，打开 Python 3.7.4 Shell 软件，然后单击菜单栏中的“File/New File”命令，创建一个 Python 文件，并命名为“Python9-7.py”，然后输入如下代码：

```
import os                                    # 导入 os 标准库
if os.path.exists("mydir1") :                # 判断当前目录下是否存在 mydir1 文件夹
```

```
        print("mydir1 该文件夹已存在！ ")
    else :
        print(" 该文件夹不存在，可以新建。")
        os.mkdir("mydir1")
    if os.path.exists("./mydir1/mydir3") :
        print("mydir1/mydir3 该文件夹已存在！ ")
    else :
        print(" 该文件夹不存在，可以新建。")
        os.mkdir("./mydir1/mydir3")
    if os.path.exists("../mydir2"):          # 判断当前目录的上一级目录中是否存在 mydir2
文件夹
        print("mydir2 该文件夹已存在！ ")
    else :
        print(" 该文件夹不存在，可以新建。")
        os.mkdir("../mydir2")

    if os.path.exists("C:/mydir5")  :        # 判断 C 盘是否存在 mydir5 文件夹
        print("mydir5 该文件夹已存在！ ")
    else :
        print(" 该文件夹不存在，可以新建。")
        os.mkdir("C:/mydir5")
```

单击菜单栏中的“Run/Run Module”命令或按下键盘上的“F5”，就可以运行程序代码，结果如图 9.14 所示。

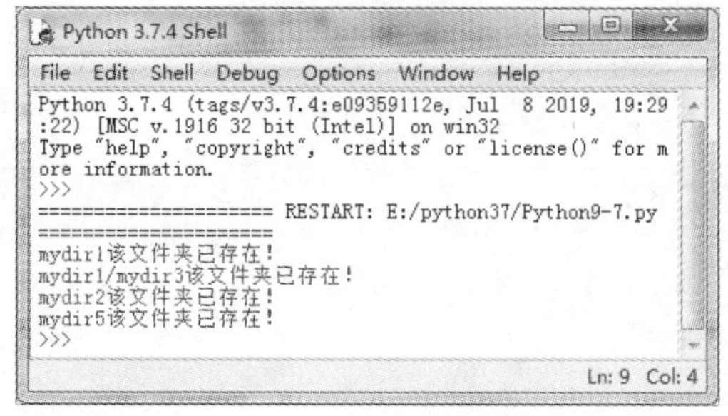

图 9.14　判断文件夹是否存在

9.2.3　利用 rename () 方法重命名文件夹

在 Python 中，利用 os.path. rename () 方法实现文件夹重命名，语法格式如下：

os.rename(src，dst)

其中，src 是当前的文件夹名，而 dst 是重命名的文件夹名。另外，该方法没有返回值。

单击“开始”菜单，打开 Python 3.7.4 Shell 软件，然后单击菜单栏中的“File/New File”命令，创建一个 Python 文件，并命名为“Python9-8.py”，然后输入如下代码：

```
import os                                # 导入 os 标准库
if  os.path.exists("mydir1") :  # 判断当前目录下是否存在 mydir1 文件夹
    print("mydir1 文件夹存在，可以重命名为 newmydir1 ！ ")
    if os.path.exists("newmydir1"):
        print(" 对不起，newmydir1 文件夹已存在！ ")
    else :
        print("newmydir1 文件夹不存在，可以重命名为 newmydir1")
        os.rename("mydir1","newmydir1")
else :
    print("mydir1 文件夹不存在！ ")
    os.mkdir("mydir1")
```

首先判断当前目录下是否存在 mydir1 文件夹，如果存在，就可以重命名。但在重命名之前，要判断一下重新命名的文件名是否已经存在，如果不存在，就可以成功修改文件夹的名称；否则不能修改。

如果当前目录下 mydir1 文件夹不存在，当然就不能重命名了，但可以新建该文件夹。

单击菜单栏中的“Run/Run Module”命令或按下键盘上的“F5”，就可以运行程序代码，结果如图 9.15 所示。

在这里可以看到，mydir1 文件夹在当前目录下，并重命名为“newmydir1”。需要注意的是，如果再次运行该程序，由于 mydir1 文件夹已不在当前目录下，所以就会显示“mydir1 文件夹不存在！”，新建 mydir1 文件夹，如图 9.16 所示。

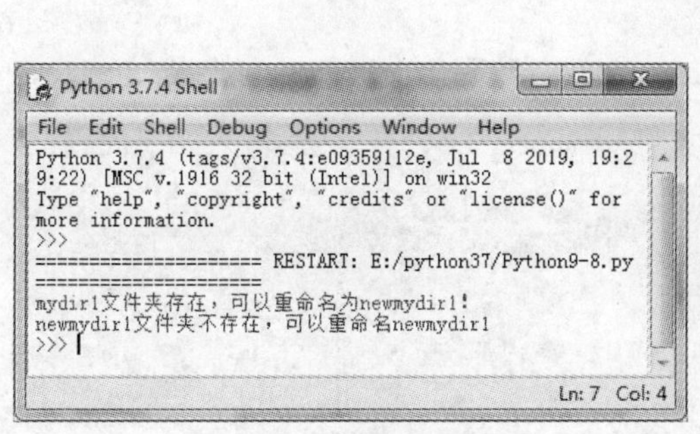

图 9.15　文件夹重命名

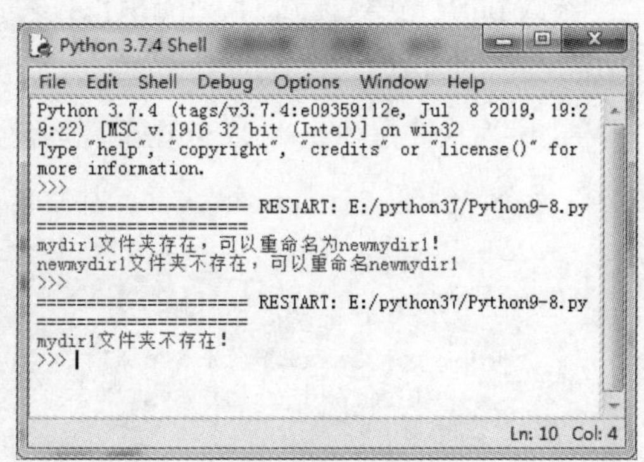

图 9.16　mydir1 文件夹不存在并新建 mydir1 文件夹

如果第三次运行该程序，由于“newmydir1”和“mydir1”两个文件夹都已存在，就会显示“mydir1 文件夹存在，可以重命名为 newmydir1！”和“对不起，newmydir1 文件夹已存在！”的提示信息，如图 9.17 所示。

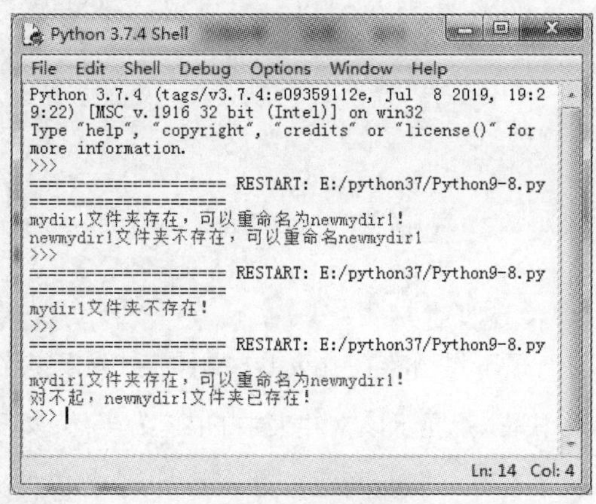

图 9.17　第三次运行该程序的提示信息

9.2.4 删除没有内容的文件夹

在 Python 中，利用 os.rmdir() 方法实现文件夹的删除，其语法格式如下：

```
os.rmdir(path)
```

参数 path 是要删除文件夹的路径。另外，该方法没有返回值。

需要注意的是，该方法只能删除空的文件夹，即文件夹中不能有文件夹或文件。

利用 os.listdir() 方法，可以查看文件夹中的文件夹或文件，其语法格式如下：

```
os.listdir(path)
```

参数 path 是要查看文件夹的路径。该方法返回一个列表，其中包含由路径指定的目录中的条目的名称。

单击“开始”菜单，打开 Python 3.7.4 Shell 软件，然后单击菜单栏中的“File/New File”命令，创建一个 Python 文件，并命名为“Python9-9.py”，然后输入如下代码：

```
import os                                    # 导入 os 标准库
if  os.path.exists("mydir1") :               # 判断当前目录下是否存在 mydir1 文件夹
    print("mydir1 文件夹存在！ ")
    if len(os.listdir("mydir1")) == 0 :
        print("mydir1 文件夹是一个空文件夹！ ")
        os.rmdir("mydir1")
        print(" 已成功删除 mydir1 空文件夹 ")
    else :
        print(" 显示 mydir1 文件夹中的内容：")
        print(os.listdir("mydir1"))
        print()
        print("\nmydir1 文件夹不是一个空文件夹，不能用 os.rmdir() 方法删除，如果删除，就会报错！ ")
else :
    print("mydir1 文件夹不存在！ ")

if  os.path.exists("newmydir1") :            # 判断当前目录下是否存在 newmydir1 文件夹
    print("newmydir1 文件夹存在！ ")
    if len(os.listdir("newmydir1")) == 0 :
        print("newmydir1 文件夹是一个空文件夹！ ")
        os.rmdir("newmydir1")
    else :
        print(" 显示 newmydir1 文件夹中的内容：")
        print()
        print(os.listdir("newmydir1"))
        print("\newnmydir1 文件夹不是一个空文件夹，不能用 os.rmdir() 方法删除，如果删除，就会报错！ ")
else :
    print("newmydir1 文件夹不存在！ ")
```

在这里首先判断当前目录下是否存在 mydir1 文件夹，如果存在，再判断是否是空文件夹，如果是就删除，如果不是，就显示该文件夹中的内容；当然，如果不存 mydir1 文件夹，就会显示“mydir1 文件夹不存在！”。同理，对 newmydir1 文件夹进行判断。

单击菜单栏中的“Run/Run Module”命令或按下键盘上的“F5”，就可以运行程序代码，结果如图 9.18 所示。

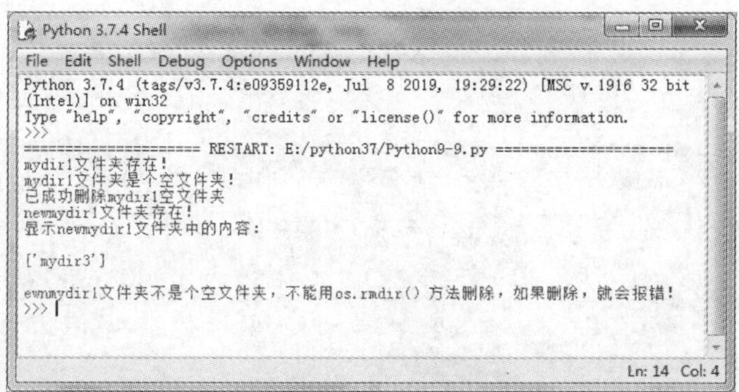

图 9.18　文件夹的删除

在这里可以看到 mydir1 文件夹是空文件夹，而 newmydir1 文件夹不是空文件夹，其中有一个子文件夹为“mydir3”。

需要注意的是，如果该程序再运行一次，由于 mydir1 文件夹已删除，就会有不同的提示信息，如图 9.19 所示。

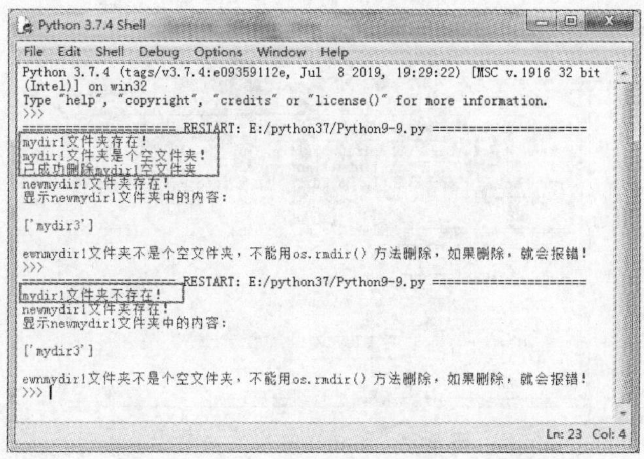

图 9.19　第二次运行程序的提示信息

9.2.5　删除有内容的文件夹

如果文件夹中有内容，该如何删除呢？这就要用到 shutil 模块，下面来讲解一下该模块。shutil 模块是一种高层次的文件操作工具，类似于高级 API，主要强大之处在于其对文件的复制与删除操作比较支持。

在 Python 中，利用 shutil.rmtree() 方法实现文件夹的删除，其语法格式如下：

```
shutil.rmtree(path)
```

参数 path 是要删除文件夹的路径。

单击“开始”菜单，打开 Python 3.7.4 Shell 软件，然后单击菜单栏中的“File/New File”命令，创建一个 Python 文件，并命名为“Python9-10.py”，然后输入如下代码：

```
import os
import shutil
if  os.path.exists("newdir555") :          # 判断当前目录下是否存在 newdir555 文件夹
    print("newdir555 文件夹存在！ ")
    if len(os.listdir("newdir555")) == 0 :
        print("newdir555 文件夹是一个空文件夹！ ")
        os.rmdir("newdir555")
        print(" 已成功删除 newdir555 空文件夹 ")
    else :
        print(" 显示 newdir555 文件夹中的内容：\n")
        print()
        print(os.listdir("newdir555"))
        shutil.rmtree("newdir555")
        print(" 已成功删除 newdir555 文件夹及该文件夹中的所有内容！ ")
else :
    print("newdir555 文件夹不存在！ ")
```

首先导入 os 和 shutil 两个标准库，然后判断当前目录下是否存在 newdir555 文件夹，如果存在，继续判断该文件夹是否为空，如果为空，用 os.rmdir() 方法删除；如果不为空，先显示该文件夹中的内容，再利用 shutil.rmtree() 方法删除。

单击菜单栏中的“Run/Run Module”命令或按下键盘上的“F5”，就可以运行程序代码，结果如图 9.20 所示。

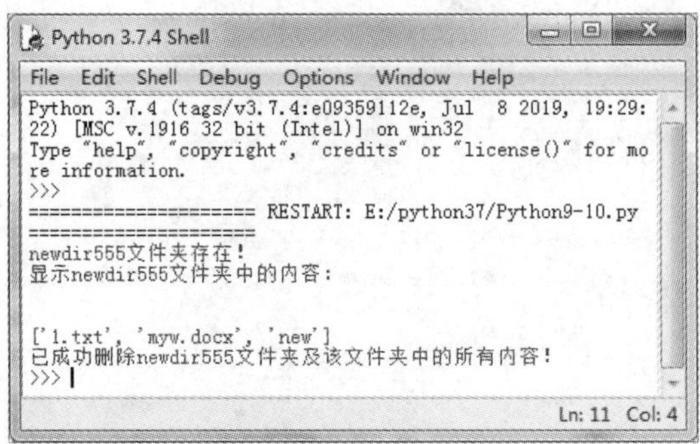

图 9.20　shutil 模块的应用

9.3　文件和文件夹的其他操作

前面讲解文件和文件夹的基本操作，下面来讲解一下文件和文件夹的其他操作。

9.3.1　获取和修改当前文件夹的位置

在 Python 中，利用 os.getcwd() 方法可以获取当前文件夹的位置，其语法格式如下：

```
os.getcwd()
```

注意，该方法没有参数。

在 Python 中，利用 os.chdir() 方法可以修改当前文件夹的位置，其语法格式如下：

```
os.chdir(path)
```

参数 path 是要修改的当前文件夹的位置。

单击“开始”菜单，打开 Python 3.7.4 Shell 软件，然后单击菜单栏中的“File/New File”命令，创建一个 Python 文件，并命名为“Python9-11.py”，然后输入如下代码：

```
import os
str1 = os.getcwd()
print("当前文件夹的位置：",str1)
print()
str2 = "./mydir1/mydir2/mydir3"
print(str2)
os.chdir(str2)
str3 = os.getcwd()
print("修改当前文件夹位置后的位置：",str3)
print()
str4 = "C:/mydir5/mydir6"
print(str4)
os.chdir(str4)
str5 =os.getcwd()
print("修改当前文件夹位置后的位置：",str5)
print()
str6 = "../mydir7"
print(str6)
os.chdir(str6)
str7 = os.getcwd()
print("修改当前文件夹位置后的位置：",str7)
```

单击菜单栏中的“Run/Run Module”命令或按下键盘上的“F5”，就可以运行程序代码，结果如图 9.21 所示。

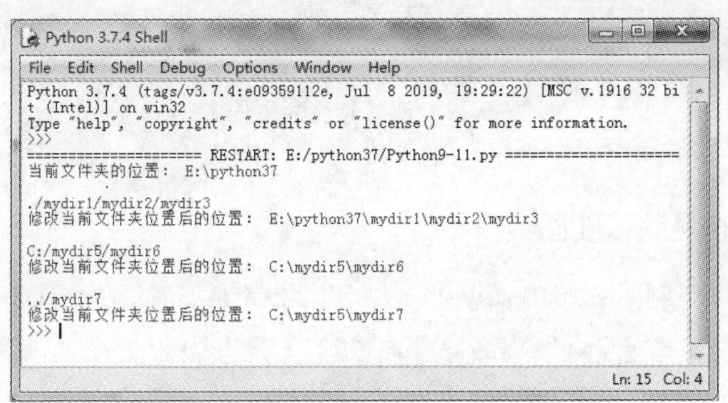

图 9.21　获取和修改当前文件夹的位置

9.3.2　连接目录和文件名

在 Python 中，利用 os.path.join() 方法可以连接目录和文件名，其语法格式如下：

```
os.path.join(dir,filename)
```

其中，dir 参数是文件的目录，而 filename 是目录中的文件名。

单击“开始”菜单，打开 Python 3.7.4 Shell 软件，然后单击菜单栏中的“File/New

File”命令，创建一个 Python 文件，并命名为“Python9-12.py”，然后输入如下代码：

```
import  os
str1 = os.getcwd()                                      # 获取当前文件夹的位置
list1 = []                                              # 定义一个空列表
print("显示当前文件夹中包含所有文件的绝对路径：")
for  file  in  os.listdir(str1) :                       #for 循环
    filepath = os.path.join(str1,file)                  # 连接目录和文件名
    list1.append(filepath)                              # 添加到列表中
    print(list1)
```

首先导入 os 标准库并获取当前文件夹的位置，然后利用 for 循环语句把所有文件绝对路径添加到列表中，最后再显示。

单击菜单栏中的“Run/Run Module”命令或按下键盘上的“F5”，就可以运行程序代码，结果如图 9.22 所示。

图 9.22　连接目录和文件名

9.3.3　文件的复制和删除

在 Python 中，利用 shutil.copy () 方法可以复制文件，其语法格式如下：

```
shutil.copy(oldfile,newfile)
```

其中，oldfile 为原来的文件名，而 newfile 为复制的文件名。

删除文件，可以使用 os.remove() 方法，其语法格式如下：

```
os.remove(file)
```

参数 file 为删除的文件名。

单击“开始”菜单，打开 Python 3.7.4 Shell 软件，然后单击菜单栏中的“File/New File”命令，创建一个 Python 文件，并命名为“Python9-13.py”，然后输入如下代码：

```
import os
import shutil
if  os.path.exists("mytxt.txt") :                       # 判断文件 mytxt 是否存在
```

```
        print(" 文件 mytxt.txt 存在！ ")
        if os.path.exists("mytxt1.txt") :                    # 判断文件 mytxt1 是否存在
            print(" 文件 mytxt1.txt 已存在！ ")
            os.remove("mytxt1.txt")                          # 删除文件 mytxt1
            print(" 已成功删除 mytxt1.txt 文件！ ")
        else :
            print(" 文件 mytxt1.txt 不存在！ ")
            shutil.copy("mytxt.txt","mytxt1.txt")           # 复制文件
            print(" 已成功复制文件！ ")
    else :
        print(" 文件 mytxt.txt 不存在！ ")
```

首先导入 os 和 shutil 两个标准库，然后判断文件 mytxt.txt 是否存在，如果存在，再判断文件 mytxt1.txt 是否存在，如果存在，则删除文件 mytxt1.txt；如果不存在，则复制文件 mytxt.txt 为 mytxt1.txt。

单击菜单栏中的“Run/Run Module”命令或按下键盘上的“F5”，就可以运行程序代码，结果如图 9.23 所示。

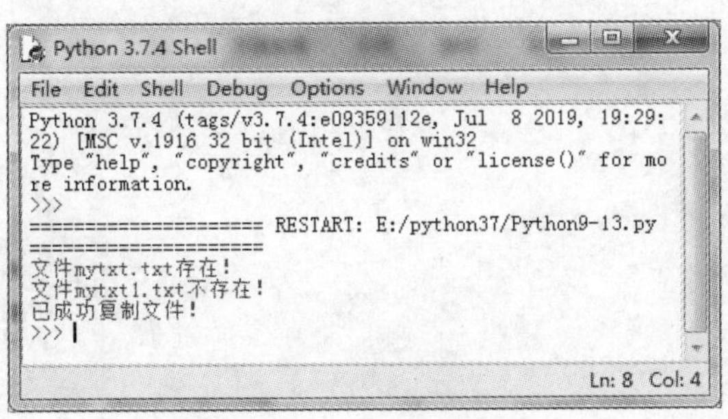

图 9.23　文件的复制

在这里可以看到文件 mytxt.txt 存在，文件 mytxt1.txt 不存在，运行代码后，就会复制文件 mytxt.txt 为 mytxt1.txt，如图 9.24 所示。

如果再次运行代码，就会发现文件 mytxt.txt 和 mytxt1.txt 都存在，这样就没有办法复制了，就可以删除“mytxt1.txt”文件，如图 9.25 所示。

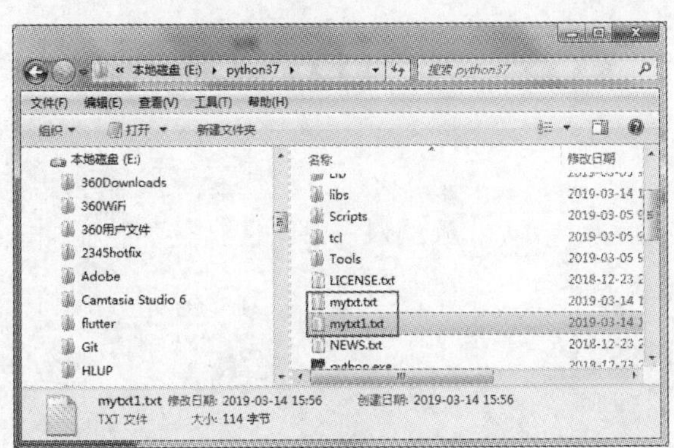

图 9.24　复制文件 mytxt.txt 为 mytxt1.txt

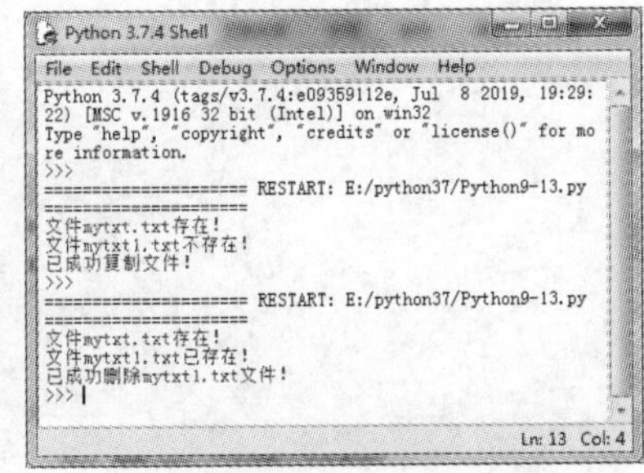

图 9.25　文件的删除

第 10 章

Python 的 GUI 程序设计常用控件

图形用户界面（Graphical User Interface，简称 GUI）是指采用图形方式显示的计算机操作用户界面。Python 具有强大的 GUI 应用程序开发功能，Python 的 IDLE 就是用其自身的标准库 Tkinter 编写而成。

本章主要内容包括：

➢ 初识 GUI 库

➢ 图形用户界面的窗体

➢ 标签控件（Label）、按钮控件（Button）和输入文本框控件（Entry）

➢ 单选按钮控件（Radiobutton）和复选框控件（Checkbutton）

➢ 列表框控件（Listbox）和下拉列表框控件（Combobox）

➢ 多行文本框控件（Text）

➢ 刻度滑动条控件（Scale）和滚动条控件（Scrollbar）

➢ 几何管理对象

➢ 后台管理登录系统

10.1　初识 GUI 库

Python 提供了多个图形用户界面的库，即 Tkinter、wxPython，下面分别讲解一下。

1. Tkinter 库

Tkinter 是 Python 的标准 GUI 库。Python 使用 Tkinter 可以快速地创建 GUI 应用程序。由于 Tkinter 是内置到 Python 的安装包中，只要安装好 Python 之后就能使用，需要注意的是，使用前要先导入 Tkinter 库。

2. wxPython 库

wxPython 是 Python 编程语言的一套优秀的 GUI 图形库，允许 Python 程序员很方便地创建完整的、功能健全的 GUI 用户界面。需要注意的是，wxPython 库是第三方库，需要安装之后才能使用。

10.2　图形用户界面的窗体

图形用户界面由对象（窗体）和控件组成，所有的控件都放在窗体上，程序中所有信息都可以通过窗体显示出来，它是应用程序的最终用户界面。

在 Python 中，使用 tkinter.Tk() 方法可以创建一个窗体，该方法的基本语法如下：

```
tkinter.Tk()
```

需要注意的是，Tk() 方法的第一个字母是大写的。另外该方法没有参数，返回值是一个窗体。

窗体的常用方法如下：

title()：设置窗体的标题。

geometry：设置窗体的大小和位置。

withdraw()：隐藏窗口。

update()：更新窗口。

deiconify()：显示窗口。

Quit()：退出窗口。

update()：刷新窗口。

resizable()：设置窗口是否可以改变长和宽。

mainloop()：进入消息循环。

单击“开始”菜单，打开 Python 3.7.4 Shell 软件，然后单击菜单栏中的“File/New File”命令，创建一个 Python 文件，并命名为“Python10−1.py”，然后输入如下代码：

```
import tkinter as tk                                  # 导入 tkinter 库，并重命名为 tk
mywindow = tk.Tk()                                    # 创建一个窗体
mywindow.title("Pyton 的第一个 GUI 程序 ")            # 设置窗体的标题
mywindow.geometry("300x200+60+20")                    # 设置窗体的大小和位置
mywindow.resizable(width=True,height=False)           # 高度不可以拉伸，宽度可以拉伸
```

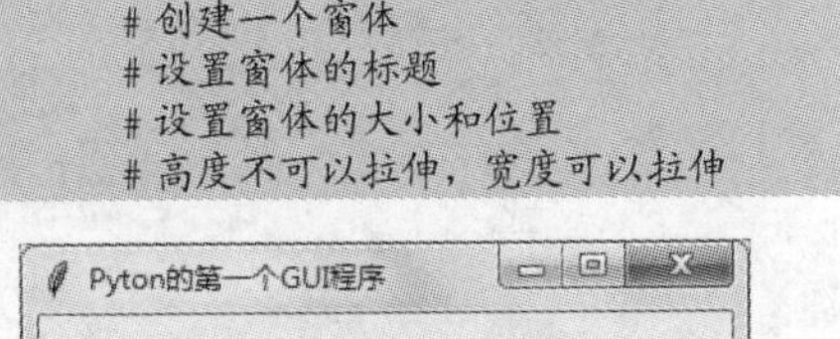

单击菜单栏中的“Run/Run Module”命令或按下键盘上的“F5”，就可以运行程序代码，结果如图 10.1 所示。

在这里需要注意，Window 窗体的宽度为 300 像素、高度为 200 像素，窗口距离电脑屏幕左上角的水平距离为 60 像素、垂直距离为 20 像素。另外，Window 窗体高度不可以拉伸，但宽度可以拉伸。

图 10.1　图形用户界面的窗体

10.3　常用控件

控件是 GUI 应用程序的基本组成部分。合理恰当地使用各种不同的控件，是 Python 编写 GUI 应用程序的基础。

10.3.1　标签控件（Label）

标签控件（Label）应用最多，它常用于显示用户不能编辑、修改的文本。因此，标签控件可以用于标识窗体和窗体上的对象。

标签控件的常用属性如下：

text：设置标签上的文字。

fg：设置标签上的文字颜色。

bg：设置标签的背景颜色。

font：设置标签上文字的字体和字体大小。

width：设置标签的宽度。

height：设置标签的长度。

单击“开始”菜单，打开 Python 3.7.4 Shell 软件，然后单击菜单栏中的“File/New File”命令，创建一个 Python 文件，并命名为“Python10-2.py”，然后输入如下代码：

```
import tkinter as tk                        # 导入 tkinter 库，并重命名为 tk
mywindow = tk.Tk()                          # 创建一个窗体
mywindow.title(" 标签控件 ")                 # 设置窗体的标题
mywindow.geometry("250x150")                # 设置窗体的大小
                                            # 设置标签的各种属性
mylab1 = tk.Label(mywindow,
                  text="Python 的标签！ ",
                  fg = "yellow",
                  bg= "red",
                  font=("Arial",12),
                  width = 20,
                  height = 3
                  )
mylab1.pack()                               # 布局标签的位置
var = tk.StringVar()                        # 字符串变量储存器
var.set('Python 的文字变量储存器 ')
mylab2 = tk.Label(mywindow,
                 textvariable=var,
                 fg = "blue",
                  bg= "yellow",
                  font=(" 黑体 ",15),
                  width = 25,
                  height = 4
                 )
mylab2.pack()
mywindow.mainloop()                         # 进入消息循环
```

单击菜单栏中的“Run/Run Module”命令或按下键盘上的“F5”，就可以运行程序代码，结果如图 10.2 所示。

图 10.2　标签控件

10.3.2　按钮控件（Button）

按钮控件（Button），又称命令按钮，是 GUI 应用程序中最常用的控件。按钮控件用于接收用户的操作信息，触发相应的事件过程。

按钮控件的常用属性与标签控件几乎相同，但要注意 command 属性是指定 Button 单击时执行的命令（函数）。

单击“开始”菜单，打开 Python 3.7.4 Shell 软件，然后单击菜单栏中的“File/New File”命令，创建一个 Python 文件，并命名为“Python10-3.py”，然后输入如下代码：

```
import tkinter as tk                        # 导入 tkinter 库，并重命名为 tk
```

```
mywindow = tk.Tk()                                  # 创建一个窗体
mywindow.title("标签和按钮控件")                      # 设置窗体的标题
mywindow.geometry("250x150")                        # 设置窗体的大小
# 标签控件
mylab = tk.Label(mywindow,
                    text="Python 的标签控件！ ",
                    fg = "yellow",
                    bg= "red",
                    font=("Arial",15),
                    width = 20,
                    height = 3
                    )
mylab.pack()                                        # 布局标签的位置
# 按钮控件
mybut = tk.Button(mywindow,
                   text ="单击我",
                   fg = "blue",
                   bg= "yellow",
                   font=("Arial",12),
                   width = 15,
                   height = 4
                   )
mybut.pack()
mywindow.mainloop()
```

单击菜单栏中的“Run/Run Module”命令或按下键盘上的“F5”，就可以运行程序代码，结果如图 10.3 所示。

图 10.3　按钮控件

需要注意的是，这时单击“单击我”按钮，程序是没有什么反应的。因为没有为按钮添加单击事件。

下面为按钮添加单击事件。首先为按钮添加 command 属性代码，添加后的代码如下：

```
mybut = tk.Button(mywindow,
                   text ="单击我",
                   fg = "blue",
                   bg= "yellow",
                   font=("Arial",12),
                   width = 15,
                   height = 4,
                   command = myclick
                   )
```

这样在单击按钮时就会调用 myclick 函数。所以还需要编写 myclick 函数，具体代码如下：

```
# 自定义 myclick() 函数，当单击按钮时调用
def myclick() :
    print("你单击了按钮！ ")
    mylab.config(text = "哈哈，你单击了按钮！ ",fg="green",bg="white")
```

```
    mybut.config(text =" 呵呵，我也变了！ ")
```

在这里是利用 config() 方法来改变控件的属性的。

单击菜单栏中的“Run/Run Module”命令或按下键盘上的“F5”，就可以运行程序代码，然后单击“单击我”按钮，就会发现标签的背景色、文字颜色、文字内容都改变了，并且按钮的文字也改变了，如图 10.4 所示。

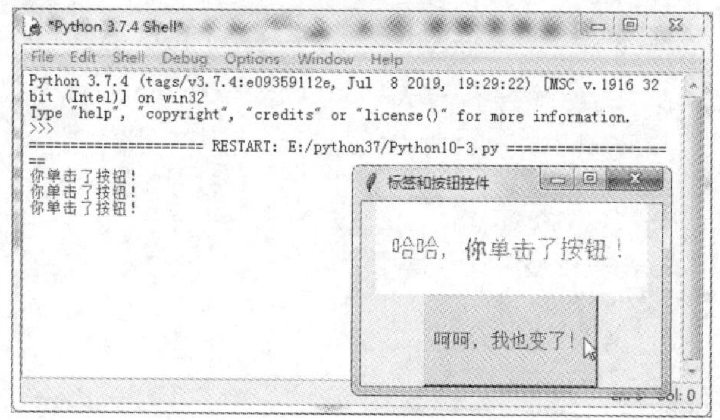

图 10.4　按钮的单击事件

10.3.3　输入文本框控件（Entry）

输入文本框控件（Entry）用来输入单行内容，可以方便地向程序传递用户参数。输入文本框控件的常用属性与标签控件几乎相同，但要注意以下两个属性：

show：将输入文本框控件中的文本替换为指定字符，用于输入密码等，例如设置 show=“*”。

state：设置输入文本框控件状态，默认为 normal，可设置为：disabled，表示禁用该控件，readonly，表示该控件只读。

单击“开始”菜单，打开 Python 3.7.4 Shell 软件，然后单击菜单栏中的“File/New File”命令，创建一个 Python 文件，并命名为“Python10-4.py”，然后输入如下代码：

```
import tkinter as tk                                    # 导入 tkinter 库，并重命名为 tk
mywindow = tk.Tk()                                      # 创建一个窗体
mywindow.title(" 输入文本框控件的应用 ")                  # 设置窗体的标题
mywindow.geometry("350x150")                            # 设置窗体的大小
# 标签控件
mylab = tk.Label(mywindow,
                 text=" 摄氏度和华氏度的转换，在文本框中输入摄氏度 ",
                 fg = "green",
                 bg= "white",
                 font=(" 黑体 ",12),
                 width = 100,
                 height = 5
                 )
mylab.pack()                                            # 布局标签的位置
# 输入文本框控件
mytext = tk.Entry(mywindow,text="",width = 80 )
```

```
mytext.pack()
# 按钮控件
mybut = tk.Button(mywindow,text="摄氏度转换为华氏度", height = 2)
mybut.pack()
mywindow.mainloop()
```

单击菜单栏中的“Run/Run Module”命令或按下键盘上的“F5”，就可以运行程序代码，结果如图 10.5 所示。

在文本框中输入摄氏度数，然后单击“摄氏度转换为华氏度”按钮是没有什么反应的，因为按钮还没有添加单击事件。

下面为按钮添加单击事件。首先为按钮添加 command 属性代码，具体代码如下：

```
mybut = tk.Button(mywindow,text="摄氏度转换为华氏度", height = 2 , command = myclick)
```

单击按钮时就会调用 myclick 函数。所以还需要编写 myclick 函数，具体代码如下：

```
def myclick() :
    mynum = float(mytext.get())
    mylab.config(text="%f 摄氏度 =%f 华氏度 " %(mynum,mynum*1.8+32))
```

在 myclick 函数中，输入文本框控件通过 get() 方法获利文本框中输入的内容，然后转换为浮点型。标签控件通过 config() 方法改为 text 属性的值。

单击菜单栏中的“Run/Run Module”命令或按下键盘上的“F5”，就可以运行程序代码，在输入文本框中输入一个摄氏度温度，然后单击“摄氏度转换为华氏度”，就可以看到摄氏度与华氏度的转换，在这里输入 28，单击按钮，就可以看到 28 摄氏度 =82.4 华氏度，如图 10.6 所示。

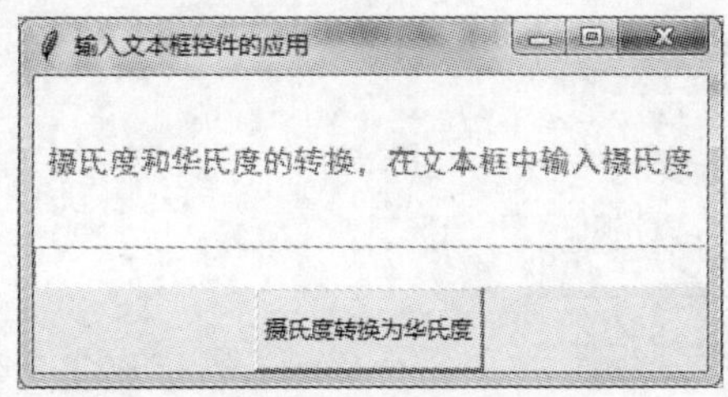

图 10.5　输入文本框控件

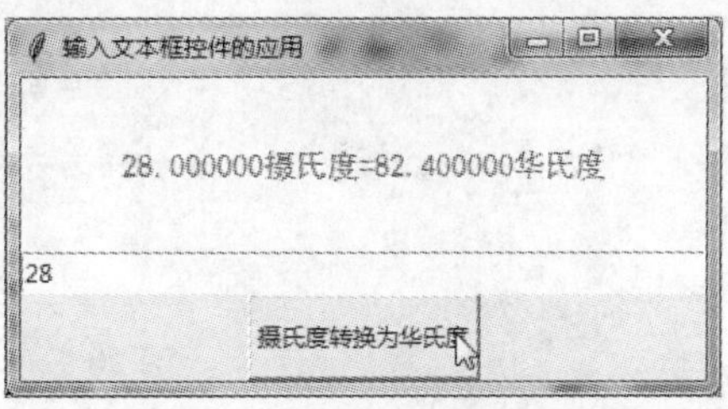

图 10.6　摄氏度转换为华氏度

10.3.4　单选按钮控件（Radiobutton）

单选按钮控件（Radiobutton）可以为用户提供选项，并显示该选项是否被选中。单选按钮控件常用于“多选一”的情况，通常以选项按钮组的形式出现。当按钮组内的某个按钮选中时，其他按钮会自动失效。

单选按钮控件的常用属性与标签控件几乎相同，但要注意以下三个属性：

variable：单选按钮控件索引变量，通过变量的值确定哪个单选框被选中。一组单选按钮控件使用同一个索引变量。

value：单选按钮控件选中时变量的值。

command：单选按钮控件选中时执行的命令（函数）。

单击“开始”菜单，打开 Python 3.7.4 Shell 软件，然后单击菜单栏中的“File/New File”命令，创建一个 Python 文件，并命名为“Python10-5.py”，然后输入如下代码：

```
import tkinter as tk                                        # 导入 tkinter 库，并重命名为 tk
mywindow = tk.Tk()                                          # 创建一个窗体
mywindow.title("单选按钮控件")                               # 设置窗体的标题
mywindow.geometry("260x100")                                # 设置窗体的大小
# 标签控件
mylab = tk.Label(mywindow,text="利用单选按钮控件修改字体的颜色",font=("黑体",12),width =150,height =3 )
mylab.pack()                                                # 布局标签的位置
                                                            # 单选按钮控件并布局
color = tk.StringVar()                                      # 字符串变量储存器
myrb1 = tk.Radiobutton(mywindow,text="红色",variable=color,value="red" )
myrb1.pack(side =tk.LEFT)
myrb2 = tk.Radiobutton(mywindow,text="绿色",variable=color, value="green" )
myrb2.pack(side =tk.LEFT)
myrb3 = tk.Radiobutton(mywindow,text="蓝色",variable=color, value="blue" )
myrb3.pack(side =tk.LEFT)
myrb4 = tk.Radiobutton(mywindow,text="紫色",variable=color, value="purple" )
myrb4.pack(side =tk.LEFT)
myrb5 = tk.Radiobutton(mywindow,text="粉色",variable=color, value="pink")
myrb5.pack(side =tk.LEFT)
```

需要注意的是，所有的单选按钮的 variable 属性值都是 color 变量。而 color 变量为字符串变量储存器。

单击菜单栏中的“Run/Run Module”命令或按下键盘上的“F5”，就可以运行程序代码，结果如图 10.7 所示。

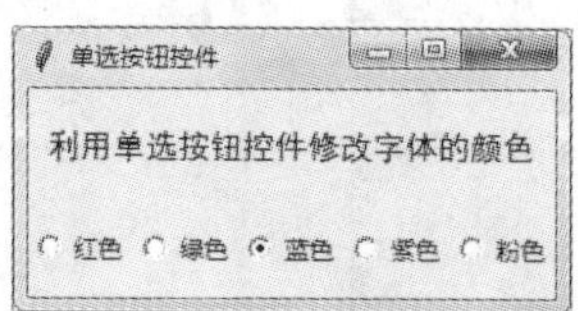

图 10.7　单选按钮控件

注意，这时单击不同的单选按钮，标签的文字颜色是不会变的。

下面为所有单选按钮添加单击事件，首先为每个单选按钮添加 command 属性，代码如下：

```
command = radioclick
```

需要注意，所有单选按钮都要添加 command 属性。

接下来编写 radioclick() 函数，具体代码如下：

```
def radioclick() :
    mylab.config(fg=color.get())
```

单选按钮的 value 值通过字符串变量储存器 color 的 get() 方法得到。

单击菜单栏中的“Run/Run Module”命令或按下键盘上的“F5”，就可以运行程

序代码，选择“红色”前面的单选按钮，标签文字颜色就会变成红色；如果选择“绿色”前面的单选按钮，标签文字颜色就会变成绿色；如果选择“蓝色”前面的单选按钮，标签文字颜色就会变成蓝色；如果选择“粉色”前面的单选按钮，标签文字颜色就会变成粉色；如果选择“紫色”前面的单选按钮，标签文字颜色就会变成紫色，如图 10.8 所示。

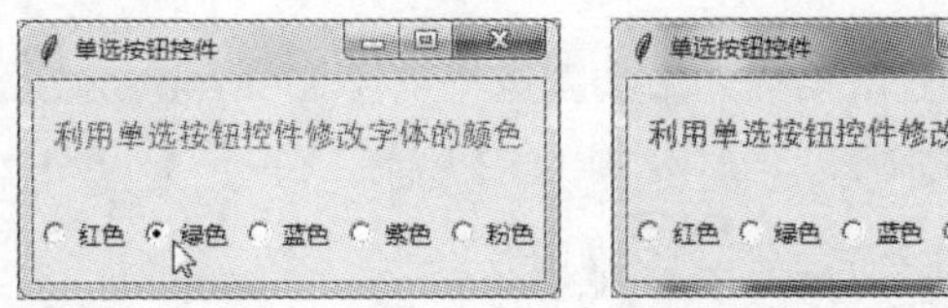

图 10.8　绿色和紫色效果

10.3.5　复选框控件（Checkbutton）

在 GUI 应用程序中，复选框控件（Checkbutton）和单选按钮控件主要用于表示选择状态。在程序运行期间可以改变其状态。复选框控件用“√”表示被选中，并且可以同时选择多个。

复选框控件的常用属性与标签控件几乎相同，但要注意以下三个属性：

variable：复选框控件索引变量，通过变量的值确定哪些复选框被选中。每个复选框使用不同的变量，使复选框之间相互独立。

onvalue：复选框控件选中时变量的值。

offvalue：复选框控件没有选中时变量的值。

command：复选框控件选中时执行的命令（函数）。

单击“开始”菜单，打开 Python 3.7.4 Shell 软件，然后单击菜单栏中的“File/New File”命令，创建一个 Python 文件，并命名为“Python10-6.py”，然后输入如下代码：

```
    import tkinter as tk                                      #导入 tkinter 库，并重命名为 tk
    mywindow = tk.Tk()                                        #创建一个窗体
    mywindow.title("复选按钮控件")                            #设置窗体的标题
    mywindow.geometry("200x100")                              #设置窗体的大小
    #标签控件
    mylab = tk.Label(mywindow,text="改 变 字 体 的 样 式",font=("黑 体",15),width
=150,height =3 )
    mylab.pack()                                              #布局标签的位置
    check1 = tk.IntVar()                                      #三个整数型变量存储器
    check2 = tk.IntVar()
    check3 = tk.IntVar()
    #三个复选框控件并布局
    mycheck1 = tk.Checkbutton(mywindow,text="加粗",variable=check1,onvalue=1,offv
alue=0 )
    mycheck1.pack(side =tk.LEFT)
    mycheck2 = tk.Checkbutton(mywindow,text="倾斜",variable=check2,onvalue=2,offv
alue=0 )
    mycheck2.pack(side =tk.LEFT)
    mycheck3 = tk.Checkbutton(mywindow,text="下画线",variable=check3,onvalue=4,off
value=0 )
```

```
    mycheck3.pack(side =tk.LEFT)
```

每个复选框的 variable 属性都不一样，但都是整数型变量存储器。另外还要注意，每个复选框如果没有选中，其值都为 0，但如果选中其值都不同。

单击菜单栏中的“Run/Run Module”命令或按下键盘上的“F5”，就可以运行程序代码，结果如图 10.9 所示。

下面为复选框添加单击事件，首先为每个复选框都添加command属性，具体代码如下:

```
    command = checkclick
```

然后编写 checkclick() 函数代码，具体如下：

```
    #选择复选框控件时，调用 checkclick() 函数
    def checkclick() :
        a1 = check1.get()              #获取三个复选框的 value 值，选中其值为 onvalue 值，
不选为 offvalue 值
        a2 = check2.get()
        a3 = check3.get()
        n =a1 + a2 + a3
        if  n == 1 :
            mylab.config(font=("黑体",15,"bold"))
        elif n == 2 :
            mylab.config(font=("黑体",15,"italic"))
        elif n == 4 :
            mylab.config(font=("黑体",15,"underline"))
        elif n == 3 :
            mylab.config(font=("黑体",15,"bold italic"))
        elif n == 5 :
            mylab.config(font=("黑体",15,"bold underline"))
        elif n == 6 :
            mylab.config(font=("黑体",15,"italic underline"))
        elif n == 7 :
            mylab.config(font=("黑体",15,"bold italic underline"))
        else :
            mylab.config(font=("黑体",15))
```

在 checkclick() 函数中，标签控件通过 config() 方法改为 font 属性的值，该属性值为选中复选框的 value 值（选中其值为 onvalue 值，不选为 offvalue 值）。复选框的 value 值是通过整型变量储存器的 get() 方法得到，然后利用 if 判断语句修改标签控件的 font 属性的值。

单击菜单栏中的“Run/Run Module”命令或按下键盘上的“F5”，就可以运行程序代码，如果选中“加粗”前面的复选框，就会加粗“改变字体的样式”，如图 10.10 所示。

图 10.9　复选框控件

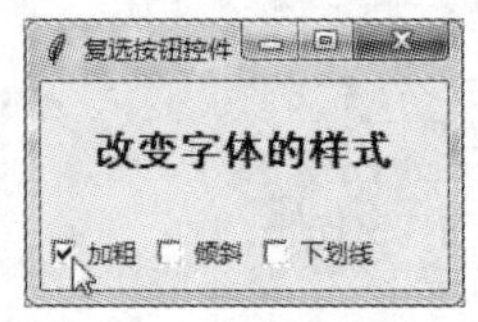

图 10.10　加粗字体

如果选中“倾斜”前面的复选框，就会倾斜“改变字体的样式”；如果选中“下画线”前面的复选框，就会给“改变字体的样式”添加下画线。

如果同时选中“加粗”和“倾斜”前面的复选框，就会倾斜并加粗“改变字体的样式”；如果同时选中“倾斜”和“下画线”前面的复选框，就会倾斜并加下画线“改变字体的样式”；如果同时选中“加粗”和“下画线”前面的复选框，就会加粗并加下画线“改变字体的样式”。

如果同时选中“加粗”、“倾斜”、“下画线”前面的复选框，就会倾斜、加粗并加下画线“改变字体的样式”，如图 10.11 所示。

图 10.11　同时添加倾斜、加粗、下画线字体样式

10.3.6　列表框控件（Listbox）

列表框控件（Listbox）显示一个选择列表，该列表只能包含文本项目，并且所有的项目都需要使用相同的字体和颜色。用户可以从列表中选择一个或多个选项。

列表框控件的常用属性与标签控件几乎相同，但要注意以下几个属性：

listvariable：列表框索引变量，是一个 StringVar 类型的变量，该变量存放在 Listbox 中所有的项目。

selectmode：设置列表框的选择模式。列表框的选择模式有 4 种，分别是“single”（单选）、“browse”（也是单选，但拖动鼠标或通过方向键可以直接改变选项）、“multiple”（多选）和“extended”（也是多选，但需要同时按住 Shift 键或 Ctrl 键或拖动鼠标实现）。默认选择模式是”browse”。

xscrollcommand：为列表框添加一条水平滚动条。

yscrollcommand：为列表框添加一条垂直滚动条。

列表框控件有几个常用的方法，具体如下：

curselection()：返回一个元组，包含被选中的选项的序号（从 0 开始），如果没有选中任何选项，返回一个空元组。

insert()：添加一个或多个项目到 Listbox 中。使用 insert(“end”) 添加新选项到末尾。

size()：返回 Listbox 控件中选项的数量。

delete(first，last=None)：删除参数 first 到 last 范围内（包含 first 和 last）的所有选项。如果忽略 last 参数，表示删除 first 参数指定的选项。

get(first，last=None)：返回一个元组，包含参数 first 到 last 范围内（包含 first 和 last）的所有选项的文本。如果忽略 last 参数，表示返回 first 参数指定的选项的文本。

yview：返回列表框的 y 方向视图。

xview：返回列表框的 x 方向视图。

单击“开始”菜单，打开 Python 3.7.4 Shell 软件，然后单击菜单栏中的“File/New File”命令，创建一个 Python 文件，并命名为“Python10-7.py”，然后输入如下代码：

```
import tkinter as tk                            # 导入 tkinter 库，并重命名为 tk
mywindow = tk.Tk()                              # 创建一个窗体
mywindow.title("列表框控件的应用")               # 设置窗体的标题
mywindow.geometry("120x250")                    # 设置窗体的大小
# 定义列表变量
mylist = ["Python","Java","C","C++","C#","Julia","R","PHP","ASP"]
# 列表框控件及布局
mylistbox = tk.Listbox(mywindow )
mylistbox.pack()
for i  in mylist :
    mylistbox.insert("end",i)
# 输入文本框及布局
mytext = tk.Entry(mywindow,text="")
mytext.pack()
# 两个按钮及布局
mybutton1 =tk.Button(mywindow,text="添加" )
mybutton1.pack(side=tk.LEFT,ipadx=10)
mybutton2 = tk.Button(mywindow,text="删除" )
mybutton2.pack(side=tk.LEFT,ipadx=10)
```

利用列表变量 mylist 定义数据，然后利用 for 循环向列表框控件中添加数据。在添加数据时，使用了列表框的 insert() 方法。

单击菜单栏中的“Run/Run Module”命令或按下键盘上的“F5”，就可以运行程序代码，如图 10.12 所示。

下面来为“添加”按钮增加单击事件。首先为“添加”按钮加入 command 属性值，具体代码如下：

```
command = myinsert
```

需要注意的是，在编写 myinsert() 函数代码前，还要从 tkinter 库中导入 messagebox 模块，因为这里要有提示对话框，具体代码如下：

```
from tkinter import messagebox
```

接下来编写 myinsert() 函数代码，具体如下：

```
def myinsert() :
    s =mytext.get()
    if s != "" :
        mylistbox.insert("end",s)
    else :
        messagebox.showinfo("提示对话框","请输入要添加的内容，不能为空！ ")
```

单击菜单栏中的“Run/Run Module”命令或按下键盘上的“F5”，运行程序代码，如果文本框内容为空，单击“添加”按钮，这时就会弹出提示对话框，如图 10.13 所示。

如果在文本框中输入“SQL”，然后单击“添加”按钮，就可以添加到列表框中，如图 10.14 所示。

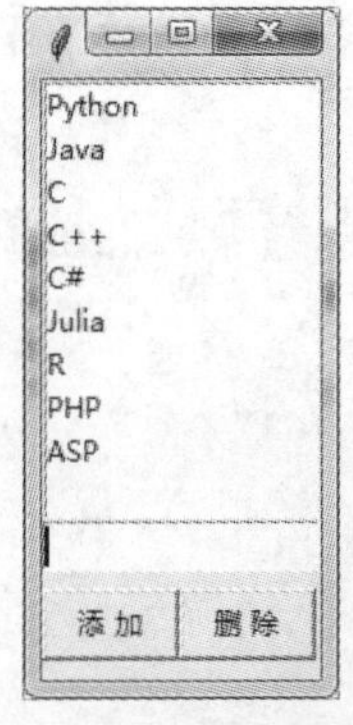

图 10.12 列表框控件

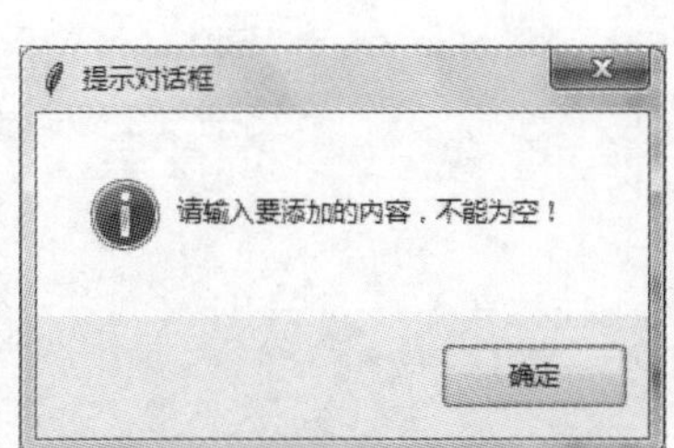

图 10.13 提示对话框

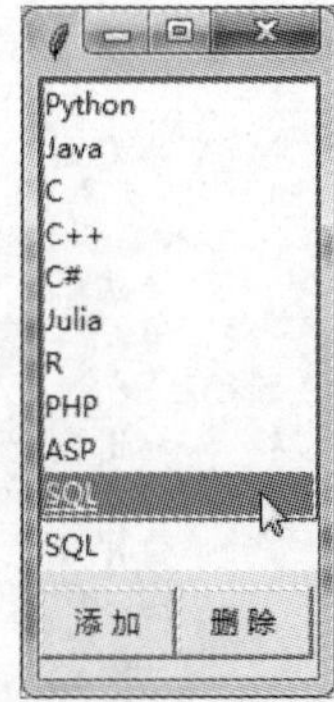

图 10.14 SQL 添加到列表框中

下面来为“删除”按钮增加单击事件。首先为“删除”按钮加入 command 属性值，具体代码如下：

```
command = mydelete
```

接下来编写 mydelete () 函数代码，具体如下：

```
def mydelete() :
    mye = messagebox.askokcancel("提示对话框","确定要删除吗！ ")
    if mye :
        mylistbox.delete("active")
    else :
        pass
```

单击菜单栏中的“Run/Run Module”命令或按下键盘上的“F5”，运行程序代码，首先选择要删除的项，假如选择“C++”，然后单击“删除”按钮，就会弹出提示对话框，如图 10.15 所示。

图 10.15 提示对话框

单击“确定”按钮，就可以从列表框中删除“C++”项；单击“取消”按钮，就没有什么操作。

10.3.7 下拉列表框控件（Combobox）

下拉列表框控件（Combobox）可以让用户输入或下拉选择内容。利用该控件的 values 属性可以设置下拉列表框中的可选内容。利用 current() 方法可以设置选择内容，默认为可选内容的第一项。另外，下拉列表框控件有一个虚拟事件“<<ComboboxSelected>>”，即当列表选择时触发绑定函数。

需要注意的是，下拉列表框控件在 tkinter 库的 ttk 模块中。

单击“开始”菜单，打开 Python 3.7.4 Shell 软件，然后单击菜单栏中的“File/New

File”命令，创建一个 Python 文件，并命名为“Python10-8.py”，然后输入如下代码：

```
import tkinter as tk                              # 导入 tkinter 库，并重命名为 tk
from tkinter import ttk                           # 从 tkinter 库中导入 ttk 模块
from tkinter import messagebox                    # 从 tkinter 库中导入 messagebox 模块
mywindow = tk.Tk()                                # 创建一个窗体
mywindow.title(" 下拉列表框控件的应用 ")          # 设置窗体的标题
mywindow.geometry("200x80")                       # 设置窗体的大小
# 下拉列表框的选择事件
def myselect(*args) :
    messagebox.showinfo(" 提示对话框 "," 您选择的是：%s" %mycom.get())
    mylab.config(text=mycom.get())
# 下拉列表框及布局
mycom = ttk.Combobox(mywindow)
mycom["values"] = (" 李平 "," 张亮 "," 李红 "," 周涛 "," 王真 ")
mycom.current(2)
mycom.bind("<<ComboboxSelected>>",myselect)
mycom.pack()
# 标签控件及布局
mylab = tk.Label(mywindow,text=" 下拉列表框中选择的内容 ",font=("Arial",12),height = 5 )
mylab.pack()
```

单击菜单栏中的“Run/Run Module”命令或按下键盘上的“F5”，就可以运行程序代码，如图 10.16 所示。

单击下拉列表框右侧的下拉按钮，就会弹出下拉菜单，如图 10.17 所示。

图 10.16　程序运行效果

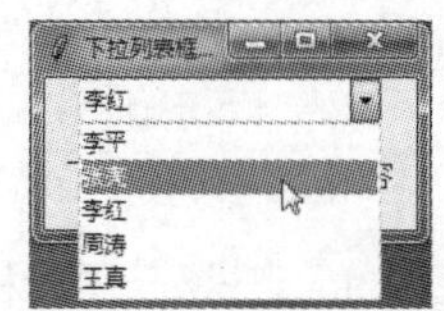

图 10.17　下拉列表框控件

在这里选择“周涛”，这时就会弹出提示对话框，如图 10.18 所示。单击“确定”按钮，这时程序效果如图 10.19 所示。

图 10.18　提示对话框

图 10.19　选择项会在标签控件上显示

10.3.8　多行文本框控件（Text）

多行文本框控件（Text）用于显示和处理多行文本。在 tkinter 的所有控件中，Text 控件显得异常强大和灵活，它适用于处理多任务，虽然该控件的主要目的是显示多行文本，但它常常被用于作为简单的文本编辑器使用。

多行文本框控件有几个常用的方法，具体如下：

insert(index,string)：表示向多行文本框中插入内容。index = x.y 的形式，x 表示行，y 表示列。例如，向第一行插入数据 insert(1.0，‘hello world’)。

delete(1.0,Tkinter.END)：表示删除多行文本框的内容，1.0 表示从第一行第一个开始删除，直到结束。

get(1.0,Tkinter.END)：表示获得多行文本框的所有内容。

单击“开始”菜单，打开 Python 3.7.4 Shell 软件，然后单击菜单栏中的“File/New File”命令，创建一个 Python 文件，并命名为“Python10-9.py”，然后输入如下代码：

```
import tkinter as tk                              # 导入 tkinter 库，并重命名为 tk
from tkinter import  filedialog                   # 从 tkinter 库中导入 filedialog 模块
from tkinter import messagebox                    # 从 tkinter 库中导入 messagebox 模块
import os                                         # 导入 os 标准库
mywindow = tk.Tk()                                # 创建一个窗体
mywindow.title(" 多行文本框的应用 ")              # 设置窗体的标题
mywindow.geometry("400x300")                      # 设置窗体的大小
filename=""
# 实现打开文件功能
def myopen():
    global filename
    filename=filedialog.askopenfilename(defaultextension=".txt")
    if filename=="":
        filename=None
    else:
        mywindow.title(" 记事本 "+os.path.basename(filename))
        mytext.delete(1.0,tk.END)
        f=open(filename,'r')
        mytext.insert(tk.INSERT,f.read())
        f.close()
# 实现保存文件功能
def mysave():
    global filename
    f=filedialog.asksaveasfilename(initialfile=" 未命名 .txt",defaultextension=".txt")
    filename=f
    fh=open(f,'w')
    msg=mytext.get(1.0,tk.END)
    fh.write(msg)
    fh.close()
    mywindow.title(" 记事本 "+os.path.basename(f))
# 按钮控件及布局
myb1 = tk.Button(mywindow,text=" 打开 ",command = myopen)
myb1.pack(side = tk.LEFT)
myb2 = tk.Button(mywindow,text=" 保存 ", command = mysave )
myb2.pack()
# 文本框及布局
mytext = tk.Text(mywindow)
mytext.pack()
```

在上述代码中，首先导入所需的库，然后添加窗体，并在窗体上添加两个按钮和一个多行文本框。单击“打开”按钮，调用 myopen()，实现打开文件，并把文件中的内容显示到多行文本框中；单击“保存”按钮，调用 mysave()，实现保存文件功能。

单击菜单栏中的“Run/Run Module”命令或按下键盘上的“F5”，就可以运行程序代码，如图 10.20 所示。

单击“打开”按钮，就会弹出“打开”对话框，就可以选择要打开的文件，在这里要选择文本文件，如图 10.21 所示。

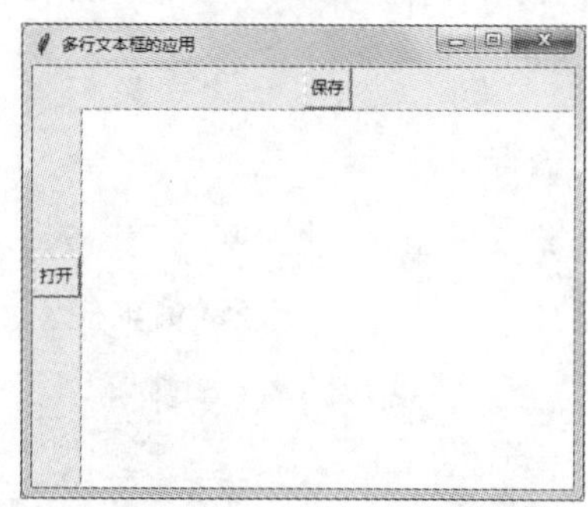

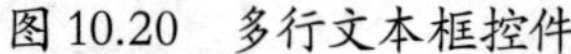
图 10.20　多行文本框控件

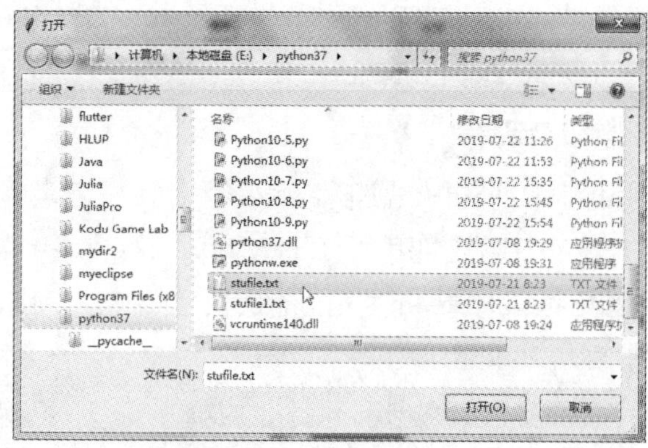

图 10.21　打开对话框

在这里选择“mytxt.txt”文件，然后单击“打开”按钮，这样就可以把文件中的内容显示到多行文本框中，如图 10.22 所示。

注意：打开文件后，窗体的标题也改变了。在多行文本框中，你可以修改文本内容，修改后还可以保存文件。单击“保存”按钮，弹出“另存为”对话框，如图 10.23 所示。

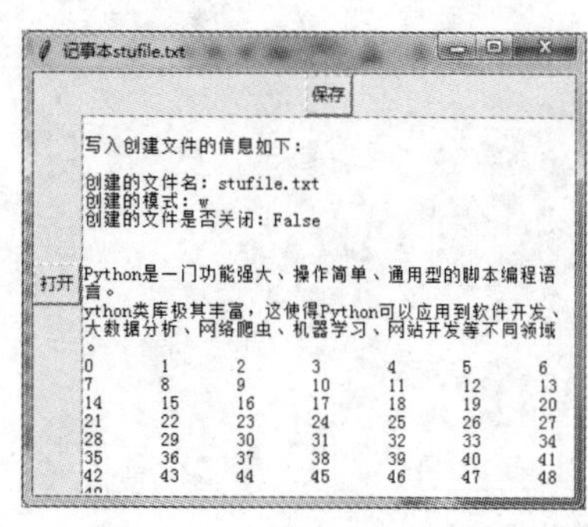

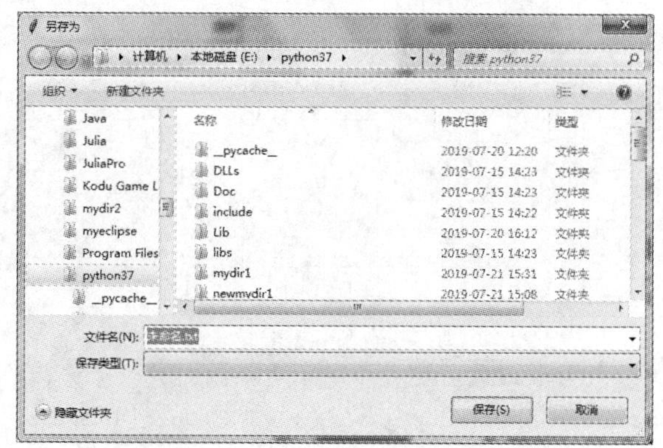

图 10.22　把文件中的内容显示到多行文本框中

图 10.23　另存为对话框

选择保存位置和保存文件名后，单击“保存”按钮即可。

10.3.9　刻度滑动条控件（Scale）

刻度滑动条控件（Scale）是一种可供用户通过拖动指示器改变变量值的控件，这种控件可以水平放置，也可以竖直放置。

刻度滑动条控件的常用属性与标签控件几乎相同，但要注意以下几个属性：

from_：设置刻度滑动条的最小值。需要注意的是，form 由于本身就是一个关键字，所以要在其后紧跟一个下画线。

to：设置刻度滑动条的最大值。

length：设置刻度滑动条的长度。

resolution：设置刻度滑动条的最小单位，即每一个小格显示的精度。

tickinterval：设置刻度滑动条的刻度，即每隔多少，显示一个数字。

showvalue：当滑动刻度滑动条时，是否显示当前值。0 表示“不显示”，1 表示“显示”。

orient：设置刻度滑动条的摆放是水平还是竖直，默认为竖直。HORIZONTAL 表示水平，VERTICAL 表示竖直。

command：刻度滑动条拖动时执行的命令（函数）。

单击“开始”菜单，打开 Python 3.7.4 Shell 软件，然后单击菜单栏中的“File/New File”命令，创建一个 Python 文件，并命名为“Python10-10.py”，然后输入如下代码：

```
import tkinter as tk                              # 导入 tkinter 库，并重命名为 tk
mywindow = tk.Tk()                                # 创建一个窗体
mywindow.title(" 刻度滑动条控件 ")                 # 设置窗体的标题
mywindow.geometry("300x200")                      # 设置窗体的大小
# 刻度滑动条拖动时，调用 mysize() 函数
def mysize(ev=None) :
    mylab.config(font="Arial  %d bold" % myscale.get())
#Label 控件
mylab = tk.Label(mywindow, text=' 刻度滑动条控件 ', font="Arial 15 bold")
# 当 expand 为 1 时，控件显示在父配件中心位置。fill 为 Y，表示填充 Y 方向
mylab.pack(fill=tk.Y, expand=1)
# 刻度滑动条，数值从 10 到 40，水平滑动，回调 mysize 函数
myscale = tk.Scale(mywindow, from_=10, to=40, tickinterval =5 ,resolution
=0.1,orient=tk.HORIZONTAL ,command=mysize )
myscale.set(15)  # 设置初始值
#fill 为 X，表示填充 X 方向
myscale.pack(fill=tk.X, expand=1)
```

单击菜单栏中的“Run/Run Module”命令或按下键盘上的“F5”，就可以运行程序代码，如图 10.24 所示。

拖动刻度滑动条，就可以改变窗体中标签上文字的大小，如图 10.25 所示。

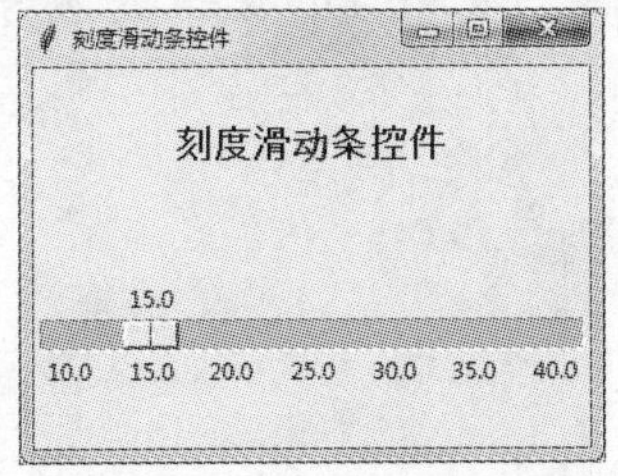

图 10.24　刻度滑动条控件

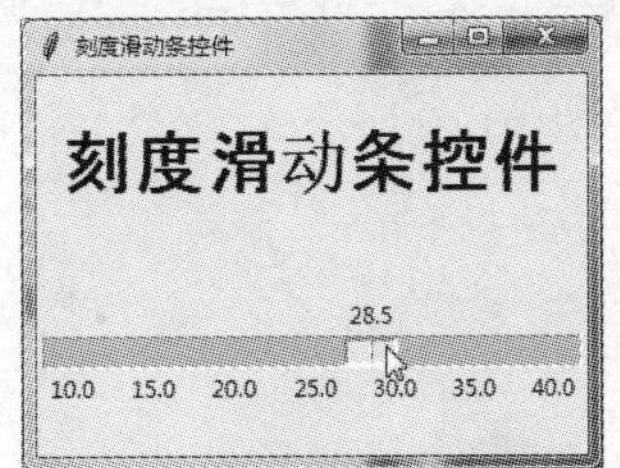

图 10.25　改变窗体中标签上文字的大小

10.3.10　滚动条控件（Scrollbar）

在 GUI 程序设计中，将滚动条控件（Scrollbar）与文本框、列表框一起使用，可以

查看列表项目的数据，也可以进行数值输入。借助最大值和最小值的设置，并配合使用滚动条中的滚动块，就能读取用户指定的数据信息。

滚动条控件的常用属性与标签控件几乎相同，但要注意以下几个属性：

orient：设置滚动条控件的摆放是水平还是竖直，默认为竖直。HORIZONTAL 表示水平，VERTICAL 表示竖直。

command：滚动条拖动时执行的命令（函数）。

另外，还要注意滚动条控件的 set() 方法，该方法用来设置滚动条的位置。

单击“开始”菜单，打开 Python 3.7.4 Shell 软件，然后单击菜单栏中的“File/New File”命令，创建一个 Python 文件，并命名为“Python10-11.py”，然后输入如下代码：

```
import tkinter as tk                        # 导入 tkinter 库，并重命名为 tk
mywindow = tk.Tk()                          # 创建一个窗体
mywindow.title(" 列表框和滚动条的应用 ")      # 设置窗体的标题
mywindow.geometry("180x120")                # 设置窗体的大小
# 自定义 show() 方法，显示双击项的内容
def showlist(event) :
    print(mylistbox.get(mylistbox.curselection()))
# 滚动条控件
mysc1 = tk.Scrollbar(mywindow)
mysc1.pack(side=tk.RIGHT,fill=tk.Y)
mysc2 = tk.Scrollbar(mywindow,orient=tk.HORIZONTAL)
mysc2.pack(side=tk.BOTTOM,fill=tk.X)
# 定义列表变量
mylist = [" 当前计算机编程语言很多，具体如下：","Python","Java","C#","Julia","R","PHP","C++","dephi","ASP","Go","Git"]
# 列表框控件及布局
mylistbox = tk.Listbox(mywindow,selectmode="extended" )
mylistbox.pack(side=tk.LEFT,fill=tk.BOTH)
for i  in mylist :
    mylistbox.insert("end",i)
# 与列表框关联
mylistbox.config(yscrollcommand=mysc1.set)
mysc1.config(command=mylistbox.yview)
mylistbox.config(xscrollcommand=mysc2.set)
mysc2.config(command=mylistbox.xview)
# 为列表框绑定事件
mylistbox.bind("<Double-Button-1>",showlist)
```

单击菜单栏中的“Run/Run Module”命令或按下键盘上的“F5”，就可以运行程序代码，如图 10.26 所示。

图 10.26　滚动条控件

拖动水平滚动条，就可以看到列表框中水平方向看不到的数据信息；拖动竖直滚动条，

就可以看到垂直方向看不到的数据信息，如图 10.27 所示。

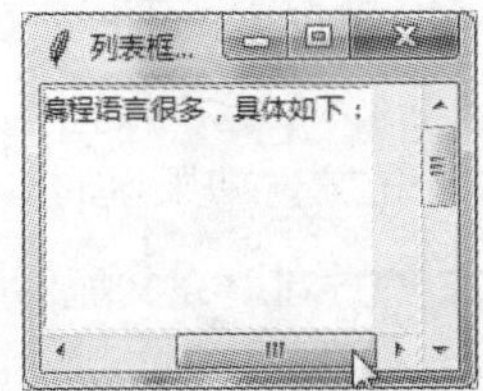

(a) 查看水平方向看不到的数据信息

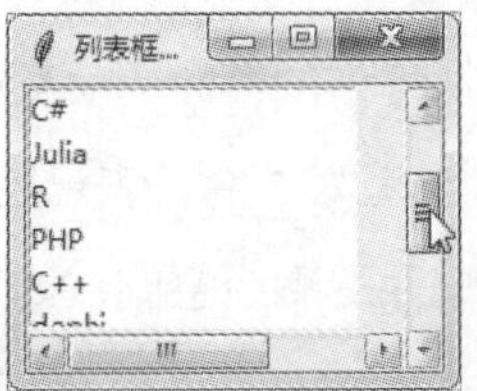

(b) 查看垂直方向看不到的数据信息

图 10.27　利用滚动条查看列表框中看不到的数据信息

双击列表框中的不同选项，就会显示所选的内容信息，如图 10.28 所示。

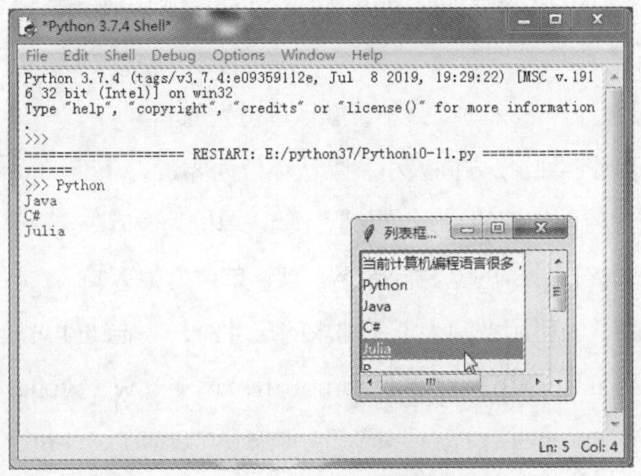

图 10.28　双击显示列表框中的数据信息

10.4　几何管理对象

所有的 tkinter 控件都包含专用的几何管理方法，这些方法是用来组织和管理整个父配件区中子配件的布局的。tkinter 提供了截然不同的三种几何管理对象，分别是 pack、grid 和 place。

10.4.1　pack 对象

pack 对象采用块的方式组织配件，在快速生成界面设计中被广泛采用。若干控件简单的布局，采用 pack 的代码量最少。pack 对象根据控件创建生成的顺序将控件添加到父控件中去。通过设置相同的锚点（anchor）可以将一组配件紧挨一个地方放置，如果不指定任何选项，默认在父窗体中自顶向下添加控件。

pack 对象主要通过 pack() 方法实现控件的布局，其语法格式如下：

```
控件 .pack(选项 1，选项 2……)
```

pack() 方法提供的参数选项及意义，具体如下：

expand：当值为 1 时，表示控件显示在父配件的中心位置。如果这时 fill 为 X，则在 X 方向填充父配件的剩余空间；如果这时 fill 为 Y，则在 Y 方向填充父配件的剩余空间；如果这时 fill 为 BOTH，则在 X 和 Y 方向都填充父配件的剩余空间。需要注意的是，当 expand 为 1 时，size 参数是无效的。expand 参数默认为 0。

side：定义停靠在父配件的哪一边上，其参数值分别为 top（上）、bottom（下）、left（左）、right（右），其中默认值为 top（上）。

fill：填充父配件的 X、Y 方向。如果 side 为 top 或 botton，填充方向为 X；如果 side 为 left 或 right，则填充方向为 Y。

ipadx：用来设置控件的 x 方向大小，默认单位为像素。

ipady：用来设置控件的 y 方向大小，默认单位为像素。

padx：用来设置控件外部的 x 方向大小，默认单位为像素。

pady：用来设置控件外部的 y 方向大小，默认单位为像素。

anchor：锚选项，当可用空间大于所需求的尺寸时，决定组件被放置于容器的何处。anchor 其值分别为 n（north，北）、s（south，南）、w（west，西）、e（east，东）、nw（西北）、sw（西南）、ne（东北）、se（东南）、center（中间），默认为 center。

10.4.2 grid 对象

grid 对象采用类似于表格的结构组织控件，使用起来非常灵活，用其设计对话框和带有滚动条的窗体效果最好。grid 对象采用行列确定位置，行列交汇处为一个单元格。每一列中，列宽由这一列中最宽的单元格确定。每一行中，行高由这一行中最高的单元格决定。组件并不是充满整个单元格的，可以指定单元格中剩余空间的使用。可以空出这些空间，也可以在水平或竖直或两个方向上填满这些空间。还可以连接若干个单元格为一个更大空间，这一操作被称作跨越。

grid 对象主要通过 grid() 方法实现控件的布局，其语法格式如下：

```
控件 . grid(选项 1，选项 2……)
```

grid() 方法提供的参数选项及意义，具体如下：

column：组件设置单元格的列号，起始默认值为 0。

columnspan：从组件设置单元格算起在列方向上的跨度。

ipadx：用来设置控件的 x 方向大小，默认单位为像素。

ipady：用来设置控件的 y 方向大小，默认单位为像素。

padx：用来设置控件外部的 x 方向大小，默认单位为像素。

pady：用来设置控件外部的 y 方向大小，默认单位为像素。

row：用来设置单元格的行号，起始默认值为 0。

rowspan：从组件设置单元格算起在行方向上的跨度。

sticky：组件紧靠所在单元格的某一边角，其值分别为 n（north，北）、s（south，南）、w（west，西）、e（east，东）、nw（西北）、sw（西南）、ne（东北）、se（东南）、center（中间），默认为 center。

10.4.3 place 对象

place 对象可以显示控件的绝对位置或相对于其他控件的位置，是一种最简单、最灵活的一种布局。但是不太推荐使用，因为在不同的分辨率下，界面往往有较大差异。

place 对象主要通过 place () 方法实现控件的布局，其语法格式如下：

```
控件 .place(选项 1, 选项 2……)
```

place () 方法提供的参数选项及意义，具体如下：

anchor：锚选项，与 pack 对象用法相同，这里不再赘述。

x：控件左上角的 x 坐标值。

y：控件左上角的 y 坐标值。

width：控件的宽度。

height：控件的高度。

relx：控件相对于父配件的 x 坐标值。

rely：控件相对于父配件的 y 坐标值。

relwidth：控件相对于父配件的宽度。

relheight：控件相对于父配件的高度。

10.5 后台管理登录系统

在这里创建 Window 窗体式的后台管理登录系统，首先创建窗体界面，然后为按钮添加事件代码，最后进行程序效果查看。

10.5.1 后台管理登录系统窗体界面设计

单击“开始”菜单，打开 Python 3.7.4 Shell 软件，然后单击菜单栏中的“File/New File”命令，创建一个 Python 文件，并命名为“Python10-12.py”，然后输入如下代码：

```
import tkinter as tk                              # 导入 tkinter 库，并重命名为 tk
mywindow = tk.Tk()                                # 创建一个窗体
mywindow.title("Window 窗体登录系统 ")            # 设置窗体的标题
mywindow.geometry("200x160")                      # 设置窗体的大小
#Label 控件及布局
mylab0 = tk.Label(mywindow,text=" 登录系统 ",font=" 黑体 18 bold")
mylab0.grid(row=0,column=0,columnspan=2)
mylab1 = tk.Label(mywindow,text="------------------------------",height=2)
mylab1.grid(row=1,column=0,columnspan=2)
mylab2 = tk.Label(mywindow,text=" 姓名： ")
mylab2.grid(row=2,column=0,sticky="w")
kk =tk.StringVar()
myen1 = tk.Entry(mywindow,text="",textvariable=kk)
myen1.grid(row=2,column=1,sticky="w")
mylab3 = tk.Label(mywindow,text=" 密码： ")
mylab3.grid(row=3,column=0,sticky="w")
tt =tk.StringVar()
myen2 = tk.Entry(mywindow,text="",show="*",textvariable=tt)
myen2.grid(row=3,column=1,sticky="w")
# 按钮控件的布局
mybut1 =tk.Button(mywindow,text=" 登录 ")
mybut1.grid(row=4,column=0,ipadx=15)
mybut1 =tk.Button(mywindow,text=" 清空 ")
mybut1.grid(row=4,column=1,ipadx=15 )
```

注意：这里是利用 grid 对象进行窗体布局的，分为 5 行 2 列。第一行和第二行，合并为两列。

第三行的两个列分别放置姓名标签和姓名文本框；第四行的两个列分别放置密码标签和密码文本框；第五行放置两个按钮。

单击菜单栏中的“Run/Run Module”命令或按下键盘上的“F5”，就可以运行程序代码，如图 10.29 所示。

图 10.29　后台管理登录系统窗体界面设计

10.5.2 为登录按钮添加事件代码

由于这里要用到提示对话框，所以要先导入 messagebox 模块，具体代码如下：

```
from  tkinter import messagebox
```

接下来，先为登录按钮添加 command 属性，具体代码如下：

```
command = mylogin
```

接下来编写 mylogin() 函数代码，具体如下：

```
def mylogin() :
```

```
    myn = myen1.get()
    myp = myen2.get()
    if myn == "" or myp == "" :
        messagebox.showinfo("提示对话框","对不起，姓名或密码不能为空！")
    elif myn == "admin"  :
        if  myp == "admin888" :
            messagebox.showinfo("提示对话框","姓名和密码，都正确，可以成功登录！")
        else :
            messagebox.showinfo("提示对话框","密码不正确，请重新输入密码！")
    else :
        messagebox.showinfo("提示对话框","姓名不正确，请重新输入姓名！")
```

在 mylogin() 函数中，首先获取两个文本框中输入的内容，即获取姓名和密码信息。如果姓名或密码为空，则会显示“对不起，姓名或密码不能为空！”提示对话框。

如果姓名和密码都不为空，如果用户名为“admin”，就会再判断密码，如果密码为“admin888”，就会显示“姓名和密码，都正确，可以成功登录！”的提示对话框；如果密码不是“admin888”，就会显示“密码不正确，请重新输入密码！”的提示对话框。

如果用户名不是“admin”，就会显示“姓名不正确，请重新输入姓名！”的提示对话框。

10.5.3 为清空按钮添加事件代码

先为清空按钮添加 command 属性，具体代码如下：

```
command = myclear
```

接下来编写 myclear () 函数代码，具体如下：

```
def myclear() :
    kk.set("")
    tt.set("")
```

10.5.4 程序运行效果

单击菜单栏中的“Run/Run Module”命令或按下键盘上的“F5”，就可以运行程序代码，如图 10.30 所示。

如果不输入姓名或不输入密码，就单击“登录”按钮，就会弹出如图 10.31 所示的提示对话框。

图 10.30　程序运行效果

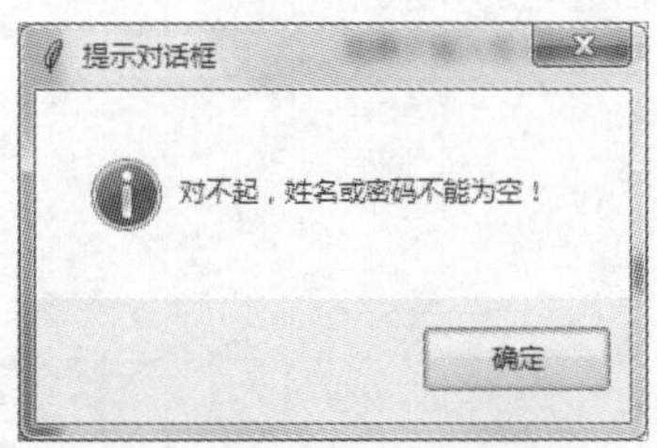

图 10.31　姓名或密码不能为空提示对话框

如果姓名填写的不是“admin”，就会弹出“姓名不正确，请重新输入姓名！”提示对话框，如图 10.32 所示。

如果姓名填写的是“admin”，而密码输入的不是“admin888”，就会弹出“密码不正确，请重新输入密码！”的提示对话框，如图 10.33 所示。

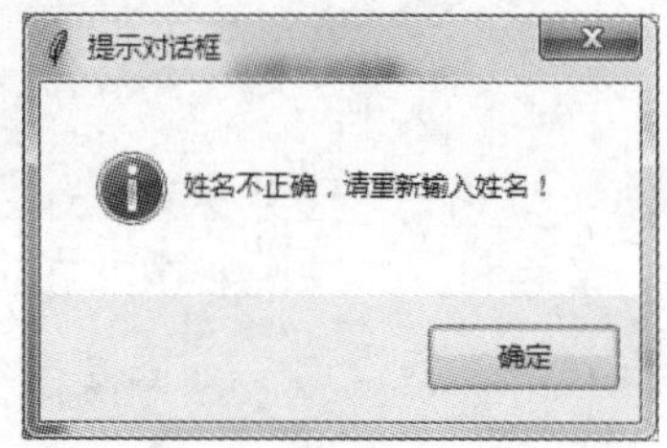

图 10.32 姓名不正确提示对话框

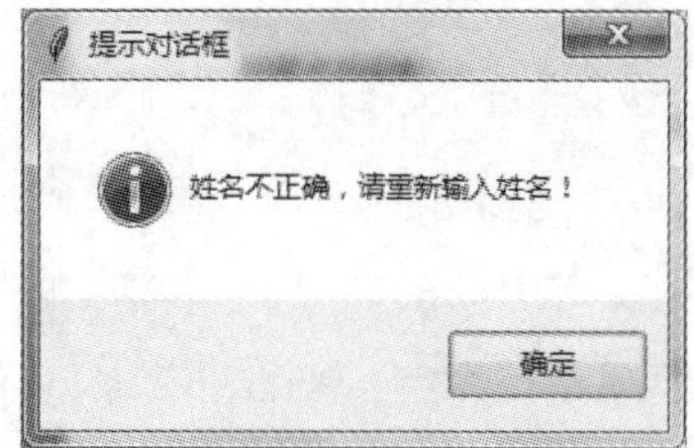

图 10.33 密码不正确提示对话框

如果姓名为“admin”，密码为“admin888”，就会弹出“姓名和密码都正确，可以成功登录！”的提示对话框，如图 10.34 所示。

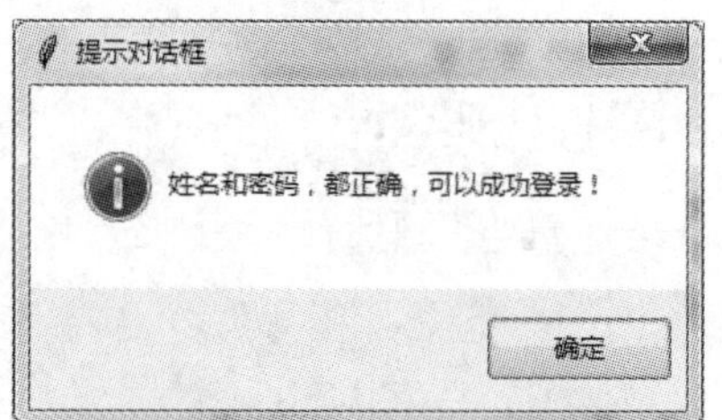

图 10.34 姓名和密码都正确提示对话框

单击“清空”按钮，可以清空“姓名”和“密码”文本框中的内容，便于用户重新输入。

第 11 章

Python 的 GUI 程序设计高级控件

上一章讲解了 Python 的 GUI 程序设计常用控件，本章继续讲解 GUI 程序设计高级控件，即菜单控件及各种对话框控件。

本章主要内容包括：

- Menu 对象的方法与属性
- 实例：为窗体添加菜单栏菜单
- 实例：为窗体添加右键菜单
- 实例：添加菜单命令
- 消息对话框
- 简单对话框
- 颜色对话框
- 打开文件对话框
- 保存文件对话框
- 打开文件夹对话框

11.1 窗体菜单

菜单是将系统可以执行的命令以阶层的方式显示出来，一般位于标题栏下方。在 Python 中是利用 Menu 对象来创建的。

11.1.1 Menu 对象的方法与属性

创建 Menu 对象后，就可以利用 add_command() 方法添加菜单项。需要注意的是，如果添加的菜单还有子菜单，就需要利用 add_cascade() 方法来添加菜单项。如果添加分隔线，就需要使用 add_separator() 方法。

如果添加复选框式菜单，就需要利用 add_checkbutton() 方法来添加菜单项。如果添加单选按钮式菜单，就需要利用 add_radiobutton() 方法来添加菜单项。

另外，需要注意的是，要在窗体中显示菜单，还需要将窗体的 menu 属性设置为顶级菜单项。

Menu 对象（窗体菜单）的常用属性如下：

label：用来设置菜单命令的显示名称。

command：单击时执行的命令（函数）。

menu：创建下一级子菜单的变量名。

accelector：创建菜单命令的快捷键。

state：设置菜单命令的状态，如果其值为 disabled，表示菜单命令不可用；如果其值为 normal，表示菜单命令可用。

11.1.2 实例：为窗体添加菜单栏菜单

单击“开始”菜单，打开 Python 3.7.4 Shell 软件，然后单击菜单栏中的“File/New File”命令，创建一个 Python 文件，并命名为“Python11-1.py”，然后输入如下代码：

```
import tkinter as tk                              # 导入 tkinter 库，并重命名为 tk
mywindow = tk.Tk()                                # 创建一个窗体
mywindow.title("菜单的应用")                      # 设置窗体的标题
mywindow.geometry("400x300")                      # 设置窗体的大小
# 多行文本框及布局
mytext = tk.Text(mywindow,undo=True)
mytext.pack(expand=1,fill=tk.BOTH)
# 添加文件子菜单的下一级菜单
savemenu = tk.Menu(mywindow)
savemenu.add_command(label="另存为")
```

```
#添加文件子菜单
filemenu = tk.Menu(mywindow)
filemenu.add_command(label="新建")
filemenu.add_checkbutton(label="打开")
filemenu.add_cascade(label="保存", menu=savemenu)
filemenu.add_separator()
filemenu.add_radiobutton(label="页面设置",state=tk.DISABLED)
filemenu.add_separator()
filemenu.add_radiobutton(label="退出")
#添加编辑子菜单
editmenu = tk.Menu(mywindow)
editmenu.add_command(label="撤销")
editmenu.add_separator()
editmenu.add_radiobutton(label="剪切")
editmenu.add_radiobutton(label="复制")
editmenu.add_command(label="粘贴")
editmenu.add_command(label="删除")
editmenu.add_separator()
editmenu.add_checkbutton(label="全选")
#添加顶级菜单
mymenu = tk.Menu(mywindow)
mymenu.add_cascade(label="文件",menu=filemenu )
mymenu.add_cascade(label="编辑",menu=editmenu )
mymenu.add_cascade(label="格式")
mymenu.add_cascade(label="查看")
mymenu.add_cascade(label="帮助")
#把顶级菜单添加到窗体中
mywindow["menu"] = mymenu
```

首先导入 tkinter 库并重命名为 tk，然后创建窗体并在窗体中添加一个多行文本框。接着添加菜单，要添加菜单，首先创建 Menu 对象。需要注意，如果创建的菜单有下一级子菜单，需要使用 add_cascade() 方法；如果没有下一级子菜单，可以使用 add_command() 方法、add_radiobutton() 方法或 add_checkbutton() 方法。

单击菜单栏中的“Run/Run Module”命令或按下键盘上的“F5”，就可以运行程序代码，就可以看到窗体菜单。单击“文件”菜单就会弹出下拉菜单，鼠标指向“保存”，还会再弹出下一级子菜单，如图 11.1 所示。

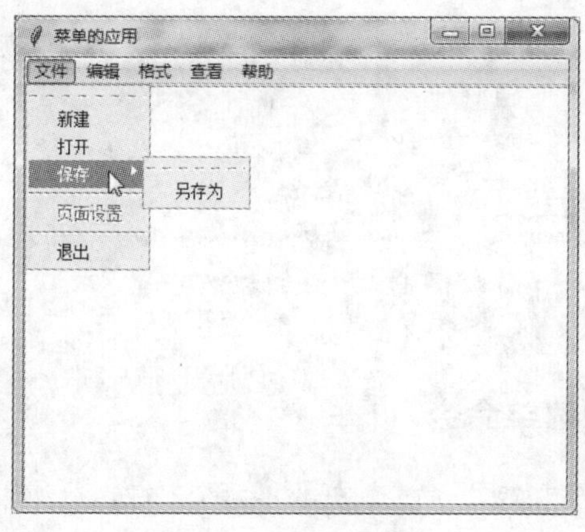

图 11.1　窗体菜单

在这里还要注意，“页面设置”菜单命令不可用，原因是 state=tk.DISABLED。

另外还要注意，利用 add_radiobutton() 方法创建的多个菜单命令，只会有一个菜单命令前面有“√”号。利用 add_checkbutton() 方法创建的菜单命令，如果命令前没有“√”号，单击该命令后，就会添加“√”号；如果命令前有“√”号，单击该命令后，就会取消“√”号。

11.1.3　实例：为窗体添加右键菜单

需要注意的是，添加右键菜单是指为多行文本框添加右键菜单，即在多行文本框中的任何一个位置，单击右键，就会弹出右键菜单命令。

在 mywindow[“menu”] = mymenu 代码上方，添加如下代码：

```
mytext.bind("<Button-3>",mypopup)
```

这里添加了多行文本框的绑定事件，即单击右键，调用自定义的 mypopup() 函数。下面来自定义 mypopup() 函数，具体代码如下：

```
def mypopup(event):
    editmenu.tk_popup(event.x_root,event.y_root)
```

需要注意：自定义 mypopup() 函数，一定要放在创建的菜单命令前。在这里放到 mywindow.geometry("400x300") 后面。

单击菜单栏中的“Run/Run Module”命令或按下键盘上的“F5”，就可以运行程序代码，鼠标放在多行文本框中，单击鼠标右键，就会弹出右键菜单命令，如图 11.2 所示。

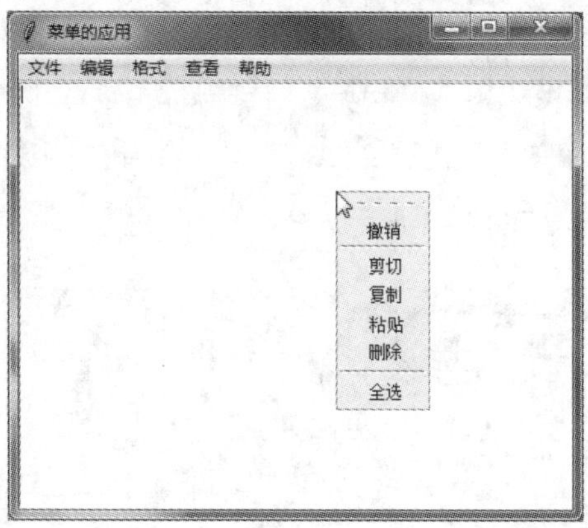

图 11.2　添加右键菜单

11.1.4　实例：添加菜单命令

下面为“编辑”中的“撤销”命令，先添加两个属性，具体代码如下：

```
editmenu.add_command(label=" 撤销 ",accelerator="Ctrl+Z",command=undo)
```

accelerator 属性的功能，是为“撤销”菜单命令添加快捷键。command 是为“撤销”菜单命令添加单击时执行的命令（函数）。

下面编写 undo() 自定义函数，具体代码如下：

```
def undo():
    global mytext
    mytext.event_generate("<<Undo>>")
```

上述代码放到 mypopup() 自定义函数后面。

同理，为"编辑"中的"剪切""复制""粘贴"命令，先添加两个属性，具体代码如下：

```
editmenu.add_radiobutton(label="剪切",accelerator="Ctrl+X",command=cut)
editmenu.add_radiobutton(label="复制",accelerator="Ctrl+C",command=copy)
editmenu.add_command(label="粘贴",accelerator="Ctrl+V",command=paste)
下面编写 cut ()、copy()、paste() 自定义函数，具体代码如下：
#剪切菜单命令执行的函数
def cut():
    global mytext
    mytext.event_generate("<<Cut>>")
#复制菜单命令执行的函数
def copy():
    global mytext
    mytext.event_generate("<<Copy>>")
#粘贴菜单命令执行的函数
def paste():
    global mytext
    mytext.event_generate("<<Paste>>")
```

单击菜单栏中的"Run/Run Module"命令或按下键盘上的"F5"，就可以运行程序代码，就可以在多行文本框中输入内容，然后进行剪切、复制、粘贴、撤销操作，如图 11.3 所示。

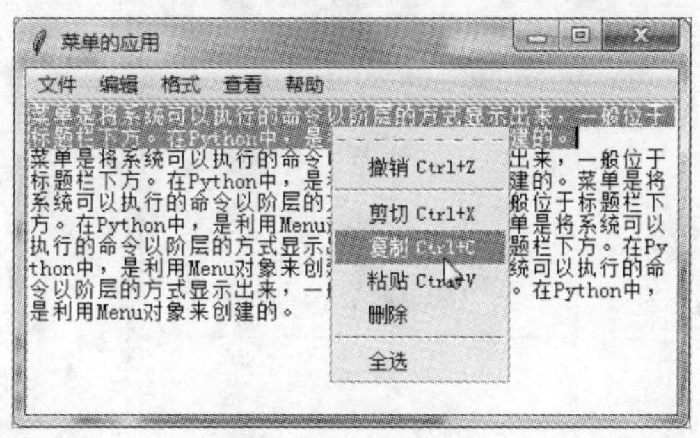

图 11.3 添加菜单命令

11.2 消息对话框

利用 messagebox 对象创建的对话框，称为消息对话框。消息对话框向用户进行警告，或让用户选择下一步如何操作。消息对话框包括很多类型，常用的有 info、warning、error、yeno、okcancel 等，包含不同的图标、按钮以及弹出的提示声音。

11.2.1 程序窗体的设计

单击“开始”菜单，打开 Python 3.7.4 Shell 软件，然后单击菜单栏中的“File/New File”命令，创建一个 Python 文件，并命名为“Python11-2.py”，然后输入如下代码：

```
import tkinter as tk                          # 导入 tkinter 库，并重命名为 tk
mywindow = tk.Tk()                            # 创建一个窗体
mywindow.title("消息对话框")                   # 设置窗体的标题
mywindow.geometry("260x320")                  # 设置窗体的大小
mybut1 =tk.Button(mywindow,text="显示信息对话框")
mybut1.pack(expand=1,fill=tk.X, ipady=6)
mybut2 =tk.Button(mywindow,text="显示警告对话框")
mybut2.pack(expand=1,fill=tk.X, ipady=6)
mybut3 =tk.Button(mywindow,text="显示错误对话框")
mybut3.pack(expand=1,fill=tk.X, ipady=6)
mybut4 =tk.Button(mywindow,text="询问是否对话框")
mybut4.pack(expand=1,fill=tk.X, ipady=6)
mybut5 =tk.Button(mywindow,text="询问确定取消对话框")
mybut5.pack(expand=1,fill=tk.X, ipady=6)
mybut6 =tk.Button(mywindow,text="询问问题对话框")
mybut6.pack(expand=1,fill=tk.X, ipady=6)
mybut7 =tk.Button(mywindow,text="询问再试取消对话框")
mybut7.pack(expand=1,fill=tk.X, ipady=6)
```

单击菜单栏中的“Run/Run Module”命令或按下键盘上的“F5”，就可以运行程序代码，如图 11.4 所示。

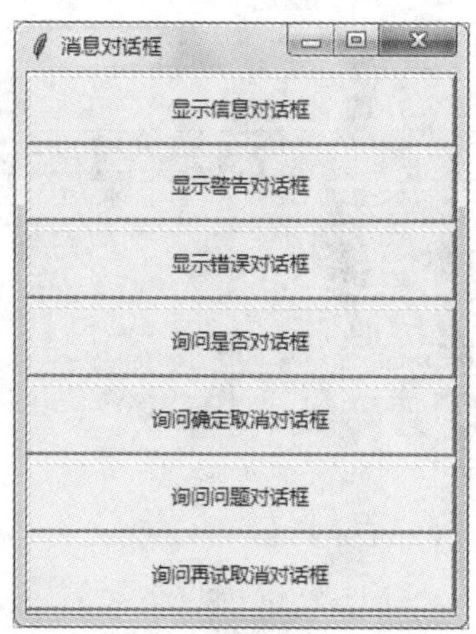

图 11.4　消息对话框窗体界面

11.2.2 为显示信息对话框按钮添加事件代码

为“显示信息对话框”按钮添加 command 属性，具体代码如下：

```
mybut1 =tk.Button(mywindow,text="显示信息对话框",command=showinfo )
```

这样，当单击“显示信息对话框”按钮时就会调用 showinfo() 函数。

因为要在 showinfo() 函数用到 messagebox 模块，所以要先导入该对象，具体方法是，在 import tkinter as tk 后面添加如下代码：

```
from  tkinter  import messagebox     # 导入 messagebox 模块
```

接下来，就可以编写 showinfo() 函数，具体代码如下：

```
def showinfo() :
    mya = messagebox.showinfo("显示信息对话框","你单击了我！")
    print("显示信息对话框的返回值是：",mya)
```

需要注意的是，该代码一定要放在创建的 7 个按钮代码之前。

单击菜单栏中的“Run/Run Module”命令或按下键盘上的“F5”，运行程序代码，然后单击“显示信息对话框”按钮，就会弹出显示信息对话框，如图 11.5 所示。

单击对话框中的“确定”，就会关闭显示信息对话框，这时就可以看到返回值，其返回值是 ok，如图 11.6 所示。

图 11.5　显示信息对话框

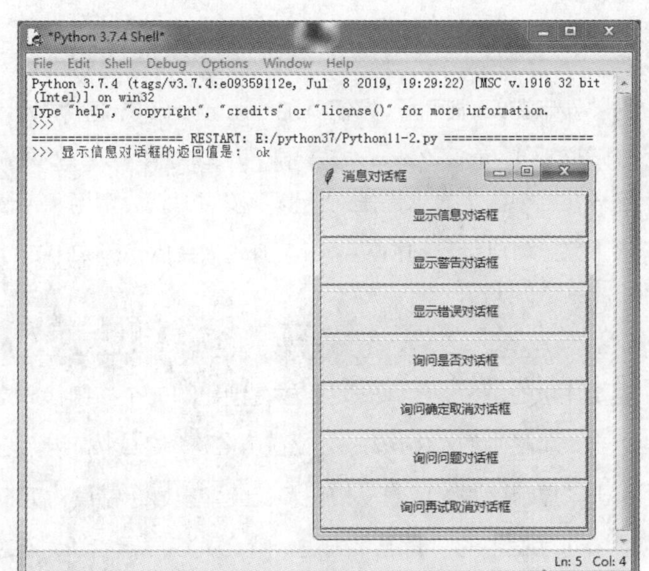

图 11.6　显示信息对话框的返回值

11.2.3　为显示警告对话框按钮添加事件代码

为“显示警告对话框”按钮添加 command 属性，具体代码如下：

```
mybut2 =tk.Button(mywindow,text="显示警告对话框",command=showwarning )
```

这样，当单击“显示警告对话框”按钮，就会调用 showwarning() 函数。

接下来就可以编写 showwarning() 函数，具体代码如下：

```
def showwarning() :
    myb = messagebox.showwarning("显示警告对话框","警告信息！")
    print("显示警告对话框的返回值是：",myb)
```

需要注意的是，该代码一定要放在创建的 7 个按钮代码之前。

单击菜单栏中的“Run/Run Module”命令或按下键盘上的“F5”，运行程序代码，然后单击“显示警告对话框”按钮，就会弹出显示警告对话框，如图 11.7 所示。

单击对话框中的“确定”，就会关闭显示警告对话框，这时就可以看到返回值，其返回值是 ok，如图 11.8 所示。

图 11.7　显示警告对话框

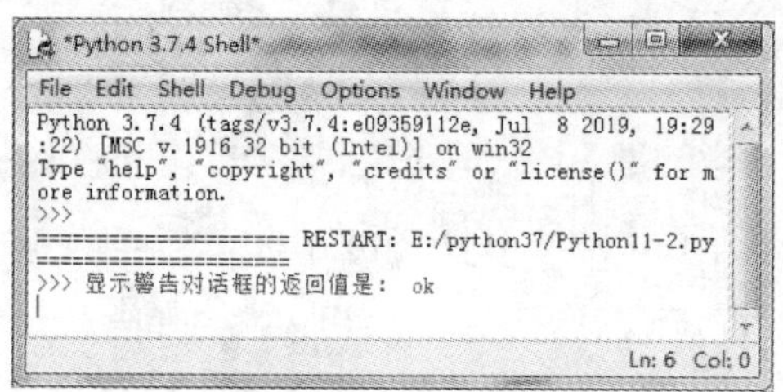

图 11.8　显示警告对话框的返回值

11.2.4　为显示错误对话框按钮添加事件代码

为“显示错误对话框”按钮添加 command 属性，具体代码如下：

```
mybut3 =tk.Button(mywindow,text="显示错误对话框",command=showerror )
```

这样，当单击“显示错误对话框”按钮时就会调用 showerror() 函数。

接下来就可以编写 showerror() 函数，具体代码如下：

```
def showerror() :
    myc = messagebox.showerror("显示错误对话框","错误信息！ ")
    print("显示错误对话框的返回值是：",myc)
```

需要注意的是，该代码一定要放在创建的 7 个按钮代码之前。

单击菜单栏中的“Run/Run Module”命令或按下键盘上的“F5”，运行程序代码，然后单击“显示错误对话框”按钮，就会弹出显示错误对话框，如图 11.9 所示。

单击对话框中的“确定”按钮，就会关闭显示错误对话框，这时就可以看到返回值，其返回值是 ok，如图 11.10 所示。

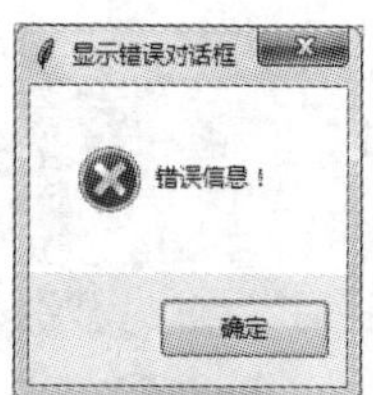

图 11.9　显示错误对话框

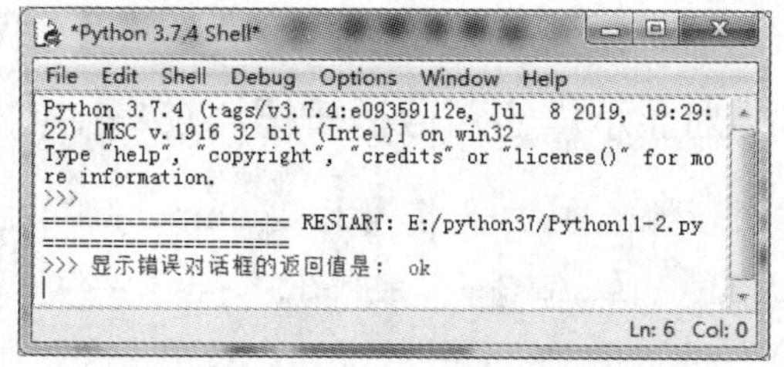

图 11.10　显示错误对话框的返回值

11.2.5　为询问是否对话框按钮添加事件代码

为“询问是否对话框”按钮添加 command 属性，具体代码如下：

```
mybut4 =tk.Button(mywindow,text="询问是否对话框",command=askyesno )
```

这样，当单击“询问是否对话框”按钮时就会调用 askyesno() 函数。

接下来就可以编写 askyesno() 函数，具体代码如下：

```
def askyesno() :
    myd = messagebox.askyesno("询问是否对话框","是否信息！ ")
    if myd :
        messagebox.showinfo("提示对话框","你单击了【是】按钮，返回值是 True")
    else :
        messagebox.showinfo("提示对话框","你单击了【否】按钮，返回值是 False")
```

需要注意的是，该代码一定要放在创建的 7 个按钮代码之前。

单击菜单栏中的“Run/Run Module”命令或按下键盘上的“F5”，运行程序代码，然后单击“询问是否对话框”按钮，就会弹出询问是否对话框，如图 11.11 所示。

单击对话框中的“是”按钮，就会弹出如图 11.12 所示的提示对话框。

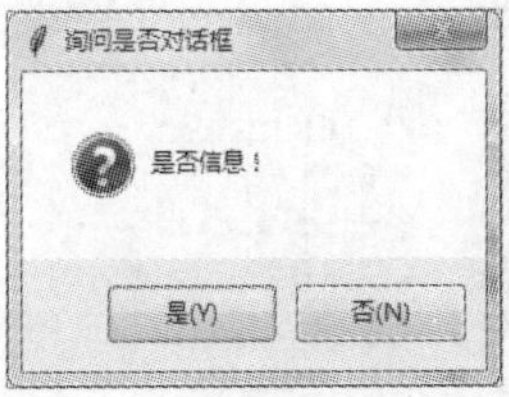

图 11.11　询问是否对话框

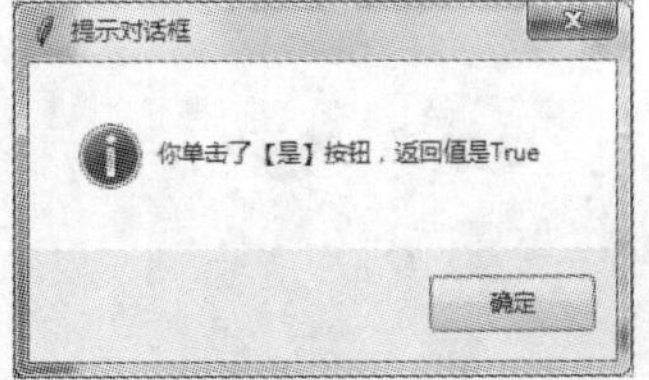

图 11.12　单击是按钮的提示对话框

单击对话框中的“否”按钮，就会弹出如图 11.13 所示的提示对话框。

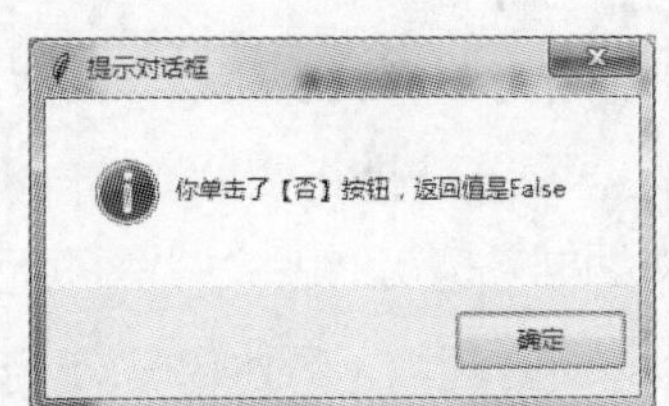

图 11.13　单击否按钮的提示对话框

11.2.6　为询问确定取消对话框按钮添加事件代码

为“询问确定取消对话框”按钮添加 command 属性，具体代码如下：

```
mybut5 =tk.Button(mywindow,text="询问确定取消对话框",command=askokcancel)
```

这样，当单击“询问确定取消对话框”按钮时就会调用 askokcancel() 函数。

接下来就可以编写 askokcancel() 函数，具体代码如下：

```
def askokcancel() :
    mye = messagebox.askokcancel("询问确定取消对话框","确定取消信息！ ")
    if mye :
        messagebox.showinfo("提示对话框","你单击了【确定】按钮，返回值是 True")
    else :
        messagebox.showinfo("提示对话框","你单击了【取消】按钮，返回值是 False")
```

需要注意的是，该代码一定要放在创建的 7 个按钮代码之前。

单击菜单栏中的“Run/Run Module”命令或按下键盘上的“F5”，运行程序代码，然后单击“询问确定取消对话框”按钮，就会弹出询问确定取消对话框，如图 11.14 所示。

单击对话框中的“确定”按钮，就会弹出如图 11.15 所示的提示对话框。

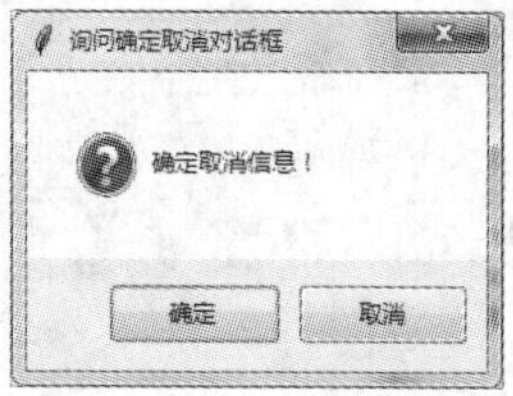

图 11.14　询问确定取消对话框

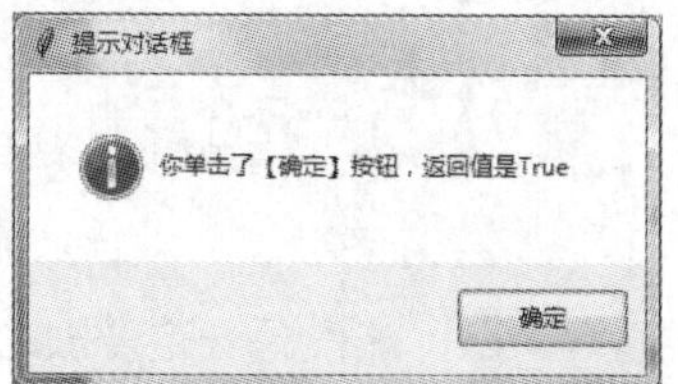

图 11.15　单击确定按钮的提示对话框

单击对话框中的“取消”按钮，就会弹出如图 11.16 所示的提示对话框。

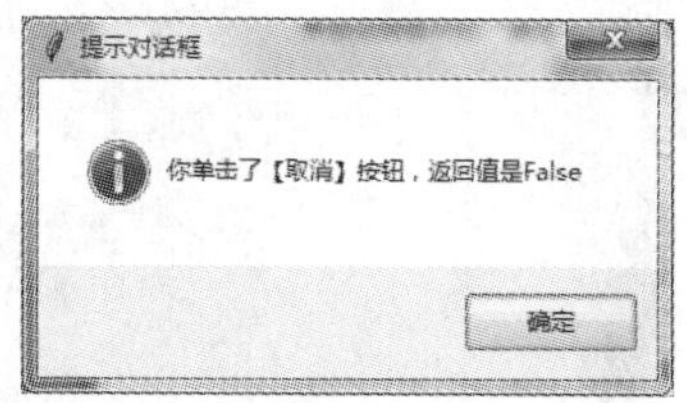

图 11.16　单击取消按钮的提示对话框

11.2.7　为询问问题对话框按钮添加事件代码

为“询问问题对话框”按钮添加 command 属性，具体代码如下：

```
mybut6 =tk.Button(mywindow,text="询问问题对话框",command=askquestion )
```

这样，当单击“询问问题对话框”按钮时就会调用 askquestion() 函数。

接下来就可以编写 askquestion() 函数，具体代码如下：

```
def askquestion() :
    myf = messagebox.askquestion("询问问题对话框","询问问题！ ")
    if myf == "yes":
        messagebox.showinfo("提示对话框","你单击了【是】按钮，返回值是 yes")
    else :
        messagebox.showinfo("提示对话框","你单击了【否】按钮，返回值是 no")
```

需要注意的是，该代码一定要放在创建的 7 个按钮代码之前。

单击菜单栏中的“Run/Run Module”命令或按下键盘上的“F5”，运行程序代码，然后单击“询问问题对话框”按钮，就会弹出询问问题对话框，如图 11.17 所示。

单击对话框中的“是”按钮，就会弹出如图 11.18 所示的提示对话框。

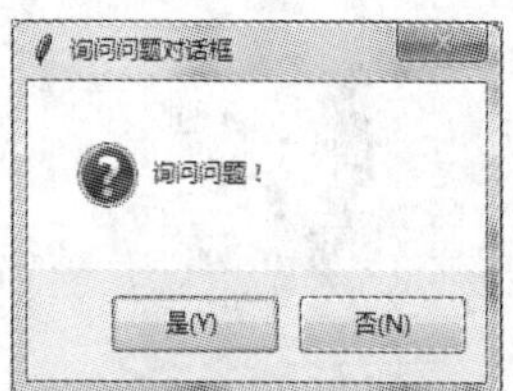

图 11.17　询问问题对话框

图 11.18　单击是按钮的提示对话框

单击对话框中的“否”按钮，就会弹出如图 11.19 所示的提示对话框。

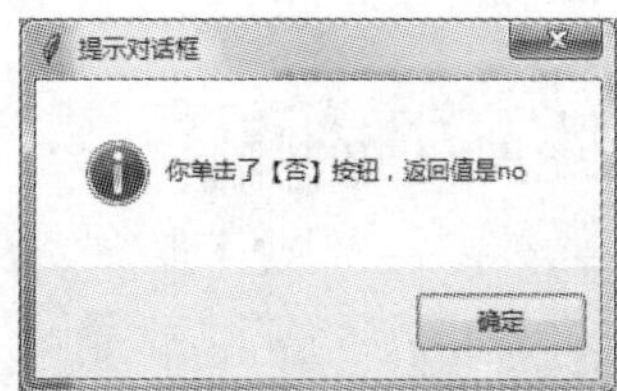

图 11.19　单击否按钮的提示对话框

11.2.8　为询问再试取消对话框按钮添加事件代码

为“询问再试取消对话框”按钮添加 command 属性，具体代码如下：

```
mybut7 =tk.Button(mywindow,text="询问再试取消对话框",command=askretrycancel)
```

这样，当单击“询问再试取消对话框”按钮时就会调用 askretrycancel() 函数。

接下来就可以编写 askretrycancel() 函数，具体代码如下：

```
def askretrycancel() :
    myg = messagebox.askretrycancel("询问再试取消对话框","再试取消消息！")
    if myg :
        messagebox.showinfo("提示对话框","你单击了【重试】按钮，返回值是 True")
    else :
        messagebox.showinfo("提示对话框","你单击了【取消】按钮，返回值是 False")
```

需要注意的是，该代码一定要放在创建的 7 个按钮代码之前。

单击菜单栏中的“Run/Run Module”命令或按下键盘上的“F5”，运行程序代码，然后单击“询问再试取消对话框”按钮，就会弹出询问再试取消对话框，如图 11.20 所示。

单击对话框中的“重试”按钮，就会弹出如图 11.21 所示的提示对话框。

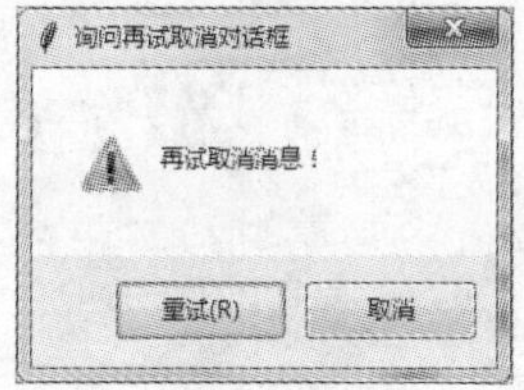

图 11.20　询问再试取消对话框

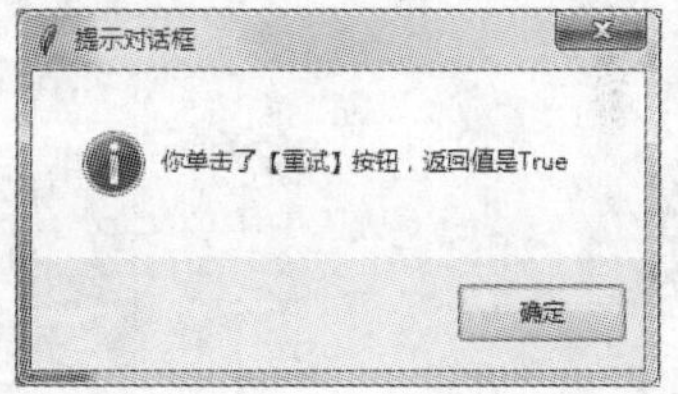

图 11.21　单击重试按钮的提示对话框

单击对话框中的“取消”按钮，就会弹出如图 11.22 所示的提示对话框。

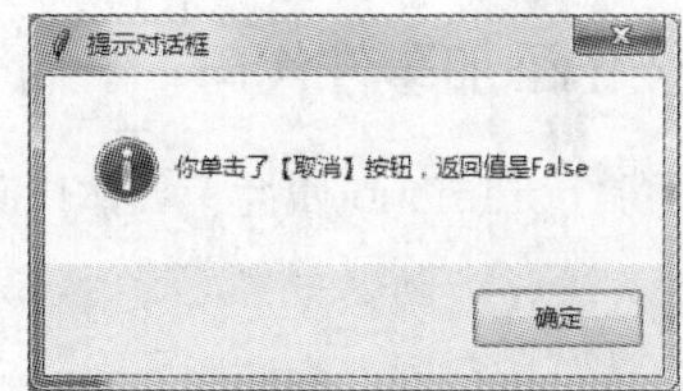

图 11.22　单击取消按钮的提示对话框

11.3 简单对话框

利用 simpledialog 对象可以创建简单的对话框，即可以让用户以对话框的方式输入一个整数值、一个浮点值或一个字符串。

simpledialog 对象的常用方法如下：

askinteger() 方法：以对话框的方式让用户输入一个整数值，返回值为输入的整数值。

askfloat() 方法：以对话框的方式让用户输入一个浮点值，返回值为输入的浮点值。

askstring() 方法：以对话框的方式让用户输入一个字符串，返回值为输入的字符串。

11.3.1 程序窗体的设计

单击“开始”菜单，打开 Python 3.7.4 Shell 软件，然后单击菜单栏中的“File/New File”命令，创建一个 Python 文件，并命名为“Python11-3.py”，然后输入如下代码：

```
import tkinter as tk                               # 导入 tkinter 库，并重命名为 tk
mywindow = tk.Tk()                                 # 创建一个窗体
mywindow.title(" 简单对话框 ")                      # 设置窗体的标题
mywindow.geometry("250x150")                       # 设置窗体的大小
#3 个按钮控件
mybut1 =tk.Button(mywindow,text=" 输入一个整数 ")
mybut1.pack(expand=1,fill=tk.X, ipady=6)
mybut2 =tk.Button(mywindow,text=" 输入一个浮点数 ")
mybut2.pack(expand=1,fill=tk.X, ipady=6)
mybut3 =tk.Button(mywindow,text=" 输入一个字符串 ")
mybut3.pack(expand=1,fill=tk.X, ipady=6)
```

单击菜单栏中的“Run/Run Module”命令或按下键盘上的“F5”，就可以运行程序代码，如图 11.23 所示。

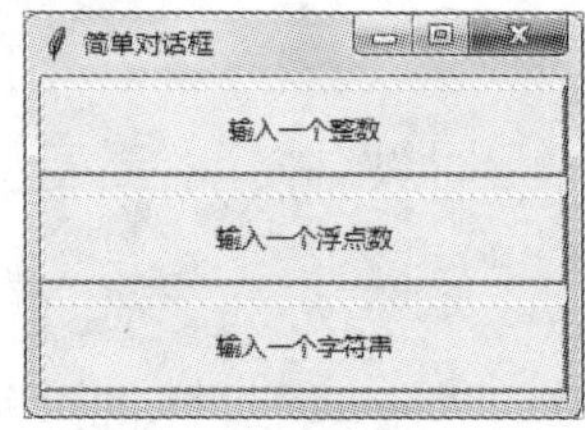

图 11.23　简单对话框窗体界面

11.3.2 为输入一个整数按钮添加事件代码

为“输入一个整数”按钮添加 command 属性，具体代码如下：

```
mybut1 =tk.Button(mywindow,text=" 输入一个整数 ", command= myinteger)
```

这样，当单击“输入一个整数”按钮时就会调用 myinteger() 函数。

因为要在 myinteger() 函数用到 messagebox 模块和 simpledialog 模块，所以要先

导入这两个模块，具体方法是在 import tkinter as tk 后面，添加如下代码：

```
    from  tkinter import simpledialog    #导入 simpledialog 模块
    from  tkinter  import messagebox     #导入 messagebox 模块
```

接下来就可以编写 myinteger() 函数，具体代码如下：

```
    def myinteger() :
        mya = simpledialog.askinteger("输入整数对话框","请输入一个整数：")
        if mya != None :
            messagebox.showinfo("提示对话框","你单击了【OK】按钮，输入的整数是：%d" %
mya)
        else :
            messagebox.showinfo("提示对话框","你单击了【Cancel】按钮，返回值为：%s" %
mya )
```

需要注意的是，该代码一定要放在创建的 3 个按钮代码之前。

单击菜单栏中的“Run/Run Module”命令或按下键盘上的“F5”，运行程序代码，然后单击“输入一个整数”按钮，就会弹出输入整数对话框，如图 11.24 所示。

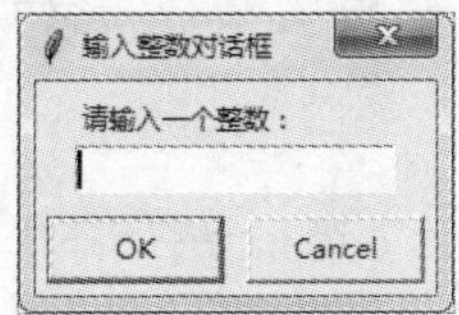

图 11.24　输入整数对话框

如果输入 189，然后单击对话框中的“OK”按钮，就会弹出如图 11.25 所示的提示对话框。

单击对话框中的“Cancel”按钮，就会弹出如图 11.26 所示的提示对话框。

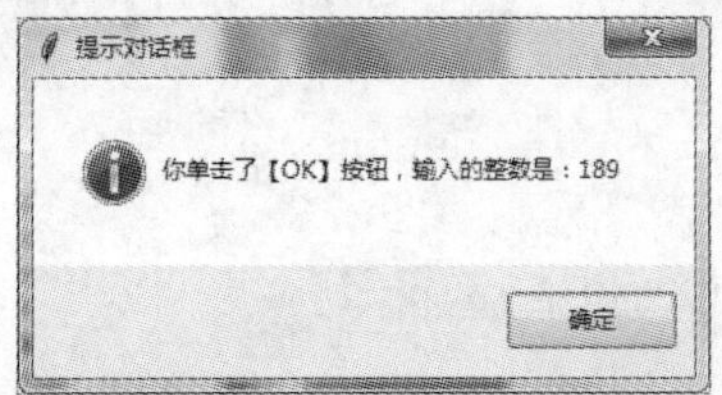

图 11.25　单击 OK 按钮的提示对话框

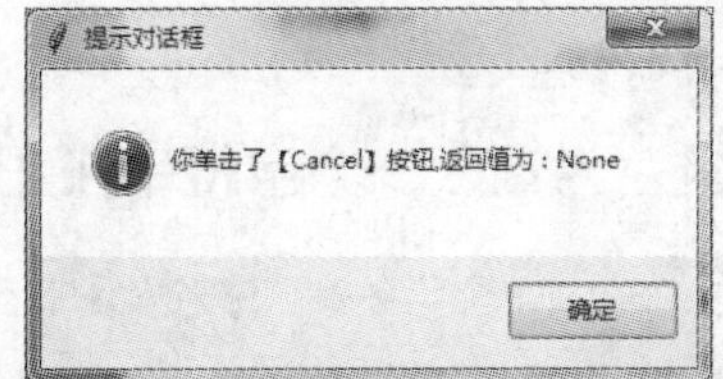

图 11.26　单击 Cancel 按钮的提示对话框

11.3.3　为输入一个浮点数按钮添加事件代码

为“输入一个浮点数”按钮添加 command 属性，具体代码如下：

```
mybut2 =tk.Button(mywindow,text="输入一个浮点数", command= myfloat)
```

这样，当单击“输入一个浮点数”按钮时就会调用 myfloat() 函数。

接下来就可以编写 myfloat() 函数，具体代码如下：

```
    def myfloat() :
        myb = simpledialog.askfloat("输入浮点数对话框","请输入一个浮点数：")
        if myb != None :
```

```
            messagebox.showinfo(" 提示对话框 "," 你单击了【OK】按钮，输入的浮点数是：%f" %
myb )
        else :
            messagebox.showinfo(" 提示对话框 "," 你单击了【Cancel】按钮 , 返回值为：%s" %
myb )
```

需要注意的是，该代码一定要放在创建的 3 个按钮代码之前。

单击菜单栏中的“Run/Run Module”命令或按下键盘上的“F5”，运行程序代码，然后单击“输入一个浮点数”按钮，就会弹出输入浮点数对话框，如图 11.27 所示。

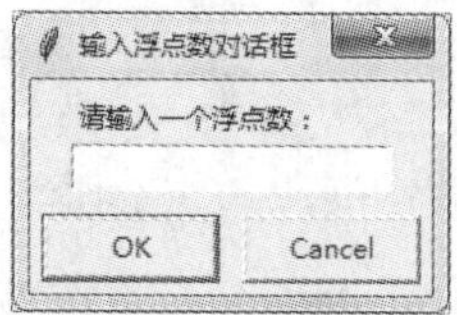

图 11.27　输入浮点数对话框

如果输入 87.9，然后单击对话框中的“OK”按钮，就会弹出如图 11.28 所示的提示对话框。

单击对话框中的“Cancel”按钮，就会弹出如图 11.29 所示的提示对话框。

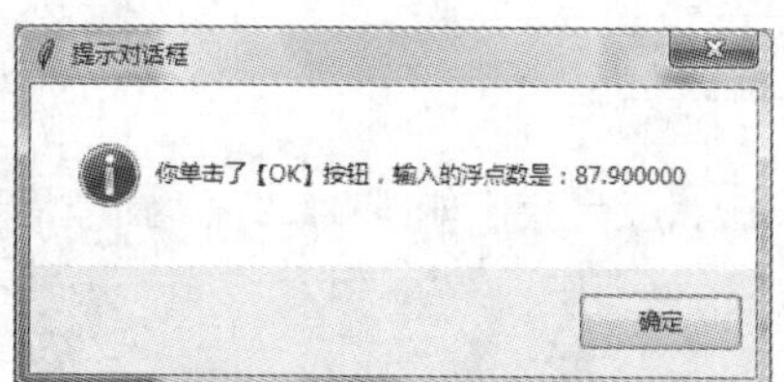

图 11.28　单击 OK 按钮的提示对话框

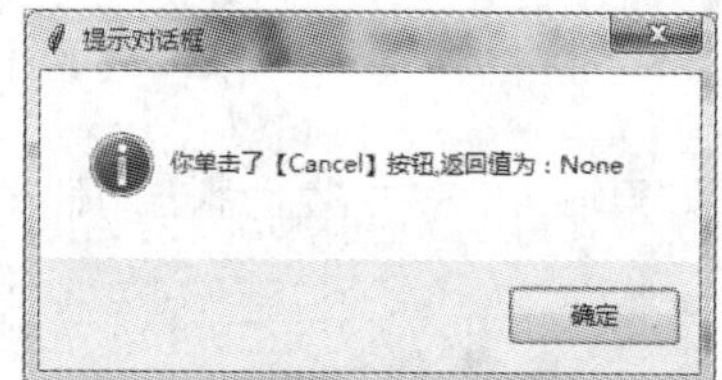

图 11.29　单击 Cancel 按钮的提示对话框

11.3.4　为输入一个字符串按钮添加事件代码

为“输入一个字符串”按钮添加 command 属性，具体代码如下：

```
mybut3 =tk.Button(mywindow,text=" 输入一个字符串 ", command= mystring )
```

这样，当单击“输入一个字符串”按钮时就会调用 mystring() 函数。

接下来就可以编写 mystring() 函数，具体代码如下：

```
    def mystring() :
        myc = simpledialog.askstring(" 输入字符串对话框 "," 请输入一个字符串：")
        if myc != None :
            messagebox.showinfo(" 提示对话框 "," 你单击了【OK】按钮，输入的字符串是：%s" %
myc )
        else :
            messagebox.showinfo(" 提示对话框 "," 你单击了【Cancel】按钮 , 返回值为：%s" %
myc )
```

需要注意的是，该代码一定要放在创建的 3 个按钮代码之前。

单击菜单栏中的“Run/Run Module”命令或按下键盘上的“F5”，运行程序代码，然后单击“输入一个字符串”按钮，就会弹出输入字符串对话框，如图 11.30 所示。

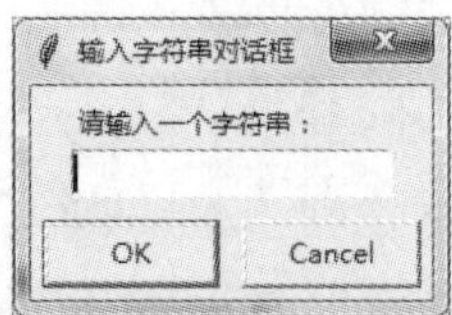

图 11.30　输入字符串对话框

如果输入“I like python!”，然后单击对话框中的“OK”按钮，就会弹出如图 11.31 所示的提示对话框。

单击对话框中的“Cancel”按钮，就会弹出如图 11.32 所示的提示对话框。

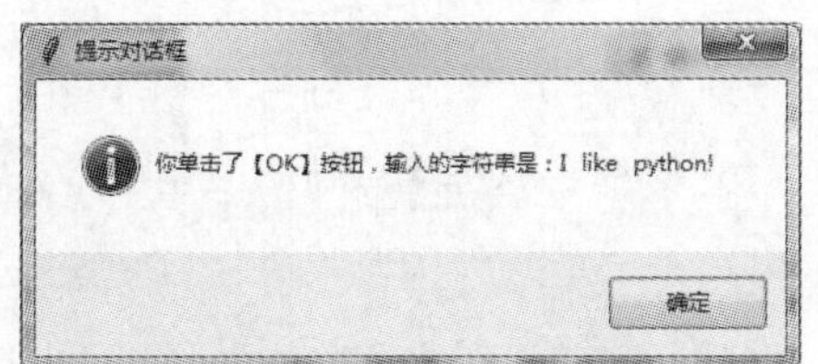

图 11.31　单击 OK 按钮的提示对话框

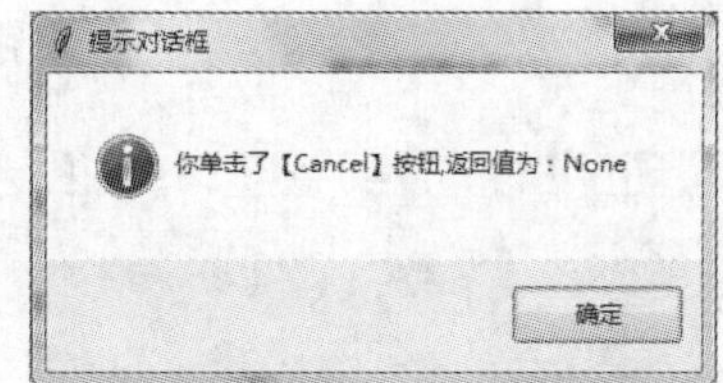

图 11.32　单击 Cancel 按钮的提示对话框

11.4　颜色对话框

利用 colorchooser 对象可以让用户以对话框的方式选择一种颜色。

colorchooser 对象的主要方法是 askcolor()。该方法的返回值是一个嵌套元组，第一个元素是元组，第二个元素是字符串，如 ((128.5，255.99609375，128.5)，‘#80ff80’)。

嵌套元组的第一个元素是含有 3 个元素的元组，即利用 RGB 来表示的颜色，如 (255，255，0)。

嵌套元组的第二个元素是用十六进制表示的颜色，如‘#80ff80’。

单击“开始”菜单，打开 Python 3.7.4 Shell 软件，然后单击菜单栏中的“File/New File”命令，创建一个 Python 文件，并命名为“Python11-4.py”，然后输入如下代码：

```
import tkinter as tk                                    #导入 tkinter 库，并重命名为 tk
from  tkinter  import colorchooser                      #导入 colorchooser 模块
mywindow = tk.Tk()                                      #创建一个窗体
mywindow.title("颜色对话框")                              #设置窗体的标题
mywindow.geometry("260x140")                            #设置窗体的大小
#设置字体颜色按钮的单击事件
def mycolor() :
    mya = colorchooser.askcolor()
    print(mya)
    mylabl.config(fg=mya[1])
```

```
#添加标签控件和按钮控件并布局
mylab1 =tk.Label(mywindow,text=" 利用颜色对话框修改字体颜色 ",font="Arial 13 bold")
mylab1.pack(expand=1,fill=tk.X, ipady=20)
mybut2 =tk.Button(mywindow,text="设置字体颜色 ", command= mycolor )
mybut2.pack(expand=1,fill=tk.X, ipady=6)
```

单击菜单栏中的“Run/Run Module”命令或按下键盘上的“F5”，就可以运行程序代码，效果如图 11.33 所示。

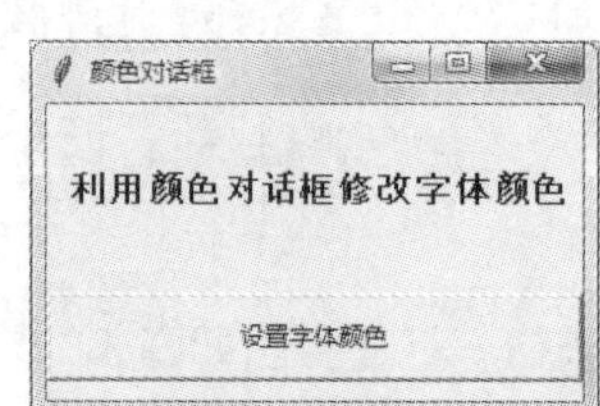

图 11.33　程序运行效果

单击“设置字体颜色”按钮，就会弹出“颜色”对话框，这样用户就可以自由地选择喜欢的颜色，如图 11.34 所示。

在这里选择的颜色 RGB 分别为 0、0、200，即蓝色，然后单击“确定”按钮，这时标签字体就改变成蓝色，如图 11.35 所示。

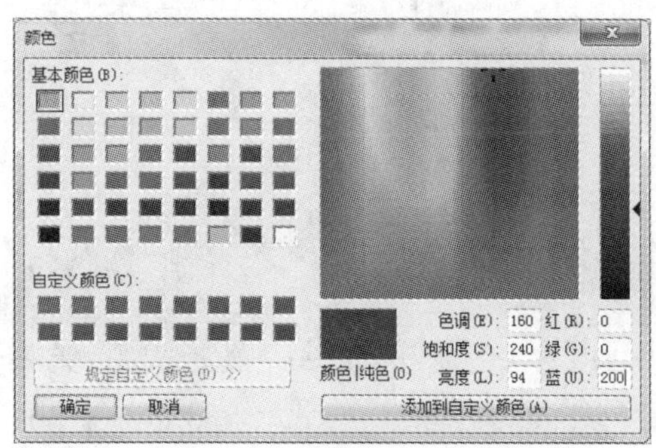

图 11.34　颜色对话框

图 11.35　利用颜色对话框改变字体颜色

在这里还可以看到颜色的 RGB 值和十六进制值。

11.5　打开文件对话框

利用 filedialog 对象的 askopenfilename() 方法，可以以对话框的方式打开一个文件，返回值是绝对路径及文件名。

利用 filedialog 对象的 askopenfilenames() 方法，可以以对话框的方式打开多个文件，返回值是一个元组，在元组中多个文件的绝对路径及文件名。

11.5.1 程序窗体的设计

单击“开始”菜单，打开 Python 3.7.4 Shell 软件，然后单击菜单栏中的“File/New File”命令，创建一个 Python 文件，并命名为“Python11-5.py”，然后输入如下代码：

```
import tkinter as tk                              #导入 tkinter 库，并重命名为 tk
mywindow = tk.Tk()                                #创建一个窗体
mywindow.title("打开文件对话框")                    #设置窗体的标题
mywindow.geometry("250x120")                      #设置窗体的大小
mybut1 =tk.Button(mywindow,text="打开文件")
mybut1.pack(expand=1,fill=tk.X, ipady=6)
mybut2 =tk.Button(mywindow,text="打开多个文件")
mybut2.pack(expand=1,fill=tk.X, ipady=6)
```

单击菜单栏中的“Run/Run Module”命令或按下键盘上的“F5”，就可以运行程序代码，效果如图 11.36 所示。

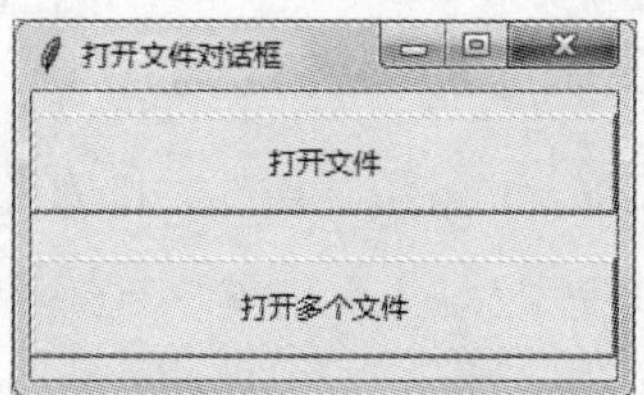

图 11.36 程序运行效果

11.5.2 为打开文件按钮添加事件代码

为“打开文件”按钮添加 command 属性，具体代码如下：

```
mybut1 =tk.Button(mywindow,text="打开文件",command=myopen )
```

这样，当单击“打开文件”按钮时就会调用 myopen() 函数。

因为要在 myopen () 函数用到 filedialog 对象和 messagebox 对象，所以要先导入这两个对象，具体方法是在 import tkinter as tk 后面，添加如下代码：

```
from tkinter import  filedialog                   #从 tkinter 库中导入 filedialog 模块
from  tkinter  import messagebox                  #导入 messagebox 模块
```

接下来就可以编写 myopen () 函数，具体代码如下：

```
def myopen() :
    mya = filedialog.askopenfilename()
    messagebox.showinfo("提示对话框","打开文件的路径是：%s" %mya)
```

需要注意的是，该代码一定要放在创建的两个按钮代码之前。

单击菜单栏中的“Run/Run Module”命令或按下键盘上的“F5”，就可以运行程序代码，然后单击“打开文件”按钮，就会弹出“打开”对话框，如图 11.37 所示。

在这里选择的是“stufile.txt”，然后单击“打开”按钮，就会弹出提示对话框，就可以看到打开文件的绝对路径信息，如图 11.38 所示。

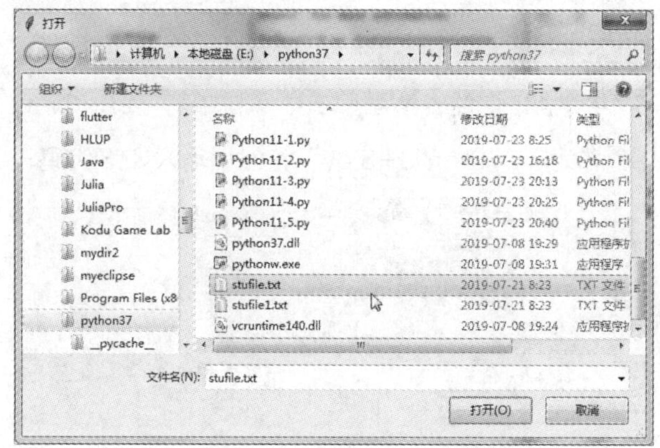
图 11.37　打开对话框

图 11.38　提示对话框

11.5.3　为打开多个文件按钮添加事件代码

为“打开多个文件”按钮添加 command 属性，具体代码如下：

```
    mybut2 =tk.Button(mywindow,text="打开多个文件",command=myopens )
```

这样，当单击“打开多个文件”按钮，就会调用 myopens() 函数。

接下来，就可以编写 myopens() 函数，具体代码如下：

```
    def myopens() :
        myb = filedialog.askopenfilenames()
         messagebox.showinfo("提示对话框","打开文件的个数是：%d，这些文件的路径是：%s"
%(len(myb),str(myb)))
```

需要注意的是，该代码一定要放在创建的两个按钮代码之前。

单击菜单栏中的“Run/Run Module”命令或按下键盘上的“F5”，就可以运行程序代码，然后单击“打开多个文件”按钮，就会弹出“打开”对话框，如图 11.39 所示。

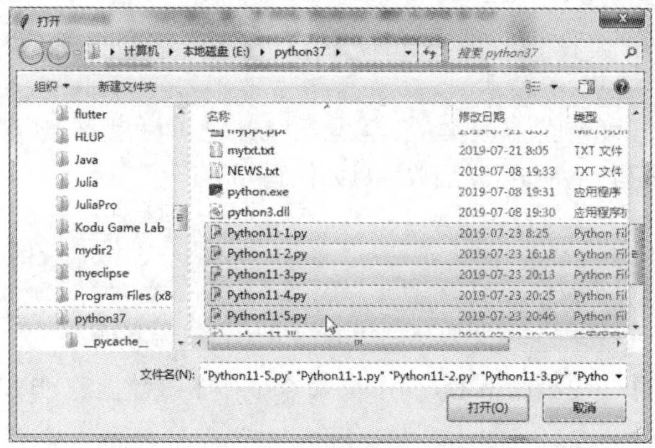
图 11.39　打开对话框

在这里按下键盘上的“Shift”键，同时选择 5 个文件，文件名分别为“Python11-1.py”、“Python11-2.py”、“Python11-3.py”、Python11-.py”　“Python11-5.

py”，然后单击“打开”按钮，这时就会弹出提示对话框，显示打开的文件个数及这些文件的绝对路径，如图 11.40 所示。

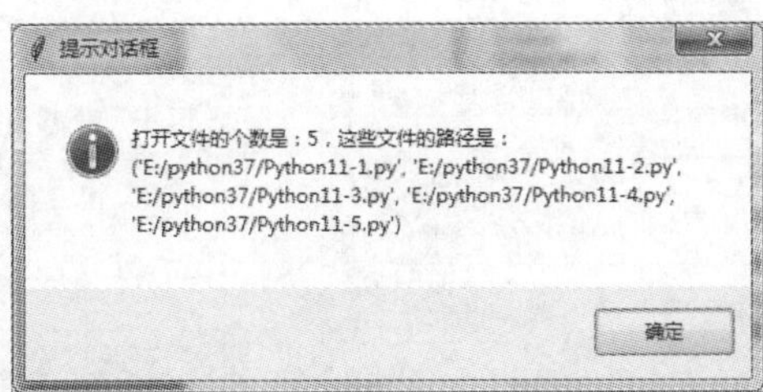

图 11.40　显示打开的文件个数及这些文件的绝对路径

11.6　保存文件对话框

利用 filedialog 对象的 asksaveasfilename() 方法，可以以对话框的方式保存多个文件，返回值是绝对路径及保存的文件名。

单击“开始”菜单，打开 Python 3.7.4 Shell 软件，然后单击菜单栏中的“File/New File”命令，创建一个 Python 文件，并命名为“Python11-6.py”，然后输入如下代码：

```
import tkinter as tk                          # 导入 tkinter 库，并重命名为 tk
from tkinter import  filedialog               # 从 tkinter 库中导入 filedialog 模块
from  tkinter  import messagebox              # 导入 messagebox 模块
mywindow = tk.Tk()                            # 创建一个窗体
mywindow.title("保存文件对话框")              # 设置窗体的标题
mywindow.geometry("250x80")                   # 设置窗体的大小
#保存文件函数
def mysave() :
    myc = filedialog.asksaveasfilename()
    messagebox.showinfo("提示对话框","保存文件的路径是: %s" %myc)
mybut1 =tk.Button(mywindow,text="保存文件",command=mysave )
mybut1.pack(expand=1,fill=tk.X, ipady=6)
```

单击菜单栏中的“Run/Run Module”命令或按下键盘上的“F5”，就可以运行程序代码，如图 11.41 所示。

图 11.41　保存文件对话框

单击“保存文件”按钮，弹出“另存为”对话框，然后选择保存文件的位置，再输入文件名，如图 11.42 所示。

在这里文件保存位置为“E:\python37”，文件名为“mytxt8888.txt”，然后单击“保存”按钮，就会弹出提示对话框，显示保存文件的绝对路径及名称，如图 11.43 所示。

图 11.42　另存为对话框

图 11.43　显示保存文件的绝对路径及名称

11.7　打开文件夹对话框

利用 filedialog 对象的 askdirectory() 方法，可以以对话框的方式打开文件夹，返回值是文件夹的路径及名称。

单击“开始”菜单，打开 Python 3.7.4 Shell 软件，然后单击菜单栏中的“File/New File”命令，创建一个 Python 文件，并命名为“Python11-7.py”，然后输入如下代码：

```
import tkinter as tk                              #导入 tkinter 库，并重命名为 tk
from tkinter import  filedialog                   #从 tkinter 库中导入 filedialog 模块
from  tkinter  import messagebox                  #导入 messagebox 模块
mywindow = tk.Tk()                                #创建一个窗体
mywindow.title("打开文件夹对话框")                 #设置窗体的标题
mywindow.geometry("250x80")                       #设置窗体的大小
#打开文件夹函数
def mydirectory() :
    myd =filedialog.askdirectory()
    messagebox.showinfo("提示对话框","打开文件夹的路径是：%s" %myd)
mybut1 =tk.Button(mywindow,text="打开文件夹",command=mydirectory )
mybut1.pack(expand=1,fill=tk.X, ipady=6)
```

单击菜单栏中的“Run/Run Module”命令或按下键盘上的“F5”，就可以运行程序代码，如图 11.44 所示。

图 11.44　打开文件夹对话框

单击“打开文件夹”按钮，弹出“选择文件夹”对话框，然后就可以选择要打开的文件夹，如图 11.45 所示。

在这里选择的是“C:\ host”文件夹，然后单击“选择文件夹”按钮，就会弹出提示对话框，显示选择文件夹的绝对路径及名称，如图 11.46 所示。

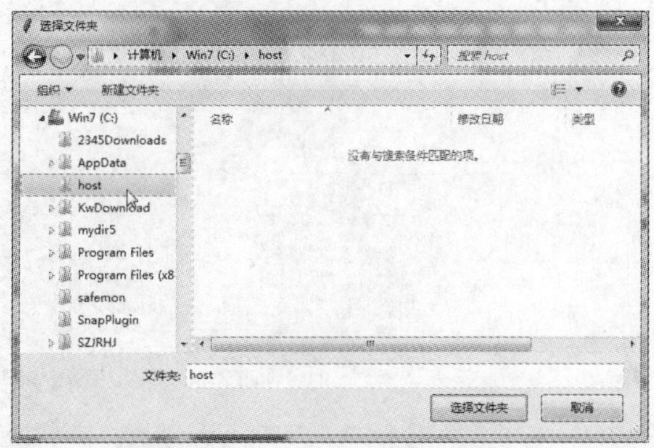

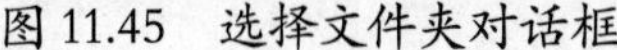
图 11.45　选择文件夹对话框

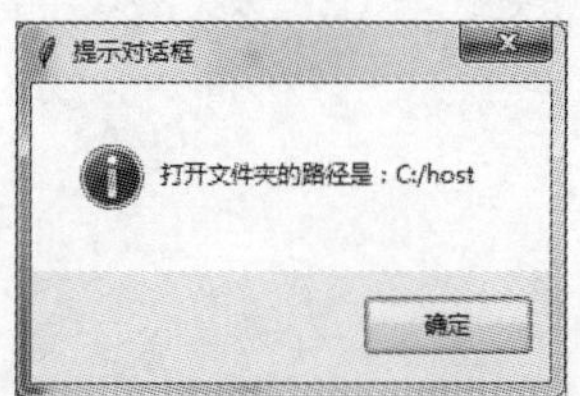

图 11.46　选择文件夹的绝对路径及名称

第 12 章

Python 程序设计的海龟绘图

Turtle 是 Python 内置的一个比较有趣的标准模块，俗称海龟绘图，它是基于 tkinter 库打造的，提供一些简单的绘图工具，海龟绘图最初源自 20 世纪 60 年代的 Logo 编程语言，之后一些很酷的 Python 程序员构建了 turtle 库，让其他程序员只需要导入 turtle，就可以在 Python 中使用海龟绘图。

本章主要内容包括：

- 初识 Turtle 库
- 画笔运动函数及意义
- 实例：绘制矩形
- 实例：绘制三角形和圆
- 实例：绘制心形
- 画笔控制函数及意义
- 实例：绘制齿轮
- 实例：绘制多彩五边形
- 全局控制函数及意义
- 实例：文字旋转效果
- 实例：绘制有立体效果的三角形

12.1 初识 Turtle 库

Turtle 库是一个点线面的简单图形库，在 Python2.6 之后被引入进来，能够完成一些简单的几何图形绘制。它就像一个小乌龟，在一个横轴为 x、纵轴为 y 的坐标系原点 (0,0) 位置开始，根据一组函数指令的控制，在这个平面坐标系中移动，从而在它爬行的路径上绘制出图形。Turtle 库的画布绝对坐标如图 12.1 所示。

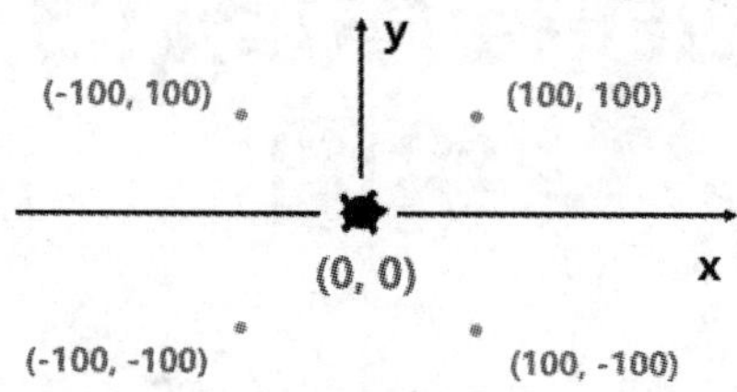

图 12.1　Turtle 库的画布绝对坐标

在画布上，坐标原点上有一只面朝 x 轴正方向的小乌龟。这里我们描述小乌龟时使用了两个词语，分别是坐标原点（位置）和面朝 x 轴正方向（方向）。在 turtle 绘图中，就是使用位置方向描述小乌龟（画笔）的状态。

12.2 画笔运动函数

在 Python 程序中，操纵海龟绘图有许多的函数，这些函数可以分为 3 种，分别是画笔运动函数、画笔控制函数和全局控制函数。下面先来讲解画笔运动函数。

12.2.1 画笔运动函数及意义

画笔运动函数及意义如表 12.1 所示。

表 12.1　画笔运动函数及意义

画笔运动函数	意义
turtle.goto(x,y)	将画笔移动到坐标为 (x,y) 的位置
turtle.forward()	向当前画笔方向移动多少像素
turtle.backward()	向当前画笔相反方向移动多少像素

续表

画笔运动函数	意义
turtle.right()	顺时针旋转多少度
turtle.left()	逆时针旋转多少度
turtle.pendown()	移动时绘制图形，即不提笔
turtle.penup()	移动时不绘制图形，即提起笔
turtle.speed(speed)	画笔绘制的速度范围 [0,10] 整数，数字越大越快
turtle.circle()	画圆，半径为正 (负), 表示圆心在画笔的左边 (右边) 画圆

12.2.2 实例：绘制矩形

单击“开始”菜单，打开 Python 3.7.2 Shell 软件，然后单击菜单栏中的“File/New File”命令，创建一个 Python 文件，并命名为“Python12–1.py”，然后输入如下代码：

```
import turtle                                   # 导入 Turtle 库
# 注意小乌龟的最初位置在 (0,0)，所以将画笔移动已绘制一条线段
turtle.goto(100, 0)                             # 将画笔移动到坐标为 (100,0) 的位置
turtle.goto(100, 100)                           # 将画笔移动到坐标为 (100,100) 的位置
turtle.goto(0, 100)                             # 将画笔移动到坐标为 (0,100) 的位置
turtle.goto(0, 0)                               # 将画笔移动到坐标为 (0,0) 的位置
```

这里利用 goto() 函数绘制矩形，矩形的 4 个顶点的坐标分别是（0，0）、（100，0）（100，100）、（0，100）。

单击菜单栏中的“Run/Run Module”命令或按下键盘上的“F5”，就可以运行程序代码，结果如图 12.2 所示。

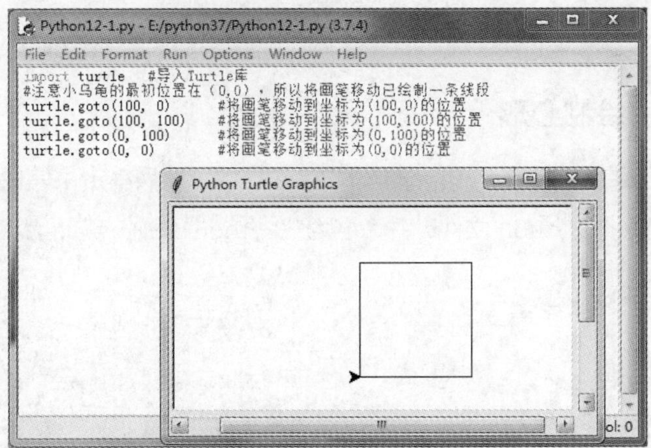

图 12.2　绘制一个矩形

12.2.3 实例：绘制三角形和圆

单击“开始”菜单，打开 Python 3.7.2 Shell 软件，然后单击菜单栏中的“File/New

File”命令，创建一个 Python 文件，并命名为“Python12-2.py”，然后输入如下代码：

```
import turtle                                   # 导入 Turtle 库
turtle.shape("turtle")                          # 设置绘图光标
# 绘制等腰直角三角形，直角边长为 100
turtle.goto(100,0)
turtle.goto(0,100)
turtle.goto(0,0)
# 绘制圆形
turtle.penup()                                  # 移动时不绘制图形，即提起笔
turtle.goto(-100, 0)                            # 将画笔移动到坐标为 (-100,0) 的位置
turtle.pendown()                                # 落笔
turtle.circle(50,360)                           # 绘制圆，半径为 50，弧为 360 度
# 绘制同心圆
turtle.penup()                                  # 移动时不绘制图形，即提起笔
turtle.goto(-100, 20)                           # 将画笔移动到坐标为 (-100,20) 的位置
turtle.pendown()                                # 落笔
turtle.circle(30,360)                           # 绘制圆，半径为 30，弧为 360 度
```

单击菜单栏中的“Run/Run Module”命令或按下键盘上的“F5”，就可以运行程序代码，结果如图 12.3 所示。

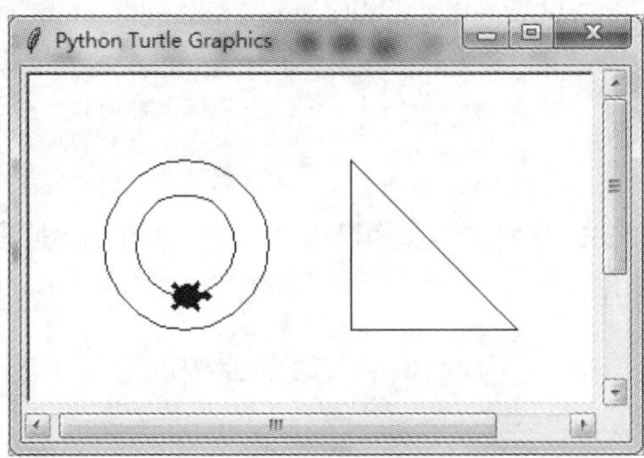

图 12.3　绘制三角形和圆

12.2.4　实例：绘制心形

单击“开始”菜单，打开 Python 3.7.2 Shell 软件，然后单击菜单栏中的“File/New File”命令，创建一个 Python 文件，并命名为“Python12-3.py”，然后输入如下代码：

```
import turtle                                   # 导入 Turtle 库
turtle.shape("turtle")                          # 设置绘图光标
turtle.penup()                                  # 移动时不绘制图形，即提起笔
turtle.speed(6)                                 # 设置画笔绘制的速度为 6
turtle.goto(-30, 100)                           # 将画笔移动到坐标为 (-30,100) 的位置
turtle.pendown()                                # 移动时绘制图形，即落笔
turtle.left(90)                                 # 逆时针旋转 90 度
turtle.circle(120,180)                          # 绘制圆，半径为 120，弧为 180 度
turtle.circle(360,70)                           # 绘制圆，半径为 360，弧为 70 度
turtle.left(38)                                 # 逆时针旋转 38 度
turtle.circle(360,70)                           # 绘制圆，半径为 360，弧为 70 度
turtle.circle(120,180)                          # 绘制圆，半径为 120，弧为 180 度
```

单击菜单栏中的“Run/Run Module”命令或按下键盘上的“F5”，就可以运行程序代码，结果如图 12.4 所示。

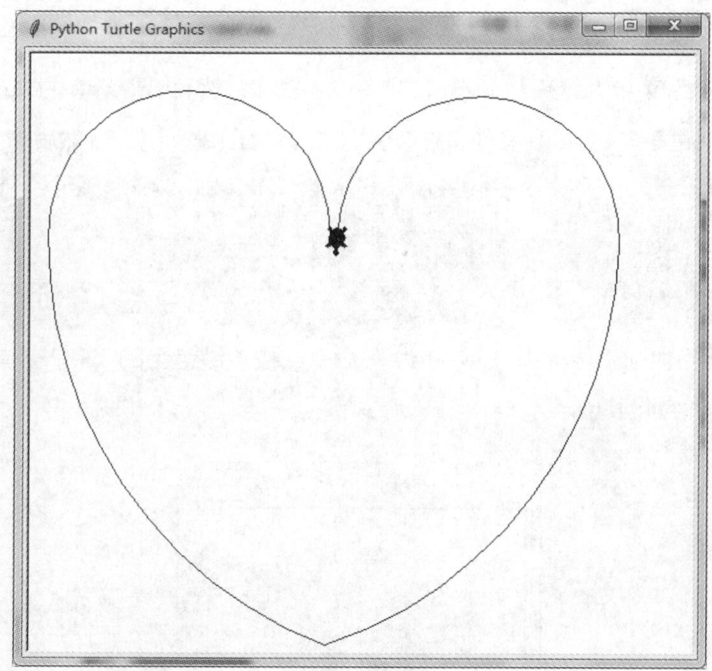

图 12.4　绘制心形

12.3　画笔控制函数

前面讲解了画笔运动函数，下面来讲解画笔控制函数，即设置画笔的颜色、宽度的函数。

12.3.1　画笔控制函数及意义

画笔控制函数及意义如表 12.2 所示。

表 12.2　画笔控制函数及意义

画笔控制函数	意义
turtle.pencolor()	画笔颜色
turtle.pensize()	画笔宽度（绘制图形时的宽度）
turtle.color(color1, color2)	同时设置 pencolor=color1, fillcolor=color2
turtle.filling()	返回当前是否在填充状态
turtle.begin_fill()	准备开始填充图形
turtle.end_fill()	填充完成
turtle.hideturtle()	隐藏画笔的 turtle 形状
turtle.showturtle()	显示画笔的 turtle 形状

12.3.2 实例：绘制齿轮

单击“开始”菜单，打开 Python 3.7.2 Shell 软件，然后单击菜单栏中的“File/New File”命令，创建一个 Python 文件，并命名为“Python12-4.py”，然后输入如下代码：

```
import turtle as t              # 导入 Turtle 库，并指定导入库的别名为 t
t.color("green")                # 同时设置 pencolor=green
t.speed(10)                     # 设置画笔绘制的速度为 10
for x in range(50):             # 利用 for 循环绘制太阳花
    t.forward(200)              # 向当前画笔方向移动 200 像素
    t.left(170)                 # 逆时针旋转 170 度
```

单击菜单栏中的“Run/Run Module”命令或按下键盘上的“F5”，就可以运行程序代码，结果如图 12.5 所示。

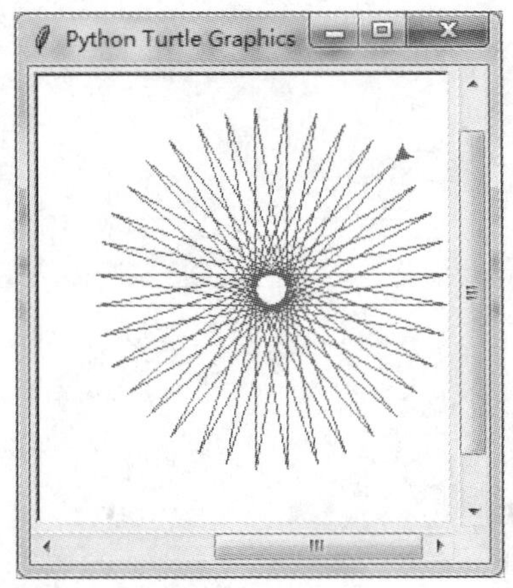

图 12.5　绘制齿轮

12.3.3 实例：绘制多彩五边形

单击“开始”菜单，打开 Python 3.7.4 Shell 软件，然后单击菜单栏中的“File/New File”命令，创建一个 Python 文件，并命名为“Python12-5.py”，然后输入如下代码：

```
import turtle as t                  # 导入 Turtle 库，并指定导入库的别名为 t
t.bgcolor("purple")                 # 设置背景颜色为紫色
sides = 5                           # 变量 sides 为 5，即绘制五边形
# 定义颜色变量
colors = ["red", "yellow", "green", "blue", "orange"]
# 利用 for 循环绘制多彩五边形
for x in range(360):
    t.pencolor(colors[x % sides])
    t.forward(x * 3 / sides + x)
    t.left(360 / sides + 1)
    t.width(x * sides / 200)
```

单击菜单栏中的“Run/Run Module”命令或按下键盘上的“F5”，就可以运行程序代码，结果如图 12.6 所示。

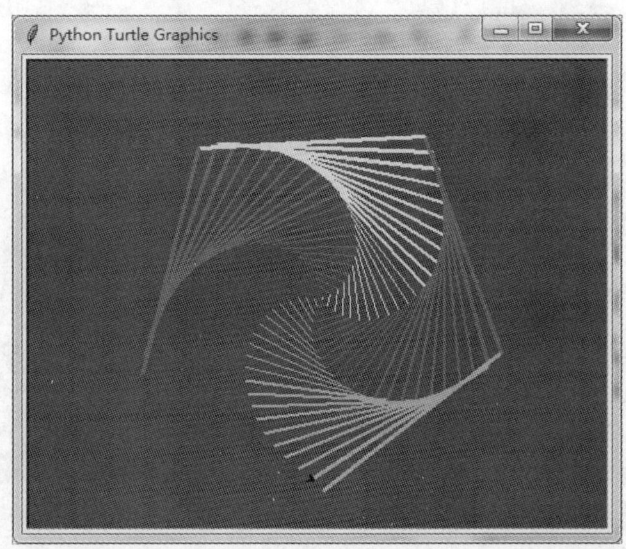

图 12.6　绘制多彩五边形

12.4　全局控制函数

前面讲解了画笔运动函数和画笔控制函数，下面来讲解全局控制函数，即设置画布的大小和背景颜色、清空窗口、复制图形、写文本等。

12.4.1　全局控制函数及意义

全局控制函数及意义如表 12.3 所示。

表 12.3　全局控制函数及意义

全局控制函数	意义
turtle.screensize()	设置画布的宽 (单位像素)、高、背景颜色
turtle.setup()	设置画布的大小，还可以设置窗口左上角顶点的位置
turtle.clear()	清空 turtle 窗口，但是 turtle 的位置和状态不会改变
turtle.reset()	清空窗口，重置 turtle 状态为起始状态
turtle.undo()	撤销上一个 turtle 动作
turtle.isvisible()	返回当前 turtle 是否可见
turtle.stamp()	复制当前图形
turtle.write()	写文本
turtle. shape()	设置乌龟的图形形状，取值: "arrow"、"turtle"、"circle"、"square"、"triangle"、"classic"

12.4.2　实例：文字旋转效果

单击“开始”菜单，打开 Python 3.7.4 Shell 软件，然后单击菜单栏中的“File/New File”命令，创建一个 Python 文件，并命名为“Python12-6.py”，然后输入如下代码：

```
import turtle                                          # 导入 turtle 标准库
turtle.screensize(800,600,"purple")                    # 设置画布大小及背景颜色
stuname = turtle.textinput("请输入要旋转的文字：","输入文字对话框")
                                                       # 调用 textinput 函数输入学生姓名
mycolors = ["green","red","blue","yellow"]             # 定义列表变量，存放颜色
for  x  in  range(80) :                                # 利用 for 循环显示文本
    turtle.pencolor(mycolors[x % 4])                   # 设置画笔颜色
    turtle.penup                                       # 抬笔
    turtle.forward(x * 4)                              # 向前移动像素
    turtle.down()                                      # 落笔
    turtle.write(stuname,font=("Arial",int((x+4) /4),"bold"))  # 写文本并显示
    turtle.left(93)                                    # 逆时针旋转 93 度
```

在这里首先导入 turtle 标准库，然后调用 screensize() 函数设置画布大小及背景颜色，画布大小为 800×600 像素，背景颜色为紫色。

接着调用 textinput() 函数，实现动态输入要旋转的文字。需要注意的是，运行时该函数会弹出一个对话框，并在对话框中有提示信息。所以 textinput() 函数有两个字符串型的必需参数，第一个参数是对话框的标题，第二个参数是对话框中有提示信息。

然后定义列表变量，存放颜色。接着利用 for 循环显示输入的文本。

在这里还有注意 write() 函数，第一个参数是显示的内容，第二个参数是设置字体格式，即字体类型、字体大小、字体是否加粗等。

单击菜单栏中的“Run/Run Module”命令或按下键盘上的“F5”，就可以运行程序代码，弹出提示对话框，如图 12.7 所示。

在这里输入学生的姓名为“海龟绘图”，然后单击“OK”按钮，就开始绘制旋转文字，最终效果如图 12.8 所示。

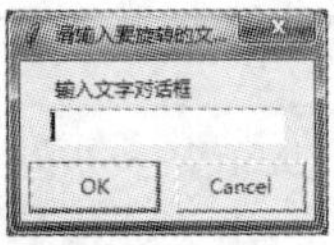

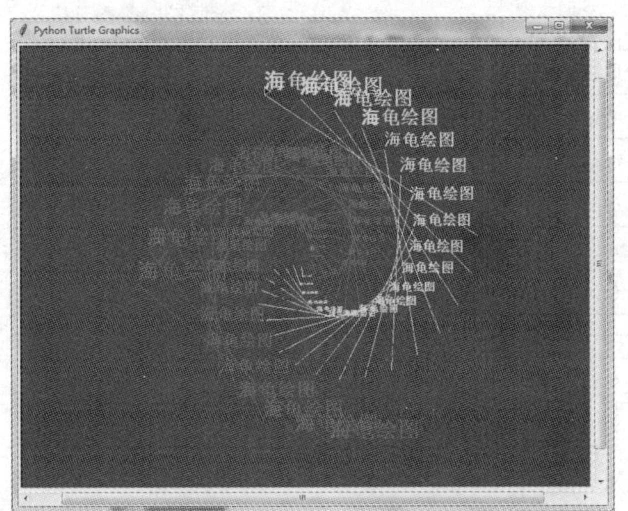

图 12.7　提示对话框

图 12.8　文字旋转效果

12.4.3 实例：绘制有立体效果的三角形

单击“开始”菜单，打开 Python 3.7.4 Shell 软件，然后单击菜单栏中的“File/New File”命令，创建一个 Python 文件，并命名为“Python12-7.py”，然后输入如下代码：

```
import turtle                                 # 导入 turtle 标准库
n = 300                                       # 绘制三角形的大小
turtle.screensize(400,300,"pink")             # 设置画布大小和颜色
turtle.penup()                                # 抬笔
turtle.goto(-150,150)                         # 移动到 (-150,150) 位置
turtle.pendown()                              # 落笔
turtle.pencolor("yellow")                     # 画笔颜色为黄色
for i in range(300):                          # 利用 for 循环绘制三角形
    n = n - 1
    if n < 200 :
        turtle.pencolor("red")
    if n < 100 :
        turtle.pencolor("blue")
    turtle.speed(10)
    turtle.forward(n)
    turtle.right(120)
```

单击菜单栏中的“Run/Run Module”命令或按下键盘上的“F5”，就可以运行程序代码，结果如图 12.9 所示。

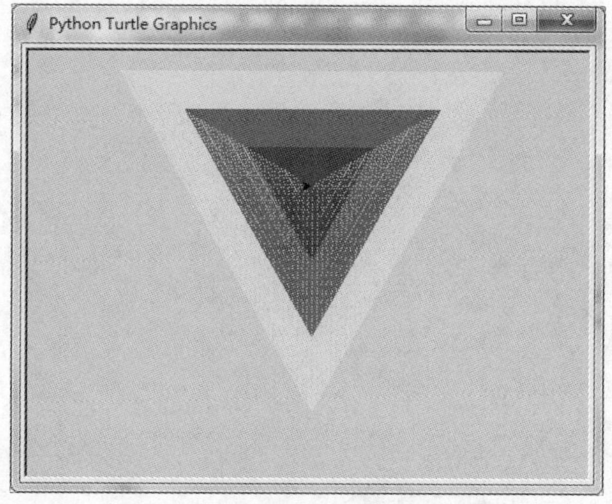

图 12.9　绘制有立体效果的三角形

第 13 章

Python 程序设计的 Canvas 控件绘图

Tkinter 库具有强大的功能，不仅可以创建窗体、控件、菜单，还可以利用 tkinter 库中的 Canvas 控件绘制各种图形、显示图像，并且还可以制作简单动画。

本章主要内容包括：

- 初识 Canvas 控件
- 利用 Canvas 控件的方法绘制图形
- 利用 create_image() 方法显示矢量图
- 利用 create_bitmap() 方法显示位图
- 利用 create_text() 方法显示文本
- 利用 create_window() 方法显示窗体控件
- 实例：矩形的动画效果
- 实例：手绘动画效果
- 实例：弹球游戏

13.1 初识 Canvas 控件

要想绘制图形或制作动画，就要先创建一个画布。在 tkinter 中是利用 Canvas 控件绘制画布的。

Canvas 是一个高度灵活的控件，你可以用它绘制各种线段、圆形、多边形、文本等。

Canvas 控件的常用属性如下：

bd：设置画布的边框宽度，单位像素，默认为 2 像素。

bg：设置画布的背景色。

height：设置画布的高度。

width：设置画布的宽度。

xscrollcommand：设置画布的水平滚动条。

yscrollcommand：设置画布的垂直滚动条。

下面利用 Canvas 控件创建一个画布。

单击“开始”菜单，打开 Python 3.7.4 Shell 软件，然后单击菜单栏中的“File/New File”命令，创建一个 Python 文件，并命名为“Python13-1.py”，然后输入如下代码：

```
import tkinter as tk                                    # 导入 tkinter 库，并重命名为 tk
mywindow = tk.Tk()                                      # 创建一个窗体
mywindow.title(" 利用 Canvas 控件创建一个画布 ")          # 设置窗体的标题
# 创建画布并布局
mycanvas = tk.Canvas(mywindow,width=300,height=200,bg="pink")
mycanvas.pack()
```

在这里设置画布的宽度为 300 像素，高度为 200 像素，背景色为粉红色。

单击菜单栏中的“Run/Run Module”命令或按下键盘上的“F5”，就可以运行程序代码，结果如图 13.1 所示。

图 13.1　利用 Canvas 控件创建一个画布

13.2 利用 Canvas 控件的方法绘制图形

利用 Canvas 控件创建画布后，就可以利用 Canvas 控件的各种方法绘制不同的图形，如线段、椭圆、矩形、多边形、弧线等。

13.2.1 利用 create_line() 方法绘制线段

利用 Canvas 控件的 create_line() 方法可以绘制线段，其语法格式如下：

```
create_line(coords, **options)
```

其中参数 coords 为绘制线段的各个点的坐标，需要注意每个点有两个坐标，分别是（x,y），画布的坐标原点，即（0,0）坐标在画布的左上角。

提醒：绘制线段至少需要 4 个数，即前两个数是一个坐标点，后两个数是一个坐标点。

create_line() 方法的返回值是绘制线段在画布中的对象 ID。

create_line() 方法常用参数及意义具体如下：

arrow：用来设置绘制线段带有箭头的。如果其值为“first”，表示添加箭头到线段开始的位置；如果其值为“last”，表示添加箭头到线段结束的位置；如果其值为“both”，表示线段开头和结束都添加箭头。

arrowshape：用一个含有三个元素的元组，即 (a，b，c) 来指定箭头的形状，其中 a 是箭头的斜边，b 是与直线垂直的边，而 c 是与直线重合的边，默认箭头的三边分别是（8,10,3）。

width：用来设置绘制线段的宽度。

dish：用来设置绘制线段是否为虚线。该选项值是一个整数元组，元组中的元素分别代表短线的长度和间隔。例如 (12,2)，表示 12 个像素的短线和 2 个像素的间隔。

fill：用来设置绘制线段的颜色。

smooth：该属性为 True 时，将绘制贝塞尔样条曲线代替线段。

单击“开始”菜单，打开 Python 3.7.4 Shell 软件，然后单击菜单栏中的“File/New File”命令，创建一个 Python 文件，并命名为“Python13-2.py”，然后输入如下代码：

```
import tkinter as tk                                  # 导入 tkinter 库，并重命名为 tk
from tkinter import messagebox                        # 导入 messagebox 模块
mywindow = tk.Tk()                                    # 创建一个窗体
mywindow.title("利用 create_line() 方法绘制线段")     # 设置窗体的标题
# 创建画布并布局
mycanvas = tk.Canvas(mywindow,width=250,height=250,bg="yellow")
mycanvas.pack()
# 绘制线段
myline0 = mycanvas.create_line(0,0,100,100)
# 绘制多条线段
```

```
    myline1 = mycanvas.create_line(0,0,60,80,20,100,80,100)
    #绘制带有箭头的线段
    myline2 = mycanvas.create_line(20,120,20,220,arrow="last")
    myline3 = mycanvas.create_line(30,120,30,220,arrow="first")
    myline4 = mycanvas.create_line(40,120,40,220,arrow="both")
    myline5  =  mycanvas.create_line(80,120,80,220,arrow="both",arrowsh
ap=(20,25,10))
    #绘制虚线
    myline6 = mycanvas.create_line(100,120,100,220, dash=(12,1),width=3)
    myline7 = mycanvas.create_line(120,120,120,220, dash=(1,10),width=6)
    #绘制带有颜色的线段
    myline8 = mycanvas.create_line(140,120,140,220 , fill="red",width=5 )
    myline9  =  mycanvas.create_line(160,120,160,220,  dash=(12,1),fill  =
"blue",width=4)
    myline10 = mycanvas.create_line(180,120,180,220,arrow="both",arrowshap=(20,25,
10),fill="green")
    #绘制贝塞尔样条曲线
    myline11  =  mycanvas.create_line(0,0,110,20,150,60,180,100,220,10,smooth="Tr
ue", width=3)
    messagebox.showinfo("提示对话框","利用 create_line 函数创建的贝塞尔样条曲线的返回值
是：%s" % myline11)
```

在这里首先导入 tkinter 库和 messagebox 模块，然后创建一个画布，接着在画布上绘制线段、多条线段、虚线、带有箭头的线段、贝塞尔样条曲线等，最后调用 messagebox.showinfo() 方法显示第 12 条直线的 ID 值。

单击菜单栏中的“Run/Run Module”命令或按下键盘上的“F5”，就可以运行程序代码，结果如图 13.2 所示。

程序运行后，会弹出一个提示对话框，显示第 12 条直线的 ID 值，如图 13.3 所示。

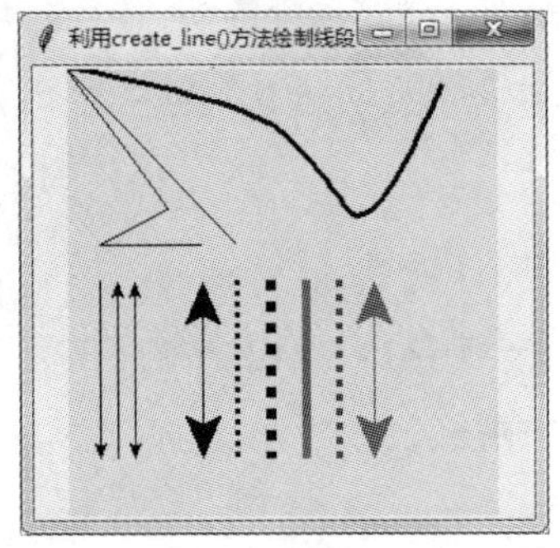

图 13.2　绘制线段

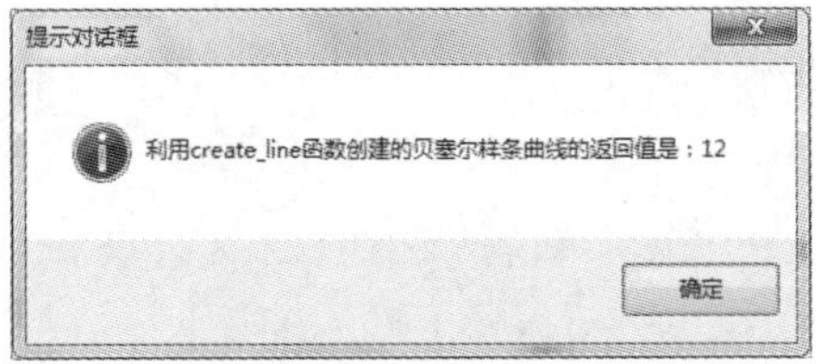

图 13.3　提示对话框

13.2.2　利用 create_oval() 方法绘制椭圆

利用 Canvas 控件的 create_oval() 方法可以绘制椭圆，其语法格式如下：

```
create_oval(bbox,**options)
```

其中参数 bboxo 为绘制椭圆的左上角坐标值和右下角坐标值。

create_oval() 方法的返回值是绘制椭圆在画布中的对象 ID。

create_oval() 方法的常用参数与 create_line() 方法几乎相同，但还要注意以下几个

属性及意义：

outline：用来设置椭圆的边框的颜色。

width：用来设置椭圆的边框宽度。

fill：用来设置椭圆的填充色。

单击“开始”菜单，打开 Python 3.7.4 Shell 软件，然后单击菜单栏中的“File/New File”命令，创建一个 Python 文件，并命名为“Python13-3.py”，然后输入如下代码：

```
import tkinter as tk                                    # 导入 tkinter 库，并重命名为 tk
mywindow = tk.Tk()                                      # 创建一个窗体
mywindow.title(" 利用 create_oval() 方法绘制椭圆 ")      # 设置窗体的标题
# 创建画布并布局
mycanvas = tk.Canvas(mywindow,width=350,height=350,bg="white")
mycanvas.pack()
# 绘制椭圆
myoval = mycanvas.create_oval(10,20,340,300)
# 设置椭圆边框的宽度和颜色
myova2 = mycanvas.create_oval(30,50,320,280,width=5)
myova3 = mycanvas.create_oval(50,70,320,260,width=5,outline="red")
# 设置椭圆的边框是否为虚线
myova4 = mycanvas.create_oval(70,90,300,240,width=8,outline="red",dash=(5,3))
# 设置椭圆的填充色
myova5 = mycanvas.create_oval(100,120,260,200,width=8,outline="blue",dash=(5,
3),fill="yellow")
# 绘制圆
myova6 = mycanvas.create_oval(140,140,180,180,width=5,outline="red")
```

单击菜单栏中的“Run/Run Module”命令或按下键盘上的“F5”，就可以运行程序代码，结果如图 13.4 所示。

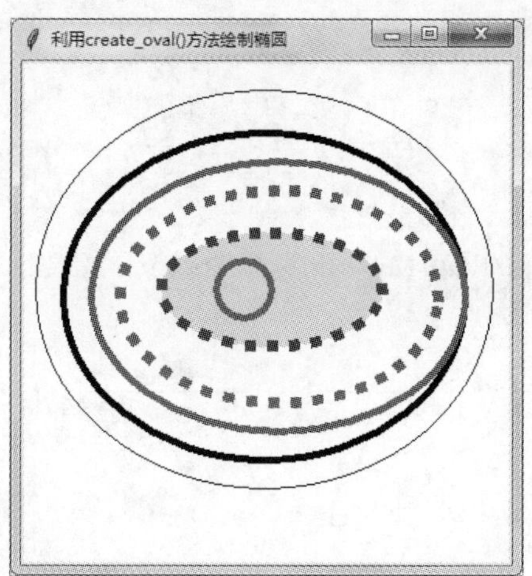

图 13.4　利用 create_oval() 方法绘制椭圆

13.2.3　利用 create_arc() 方法绘制弧线

利用 Canvas 控件的 create_arc() 方法可以绘制弧线，其语法格式如下：

```
create_arc(bbox, **options)
```

根据参数 bbox (x1，y1，x2，y2) 创建一个扇形（Pieslice）、弓形（Chord）或弧形（Arc）。

create_arc() 方法的返回值是绘制矩形在画布中的对象 ID。

create_arc() 方法的常用参数与 create_oval() 方法几乎相同，但还要注意以下几个属性及意义：

style：用来设置绘制的图形是扇形（Pieslice）、弓形（Chord）或弧形（Arc），默认为扇形（Pieslice）。

start：用来设置绘制弧线的起始位置的偏移角度。

extent：用来设置绘制弧线跨度（从 start 选项指定的位置开始到结束位置的角度），默认为 90 度。

单击“开始”菜单，打开 Python 3.7.4 Shell 软件，然后单击菜单栏中的“File/New File”命令，创建一个 Python 文件，并命名为“Python13-4.py”，然后输入如下代码：

```
    import tkinter as tk                                     # 导入 tkinter 库，并重命名为 tk
    mywindow = tk.Tk()                                       # 创建一个窗体
    mywindow.title(" 利用 create_arc() 方法绘制弧线 ")       # 设置窗体的标题
    # 创建画布并布局
    mycanvas = tk.Canvas(mywindow,width=250,height=250,bg="white")
    mycanvas.pack()
    # 绘制扇形
    mypie1 = mycanvas.create_arc(10,10,100,100)
    mypie2 = mycanvas.create_arc(120,10,220,100,start=10,extent=120,width=3,fill="
yellow",outline="red")
    # 绘制弓形
    mych1 = mycanvas.create_arc(10,100,100,200,style="chord")
    mych2 = mycanvas.create_arc(120,100,200,200,style="chord",extent=100,width=3,f
ill="yellow",outline="red")
    # 绘制弧线
    myarc1 =mycanvas.create_arc(10,180,100,260,style="arc")
    myarc2 =mycanvas.create_arc(100,180,200,260,style="arc",start=10,extent=120,w
idth=6,outline="red")
```

单击菜单栏中的“Run/Run Module”命令或按下键盘上的“F5”，就可以运行程序代码，结果如图 13.5 所示。

图 13.5　绘制弧线

13.2.4 利用 create_rectangle() 方法绘制矩形

利用 Canvas 控件的 create_rectangle() 方法可以绘制矩形，其语法格式如下：

create_rectangle(bbox，**options)

其中参数 bboxo 为绘制矩形的左上角坐标值和右下角坐标值。

create_rectangle() 方法的返回值是绘制矩形在画布中的对象 ID。

create_rectangle() 方法的常用参数与 create_oval() 方法几乎相同，这里不再赘述。

单击“开始”菜单，打开 Python 3.7.4 Shell 软件，然后单击菜单栏中的“File/New File”命令，创建一个 Python 文件，并命名为“Python13-5.py”，然后输入如下代码：

```
import tkinter as tk                               # 导入 tkinter 库，并重命名为 tk
mywindow = tk.Tk()                                 # 创建一个窗体
mywindow.title("利用 create_rectangle() 方法绘制矩形")      # 设置窗体的标题
# 创建画布并布局
mycanvas = tk.Canvas(mywindow,width=350,height=350,bg="white")
mycanvas.pack()
# 绘制矩形
s1 = 10                                            # 定义两个整型变量
s2 = 340
# 利用 for 循环绘制多个矩形
for i in range(s1,s2,20) :
    mycanvas.create_rectangle(s1+i,s1+i,s2-i,s2-i)
```

单击菜单栏中的“Run/Run Module”命令或按下键盘上的“F5”，就可以运行程序代码，结果如图 13.6 所示。

图 13.6 利用 create_rectangle() 方法绘制矩形

13.2.5 利用 create_ polygon () 方法绘制多边形

利用 Canvas 对象的 create_ polygon () 方法可以绘制多边形，其语法格式如下：

```
create_polygon(coords,**options)
```

其中参数 coords 为绘制多边形的各个顶点的坐标值。

create_polygon() 方法的返回值是绘制多边形在画布中的对象 ID。

create_polygon() 方法的常用参数与 create_oval() 方法几乎相同，这里不再赘述。

单击“开始”菜单，打开 Python 3.7.4 Shell 软件，然后单击菜单栏中的“File/New File”命令，创建一个 Python 文件，并命名为“Python13-6.py”，然后输入如下代码：

```
import tkinter as tk                              # 导入 tkinter 库，并重命名为 tk
mywindow = tk.Tk()                                # 创建一个窗体
mywindow.title("绘制多边形")                       # 设置窗体的标题
# 创建画布并布局
mycanvas = tk.Canvas(mywindow,width=250,height=250,bg="white")
mycanvas.pack()
# 绘制多边形
mycanvas.create_polygon(80,80,80,180,130,220,180,180,180,80,130,40, fill="orange",width=5,outline="green")
```

单击菜单栏中的“Run/Run Module”命令或按下键盘上的“F5”，就可以运行程序代码，结果如图 13.7 所示。

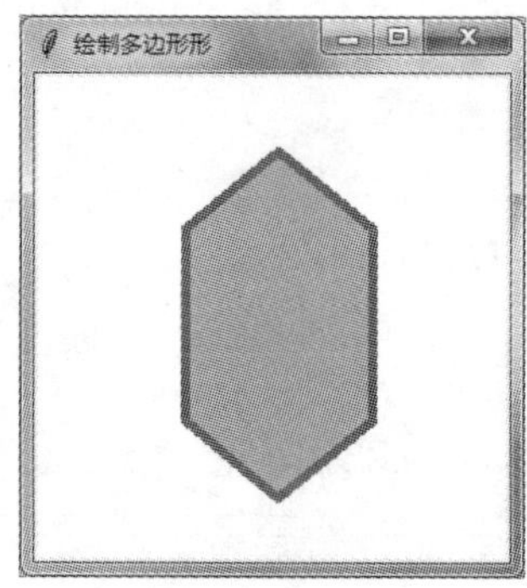

图 13.7　绘制多边形

13.3　利用 Canvas 控件的方法显示图像

利用 Canvas 控件不仅可以绘制各种图形，还可以显示图像。利用 Canvas 控件不但可以显示像 GIF 这样的矢量图像，还可以显示位图图像。

13.3.1　利用 create_image() 方法显示矢量图

矢量图又叫向量图，是用一系列计算机指令来描述和记录一幅图。一幅图可以理解为一系列由点、线、面等组成的子图，它所记录的是对象的几何形状、线条粗细和色彩等。生成的矢量图文件存储量很小，特别适用于文字设计、图案设计、版式设计、标志设计、计算机辅助设计（CAD）、工艺美术设计、插图等。

利用 Canvas 控件的 create_image() 方法可以显示矢量图，其语法格式如下：

```
create_image(position, **options)
```

在 position 指定的位置（x，y）创建一个矢量图对象。create_image() 方法的返回值是显示图像在画布中的对象 ID。

create_image() 方法的常用参数及意义如下：

image：用来设置要显示的矢量图。

anchor：用来设置矢量图在 position 参数的相对位置。其值可能是 N、NE、E、SE、S、SW、W、NW 或 CENTER 来定位（EWSN 代表东西南北，上北下南左西右东）。

还需要注意，image 参数不能直接接受矢量图的路径，只能接受 PhotoImage 对象。所以要先利用 PhotoImage 对象读取矢量图，但其只能读取 GIF 和 PGM/PPM 格式的矢量图。

单击“开始”菜单，打开 Python 3.7.4 Shell 软件，然后单击菜单栏中的“File/New File”命令，创建一个 Python 文件，并命名为“Python13-7.py”，然后输入如下代码：

```
import tkinter as tk                          #导入 tkinter 库，并重命名为 tk
mywindow = tk.Tk()                            #创建一个窗体
mywindow.title("利用 create_image() 方法显示矢量图")        #设置窗体的标题
#创建画布并布局
mycanvas = tk.Canvas(mywindow,width=450,height=350,bg="pink")
mycanvas.pack()
#添加按钮并布局
mybu = tk.Button(mywindow,text="添加矢量图")
mybu.pack(side=tk.BOTTOM,fill=tk.X)
```

这里首先导入 tkinter 库并重命名为 tk，然后创建窗体，接着在窗体中添加画布和按钮并布局。

单击菜单栏中的“Run/Run Module”命令或按下键盘上的“F5”，就可以运行程序代码，结果如图 13.8 所示。

图 13.8　窗体界面效果

下面为“添加矢量图”按钮添加事件代码，实现单击该按钮，弹出“打开”对话框，然后选择矢量图并打开后，就会在窗体中显示。

先为“添加矢量图”按钮添加 command 属性，具体代码如下：

mybu = tk.Button(mywindow ,text= “添加矢量图” ,command = myclick)

由于在 myclick() 函数要调用“打开”对话框，所以要先导入 filedialog 模块，具体代码如下：

```
from tkinter import filedialog                              # 导入 filedialog 模块
该代码放在 import tkinter as tk 后面。
接下来编写 myclick() 函数，具体代码如下：
def myclick() :
    global  img
    mya = filedialog.askopenfilename()
    # 显示矢量图
    img = tk.PhotoImage(file=mya)
    mypic = mycanvas.create_image(0,0,anchor="nw", image= img)
```

需要注意 img 变量是在不同的方法中引用，如果不定义成 global 变量，参数传不过去，所以一定要注意。

myclick() 函数代码要放在 mycanvas.pack() 后面。

单击菜单栏中的“Run/Run Module”命令或按下键盘上的“F5”，就可以运行程序代码，然后单击“添加矢量图”按钮，弹出“打开”对话框，就可以选择要显示的矢量图，如图 13.9 所示。

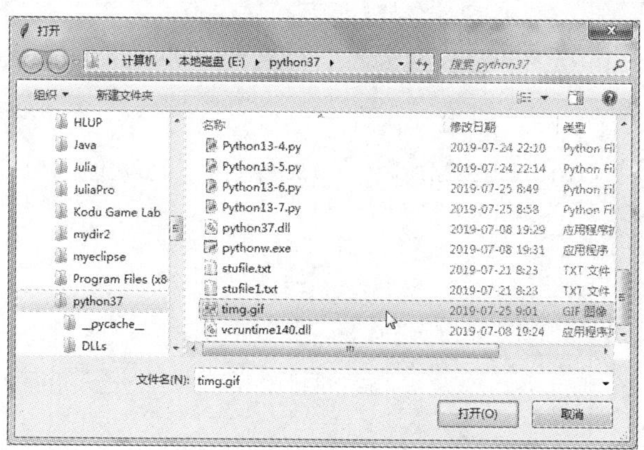

图 13.9　打开对话框

在这里选择“timg.gif”，然后单击“打开”按钮，就可以在窗体中看到打开的矢量图效果，如图 13.10 所示。

图 13.10　矢量图效果

13.3.2　利用 create_bitmap() 方法显示位图

位图又叫点阵图或像素图，计算机屏幕上的图像是由屏幕上的发光点（即像素）构成的，每个点用二进制数据来描述其颜色与亮度等信息，这些点是离散的，类似于点阵。多个像素的色彩组合就形成了图像，称为位图。

位图图像与矢量图像相比更容易模仿照片的真实效果。位图图像的主要优点在于表现力强、细腻、层次多、细节多，可以十分容易地模拟出像照片一样的真实效果。由于是对图像中的像素进行编辑，所以在对图像进行拉伸、放大或缩小等的处理时，其清晰度和光滑度会受到影响。

利用 Canvas 控件的 create_bitmap() 方法可以显示位图，其语法格式如下：

```
create_bitmap(position, **options)
```

在 position 指定的位置（x，y）创建一个位图对象。create_bitmap() 方法的返回值是显示图像在画布中的对象 ID。

create_bitmap() 方法的常用参数及意义如下：

bitmap：用来设置要显示的位图。

anchor：用来设置位图在 position 参数的相对位置。其值可能是 N、NE、E、SE、S、SW、W、NW 或 CENTER 来定位（EWSN 代表东西南北，上北下南左西右东）。

单击“开始”菜单，打开 Python 3.7.4 Shell 软件，然后单击菜单栏中的“File/New File”命令，创建一个 Python 文件，并命名为“Python13-8.py”，然后输入如下代码：

```
import tkinter as tk                                  # 导入 tkinter 库，并重命名为 tk
mywindow = tk.Tk()                                    # 创建一个窗体
mywindow.title("显示系统自带的位图")                   # 设置窗体的标题
```

```
    #创建画布并布局
    mycanvas = tk.Canvas(mywindow,width=450,height=150,bg="yellow")
    mycanvas.pack()
    #定义字典变量
    d = {1:'error',2:'info',3:'question',4:'hourglass',5:'questhead',6:'warning',
7:"hourglass",8:"gray75",9: "gray50", 10:"gray25",11: "gray12"}
    #利用 for 循环显示系统自带的位图
    for i in d:
        mycanvas.create_bitmap((36*i,70),bitmap = d[i])
```

单击菜单栏中的“Run/Run Module”命令或按下键盘上的“F5”，就可以运行程序代码，效果如图 13.11 所示。

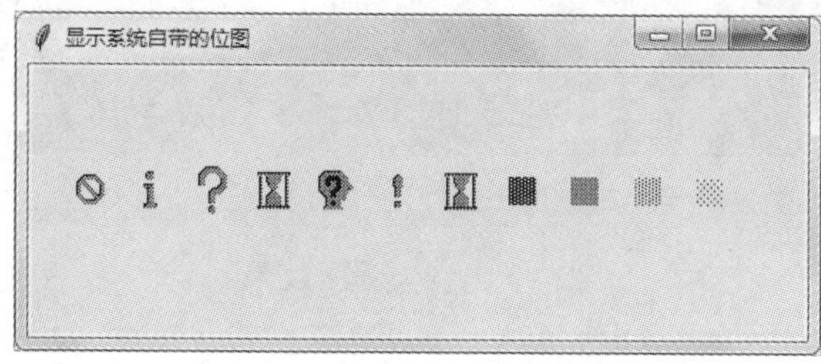

图 13.11　显示位图

13.4　利用 create_text() 方法显示文本

利用 Canvas 控件的 create_text() 方法可以显示文本，其语法格式如下：

```
    create_text(position, **options)
```

在 position 指定的位置（x，y）创建一个文本对象。create_text() 方法的返回值是显示文本在画布中的对象 ID。

create_text() 方法的常用参数及意义如下：

fill：用来设置显示文本的颜色。

font：用来设置显示文本的字体大小、样式等。

text：用来设置显示文本的内容。

单击“开始”菜单，打开 Python 3.7.4 Shell 软件，然后单击菜单栏中的“File/New File”命令，创建一个 Python 文件，并命名为“Python13-9.py”，然后输入如下代码：

```
    import tkinter as tk                              #导入 tkinter 库，并重命名为 tk
    mywindow = tk.Tk()                                #创建一个窗体
    mywindow.title("显示文本")                         #设置窗体的标题
    #创建画布并布局
    mycanvas = tk.Canvas(mywindow,width=600,height=260,bg="black")
    mycanvas.pack()
    global colors
    colors = [ "blue","red","yellow",  "orange", "green", "purple","red",
"yellow","green", "blue", "orange"]
```

```
    for i in range(1,90,5) :
        mytxt = mycanvas.create_text(220+i,80+i,text = "Python 文本",fill=colors[i/
/11],font="Arial %d bold" %i)
```

单击菜单栏中的“Run/Run Module”命令或按下键盘上的“F5”，就可以运行程序代码，效果如图 13.12 所示。

图 13.12　利用 create_text() 方法显示文本

13.5　利用 create_window() 方法显示窗体控件

利用 Canvas 控件的 create_window() 方法可以显示窗体控件，其语法格式如下：

```
create_window(position, **options)
```

在 position 指定的位置（x，y）创建一个窗体控件。create_window() 方法的返回值是显示窗体控件在画布中的对象 ID。

create_window() 方法的常用参数及意义如下：

window：用于设置显示的窗体控件。

width：用于设置窗体控件的宽度。

height：用于设置窗体控件的高度。

anchor：用于设置窗体控件在 position 参数的相对位置。其值可能是 N、NE、E、SE、S、SW、W、NW 或 CENTER 来定位（EWSN 代表东西南北，上北下南左西右东）。

单击“开始”菜单，打开 Python 3.7.4 Shell 软件，然后单击菜单栏中的“File/New File”命令，创建一个 Python 文件，并命名为“Python13-10.py”，然后输入如下代码：

```
import tkinter as tk                                    #导入 tkinter 库，并重命名为 tk
from tkinter import messagebox                          #导入 messagebox 模块
mywindow = tk.Tk()                                      #创建一个窗体
mywindow.title("显示窗体控件")                          #设置窗体的标题
#按钮单击事件
def myclick():
    messagebox.showinfo("提示对话框","这是在一个画布上创建的按钮！")
#创建画布并布局
mycanvas = tk.Canvas(mywindow,width=300,height=100,bg="pink")
```

```
mycanvas.pack()
# 定义一个按钮控件
button = tk.Button(mywindow,text=" 确定 " ,command=myclick)
# 在画布上显示按钮控件
my1 = mycanvas.create_window(150,50,window=button,width=100,height=50)
```

单击菜单栏中的“Run/Run Module”命令或按下键盘上的“F5”，就可以运行程序代码，效果如图 13.13 所示。

单击“确定”按钮,就会弹出一个提示对话框,显示“这是在一个画布上创建的按钮！”,如图 13.14 所示。

图 13.13　显示文本

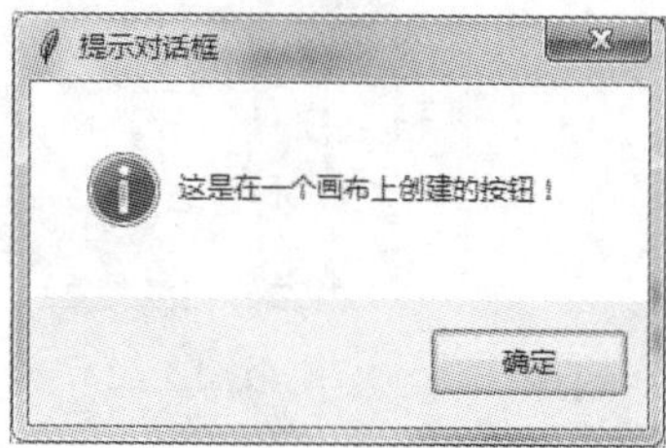

图 13.14　提示对话框

13.6　实例: 矩形的动画效果

单击“开始”菜单，打开 Python 3.7.4 Shell 软件，然后单击菜单栏中的“File/New File”命令，创建一个 Python 文件，并命名为“Python13-11.py”，然后输入如下代码:

```
import  time                                          # 导入 time 模块
import tkinter as tk                                  # 导入 tkinter 库，并重命名为 tk
mywindow = tk.Tk()                                    # 创建一个窗体
mywindow.title(" 矩形的动画效果 ")                     # 设置窗体的标题
# 创建画布并布局
mycanvas = tk.Canvas(mywindow,width=410,height=410,bg="green")
mycanvas.pack()
# 创建矩形并填充位图
myrec = mycanvas.create_rectangle(10,10,90,90,
     outline = "yellow",                              # 边框颜色为黄色
     stipple = "info",                                # 填充位置
     fill = "red",                                    # 填充红色
     width =6                                         # 边框宽度为 6 像素
    )
# 矩形向右水平运动
for x in range(0,62) :
    mycanvas.move(1,5,0)
    mywindow.update()
    time.sleep(0.1)
# 矩形向下垂直运动
for x in range(0,62) :
    mycanvas.move(1,0,5)
    mywindow.update()
    time.sleep(0.1)
# 矩形向左水平运动
```

```
    for x in range(0,62) :
        mycanvas.move(1,-5,0)
        mywindow.update()
        time.sleep(0.1)
    #矩形向上垂直运动
    for x in range(0,62) :
        mycanvas.move(1,0,-5)
        mywindow.update()
        time.sleep(0.1)
```

这里调用了画布的 move() 函数，利用该函数可以实现图形的移动，其语法格式如下：

```
move(item, dx, dy)
```

其中参数 item 是画布中图形的对象 ID，在这里只绘制了一个矩形，并且是第一个绘制的，所以对象 ID 为 1。第二个绘制的图形 ID 为 2，第三个绘制的图形 ID 为 3……。

参数 dx 为 x 方向的移动距离；参数 dy 为 y 方向的移动距离。

单击菜单栏中的“Run/Run Module”命令或按下键盘上的“F5”，就可以运行程序代码，就可以看到矩形的运动效果，如图 13.15 所示。

(a) 水平运动效果

(b) 垂直运动效果

图 13.15 矩形的动画效果

13.7 实例：手绘动画效果

单击“开始”菜单，打开 Python 3.7.4 Shell 软件，然后单击菜单栏中的“File/New File”命令，创建一个 Python 文件，并命名为“Python13-12.py”，然后输入如下代码：

```
import tkinter as tk                              #导入 tkinter 库，并重命名为 tk
mywindow = tk.Tk()                                #创建一个窗体
mywindow.title("手绘动画效果")                     #设置窗体的标题
#创建画布并布局
mycanvas = tk.Canvas(mywindow,width=450,height=200,bg="yellow")
```

```
mycanvas.pack()
# 按下键盘左键拖动调用的函数
def mymove(event) :
    x1 = event.x -1
    y1 = event.y -1
    x2 = event.x +1
    y2 = event.y +1
    mycanvas.create_oval(x1,y1,x2,y2, fill= "red",outline="red",width=5 )
# 画布绑定左键移动事件
mycanvas.bind("<B1-Motion>",mymove)
```

单击菜单栏中的“Run/Run Module”命令或按下键盘上的“F5”，就可以运行程序代码，按下鼠标左键就可以绘制图形或文字，如图 13.16 所示。

图 13.16　手绘动画效果

13.8　实例：弹球游戏

单击“开始”菜单，打开 Python 3.7.4 Shell 软件，然后单击菜单栏中的“File/New File”命令，创建一个 Python 文件，并命名为“Python13-13.py”。

13.8.1　弹球游戏界面效果

下面添加代码，实现弹球游戏界面的效果。首先导入 tkinter 库并重命名为 tk，然后创建一个窗体，在窗体上添加画布，在画布上添加圆环球和长方形挡板，具体代码如下：

```
import tkinter as tk                          # 导入 tkinter 库，并重命名为 tk
mywindow = tk.Tk()                            # 创建一个窗体
mywindow.title(" 弹球游戏 ")                   # 设置窗体的标题
# 创建画布并布局
mycanvas = tk.Canvas(mywindow,width=400,height=300,bg="yellow")
mycanvas.pack()
curx1 = 100
cury1 = 100
curx2 = 120
cury2 = 120
x1 = 50
y1 = 280
x2 = x1+70
```

```
    y2 = y1+5
    mycanvas.create_oval(curx1,cury1,curx2,cury2,fill="red",outline="red",tag="my
ball")
    mycanvas.create_rectangle(x1,y1,x2,y2,fill="blue",outline="blue",tag="myrec")
```

单击菜单栏中的“Run/Run Module”命令或按下键盘上的“F5”，就可以运行程序代码，效果如图 13.17 所示。

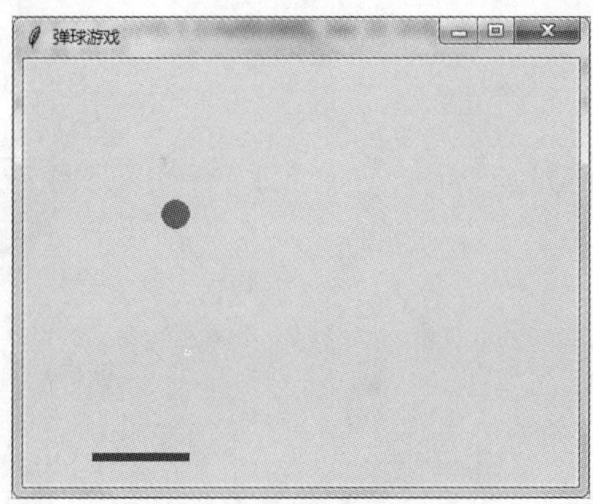

图 13.17　弹球游戏界面效果

13.8.2　挡板移动效果

下面添加代码，实现按下键盘上的“→”键，键盘向右移动，但碰到窗体右侧边框，就不再移动，并显示提示对话框。按下键盘上的“←”键，键盘向左移动，但碰到窗体左侧边框，就不再移动，并显示提示对话框。

首先添加画布的绑定事件，具体代码如下：

```
mycanvas.bind_all("<KeyPress-Left>",mymove)
mycanvas.bind_all("<KeyPress-Right>",mymove)
```

绑定事件代码放在前面的创建的挡板代码后即可。

由于接下来要使用提示对话框，所以要先导入 messagebox 模块，具体代码如下：

```
from tkinter  import messagebox                         # 导入 messagebox 模块
```

上述代码放在 import tkinter as tk 代码后面。

下面来编写 mymovo() 函数，具体代码如下：

```
def mymove(event) :
    global  x1
    if event.keysym == "Left" :
        mycanvas.move("myrec",-5,0)
        x1 = x1 - 5
        if x1 <=  0 :
            messagebox.showinfo("提示对话框","碰到窗体边框了，不能向左再移动了！")
    else :
        mycanvas.move("myrec",5,0)
        x1 = x1 + 5
        if  x1 >= 330 :
```

```
                messagebox.showinfo("提示对话框","碰到窗体边框了，不能向右再移动了！ ")
```

注意这段代码放在画布的绑定事件前面。

单击菜单栏中的“Run/Run Module”命令或按下键盘上的“F5”，就可以运行程序代码，按下键盘上的“→”，挡板就会向右移动，碰到窗体右边边界就会弹出提示对话框，如图 13.18 所示。

按下键盘上的“←”，挡板就会向左移动，碰到窗体左边边界就会弹出提示对话框，如图 13.19 所示。

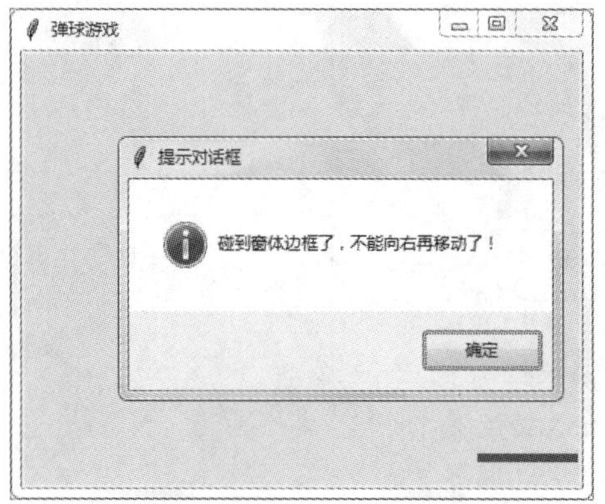

图 13.18　碰到窗体右边边界弹出的提示对话框

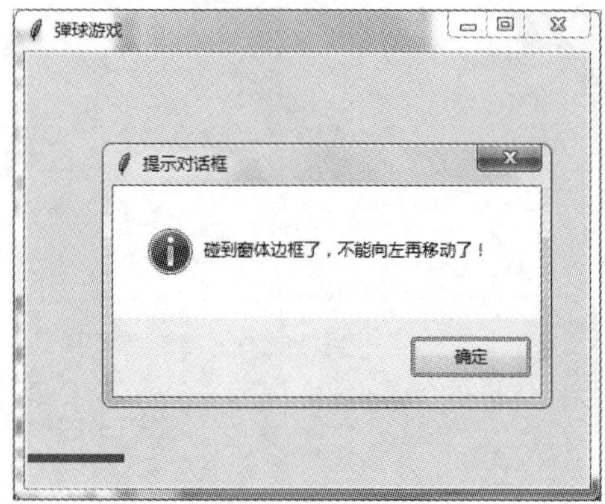

图 13.19　碰到窗体左边边界弹出的提示对话框

13.8.3　小球动画效果

小球动画效果要用到时间模块和随机数，所以首先要导入这两个标准库，具体代码如下：

```
import time                                     # 导入时间模块
import random                                   # 导入 random 模块
```

注意这些代码在 from tkinter import messagebox 代码后面。

接下来定义两个随机变量，然后编写 while 循环语句，实现小球在窗体上随机运动，但碰到窗体边界时就会反向运动，具体代码如下：

```
a= random.randint(7,15)
b= random.randint(7,15)
while True :
    mycanvas.move("myball",a,b)
    mywindow.update()
    time.sleep(0.1)
    pos = mycanvas.coords("myball")
    if pos[0] <= 0:
        a = random.randint(7,15)
    if pos[1] <= 0 :
        b = random.randint(7,15)
    if pos[2] >= 400 :
        a = -random.randint(7,15)
    if pos[3] >= 300 :
```

```
            b = -random.randint(7,15)
```

需要注意的是，这里使用了画布的 coords() 方法。利用该方法获得“myball”小球的 x1、y1、x2、y2 的坐标值。

这样，当 x1，即 pos[0]<=0 时，表示小球碰到窗体左边框。

当 y1，即 pos[1]<=0 时，表示小球碰到窗体上边框。

当 x2，即 pos[2]>=400 时，表示小球碰到窗体右边框。

当 y2，即 pos[2]>=300 时，表示小球碰到窗体下边框。

注意上述代码放在 mycanvas.bind_all(“<KeyPress-Right>”,mymove) 代码后面。

单击菜单栏中的“Run/Run Module”命令或按下键盘上的“F5”，就可以运行程序代码，就可以看到小球动画效果，如图 13.20 所示。

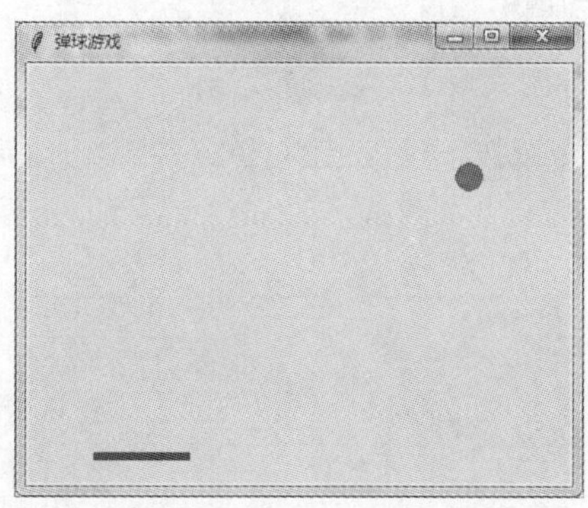

(a) 向下运动效果

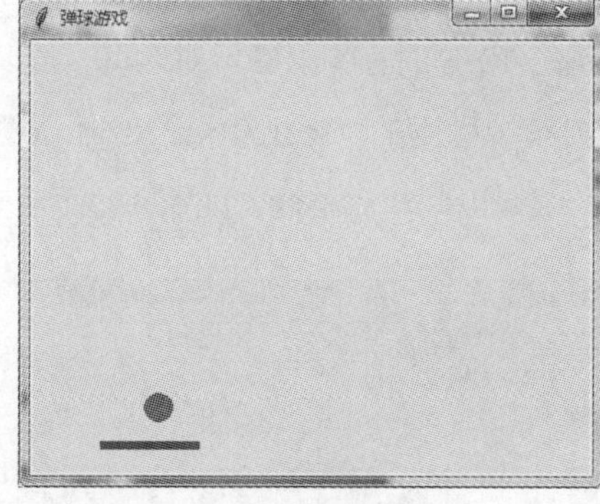

(b) 向上运动效果

图 13.20　小球动画效果

13.8.4　弹球游戏的得分

首先定义两个变量，分别统计小球碰到挡板的得分和小球没有碰到挡板落地的得分，具体代码如下：

```
myturenum = 0
myfalsenum =0
放到 while ture: 代码前面。
接下来，在代码最后添加代码如下：
if  pos[3]>= 280 and pos[3]<=285 :
        if pos[2]>= x1 and pos[2]<=x1+70 :
            b = -random.randint(7,15)
            myturenum = myturenum + 1
            mycanvas.create_text(100,10,tag="my1",text=" 得分是: %d"%myturenum)
            mycanvas.delete("my1")
            mycanvas.create_text(100,10,tag="my1",text=" 得分是: %d"%myturenum)
            if myturenum>= 10 :
                messagebox.showinfo(" 提示对话框 "," 你已得 10 分，游戏结束！ ")
                break
        else :
            myfalsenum = myfalsenum +1
```

```
                    mycanvas.create_text(300,10,tag="my2",text=" 失败的次数是:  %d"
%myfalsenum)
                mycanvas.delete("my2")
                    mycanvas.create_text(300,10,tag="my2",text=" 失败的次数是:  %d"
%myfalsenum)
                if myfalsenum >= 10 :
                    messagebox.showinfo(" 提示对话框 "," 你已失败 10 次，游戏结束！ ")
                    break
```

如何判断小球是否碰到挡板呢？判断小球落到挡板的垂直位置时，即落到 208~285 之间时，小球的 x 坐标是否在挡板的 x 坐标之间，代码是：

```
    if  pos[3]>= 280 and pos[3]<=285 :
            if pos[2]>= x1 and pos[2]<=x1+70 :
```

如果满足条件，上球就向上移动，得分加 1，当得分超过 10 分时，弹出提示对话框，显示得 10 分，游戏结束。

如果小球落到挡板的垂直位置时，没有碰到挡板，直接落下来，失败次数加 1，当失败次数超过 10 分时，弹出提示对话框，显示 " 你已失败 10 次，游戏结束！ "。

单击菜单栏中的“Run/Run Module”命令或按下键盘上的“F5”，就可以运行程序代码，就可以玩弹球游戏，如图 13.21 所示。

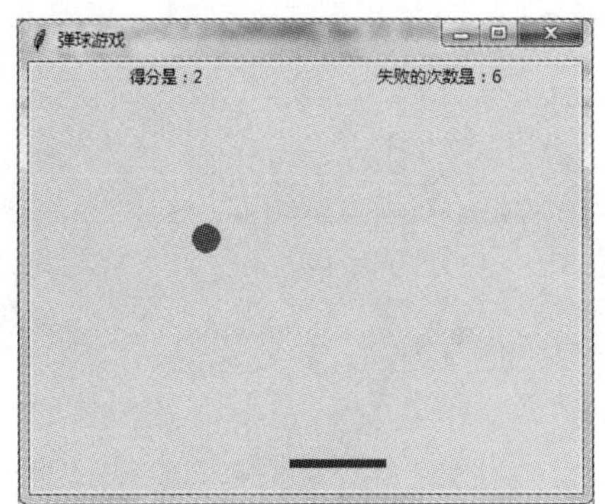

(a) 弹球游戏得分情况

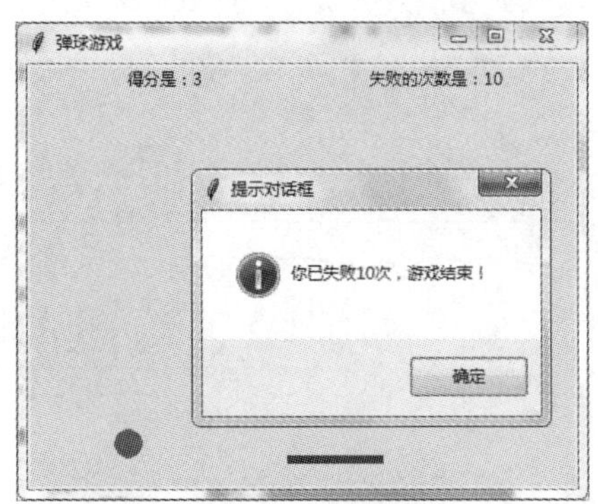

(b) 失败 10 次提示对话框

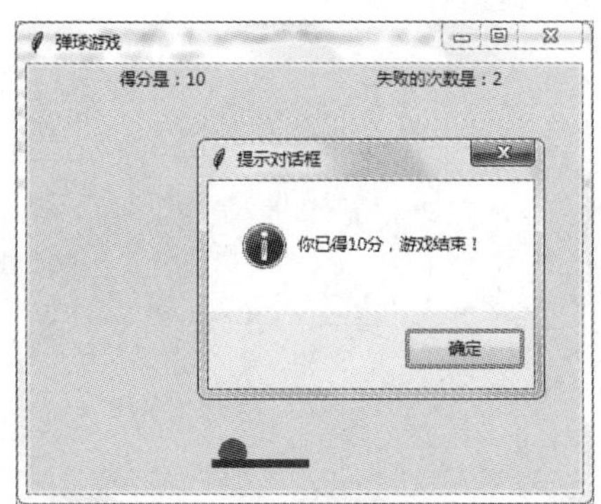

(c) 得 10 分的提示对话框

图 13.21　弹球游戏的得分

第 14 章

Python 人工智能的 Numpy 和 Pandas 包

Numpy 包是高性能科学计算和数据分析的基础包，不是 Python 的标准包，是 Python 第三方包。要想使用该包，就要利用 pip 工具来安装。Pandas 是基于 Numpy 构建的，让以 Numpy 为中心的应用变得更加简单。Pandas 提供了大量能使我们快速便捷地处理数据的函数和方法，这也是使 Python 成为强大而高效的数据分析环境的重要因素之一。

本章主要内容包括：

- Numpy 包的安装
- 创建 Numpy 数组、Numpy 特殊数组和 Numpy 序列数组
- Numpy 数组的索引、运算和复制
- Numpy 的矩阵
- Pandas 包的安装
- 从 ndarray 创建一个系列（Series）
- 从有位置的系列（Series）中访问数据
- 创建 DataFrame 并显示
- DataFrame 中数据的选择和查看
- 条件语句、函数和分组在 DataFrame 中的应用

14.1　Numpy 包

Numpy 代表“Numeric Python”，是一个由多维数组对象和用于处理数组的集合组成的包。

14.1.1　Numpy 包的安装

Numpy 是第三方包，需要安装后才可以在 Python 中使用。如果没有安装 Numpy 包，单击“开始”菜单，打开 Python 3.7.4 Shell 软件，然后输入 import numpy，回车，这时就会报错，即没有 numpy 模块，如图 14.1 所示。

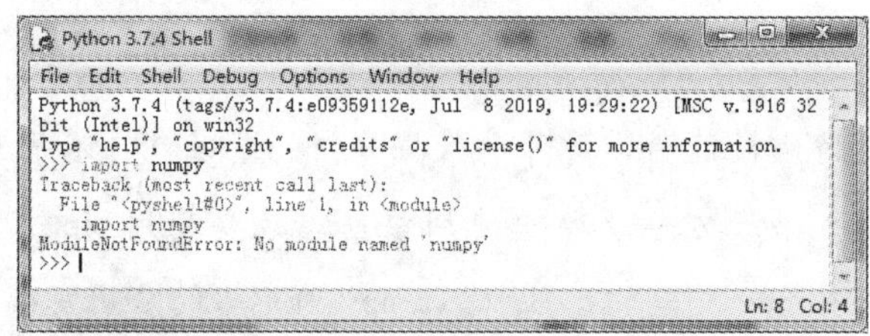

图 14.1　没有安装 Numpy 包会显示报错信息

下面来安装 Numpy 包。Python 自定义 pip 安装工具，可以直接利用其进行安装。pip 安装工具安装到默认的 Scripts 目录中，如图 14.2 所示。

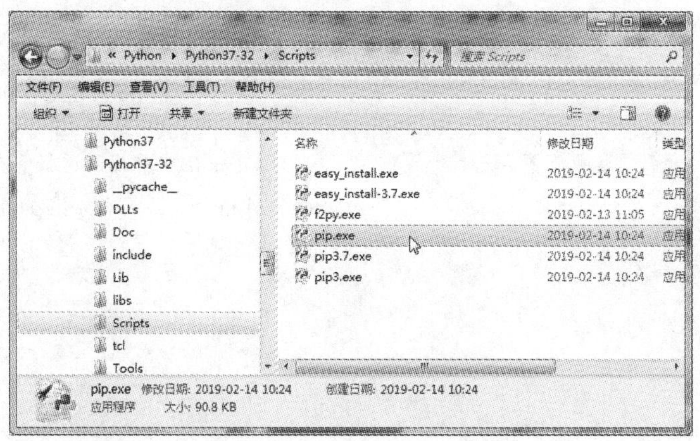

图 14.2　pip 安装工具的位置

下面来具体讲解一下安装 Numpy 包。单击桌面左下角的“开始”按钮，弹出“开始”菜单，然后在文本框中输入“cmd”，如图 14.3 所示。

在文本框中输入“cmd”后，回车，就可以打开 Windows 系统命令行程序，如图 14.4 所示。

图 14.3　开始菜单

图 14.4　Windows 系统命令行程序

然后输入 pip install numpy，然后回车，就会开始安装 Numpy 包，如图 14.5 所示。

Numpy 包安装成功后，再输入 import numpy，回车，就不会报错，如图 14.6 所示。

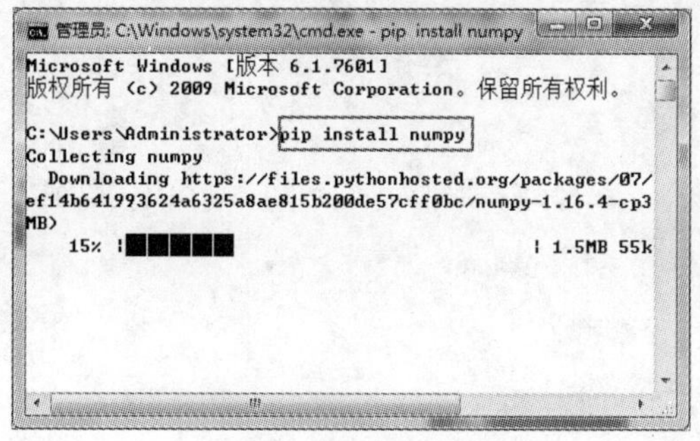

图 14.5　安装 Numpy 包

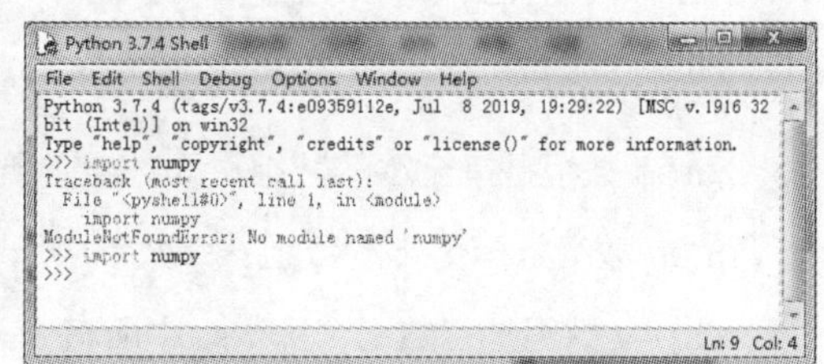

图 14.6　Numpy 包安装成功

14.1.2　创建 Numpy 数组

Pyhton 中用列表保存一组值，可将列表当成是数组使用。此外，Python 有 array 模块，但它不支持多维数组，无论是列表还是 array 模块都没有科学运算函数，不适合做矩阵等科学计算。因此，Numpy 没有使用 Python 本身的数组机制，而是提供了 ndarray 数组对象，该对象不但能方便地存取数组，而且拥有丰富的数组计算函数，比如向量的加法、减法、乘法等。

使用 ndarray 数组，首先需要导入 Numpy 函数包。可以直接导入 Numpy 函数包，也可以在导入 Numpy 函数包时指定导入库的别名，代码如下：

```
import numpy                                  # 直接导入 Numpy 函数包
import numpy as np                            # 导入 Numpy 函数包并指定导入包的别名
```

单击“开始”菜单，打开 Python 3.7.4 Shell 软件，然后单击菜单栏中的“File/New File”命令，创建一个 Python 文件，并命名为“Python14-1.py”，然后输入如下代码：

```
import numpy as np                            # 导入 Numpy 函数包并指定导入包的别名
a = np.array([1,2,3])                         # 定义 numpy 一维数组
print(" 显示 numpy 一维数组：",a)
# 设置 numpy 一维数组的类型为复数
b = np.array([1,  2,  3], dtype = complex)
print(" 设置 numpy 一维数组的类型为复数的数据：",b)
# 多于一个维度的数组
c = np.array([[1,  2],  [3,  4]], dtype = complex)
print(" 多于一个维度的数组：",c)
```

单击菜单栏中的“Run/Run Module”命令或按下键盘上的“F5”，就可以运行程序代码，结果如图 14.7 所示。

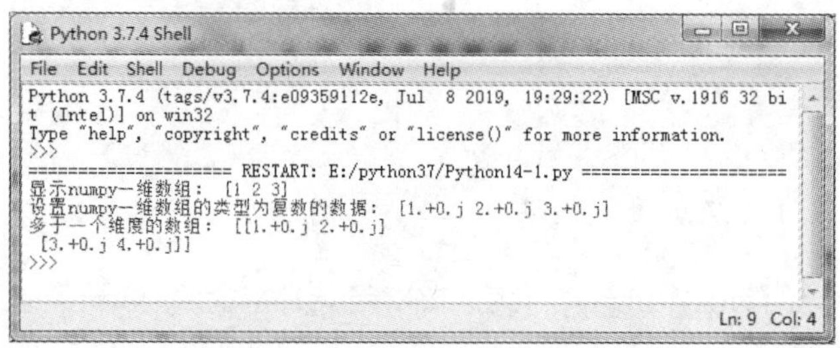

图 14.7　创建 Numpy 数组

14.1.3　Numpy 特殊数组

在 Numpy 数组中，有 3 种特殊数组，分别是 zeros 数组、ones 数组、empty 数组。

zeros 数组是指全零的数组，即数组中所有元素都为 0。

ones 数组是指全 1 的数组，即数组中所有元素都为 1。

empty 数组是空数组，即数组中所有元素全近似为 0。

单击“开始”菜单，打开 Python 3.7.4 Shell 软件，然后单击菜单栏中的“File/New File”命令，创建一个 Python 文件，并命名为“Python14-2.py”，然后输入如下代码：

```
import numpy as np
# 含有 6 个 0 的数组，默认类型为 float
x = np.zeros(6)
print("zeros 数组，默认数据类型 float",x)
# 含有 6 个 0 的数组，设置数据类型为 int
y = np.zeros(6, dtype = np.int)
print("zeros 数组，设置数据类型 int",y)
print()
# 含有 8 个 1 的数组，默认类型为 float
```

```
x = np.ones(8)
print("ones 数组，默认数据类型 float",x)
# 多于一维的 ones 数组，并且数据类型为整型
y = np.ones((4,4), dtype =  int)
print("多于一维的 ones 数组，设置数据类型 int",y)
print()
x = np.empty((2,5))
print("全空数组，即 empty 数组：",x)
```

单击菜单栏中的“Run/Run Module”命令或按下键盘上的“F5”，就可以运行程序代码，结果如图 14.8 所示。

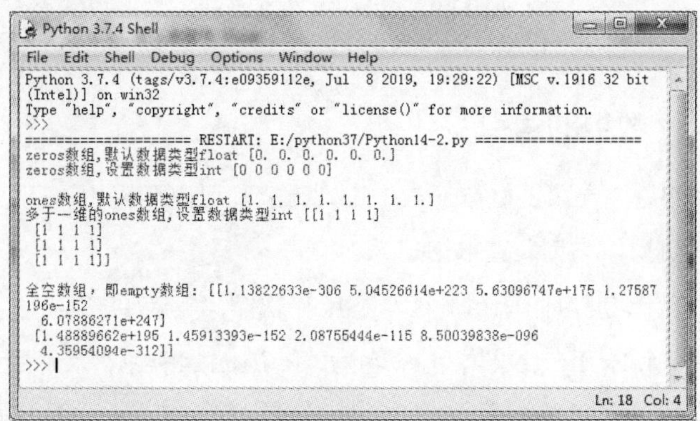

图 14.8　Numpy 特殊数组

14.1.4　Numpy 序列数组

arange 函数与 Python 中的 range 函数相似，但它属于 Numpy 库，其参数依次为：开始值、结束值、步长。

还可以使用 linspace 函数创建等差序列数组，其参数依次为：开始值、结束值、元素数量。

单击“开始”菜单，打开 Python 3.7.4 Shell 软件，然后单击菜单栏中的“File/New File”命令，创建一个 Python 文件，并命名为“Python14-3.py”，然后输入如下代码：

```
import numpy as np
numpy1 = np.arange(1,120,4)
print("利用 arange 函数创建等差序列数组：",numpy1)
print()
numpy2 = np.linspace(0,8,20)
print("利用 linspace 函数创建等差序列数组：",numpy2)
```

单击菜单栏中的“Run/Run Module”命令或按下键盘上的“F5”，就可以运行程序代码，结果如图 14.9 所示。

```
Python 3.7.4 Shell
File  Edit  Shell  Debug  Options  Window  Help
Python 3.7.4 (tags/v3.7.4:e09359112e, Jul  8 2019, 19:29:22) [MSC v.1916 32 bit (Intel)] on win32
Type "help", "copyright", "credits" or "license()" for more information.
>>>
==================== RESTART: E:/python37/Python14-3.py ====================
利用arange函数创建等差序列数组： [  1   5   9  13  17  21  25  29  33  37  41  45  49  53  57  61  65  69
  73  77  81  85  89  93  97 101 105 109 113 117]

利用linspace函数创建等差序列数组： [0.         0.42105263 0.84210526 1.26315789 1.68421053 2.10526316
 2.52631579 2.94736842 3.36842105 3.78947368 4.21052632 4.63157895
 5.05263158 5.47368421 5.89473684 6.31578947 6.73684211 7.15789474
 7.57894737 8.        ]
>>> |
Ln: 12  Col: 4
```

图 14.9　Numpy 序列数组

14.1.5　Numpy 数组的索引

Numpy 数组的每个元素、每行元素、每列元素都可以用索引访问，不过应注意：索引是从 0 开始的，其操作与列表基本相同。

单击"开始"菜单，打开 Python 3.7.4 Shell 软件，然后单击菜单栏中的"File/New File"命令，创建一个 Python 文件，并命名为"Python14-4.py"，然后输入如下代码：

```
import numpy as np
numpy1 = np.array([[8,6,5.2],[3.5,-8,0.59]])
print("显示Numpy数组中所有元素：",numpy1)
print()
print("显示Numpy数组中第一行元素：",numpy1[0])
print()
print("显示Numpy数组中第一行中的第二个元素：",numpy1[0,1])
print()
print("显示Numpy数组中第二行中的第三元素：",numpy1[1,2])
print()
print("显示Numpy数组中第三列元素：",numpy1[:,2])
```

单击菜单栏中的"Run/Run Module"命令或按下键盘上的"F5"，就可以运行程序代码，结果如图 14.10 所示。

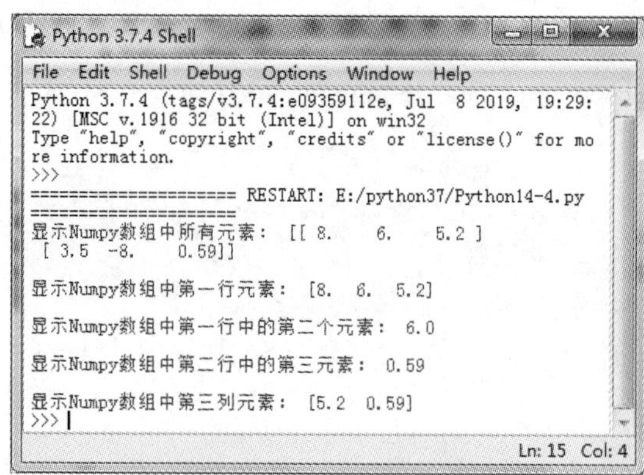

图 14.10　Numpy 数组索引

14.1.6 Numpy 数组的运算

Numpy 数组运算是指 Numpy 数组中元素的加、减、乘、除、乘方、最大值、最小值等运算。

单击“开始”菜单，打开 Python 3.7.4 Shell 软件，然后单击菜单栏中的“File/New File”命令，创建一个 Python 文件，并命名为“Python14-5.py”，然后输入如下代码：

```
import numpy as np
numpy1 = np.array([8,6,5.2])
numpy2 = np.array([3.5,-8,0.59])
print("数组的加法运算",numpy1+numpy2)
print("数组的减法运算",numpy1-numpy2)
print("数组的乘法运算",numpy1*numpy2)
print("数组的除法运算",numpy1/numpy2)
print("numpy1 数组的乘方运算",numpy1**2)
print("数组的点乘运算",np.dot(numpy1,numpy2)) # 就是把数组的乘法运算得到的数，再加起来
print("数组的大小比较",numpy1>=numpy2)
print("numpy1 数组的最大值",numpy1.max())
print("numpy2 数组的最小值",numpy2.min())
print("numpy1 数组的和",numpy1.sum())
print("numpy1 和 numpy2 数组的和",numpy1.sum()+numpy2.sum())
```

单击菜单栏中的“Run/Run Module”命令或按下键盘上的“F5”，就可以运行程序代码，结果如图 14.11 所示。

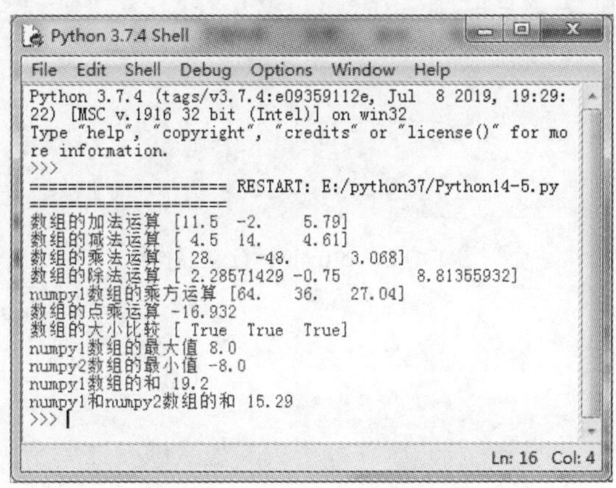

图 14.11 Numpy 数组运算

14.1.7 Numpy 数组的复制

Numpy 数组复制分为两种，分别是浅复制和深复制。

浅复制通过数组变量的复制完成，只复制数组的引用，这样对浅复制数组中的元素进行修改时，原数组中对应的元素也会被修改。

深复制使用数组对象的 copy 方法完成，是对存储内存进行复制。这样对深复制数组中的元素进行修改时，原数组中的对应的元素不会改变。

单击“开始”菜单，打开 Python 3.7.4 Shell 软件，然后单击菜单栏中的“File/New File”命令，创建一个 Python 文件，并命名为“Python14-6.py”，然后输入如下代码：

```
import numpy as np
numpy1 = np.array([7,4,7.9])
numpy2 = numpy1
print(" 浅复制数组中的数据：",numpy2)
numpy2[1] = -18.6                          # 修改浅复制数组中的数据
print(" 修改浅复制数组中的数据后：",numpy2)
print(" 原数组 numpy1 中的数据也被修改了：",numpy1)
print()
numpy3 = np.zeros(3)
numpy4 = numpy3.copy()
print(" 深复制数组中的数据：",numpy4)
numpy4[1] = -18.6                          # 修改深复制数组中的数据
print(" 修改深复制数组中的数据后：",numpy4)
print(" 原数组 numpy3 中的数据没有被修改：",numpy3)
```

单击菜单栏中的“Run/Run Module”命令或按下键盘上的“F5”，就可以运行程序代码，结果如图 14.12 所示。

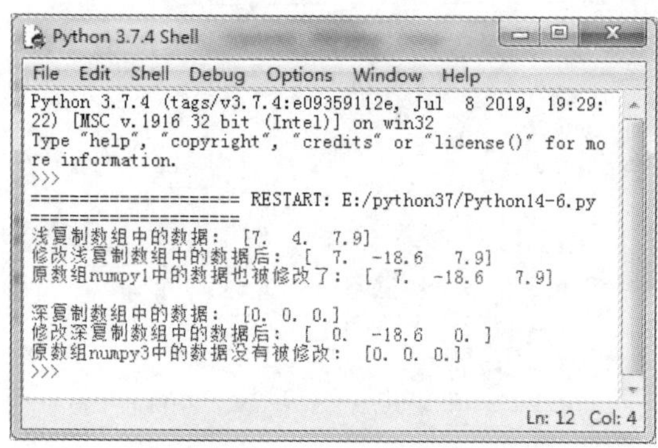

图 14.12　Numpy 数组复制

14.1.8　Numpy 的矩阵

矩阵（Matrix）是一个按照长方形阵列排列的复数或实数集合，是高等数学中的常用工具，也常见于统计分析等应用数学学科中。

Numpy 的矩阵对象与数组对象相似，主要不同之处在于，矩阵对象的计算遵循矩阵数学运算规律，即矩阵的乘、转置、求逆等。需要注意的是，矩阵使用 matrix 函数创建。

单击“开始”菜单，打开 Python 3.7.4 Shell 软件，然后单击菜单栏中的“File/New File”命令，创建一个 Python 文件，并命名为“Python14-7.py”，然后输入如下代码：

```
import numpy as np
numpy1=np.matrix([[2,4,8],[14,16,20]])
print(" 矩阵数据内容：")
print(numpy1)
numpy2 = numpy1.T                          # 矩阵的转置
print(" 矩阵的转置后的数据内容：")
print(numpy2)
```

```
print("矩阵的乘法：")
print(numpy1*numpy2)
numpy3 = numpy1.I                                  # 矩阵的求逆
print("矩阵的求逆：")
print(numpy3)
```

单击菜单栏中的“Run/Run Module”命令或按下键盘上的“F5”，就可以运行程序代码，结果如图 14.13 所示。

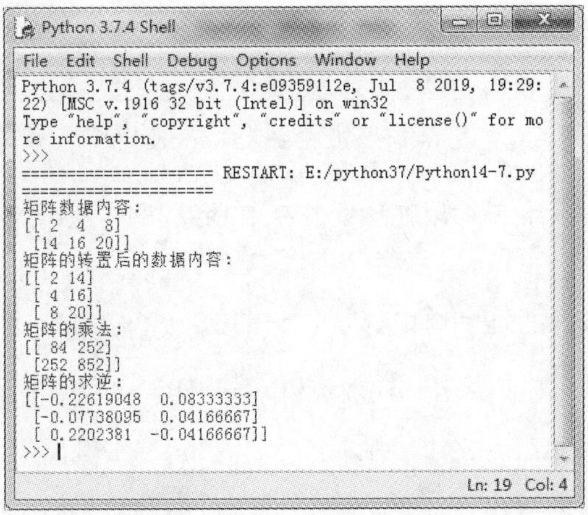

```
Python 3.7.4 Shell
File  Edit  Shell  Debug  Options  Window  Help
Python 3.7.4 (tags/v3.7.4:e09359112e, Jul  8 2019, 19:29:22) [MSC v.1916 32 bit (Intel)] on win32
Type "help", "copyright", "credits" or "license()" for more information.
>>>
==================== RESTART: E:/python37/Python14-7.py ====================
矩阵数据内容：
[[ 2  4  8]
 [14 16 20]]
矩阵的转置后的数据内容：
[[ 2 14]
 [ 4 16]
 [ 8 20]]
矩阵的乘法：
[[ 84 252]
 [252 852]]
矩阵的求逆：
[[-0.22619048  0.08333333]
 [-0.07738095  0.04166667]
 [ 0.2202381  -0.04166667]]
>>> |
Ln: 19  Col: 4
```

图 14.13　Numpy 的矩阵

14.2　Pandas 包

Pandas 的数据结构主要有两种，分别是 Series 和 DataFrame。

系列（Series）是一维数组，与 Numpy 中的一维 array 类似。二者与 Python 基本的数据结构 List 也很相近，其区别是：List 中的元素可以是不同的数据类型，而 Array 和 Series 中则只允许存储相同的数据类型，这样可以更有效地使用内存，提高运算效率。

DataFrame 是二维数组，非常接近于 Excel 电子表格或者类似 MySQL 数据库的形式。它的竖行称为列（columns），横行称为 index，也就是说，数据的位置是通过 columns 和 index 来确定的。可以将 DataFrame 理解为 Series 的容器。

14.2.1　Pandas 包的安装

Pandas 是第三方包，要使用该包，要先安装，安装方法与 Numpy 包安装一样，即单击桌面左下角的“开始”按钮，弹出“开始”菜单，然后在文本框中输入“cmd”，回车，打开 Windows 系统命令行程序，然后输入如下命令：

```
pip  install  pandas
```

输入命令后，回车，即可开始安装，如图 14.14 所示。

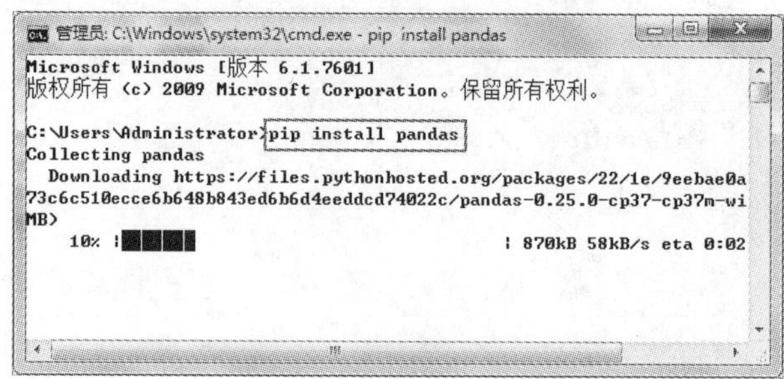

图 14.14 正在安装 Pandas 包

Pandas 包安装成功后，就可以在后面的 Python 程序中使用。

14.2.2 从 ndarray 创建一个系列（Series）

单击“开始”菜单，打开 Python 3.7.4 Shell 软件，然后单击菜单栏中的“File/New File”命令，创建一个 Python 文件，并命名为“Python14-8.py”，然后输入如下代码：

```
# 导入 pandas 和 numpy 包
import pandas as pd
import numpy as np
# 利用 ndarray 为系列赋值
data = np.array(['a','b','c','d'])
s = pd.Series(data)
print(" 显示系列中的索引和数据：")
print(s)
print()
data = np.array(['a','b','c','d'])
t = pd.Series(data,index=[100,101,102,103])
print(" 显示系列中的索引和数据：")
print(t)
```

单击菜单栏中的“Run/Run Module”命令或按下键盘上的“F5”，就可以运行程序代码，结果如图 14.15 所示。

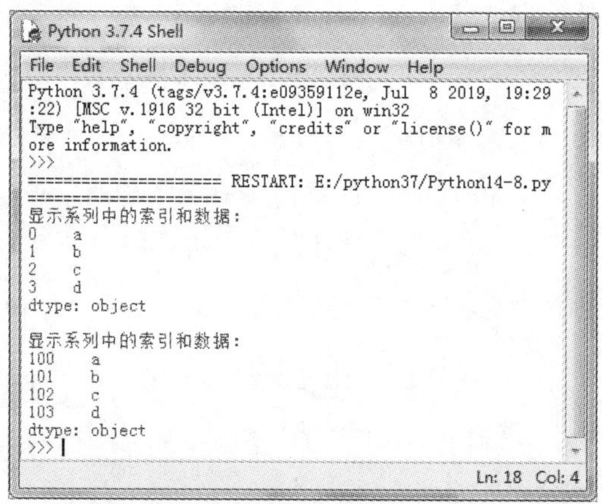

图 14.15 从 ndarray 创建一个系列

14.2.3 从有位置的系列（Series）中访问数据

系列（Series）中的数据可以使用类似于访问 ndarray 中的数据来访问。

单击“开始”菜单，打开 Python 3.7.4 Shell 软件，然后单击菜单栏中的“File/New File”命令，创建一个 Python 文件，并命名为“Python14-9.py”，然后输入如下代码：

```
import pandas as pd
s = pd.Series([100,201,302,403,504],index = ['a','b','c','d','e'])
print(" 系列中的第一个数据: ",s[0])
print(" 系列中的第三个数据: ",s[2])
print()
print(" 系列中的前四个数据: ")
print(s[:4])
print()
print(" 系列中的后四个数据: ")
print(s[-4:])
```

单击菜单栏中的“Run/Run Module”命令或按下键盘上的“F5”，就可以运行程序代码，结果如图 14.16 所示。

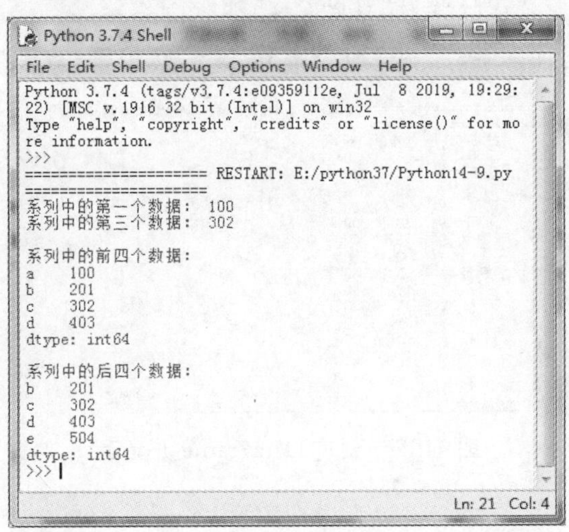

图 14.16　从有位置的系列(Series)中访问数据

14.2.4 创建 DataFrame 并显示

DataFrame 是一个表格型的数据结构，它含有一组有序的列，每一列的数据结构都是相同的，而不同的列之间则可以是不同的数据结构（数值、字符、布尔值等）。或者以数据库进行类比，DataFrame 中的每一行是一个记录，名称为 Index 的一个元素，而每一列则为一个字段，是这个记录的一个属性。DataFrame 既有行索引也有列索引，可以被看作由 Series 组成的字典（共用同一个索引）。

二维数组 DataFrame 可以使用各种输入创建，如列表、字典、一维数组系列（Series）、Numpy ndarrays、另一个二维数组 DataFrame。

单击“开始”菜单，打开 Python 3.7.4 Shell 软件，然后单击菜单栏中的“File/New File”命令，创建一个 Python 文件，并命名为“Python14-10.py”，然后输入如下代码：

```
    import pandas as pd
    import numpy as np
    # 创建一个表格数据
    d = {'姓名':pd.Series(['李平','张亮','周涛','李硕','李洋','张建利','王雨欣','李晓波','王征','周远','王群','周俊庆']),
        '性别':pd.Series(['男','男','女','男','男','男','女','男','女','女','男','男']),
        '年龄':pd.Series([25,26,25,23,30,29,23,34,40,30,51,46]),'工资':pd.Series([4230,3240,3980,2560,3200,4600,3800,7800,9800,4800,4100,3650])  }
    # 创建 DataFrame
    df = pd.DataFrame(d)
    print(df)
```

单击菜单栏中的“Run/Run Module”命令或按下键盘上的“F5”，就可以运行程序代码，结果如图 14.17 所示。

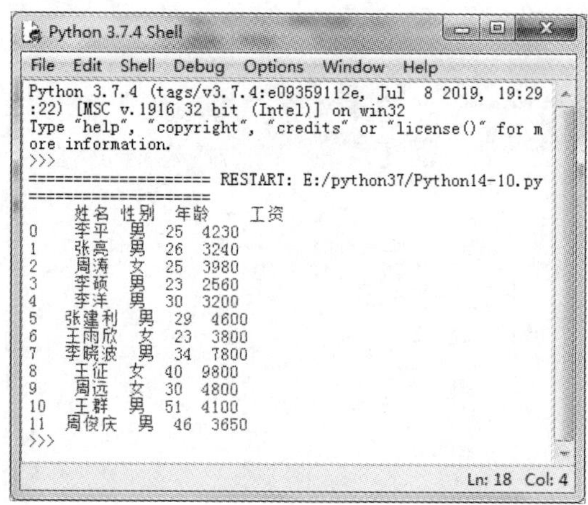

图 14.17 创建 DataFrame 并显示

14.2.5 数据的选择与查看

前面的例子是显示 DataFrame 中的所有数据，如果这里只显示“姓名”信息，该如何显示呢？

单击“开始”菜单，打开 Python 3.7.4 Shell 软件，然后单击菜单栏中的“File/New File”命令，创建一个 Python 文件，并命名为“Python14-11.py”，然后输入如下代码：

```
    import pandas as pd
    import numpy as np
    # 创建一个表格数据
    d = {'姓名':pd.Series(['李平','张亮','周涛','李硕','李洋','张建利','王雨欣','李晓波','王征','周远','王群','周俊庆']),
        '性别':pd.Series(['男','男','女','男','男','男','女','男','女','女','男','男']),
        '年龄':pd.Series([25,26,25,23,30,29,23,34,40,30,51,46]),  '工资':pd.Series([4230,3240,3980,2560,3200,4600,3800,7800,9800,4800,4100,3650])    }
    # 创建 DataFrame
```

```
df = pd.DataFrame(d)
print(df['姓名'])
```

单击菜单栏中的“Run/Run Module”命令或按下键盘上的“F5”，就可以运行程序代码，结果如图 14.18 所示。

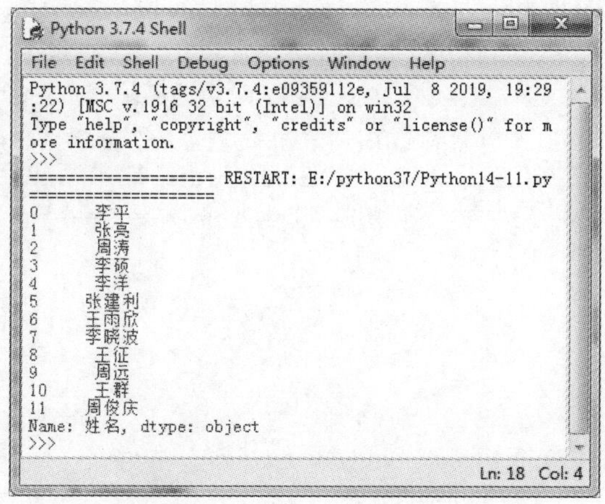

图 14.18 只显示“姓名”信息

只显示“姓名”和“年龄”信息，只需修改最后一行代码如下：

```
print(df[['姓名','年龄']])
```

只显示前 5 条数据信息，可以利用 head() 函数，代码如下：

```
print(df.head())
```

只显示后 5 条数据信息，可以利用 tail() 函数，代码如下：

```
print(df.tail())
```

显示第 4 条到第 6 条数据信息，代码如下：

```
print(df[3:6])
```

单击“开始”菜单，打开 Python 3.7.4 Shell 软件，然后单击菜单栏中的“File/New File”命令，创建一个 Python 文件，并命名为“Python14-12.py”，然后输入如下代码：

```
import pandas as pd
import numpy as np
#创建一个表格数据
d = {'姓名':pd.Series(['李平','张亮','周涛','李硕','李洋','张建利','王雨欣','李晓波','王征','周远','王群','周俊庆']),
    '性别':pd.Series(['男','男','女','男','男','男','女','男','女','女','男','男']),
    '年龄':pd.Series([25,26,25,23,30,29,23,34,40,30,51,46]),  '工资':pd.Series([4230,3240,3980,2560,3200,4600,3800,7800,9800,4800,4100,3650])  }
#创建 DataFrame
df = pd.DataFrame(d)
print("只显示姓名和年龄信息")
print(df[['姓名','年龄']])
print()
print("只显示前 5 条数据信息")
print(df.head())
print()
print("只显示后 5 条数据信息")
```

```
print(df.tail())
print()
print(" 显示第 4 条到第 6 条数据信息 ")
print(df[3:6])
```

单击菜单栏中的“Run/Run Module”命令或按下键盘上的“F5”，就可以运行程序代码，结果如图 14.19 所示。

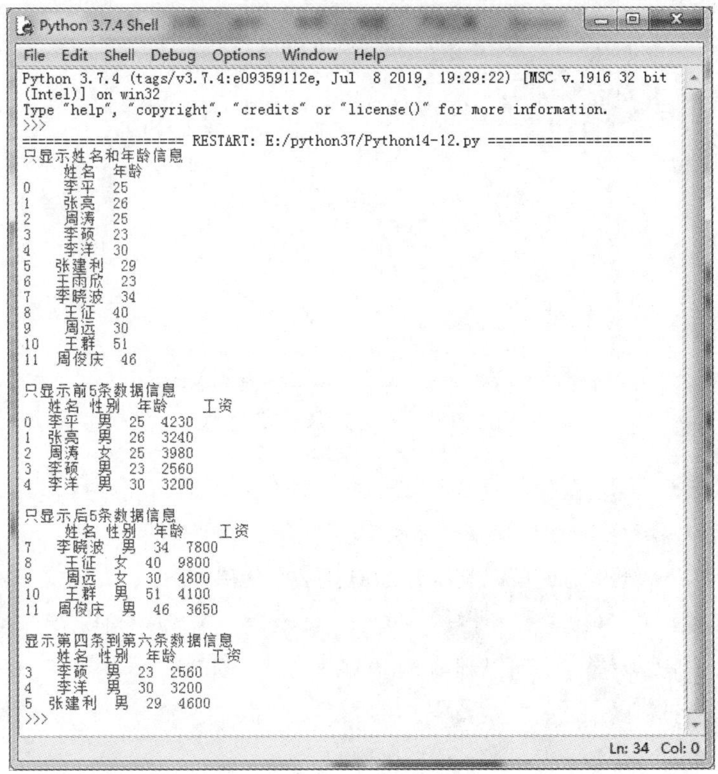

图 14.19　数据的选择与查看

14.2.6　条件语句的运用

通过逻辑条件选择数据，即条件语句，语法格式如下：

```
df[ 逻辑条件 ]
df[df.one >= 2]                                  # 单个逻辑条件
df[(df.one >=1 ) & (df.one < 3) ]                # 多个逻辑条件组合
```

显示性别为“女”的数据信息。单击“开始”菜单，打开 Python 3.7.4 Shell 软件，然后单击菜单栏中的“File/New File”命令，创建一个 Python 文件，并命名为“Python14-13.py”，然后输入如下代码：

```
import pandas as pd
import numpy as np
# 创建一个表格数据
d = {' 姓名 ':pd.Series([' 李平 ',' 张亮 ',' 周涛 ',' 李硕 ',' 李洋 ',' 张建利 ',' 王雨欣 ',
' 李晓波 ',' 王征 ',' 周远 ',' 王群 ',' 周俊庆 ']),
```

```
        '性别':pd.Series(['男','男','女','男','男','男','女','男','女','女','男','男']),
        '年龄':pd.Series([25,26,25,23,30,29,23,34,40,30,51,46]),   '工资':pd.Series([4230,3240,3980,2560,3200,4600,3800,7800,9800,4800,4100,3650])    }
    #创建 DataFrame
    df = pd.DataFrame(d)
    print("显示性别为"女"的数据信息")
    print(df[df['性别']=='女'])
```

单击菜单栏中的“Run/Run Module”命令或按下键盘上的“F5”，就可以运行程序代码，结果如图 14.20 所示。

显示性别为“男”，工资大于 4000 元的数据信息。单击“开始”菜单，打开 Python 3.7.4 Shell 软件，然后单击菜单栏中的“File/New File”命令，创建一个 Python 文件，并命名为“Python14-14.py”，然后输入如下代码：

```
    import pandas as pd
    import numpy as np
    #创建一个表格数据
    d = {'姓名':pd.Series(['李平','张亮','周涛','李硕','李洋','张建利','王雨欣','李晓波','王征','周远','王群','周俊庆']),
        '性别':pd.Series(['男','男','女','男','男','男','女','男','女','女','男','男']),
        '年龄':pd.Series([25,26,25,23,30,29,23,34,40,30,51,46]),   '工资':pd.Series([4230,3240,3980,2560,3200,4600,3800,7800,9800,4800,4100,3650])  }
    #创建 DataFrame
    df = pd.DataFrame(d)
    print("显示性别为男，工资大于 4000 元的数据信息")
    print(df[(df['性别']=='男' ) &  (df['工资']>4000)])
```

单击菜单栏中的“Run/Run Module”命令或按下键盘上的“F5”，就可以运行程序代码，结果如图 14.21 所示。

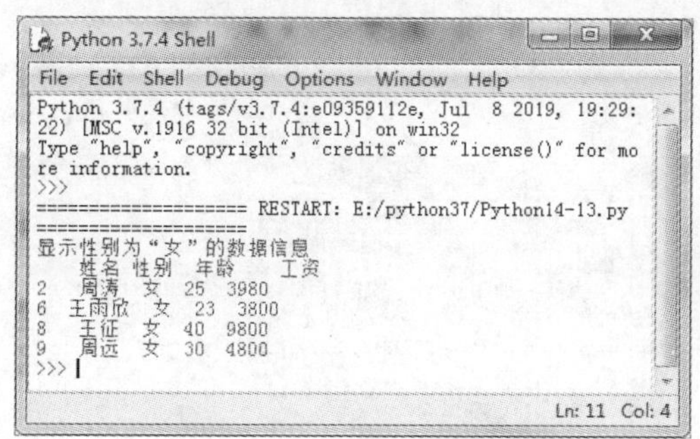

图 14.20　显示性别为“女”的数据信息

```
Python 3.7.4 Shell
File Edit Shell Debug Options Window Help
Python 3.7.4 (tags/v3.7.4:e09359112e, Jul  8 2019, 19:29:22) [MSC v.1916 32 bit (Intel)] on win32
Type "help", "copyright", "credits" or "license()" for more information.
>>>
=================== RESTART: E:/python37/Python14-14.py ===================
显示性别为男，工资大于4000元的数据信息
     姓名 性别  年龄   工资
0    李平  男  25  4230
5   张建利  男  29  4600
7   李晓波  男  34  7800
10   王群  男  51  4100
>>>
Ln: 11 Col: 4
```

图 14.21　显示性别为“男”，工资大于 4000 元的数据信息

14.2.7　函数的运用

如果要计算所有人的工资总和，就要用到 sum() 函数，下面举例说明。

单击“开始”菜单，打开 Python 3.7.4 Shell 软件，然后单击菜单栏中的“File/New File”命令，创建一个 Python 文件，并命名为“Python14-15.py”，然后输入如下代码：

```
import pandas as pd
import numpy as np
#创建一个表格数据
d = {'姓名':pd.Series(['李平','张亮','周涛','李硕','李洋','张建利','王雨欣',
'李晓波','王征','周远','王群','周俊庆']),
    '性别':pd.Series(['男','男','女','男','男','男','女','男','女','女','
男','男']),
    '年龄':pd.Series([25,26,25,23,30,29,23,34,40,30,51,46]),  '工资':pd.Seri
es([4230,3240,3980,2560,3200,4600,3800,7800,9800,4800,4100,3650])
    }
#创建 DataFrame
df = pd.DataFrame(d)
print("所有人的工资总和:",df['工资'].sum())
```

单击菜单栏中的“Run/Run Module”命令或按下键盘上的“F5”，就可以运行程序代码，结果如图 14.22 所示。

如果要计算所有人的平均工资，就要用到 mean() 函数，下面举例说明。

单击“开始”菜单，打开 Python 3.7.4 Shell 软件，然后单击菜单栏中的“File/New File”命令，创建一个 Python 文件，并命名为“Python14-16.py”，然后输入如下代码:

```
import pandas as pd
import numpy as np
#创建一个表格数据
d = {'姓名':pd.Series(['李平','张亮','周涛','李硕','李洋','张建利','王雨欣',
'李晓波','王征','周远','王群','周俊庆']),
    '性别':pd.Series(['男','男','女','男','男','男','女','男','女','女','
男','男']),
    '年龄':pd.Series([25,26,25,23,30,29,23,34,40,30,51,46]),  '工资':pd.Seri
es([4230,3240,3980,2560,3200,4600,3800,7800,9800,4800,4100,3650])    }
#创建 DataFrame
df = pd.DataFrame(d)
print("所有人的平均工资:",df['工资'].mean())
```

单击菜单栏中的“Run/Run Module”命令或按下键盘上的“F5”，就可以运行程序代码，结果如图 14.23 所示。

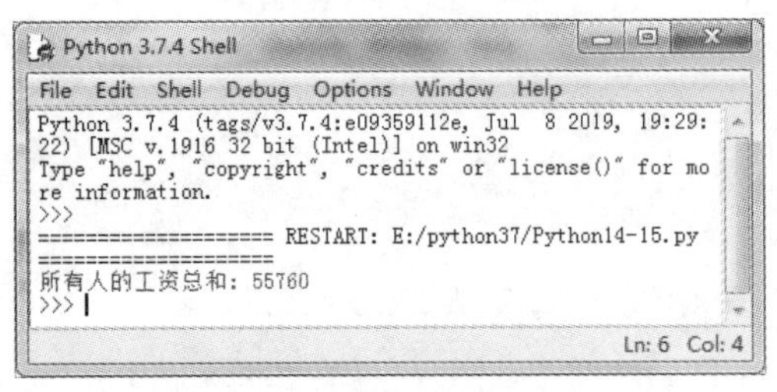

图 14.22 所有人的工资总和

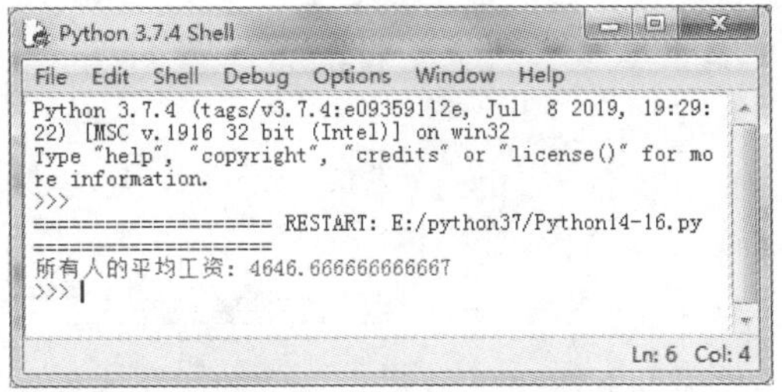

图 14.23 所有人的平均工资

下面利用 std()、max()、min() 函数，求出所有人工资的标准偏差、最大值和最小值。

单击“开始”菜单，打开 Python 3.7.4 Shell 软件，然后单击菜单栏中的“File/New File”命令，创建一个 Python 文件，并命名为“Python14-17.py”，然后输入如下代码:

```
import pandas as pd
import numpy as np
#创建一个表格数据
```

```
    d = {'姓名':pd.Series(['李平','张亮','周涛','李硕','李洋','张建利','王雨欣',
'李晓波','王征','周远','王群','周俊庆']),
        '性别':pd.Series(['男','男','女','男','男','男','女','男','女','女','
男','男']),
        '年龄':pd.Series([25,26,25,23,30,29,23,34,40,30,51,46]),  '工资':pd.Seri
es([4230,3240,3980,2560,3200,4600,3800,7800,9800,4800,4100,3650])  }
    #创建 DataFrame
    df = pd.DataFrame(d)
    print("所有人工资的标准偏差:",df['工资'].std())
    print("所有人工资的最大值:",df['工资'].max())
    print("所有人工资的最小值:",df['工资'].min())
```

单击菜单栏中的“Run/Run Module”命令或按下键盘上的“F5”，就可以运行程序代码，结果如图 14.24 所示。

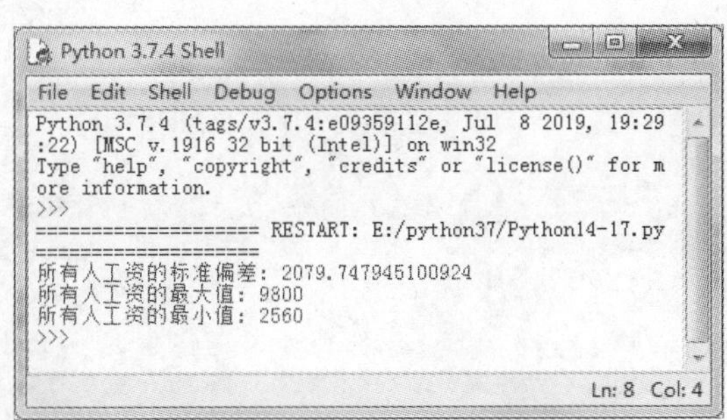

图 14.24　所有人工资的标准偏差、最大值和最小值

14.2.8　分组的运用

下面利用性别来分组，需要用到 groupby() 函数，下面举例说明。

单击“开始”菜单，打开 Python 3.7.4 Shell 软件，然后单击菜单栏中的“File/New File”命令，创建一个 Python 文件，并命名为“Python14-18.py”，然后输入如下代码：

```
    import pandas as pd
    import numpy as np
    #创建一个表格数据
    d = {'姓名':pd.Series(['李平','张亮','周涛','李硕','李洋','张建利','王雨欣',
'李晓波','王征','周远','王群','周俊庆']),
        '性别':pd.Series(['男','男','女','男','男','男','女','男','女','女','
男','男']),
        '年龄':pd.Series([25,26,25,23,30,29,23,34,40,30,51,46]),  '工资':pd.Seri
es([4230,3240,3980,2560,3200,4600,3800,7800,9800,4800,4100,3650])   }
    #创建 DataFrame
    df = pd.DataFrame(d)
    print (df.groupby('性别'))
    print("按性别分组成功！")
```

单击菜单栏中的“Run/Run Module”命令或按下键盘上的“F5”，就可以运行程序代码，结果如图 14.25 所示。

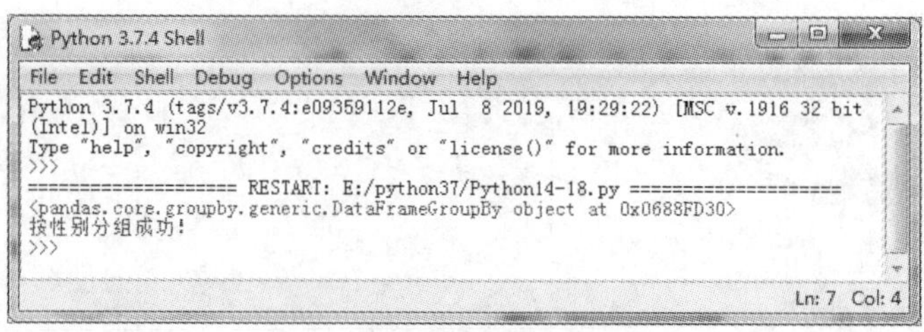

图 14.25　按性别分组成功

下面来查看分组信息。单击“开始”菜单，打开 Python 3.7.4 Shell 软件，然后单击菜单栏中的“File/New File”命令，创建一个 Python 文件，并命名为“Python14-19.py”，然后输入如下代码：

```
    import pandas as pd
    import numpy as np
    #创建一个表格数据
    d = {'姓名':pd.Series(['李平','张亮','周涛','李硕','李洋','张建利','王雨欣','李晓波','王征','周远','王群','周俊庆']),
        '性别':pd.Series(['男','男','女','男','男','男','女','男','女','女','男','男']),
        '年龄':pd.Series([25,26,25,23,30,29,23,34,40,30,51,46]),   '工资':pd.Series([4230,3240,3980,2560,3200,4600,3800,7800,9800,4800,4100,3650])       }
    #创建 DataFrame
    df = pd.DataFrame(d)
    print("查看分组信息")
    print (df.groupby('性别').groups)
```

单击菜单栏中的“Run/Run Module”命令或按下键盘上的“F5”，就可以运行程序代码，结果如图 14.26 所示。

下面在分组中应用函数，需要用到 agg 方法，下面举例说明。

单击“开始”菜单，打开 Python 3.7.4 Shell 软件，然后单击菜单栏中的“File/New File”命令，创建一个 Python 文件，并命名为“Python14-20.py”，然后输入如下代码：

```
    import pandas as pd
    import numpy as np
    #创建一个表格数据
    d = {'姓名':pd.Series(['李平','张亮','周涛','李硕','李洋','张建利','王雨欣','李晓波','王征','周远','王群','周俊庆']),
        '性别':pd.Series(['男','男','女','男','男','男','女','男','女','女','男','男']),
        '年龄':pd.Series([25,26,25,23,30,29,23,34,40,30,51,46]),   '工资':pd.Series([4230,3240,3980,2560,3200,4600,3800,7800,9800,4800,4100,3650])       }
    #创建 DataFrame
    df = pd.DataFrame(d)
    mysex = df.groupby('性别')
    print(mysex['工资'].agg(np.mean))
```

单击菜单栏中的“Run/Run Module”命令或按下键盘上的“F5”，就可以运行程序代码，结果如图 14.27 所示。

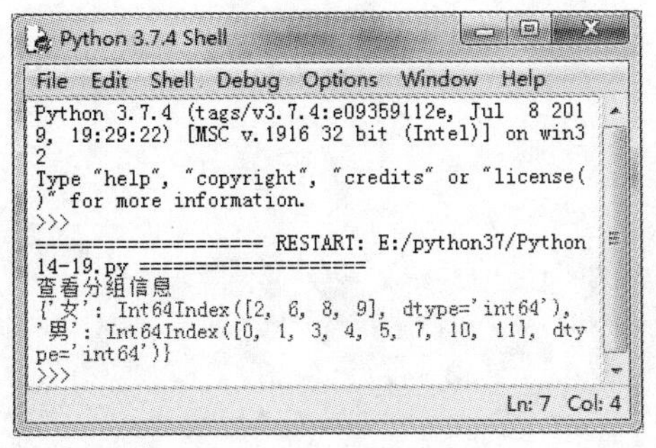

图 14.26　查看分组信息

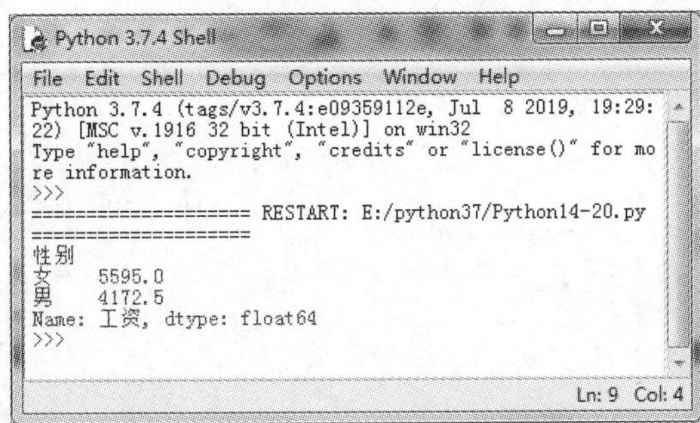

图 14.27　按性别分组后的平均工资

还可以一次运用多个函数。单击“开始”菜单，打开 Python 3.7.4 Shell 软件，然后单击菜单栏中的“File/New File”命令，创建一个 Python 文件，并命名为“Python14-21.py”，然后输入如下代码：

```
import pandas as pd
import numpy as np
# 创建一个表格数据
d = {'姓名':pd.Series(['李平','张亮','周涛','李硕','李洋','张建利','王雨欣','李晓波','王征','周远','王群','周俊庆']),
     '性别':pd.Series(['男','男','女','男','男','男','女','男','女','女','男','男']),
     '年龄':pd.Series([25,26,25,23,30,29,23,34,40,30,51,46]),   '工资':pd.Series([4230,3240,3980,2560,3200,4600,3800,7800,9800,4800,4100,3650])      }
# 创建 DataFrame
df = pd.DataFrame(d)
mysex = df.groupby('性别')
print(mysex['工资'].agg([np.sum, np.max, np.min, np.std]))
```

单击菜单栏中的“Run/Run Module”命令或按下键盘上的“F5”，就可以运行程序代码，结果如图 14.28 所示。

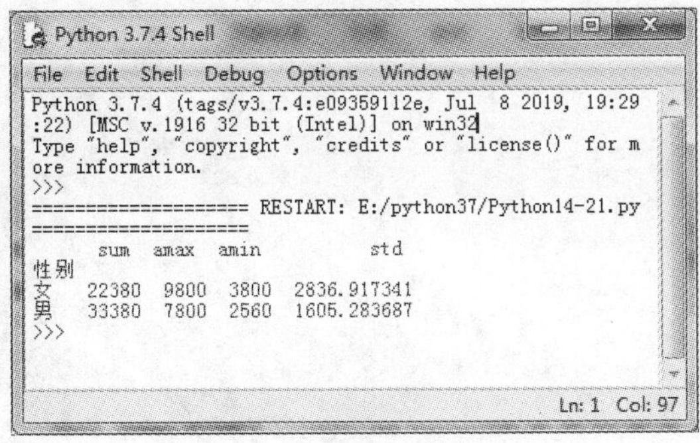

图 14.28　一次运用多个函数

第 15 章

Python 人工智能的 Matplotlib 包

Matplotlib 是 Python 的一个 2D 绘图库，它可以在跨平台上绘制出很多高质量的图形。目的就是让复杂的事情变得更简单，让简单的事情变得更简单。我们可以用 Matplotlib 生成条形图、饼形图等，还可以制作简单动画。

本章主要内容包括：

- Matplotlib 的安装
- figure() 函数的应用
- plot() 函数的应用
- subplot() 函数的应用
- add_axes () 函数的应用
- 绘制条形图
- 绘制饼形图
- 实例：余弦的动画效果
- 实例：过山车动画效果

15.1 Matplotlib 的安装

Matplotlib 是一个绘制 2D 和 3D 科学图像的软件库，其优点具体如下：

第一，容易学习和掌握。

第二，兼容 LaTeX 格式的标题和文档。

第三，可以控制图像中的每个元素，包括图像大小和扫描精度。

第四，对于很多格式都可以高质量的输出图像，包括 PNG，PDF，SVG，EPS 和 PGF。

第五，可以生成图形用户界面（GUI），做到交互式的获取图像以及无脑生成图像文件（通常用于批量作业）。

Matplotlib 是第三方包，要使用该包，需要先安装，安装方法与 Numpy 包安装一样，即单击桌面左下角的“开始”按钮，弹出“开始”菜单，然后在文本框中输入“cmd”，回车，打开 Windows 系统命令行程序，然后输入如下命令：

```
pip  install  matplotlib
```

输入命令后，回车，就开始安装，如图 15.1 所示。

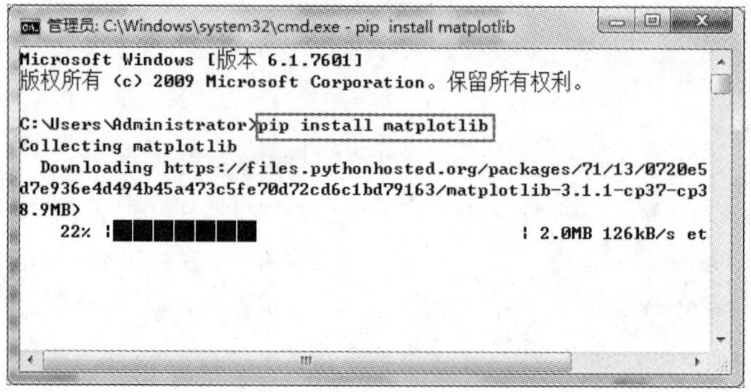

图 15.1　正在安装 matplotlib 包

Matplotlib 包安装成功后，就可以在后面的 Python 程序中使用。

15.2 figure() 函数的应用

figure() 函数可以创建一个图形实例，其语法格式如下：

```
    figure(num=None, figsize=None, dpi=None, facecolor=None, edgecolor=None, frameon=True)
```

15.2.1 figure() 函数的各参数意义

num 参数：指定绘图对象的编号或名称，数字为编号，字符串为名称。

figsize 参数：指定绘图对象的宽和高，单位为英寸。

dpi 参数：指定绘图对象的分辨率，即每英寸多少个像素，默认值为 80。

facecolor 参数：指定绘图对象的背景颜色。

edgecolor 参数：指定绘图对象的边框颜色。

frameon 参数：指定绘图对象是否显示边框。

15.2.2 figure() 函数的实例

要使用 figure() 函数，首先要导入 matplotlib 中的 pyplot 模块，下面通过具体实例讲解一下。

单击“开始”菜单，打开 Python 3.7.4 Shell 软件，然后单击菜单栏中的“File/New File”命令，创建一个 Python 文件，并命名为“Python15-1.py”，然后输入如下代码：

```
import numpy as np
from matplotlib import pyplot as plt
x = np.arange(1,30)
y =  6 * x +  5
plt.figure()
plt.plot(x,y)
plt.show()
```

首先导入 numpy 包，并设置别名为 np；然后导入 matplotlib 中的 pyplot 模块，并设置别名为 plt。接着定义变量 x 为一个数组，变量 y 为变量 x 的一次方程。然后调用 figure() 绘制对象，接着在对象中绘制图形，最后显示绘制对象。

单击菜单栏中的“Run/Run Module”命令或按下键盘上的“F5”，就可以运行程序代码，结果如图 15.2 所示。

在上面的例子中，figure() 函数没有带参数，下面再举一个带参数的例子。

单击“开始”菜单，打开 Python 3.7.4 Shell 软件，然后单击菜单栏中的“File/New File”命令，创建一个 Python 文件，并命名为“Python15-2.py”，然后输入如下代码：

```
import numpy as np
from matplotlib import pyplot as plt
x = np.arange(1,30)
y =  2 * x +  13
plt.figure(figsize=(12,5),dpi=120,facecolor='pink')
plt.plot(x,y)
plt.show()
```

在这里，利用 figure() 函数设置绘制对象的长为 12 英寸、宽为 5 英寸、分辨率为 120 像素、背景颜色为粉红色。

单击菜单栏中的“Run/Run Module”命令或按下键盘上的“F5”，就可以运行程序代码，结果如图 15.3 所示。

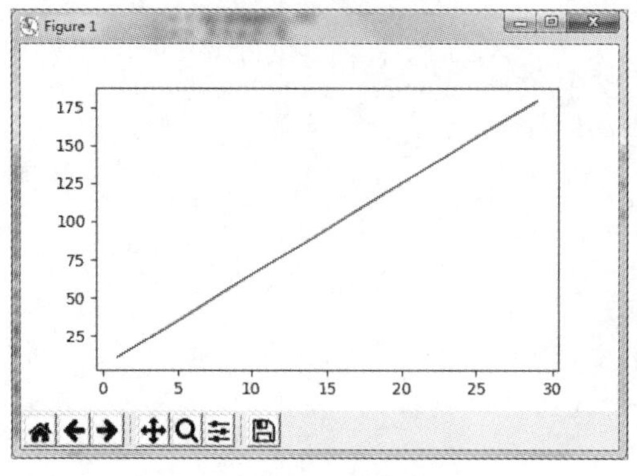

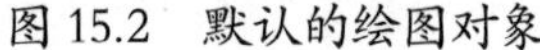
图 15.2　默认的绘图对象

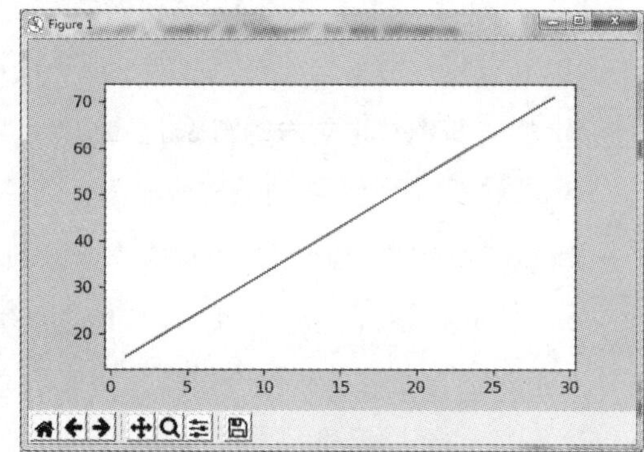

图 15.3　含有参数的绘图对象

15.3　plot() 函数的应用

plot() 函数用来绘制线条或标记的轴，其语法格式如下：

```
plot(*args, **kwargs)
```

参数是一个可变的长度参数，允许多个 x、y 对及可选的格式字符串。

15.3.1　plot() 函数的各参数意义

*args 参数：用来设置绘制线条或标记的轴的变量，如 plot(x,y)。

**kwargs：用来设置绘制线条或标记的样式和颜色，如 plot(x,y,“ob”)。

样式的字符与描述如表 15.1 所示。

表 15.1　样式的字符与描述

字符	描述
‘-’	实线样式
‘--’	短横线样式
‘-.’	点画线样式
‘:’	虚线样式
‘.’	点标记
‘,’	像素标记
‘o’	圆标记
‘v’	倒三角标记

续表

字符	描述
'^'	正三角标记
'<'	左三角标记
'>'	右三角标记
'1'	下箭头标记
'2'	上箭头标记
'3'	左箭头标记
'4'	右箭头标记
's'	正方形标记
'p'	五边形标记
'*'	星形标记
'h'	六边形标记 1
'H'	六边形标记 2
'+'	加号标记
'x'	X 标记
'D'	菱形标记
'd'	窄菱形标记
'|'	竖直线标记
'_'	水平线标记

颜色的字符与描述如表 15.2 所示。

表 15.2　颜色的字符与描述

字符	颜色
'b'	蓝色
'g'	绿色
'r'	红色
'c'	青色
'm'	品红色
'y'	黄色
'k'	黑色
'w'	白色

15.3.2　plot() 函数的实例

要使用 plot() 函数，首先要导入 matplotlib 中的 pyplot 模块，下面通过具体实例讲解一下。

单击“开始”菜单，打开 Python 3.7.4 Shell 软件，然后单击菜单栏中的“File/New File”命令，创建一个 Python 文件，并命名为“Python15-3.py”，然后输入如下代码：

```
import numpy as np
from matplotlib import pyplot as plt
x = np.arange(1,30)
y =  8 * x +  2
plt.figure()
plt.plot(x,y,"ob")
plt.show()
```

在这里设置绘制线条的样式为“圆形标记”，颜色为“蓝色”。

单击菜单栏中的“Run/Run Module”命令或按下键盘上的“F5”，就可以运行程序代码，结果如图 15.4 所示。

还可以同时绘制两个线条，下面举例说明。单击“开始”菜单，打开 Python 3.7.4 Shell 软件，然后单击菜单栏中的“File/New File”命令，创建一个 Python 文件，并命名为“Python15-4.py”，然后输入如下代码：

```
import numpy as np
from matplotlib import pyplot as plt
x = np.arange(1,25)
y =  8 * x +  25
a = np.arange(1,16)
b = 2 * a - 9
plt.figure()
plt.plot(x,y,"oy",a,b,"*r")
plt.show()
```

在这里设置绘制两个线条，第一个线条的样式为“圆标记”，颜色为“黄色”；第二个线条的样式为“星形标记”，颜色为“红色”。

单击菜单栏中的“Run/Run Module”命令或按下键盘上的“F5”，就可以运行程序代码，结果如图 15.5 所示。

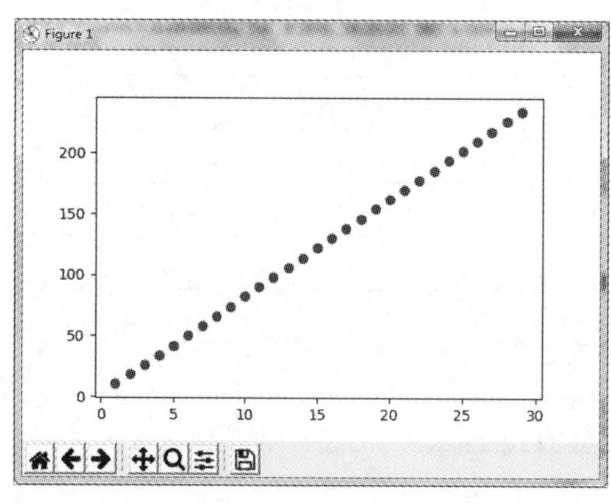

图 15.4　绘制线条

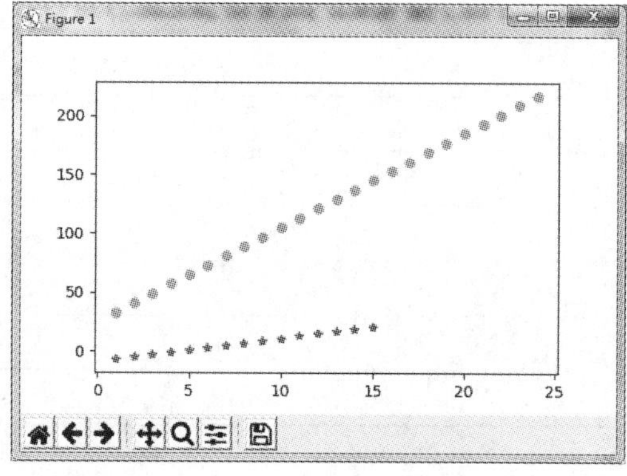

图 15.5　绘制两个线条

15.4 subplot() 函数的应用

利用 subplot() 函数可以在同一图中绘制不同的东西，其语法结构如下：

```
subplot(nrows,ncols,plotNum)
```

注意，subplot() 可以将 figure 划分为 n 个子图，但每条 subplot 命令只会创建一个子图。

15.4.1 subplot() 的各参数意义

nrows 参数：subplot 的行数。

ncols 参数：subplot 的列数。

plotNum 参数：指定的区域。

subplot 将整个绘图区域等分为 nrows 行 ×ncols 列个子区域，然后按照从左到右，从上到下的顺序对每个子区域进行编号，左上的子区域的编号为 1。

如果 nrows，ncols 和 plotNum 这三个数都小于 10 的话，可以把它们缩写为一个整数，例如 subplot(323) 和 subplot(3,2,3) 是相同的。

subplot 在 plotNum 指定的区域中创建一个轴对象。如果新创建的轴和之前创建的轴重叠的话，之前的轴将被删除。

15.4.2 subplot() 的实例

单击“开始”菜单，打开 Python 3.7.4 Shell 软件，然后单击菜单栏中的“File/New File”命令，创建一个 Python 文件，并命名为“Python15-5.py”，然后输入如下代码：

```
import numpy as np
import matplotlib.pyplot as plt
# 计算正弦和余弦曲线上的点的 x 和 y 坐标
x = np.arange(0,3  * np.pi,  0.1)
y_sin = np.sin(x)
y_cos = np.cos(x)
y_tan = np.tan(x)
# 建立subplot网格，高为 2，宽为 2
# 激活第一个 subplot
plt.subplot(2,2,1)
# 绘制第一个图形
plt.plot(x, y_sin,'ob')
plt.title('sin')
# 将第二个 subplot 激活，并绘制第二个图形
plt.subplot(2,2,2)
plt.plot(x, y_cos,'*m')
plt.title('cos')
# 将第二个 subplot 激活，并绘制第三个图形
plt.subplot(223)
```

```
    plt.plot(x, y_tan,':r')
    plt.title('tan')
    # 展示图像
    plt.show()
```

在这里建立 subplot 网格，为 2 行 2 列，然后调用 plot() 函数绘制图形。另外，这里还调用 title() 函数为图形添加标题。

单击菜单栏中的“Run/Run Module”命令或按下键盘上的“F5”，就可以运行程序代码，结果如图 15.6 所示。

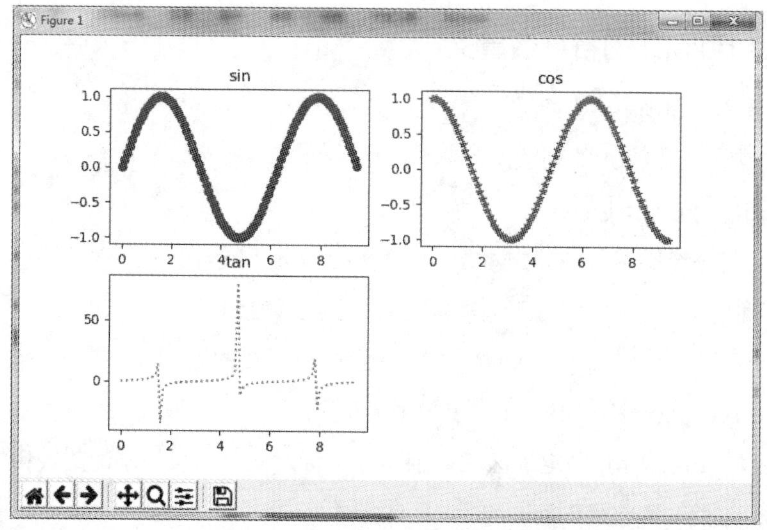

图 15.6　在同一图中绘制不同的图形

15.5　add_axes 方法的应用

add_axes 方法为新增子区域，该区域可以坐落在 figure 内任意位置，且该区域可任意设置大小，下面通过实例来讲解。

单击“开始”菜单，打开 Python 3.7.4 Shell 软件，然后单击菜单栏中的“File/New File”命令，创建一个 Python 文件，并命名为“Python15-6.py”，然后输入如下代码：

```
import numpy as np
import matplotlib.pyplot as plt
# 新建 figure
fig = plt.figure()
# 定义数据
x = [1, 2, 3, 4, 5, 6, 7]
y = [1, 3, 4, 2, 5, 8, 6]
# 新建区域 ax1
#figure 的百分比，从 figure 10% 的位置开始绘制，宽高是 figure 的 80%
left, bottom, width, height = 0.1, 0.1, 0.8, 0.8
# 获得绘制的句柄
```

```
ax1 = fig.add_axes([left, bottom, width, height])
ax1.plot(x, y, 'r')
ax1.set_title('area1')
# 新增区域 ax2, 嵌套在 ax1 内
left, bottom, width, height = 0.2, 0.6, 0.25, 0.25
# 获得绘制的句柄
ax2 = fig.add_axes([left, bottom, width, height])
ax2.plot(x,y, 'b')
ax2.set_title('area2')
plt.show()
```

add_axes 方法有 4 个参数，分别是 left，bottom，width，height。Left 为左侧间距、bottom 为底部间距、width 为宽度、height 为高度。需要注意，这 4 个参数的大小都在 0 到 1 之间。

单击菜单栏中的“Run/Run Module”命令或按下键盘上的“F5”，就可以运行程序代码，结果如图 15.7 所示。

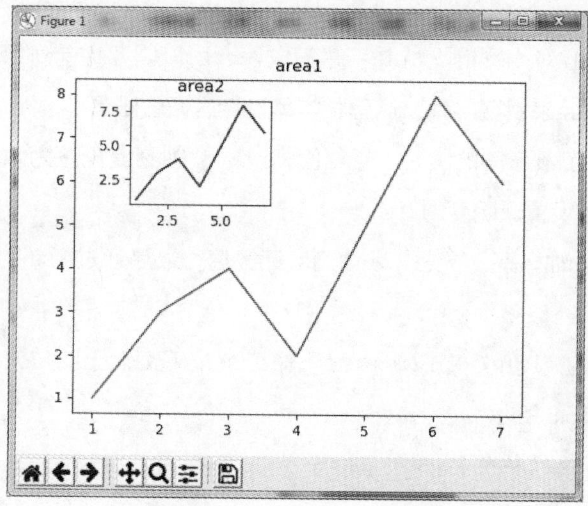

图 15.7　add_axes 方法的应用

15.6　绘制条形图

条形图实际上是用来表示分组（或离散）变量的可视化，可以使用 matplotlib 模块中的 bar() 函数或 barh() 函数完成条形图的绘制。

15.6.1　简单垂直条形图

下面使用 matplotlib 模块中的 bar 函数，显示 2017 年世界主要国家 GDP 排名的垂直条形图。

单击“开始”菜单，打开 Python 3.7.4 Shell 软件，然后单击菜单栏中的“File/New File”命令，创建一个 Python 文件，并命名为“Python15-7.py”，然后输入如下代码：

```
import matplotlib.pyplot as plt
# 定义列表变量，显示世界主要国家 GDP 数据
GDP = [185691,112182.8,49386.4,34666.3]
# 中文乱码的处理
plt.rcParams['font.sans-serif'] =['Microsoft YaHei']
# 调用 bar 函数绘图
plt.bar(range(4), GDP, align = 'center',color='red', alpha = 0.6)
# 添加轴标签
plt.ylabel('GDP')
# 添加标题
plt.title(' 世界主要国家 GDP 大比拼 ')
# 添加刻度标签
plt.xticks(range(4),[' 美国 ',' 中国 ',' 日本 ',' 德国 '])
# 为每个条形图添加数值标签
for x,y in enumerate(GDP):
    plt.text(x,y+100,'%s' %round(y,1),ha='center')
# 显示图形
plt.show()
```

由于 matplotlib 对中文的支持并不是很友好，所以需要提前对绘图进行字体上的设置，即通过 rcParams 来设置字体，这里将字体设置为微软雅黑。

Bar() 函数指定了条形图的 x 轴、y 轴值，设置 x 轴刻度标签为水平居中，条形图的填充色为红色，同时设置透明度为 0.6。

接下来，添加 y 轴标签、标题、x 轴刻度标签值，最后通过循环的方式，添加条形图的数值标签。

单击菜单栏中的“Run/Run Module”命令或按下键盘上的“F5”，就可以运行程序代码，结果如图 15.8 所示。

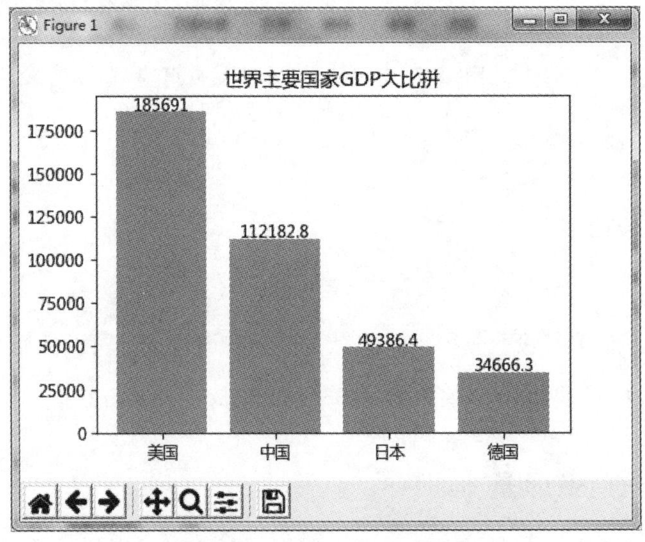

图 15.8　简单垂直条形图

15.6.2 简单水平条形图

下面使用 matplotlib 模块中的 barh 函数，显示 2017 年世界主要国家 GDP 排名的水平条形图。

单击“开始”菜单，打开 Python 3.7.4 Shell 软件，然后单击菜单栏中的“File/New File”命令，创建一个 Python 文件，并命名为“Python15-8.py”，然后输入如下代码：

```
import matplotlib.pyplot as plt
#定义列表变量，显示世界主要国家 GDP 数据
GDP = [185691,112182.8,49386.4,34666.3]
# 中文乱码的处理
plt.rcParams['font.sans-serif'] =['Microsoft YaHei']
#调用 bar 函数绘图
plt.barh(range(4), GDP, align = 'center',color='blue', alpha = 0.9)
# 添加轴标签
plt.xlabel('GDP')
# 添加标题
plt.title('世界主要国家 GDP 大比拼')
# 添加刻度标签
plt.yticks(range(4),['美国','中国','日本','德国'])
# 为每个条形图添加数值标签
for x,y in enumerate(GDP):
    plt.text(x,y+100,'%s' %round(y,1),ha='center')
# 显示图形
plt.show()
```

水平条形图的绘制与垂直条形图的绘制步骤一致，只是调用了 barh 函数来完成。

单击菜单栏中的“Run/Run Module”命令或按下键盘上的“F5”，就可以运行程序代码，结果如图 15.9 所示。

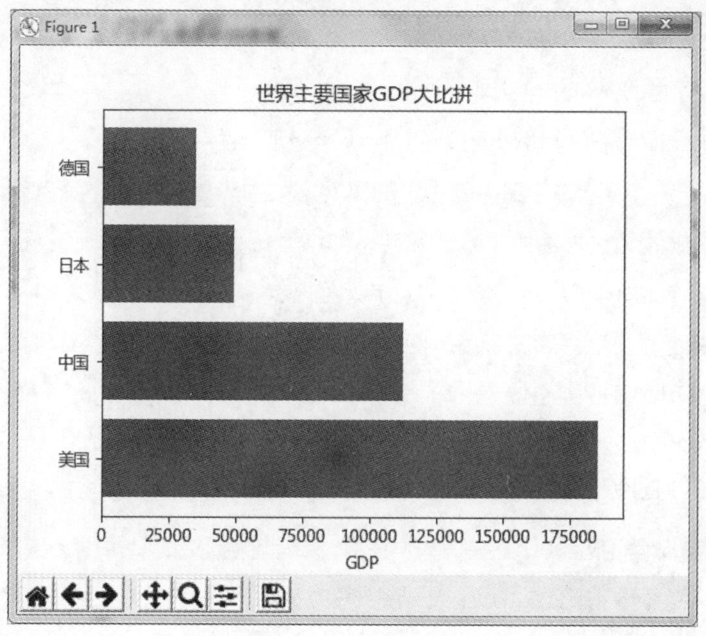

图 15.9　简单水平条形图

15.7 绘制饼形图

饼形图表示分组（或离散）变量水平占比情况，可以使用 matplotlib 模块中的 pie() 函数完成饼形图的绘制。

15.7.1 pie() 函数语法格式及各参数意义

pie() 函数可以绘制一个饼形图，其语法格式如下：

```
    pie(x, explode=None, labels=None, colors=None, pctdistance=0.6,
shadow=False, labeldistance=1.1, startangle=None, radius=None, counterclock=True,
wedgeprops=None, textprops=None, center=(0,0), frame=False)
```

各参数意义如下：

x：指定绘制饼形图的数据。

explode：指定饼形图某些部分的突出显示，即呈现爆炸式。

labels：为饼形图添加标签说明，类似于图例说明。

colors：指定饼形图的填充色。

autopct：设置百分比格式。

shadow：是否添加饼形图的阴影效果。

pctdistance：设置百分比标签与圆心的距离。

labeldistance：设置各扇形标签（图例）与圆心的距离。

startangle：设置饼形图的初始摆放角度，180° 为水平。

radius：设置饼形图的半径大小。

counterclock：是否让饼形图按逆时针顺序呈现。

wedgeprops：设置饼形图内外边界的属性，如边界线的粗细、颜色等。

textprops：设置饼形图中文本的属性，如字体大小、颜色等。

center：指定饼形图的中心点位置，默认为原点。

frame：是否要显示饼形图背后的图框，如果设置为 True 的话，需要同时控制图框 x 轴、y 轴的范围和饼图的中心位置。

15.7.2 pie() 函数的实例

我们使用芝麻信用近 300 万失信人群的样本统计数据来绘制饼图，该数据显示，从受教育水平上来看，中专占比 25.15%，大专占比 37.24%，本科占比 33.36%，硕士占比 3.68%，剩余的其他学历占比 0.57%。对于这样一组数据，我们该如何使用饼图来呈现呢？

单击“开始”菜单，打开 Python 3.7.4 Shell 软件，然后单击菜单栏中的“File/New

File”命令，创建一个 Python 文件，并命名为“Python15-9.py”，然后输入如下代码：

```
import matplotlib.pyplot as plt
# 构造数据
edu=[0.2515,0.3724,0.3336,0.0368,0.0057]
labels=['中专','大专','本科','硕士','其他']
explode = [0,0.1,0,0,0]  # 用于突出显示大专学历人群
colors=['#FEB748','#EDD25D','#FE4F54','#51B4FF','#dd5555'] # 自定义颜色
# 中文乱码的处理
plt.rcParams['font.sans-serif'] =['Microsoft YaHei']
# 将横、纵坐标轴标准化处理，保证饼图是一个正圆，否则为椭圆
plt.axes(aspect='equal')
# 控制 x 轴和 y 轴的范围
plt.xlim(0,4)
plt.ylim(0,4)
# 绘制饼图
plt.pie(x = edu, # 绘图数据
  explode=explode, # 突出显示大专人群
  labels=labels, # 添加教育水平标签
  colors=colors, # 设置饼图的自定义填充色
  autopct='%.1f%%', # 设置百分比的格式，这里保留一位小数
  pctdistance=1.2, # 设置百分比标签与圆心的距离
  labeldistance = 1.4, # 设置教育水平标签与圆心的距离
  startangle = 180, # 设置饼图的初始角度
  radius = 1.5, # 设置饼图的半径
  counterclock = False, # 是否逆时针，这里设置为顺时针方向
  wedgeprops = {'linewidth': 1.5, 'edgecolor':'green'},# 设置饼图内外边界的属性值
  textprops = {'fontsize':12, 'color':'k'}, # 设置文本标签的属性值
  center = (1.8,1.8), # 设置饼图的原点
  frame = 1)# 是否显示饼图的图框，这里设置显示
# 删除 x 轴和 y 轴的刻度
plt.xticks(())
plt.yticks(())
# 添加图标题
plt.title('芝麻信用失信用户分析')
# 显示图形
plt.show()
```

单击菜单栏中的“Run/Run Module”命令或按下键盘上的“F5”，就可以运行程序代码，结果如图 15.10 所示。

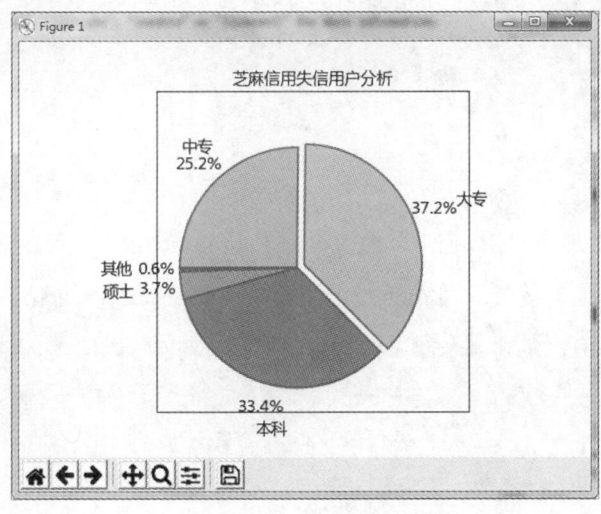

图 15.10　绘制饼形图

15.8 制作动画

利用 Matplotlib 库中的 animation.FuncAnimation() 方法，可以制作动画，其语法格式如下：

```
animation.FuncAnimation(fig,func,frames,init_func,interval, blit)
```

各参数意义如下：

fig：是指制作动画的图形对象。

func：是一个函数，每一帧都被调用该函数。该函数的第一个参数就是下一个参数 frames 里的 value。

frames：动画长度，一次循环库含的帧数。

init_func：初始化函数，就是 fig 的最初设置。

interval：用来设置动画的时间间隔，用来控制动画速度的，单位是 ms（毫秒），默认为 200 毫秒。

blit：用来告诉动画只重绘修改的部分或是全部。如果其值为 True，表示只重绘修改的部分，这样动画的速度会很快；如果其值为 False，表示要重绘全部，动画的速度就会较慢。

15.8.1 实例：余弦的动画效果

单击“开始”菜单，打开 Python 3.7.4 Shell 软件，然后单击菜单栏中的“File/New File”命令，创建一个 Python 文件，并命名为“Python15-10.py”，然后输入如下代码：

```
import numpy as np                                  # 导入 numpy 库并重命名为 np
from  matplotlib  import pyplot as plt              # 从 matplotlib 库中导入 pyplot 模块并重命名为 plt
from  matplotlib  import animation                  # 从 matplotlib 库中导入 animation 模块
myfig = plt.figure()      # 定义图形对象
# 定义数据
x = np.arange(0,8*np.pi,0.1)
y = np.cos(x)
mydots = plt.plot(x,y,"ob")                         #plot() 方法的返回值是一个列表
mydot = mydots[0]                                   # 取第一个值
```

首先导入所需要模块，即 numpy、pyplot 和 animation，然后定义图形对象和数据，需要注意的是，plot() 方法的返回值是一个列表，在这里只取第一个值。

接下来定义 init() 函数，用来设置动画的初始值，具体代码如下：

```
def init():
    mydot.set_ydata(np.cos(x))
    return mydot
```

接下来定义 update() 函数，用来更新动画，具体代码如下：

```
def update(i):
```

```
    mydot.set_ydata(np.cos(x + i/5))
    return mydot
```

然后就可以创建动画并显示，具体代码如下：

```
    myani = animation.FuncAnimation(fig = myfig, func = update, init_func = init,
interval = 10, frames = 300 )
    #显示动画
    plt.show()
```

单击菜单栏中的“Run/Run Module”命令或按下键盘上的“F5”，就可以运行程序代码，余弦的动画效果如图 15.11 所示。

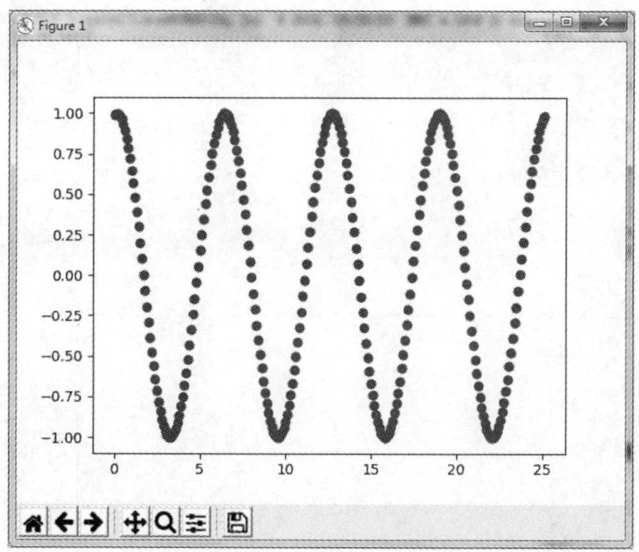

图 15.11　余弦的动画效果

15.8.2　实例：过山车动画效果

单击“开始”菜单，打开 Python 3.7.4 Shell 软件，然后单击菜单栏中的“File/New File”命令，创建一个 Python 文件，并命名为“Python15−11.py”，然后输入如下代码：

```
    import numpy as np                              #导入 numpy 库并重命名为 np
    from  matplotlib  import pyplot as plt          #从 matplotlib 库中导入 pyplot 模块并重命
名为 plt
    from  matplotlib  import animation              #从 matplotlib 库中导入 animation 模块
    myfig,ax = plt.subplots()                       #定义图形对象
    x = np.arange(0,3*np.pi,0.1)                    #定义数据
    y = np.cos(x)
    mysc = ax.plot(x,y,"dc")                        #绘制图形
    myansc =ax.plot([],[],"Dr")                     #绘制一个无数据图形
    mydot = myansc[0]                               #获取第一个数据
```

接下来定义 init() 函数，用来设置动画的初始值，具体代码如下：

```
    def init() :
        ax.set_xlim(0,3*np.pi)                      #设置 x 坐标
        ax.set_ylim(-1,1)                           #设置 y 坐标
        return mysc
```

接下来定义 myframesdot()，用来设定动画的帧数，具体代码如下：

```
def myframesdot() :
    for  i  in  np.arange(0,3*np.pi,0.1) :
        newdot =[i,np.cos(i)]
        yield newdot                          #记住上一次返回时在函数体中的位置
```

接下来定义 update() 函数，用来更新动画，具体代码如下：

```
def update(newd) :
    mydot.set_data(newd[0],newd[1])       #获得每一帧的 x 和 y 坐标值
    return mydot
```

然后就可以创建动画并显示，具体代码如下：

```
myani = animation.FuncAnimation(fig = myfig, func = update,init_func=init ,
interval=1,frames =myframesdot )
plt.show()
```

单击菜单栏中的“Run/Run Module”命令或按下键盘上的“F5”，就可以运行程序代码，过山车动画效果如图 15.12 所示。

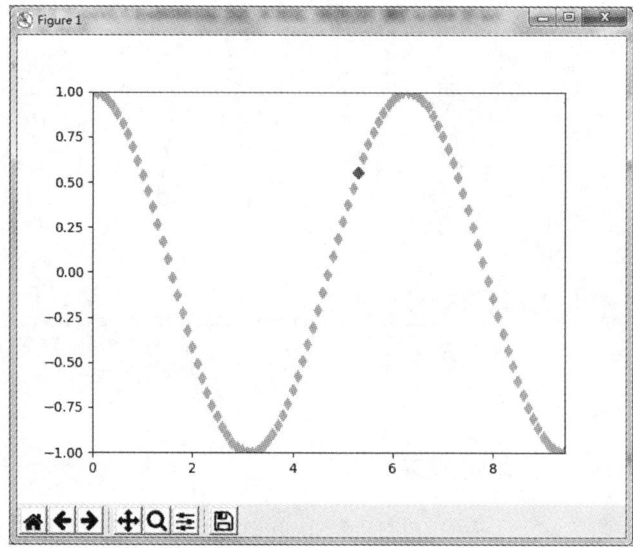

图 15.12　过山车动画效果

第 16 章

Python 人工智能的机器学习

机器学习算法是人工智能的一个核心研究领域，它是计算机具有智能的根本途径。学习是人类智能的主要标志和获取知识的基本手段。如果一个系统能够通过执行某种过程而改进它的性能，就是机器学习算法。

本章主要内容包括：

- 机器学习的定义与类型
- 常见的机器学习算法
- 机器学习的 sklearn 包
- 决策树的组成、优点和缺点
- 利用 Python 代码实现决策树
- 随机森林的构建、优缺点及应用范围
- 利用 Python 代码实现随机森林
- 支持向量机 (SVM) 的工作原理、核函数和优缺点
- 利用 Python 代码实现支持向量机 (SVM)
- 朴素贝叶斯的算法思想、算法步骤和优缺点
- 利用 Python 代码实现高斯朴素贝叶斯
- 利用 Python 代码实现多项式分布朴素贝叶斯
- 利用 Python 代码实现伯努力朴素贝叶斯

16.1 初识机器学习

下面来看一下什么是机器学习及机器学习的类型。

16.1.1 什么是机器学习

机器学习可以理解为：一个计算机程序要完成任务（T），如果计算机获取的关于任务（T）的经验越多就表现得越好，那么我们就可以说这个程序“学习”了关于任务（T）的经验。

简单来讲，机器学习就是向机器输入的经验越多，机器表现得越好。

机器学习是人工智能的核心，是使计算机具有智能的根本途径，其应用遍及人工智能的各个领域，它主要使用归纳、综合而不是演绎。

16.1.2 机器学习的类型

在机器学习领域，主要有三类不同的学习方法，分别是监督学习、无监督学习和强化学习，如图 16.1 所示。

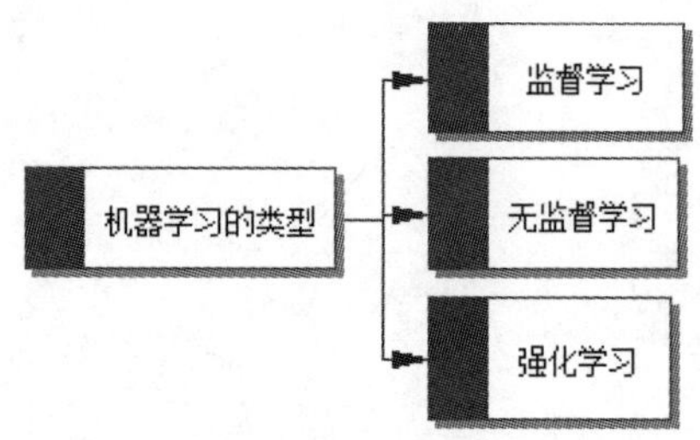

图 16.1 机器学习的类型

1. 监督学习

使用预定义的“训练数据”集合，训练系统，便于其在新数据输入时也能得出结论。系统一直被训练，直到达到所需的精度水平。

2. 无监督学习

给系统一堆无标签数据，它必须自己检测模式和关系。系统要用推断功能来描述未分类数据的模式。

3. 强化学习

强化学习其实是一个连续决策的过程，这个过程有点像监督学习，只是标注数据不是预先准备好的，而是通过一个过程来回调整，并给出“标注数据”。

16.2 常见的机器学习算法

常见的机器学习算法有 8 种，具体如下：

1. 线性回归

线性回归算法可以按其权重可视化。但问题是当你无法真正衡量它时，必须通过观察其高度和宽度来做一些猜测。通过这种可视化的分析，可以获取一个结果。

回归线，由 Y = a * X + b 表示。

其中 Y 为因变量、a 为斜率、X 为独立变量、b 为截距。

线性回归，通过减少数据点和回归线间距离的平方差的总和，可以导出系数 a 和 b。

2. Logistic 回归

Logistic 回归是一种分类算法，也称为 logit 回归，即逻辑回归。

Logistic 回归用于根据给定的一组自变量来估计离散值，如 0 或 1，真或假，是或否。

3. 决策树

决策树是在已知各种情况发生概率的基础上，通过构成决策树来求取净现值的期望值大于等于零的概率，评价项目风险，判断其可行性的决策分析方法，是直观运用概率分析的一种图解法。由于这种决策分支画成图形很像一棵树的枝干，故称决策树。在机器学习中，决策树是一个预测模型，它代表的是对象属性与对象值之间的一种映射关系，如图 16.2 所示。

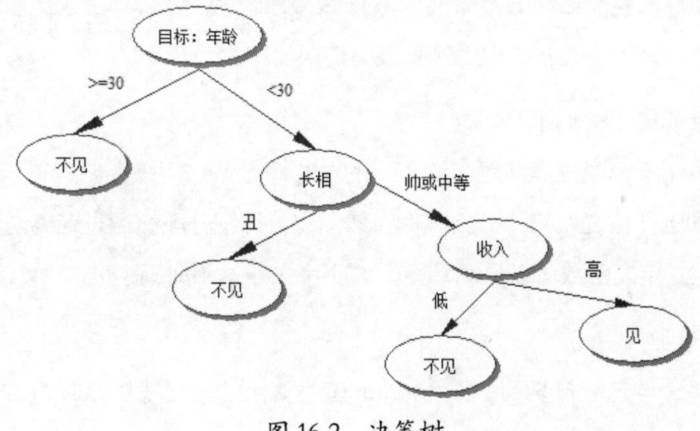

图 16.2 决策树

4. 支持向量机（SVM）

支持向量机是 Corinna Cortes 和 Vapnik 等于 1995 年首先提出的，它在解决小样本、非线性及高维模式识别中表现出许多特有的优势，并能够推广应用到函数拟合等其他机器学习问题中。

为了解释支持向量机(SVM)算法，首先可以想象有很多数据，其中每个数据是高维空间中的一个点，数据的特征有多少，空间的维数就有多少。相应地，数据的位置就是其对应各特征的坐标值。为了用一个超平面尽可能完美地分类这些数据点，就可以用 SVM 算法来找到这个超平面，如图 16.3 所示。

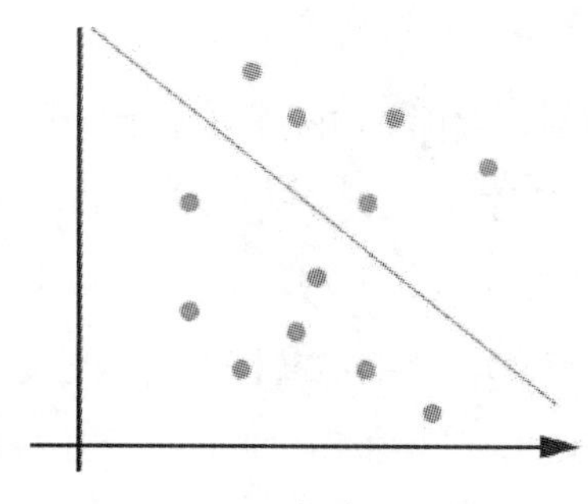

图 16.3 支持向量机

在支持向量机(SVM)算法，所谓“支持向量”指的是那些在间隔区边缘的训练样本点，而“机”则是用于分类的那个最佳决策边界（线 / 面 / 超平面）。

5. 朴素贝叶斯

学过概率的人一定都知道贝叶斯定理：这个在 250 多年前发明的算法，在信息领域内有着无与伦比的地位。贝叶斯分类是一系列分类算法的总称，这类算法均以贝叶斯定理为基础，故统称为贝叶斯分类。朴素贝叶斯算法（Naive Bayesian) 是其中应用最为广泛的分类算法之一。

朴素贝叶斯算法所需估计的参数很少，对缺失数据不太敏感，算法也比较简单。理论上，朴素贝叶斯模型与其他分类方法相比具有最小的误差率。

6. K– 最近邻居（KNN）

它被广泛应用于解决分类问题。该算法的主要概念是它用来存储所有可用的案例，并通过其 K 个邻居的多数选票来分类新案例，然后将该情况分配给通过距离函数测量的 K 近邻中最常见的类。距离函数可以是欧几里得、明可夫斯基和海明距离。

7. K 均值聚类

它基本上是一种无监督学习。K–Means 聚类算法的主要逻辑是通过许多聚类对数据集进行分类。

8. 随机森林

随机森林是一种有监督学习算法，它创建了一个森林，并使它拥有某种方式的随机性，如图 16.4 所示。

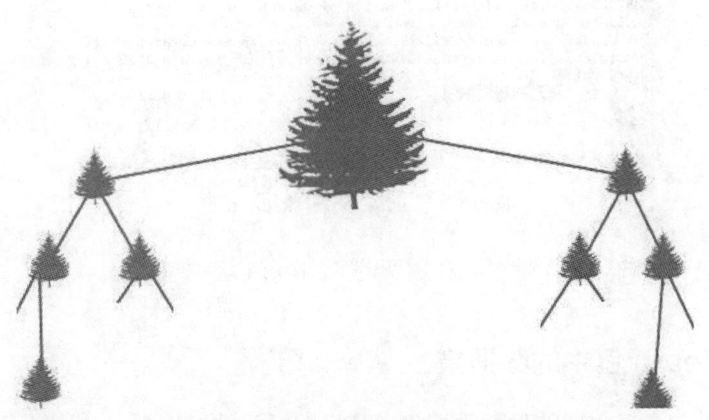

图 16.4 随机森林

所构建的“森林”是决策树的集成，大部分的时候都是用“bagging”方法训练的。bagging 方法，即 bootstrap aggregating，采用的是随机的选择训练数据然后构造分类器，最后组合学习到的模型来增加整体的效果。

16.3 机器学习的 sklearn 包

自 2007 年发布以来，scikit-learn 已经成为 Python 中重要的机器学习库。scikit-learn 简称 sklearn，支持包括分类、回归、降维和聚类四大机器学习算法，还包括特征提取，数据处理和模型评估者三大模块。

sklearn 是建立在 Numpy 和 Matplolib 库的基础之上的。利用这几大模块的优势，可以极大地提高机器学习的效率。

16.3.1 sklearn 包的安装

sklearn 是第三方包，要使用该包，需要先安装，安装方法与 Numpy 包安装一样，即单击桌面左下角的“开始”按钮，弹出“开始”菜单，然后在文本框中输入“cmd”，回车，打开 Windows 系统命令行程序，然后输入如下命令：

```
pip  install  sklearn
```

输入命令后，回车，就开始安装，如图 16.5 所示。

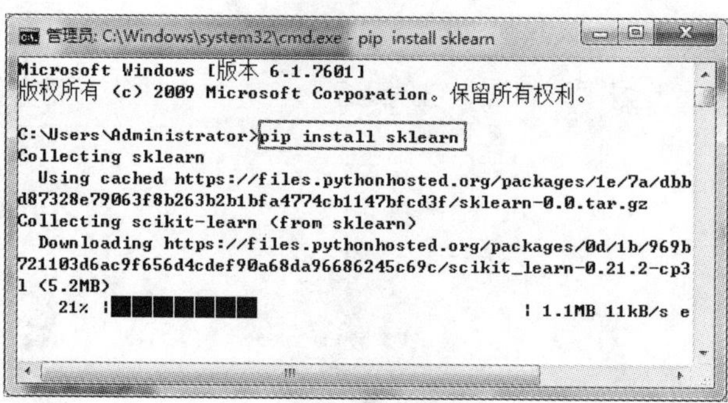

图 16.5　正在安装 sklearn 包

sklearn 包安装成功后，就可以在后面的 Python 程序中使用。

16.3.2　sklearn 包中的数据集

sklearn 中包含了大量的优质数据集，在机器学习的过程中，我们可以使用这些数据集实现出不同的模型，从而提高你的动手实践能力，同时这个过程也可以加深对理论知识的理解和把握。

Sklearn 包括 4 个小数据集，小数据集的名称、调用方式、适用范围和数据规模如图 16.6 所示。

	数据集名称	调用方式	适用算法	数据规模
小数据集	波士顿房价数据集	load_boston()	回归	506*13
	鸢尾花数据集	load_iris()	分类	150*4
	糖尿病数据集	load_diabetes()	回归	442*10
	手写数字数据集	load_digits()	分类	5620*64

图 16.6　小数据集

Sklearn 还包括 4 个大数据集，大数据集的名称、调用方式、适用范围和数据规模如图 16.7 所示。

大数据集	Olivetti脸部图像数据集	fetch_olivetti_faces()	降维	400*64*64
	新闻分类数据集	fetch_20newsgroups()	分类	-
	带标签的人脸数据集	fetch_lfw_people()	分类；降维	-
	路透社新闻语料数据集	fetch_rcv1()	分类	804414*47236

图 16.7　大数据集

提醒：小数据集可以直接使用，大数据集在第一次使用时会自动下载。

本章主要运用的是 iris 数据集，其中文名是安德森鸢尾花卉数据集，英文全称是 Anderson’s Iris data set。iris 包含 150 个样本，对应数据集的每行数据。每行数据包含每个样本的四个特征和样本的类别信息，所以 iris 数据集是一个 150 行 5 列的二维表。

通俗地说，iris 数据集是用来给花做分类的数据集，每个样本包含花萼长度、花萼宽度、花瓣长度、花瓣宽度四个特征（前四列），我们需要建立一个分类器，分类器可以通过样本的四个特征来判断样本属于山鸢尾、变色鸢尾还是维吉尼亚鸢尾（这三个名词都是花的品种）。

iris 的每个样本都包含了品种信息，即目标属性（第 5 列，也叫 target 或 label）。iris 数据集格式如图 16.8 所示。

花萼长度 ◆	花萼宽度 ◆	花瓣长度 ◆	花瓣宽度 ◆	属种 ◆
5.1	3.5	1.4	0.2	*setosa*
4.9	3.0	1.4	0.2	*setosa*
4.7	3.2	1.3	0.2	*setosa*
4.6	3.1	1.5	0.2	*setosa*
5.0	3.6	1.4	0.2	*setosa*
5.4	3.9	1.7	0.4	*setosa*
4.6	3.4	1.4	0.3	*setosa*
5.0	3.4	1.5	0.2	*setosa*

图 16.8　iris 数据集格式

16.4　决策树机器学习算法

决策树是一种非参数的监督性机器学习方法。它可以用来做分类判断和回归预测。决策树的基本原理是通过学习现有数据的特征，得到简单的决策规律，再根据这些决策规律对目标进行判断。

16.4.1　决策树的组成

决策树由 3 部分组成，分别是决策点、状态节点、结果节点，如图 16.9 所示。

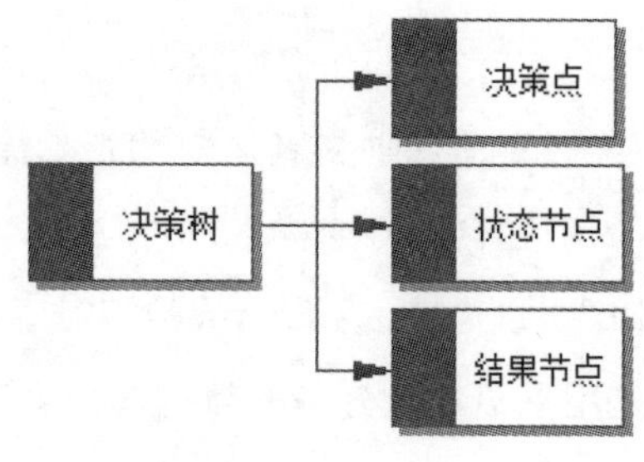

图 16.9 决策树

1. 决策点

决策点，是对几种可能方案的选择，即最后选择的最佳方案。如果决策属于多级决策，则决策树的中间可以有多个决策点，以决策树根部的决策点为最终决策方案。

2. 状态节点

状态节点，又称分叉点，代表备选方案的经济效果（期望值），通过各状态节点的经济效果的对比，按照一定的决策标准就可以选出最佳方案。由状态节点引出的分枝称为概率枝，概率枝的数目表示可能出现的自然状态数目每个分枝上要注明该状态出现的概率。

3. 结果节点

结果节点，又称叶节点，将每个方案在各种自然状态下取得的损益值标注于结果节点的右端。

16.4.2 决策树的优点

决策树的优点具体如下：

第一，决策树易于理解和实现。在学习决策树过程中，不需要了解很多的背景知识，就可以明白决策树是什么意思。另外，决策树能够直接体现数据的特点，通过解释说明，就能理解决策树所表达的意义。

第二，对于决策树，数据的准备往往是简单或者是不必要的，而且能够同时处理数据型和常规型属性，在相对短的时间内能够对大型数据源做出可行且效果良好的结果。

第三，易于通过静态测试来对模型进行评测，可以测定模型可信度；如果给定一个观察的模型，那么根据所产生的决策树很容易推出相应的逻辑表达式。

16.4.3 决策树的缺点

决策树的缺点具体如下：

第一，对连续性的字段比较难预测。

第二，对有时间顺序的数据，需要很多预处理的工作。

第三，当类别太多时，错误可能就会增加得比较快。

第四，每次只会根据单一特征划分数据，不会根据数据组合划分。

16.4.4 利用 Python 代码实现决策树

单击“开始”菜单，打开 Python 3.7.4 Shell 软件，然后单击菜单栏中的“File/New File”命令，创建一个 Python 文件，并命名为“Python16−1.py”，然后输入如下代码：

```
# 导入 iris 数据集和决策树
from sklearn.datasets import load_iris
from sklearn import tree
#load_iris 是 sklearn 的测试数据，在这用来做决策树
iris = load_iris()
# 建立最大深度为 5 的决策树，并用测试数据来训练这棵树
clf = tree.DecisionTreeClassifier(max_depth = 5)
clf = clf.fit(iris.data, iris.target)
# 假设要预测第 90 个样本的值
sample_idx = 89
# 第 90 个样本的各个属性，在这可以看到有 4 个属性
print(" 第 90 个样本的各个属性 :",iris.data[sample_idx])
prediction = clf.predict(iris.data[sample_idx:sample_idx+1])
print(" 预测第 90 个样本属于哪一类: ",prediction)
truth = iris.target[sample_idx]
print(" 实际上第 90 个样本是哪一类: ",truth)
if prediction==truth :
    print(" 决策树机器算法预测正确！ ")
else:
    print(" 决策树机器算法预测错误！ ")
```

首先从 sklearn 包中导入 iris 数据集和决策树，然后利用 load_iris() 获得测试数据；接着建立决策树分类器，并利用测试数据来训练这棵树。

在这时要预测第 90 个样本的值，所以首先看一下第 90 个样本的各个属性，然后利用决策树预测属于哪一类；然后再看一下第 90 个样本实际是哪一类，如果与预测一样，就会显示“决策树机器算法预测正确！”，否则就会显示“决策树机器算法预测错误！”。

单击菜单栏中的“Run/Run Module”命令或按下键盘上的“F5”，就可以运行程序代码，结果如图 16.10 所示。

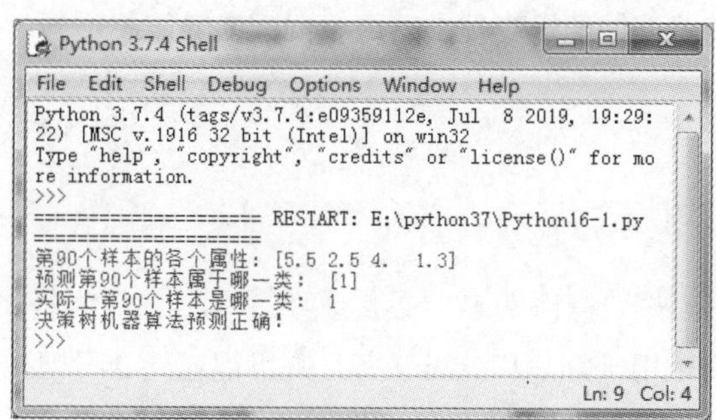

图 16.10 利用 Python 代码实现决策树

在这里可以看到第 90 个样本的值，即花萼长度为 5.5、花萼宽度为 2.5、花瓣长度为 4.0、花瓣宽度为 1.3。

预测第 90 个样本属于变色鸢尾。需要注意，0 表示山鸢尾；1 表示变色鸢尾；2 表示维吉尼亚鸢尾。

实际上第 90 个样本也属于 1，即变色鸢尾。这样就会显示决策树机器算法预测正确！

16.5 随机森林机器学习算法

下面来讲解一下随机森林机器学习算法。

16.5.1 随机森林的构建

随机森林的构建有两个方面，分别是数据的随机选取和决策点的随机选取

1. 数据的随机选取

第一，从初始的数据集中采取有放回的抽样，构造子数据集，子数据集的数据量是和初始数据集相同的。需要注意的是，不同子数据集的元素可以重复，同一个子数据集中的元素也可以重复。

第二，利用子数据集来构造子决策树，将这个数据放到每个子决策树中，每个子决策树输出一个结果。

第三，如果有了新的数据需要通过随机森林得到分类结果，就可以通过对子决策树的判断结果的投票，得到随机森林的输出结果。

2. 决策点的随机选取

与数据集的随机选取相似，随机森林中的子决策树的每一个分裂过程并未用到所有的决策点，而是从所有的决策点中随机选取一定的决策点，之后在随机选取的决策点中选取最优的决策点。这样能够使得随机森林中的决策树都能够彼此不同，提升系统的多样性，从而提升分类性能。

16.5.2 随机森林的优缺点

随机森林的优点有三项，具体如下：

第一，随机森林可以用于回归和分类任务，并且很容易查看模型的输入特征的相对重要性。

第二，随机森林是一种非常方便且易于使用的算法，因为在默认参数情况下就会产生一个很好的预测结果。

第三，机器学习中的一个重大问题是过度拟合，但大多数情况下随机森林分类器不会出现过度拟合，因为只要森林中有足够多的树，分类器就不会出现过度拟合模型。

随机森林的缺点在于使用大量的树会使算法变得很慢，并且无法做到实时预测。一般来讲，这些算法训练速度很快，预测却十分缓慢。越准确地预测需要越多的树，这将导致模型很慢。

16.5.3 随机森林的应用范围

随机森林算法可被用于很多不同的领域，如银行、股票市场、医药和电子商务。 在银行领域，它通常被用来检测那些比普通人更高频率使用银行服务的客户，并及时偿还他们的债务。同时，它也会被用来检测那些想诈骗银行的客户。在金融领域，它可用于预测未来股票的趋势。在医疗保健领域，它可用于识别药品成分的正确组合，分析患者的病史以识别疾病。除此之外，在电子商务领域中，随机森林可以被用来确定客户是否真的喜欢某个产品。

16.5.4 利用 Python 代码实现随机森林

单击“开始”菜单，打开 Python 3.7.4 Shell 软件，然后单击菜单栏中的“File/New File”命令，创建一个 Python 文件，并命名为“Python16-2.py”，然后输入如下代码：

```
# 导入 iris 数据集
from sklearn.datasets import load_iris
from sklearn.ensemble import RandomForestClassifier    # 导入随机森林分类器
#load_iris 是 sklearn 的测试数据，在这用来做随机森林
iris = load_iris()
# 调用随机森林分类器
clf = RandomForestClassifier()
# 训练的代码
clf.fit(iris.data, iris.target)
# 假设要预测第 115 个样本的值
sample_idx = 114
# 第 115 个样本的各个属性，在这可以看到有 4 个属性
print(" 第 115 个样本的各个属性 :",iris.data[sample_idx])
prediction = clf.predict(iris.data[sample_idx:sample_idx+1])
print(" 预测第 115 个样本属于哪一类： ",prediction)
truth = iris.target[sample_idx]
print(" 实际上第 115 个样本是哪一类： ",truth)
if prediction==truth :
    print(" 随机森林机器算法预测正确！ ")
else:
    print(" 随机森林机器算法预测错误！ ")
```

单击菜单栏中的“Run/Run Module”命令或按下键盘上的“F5”，就可以运行程序代码，结果如图 16.11 所示。

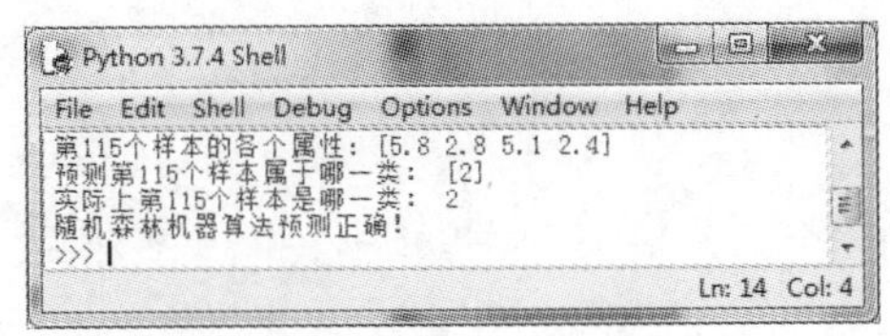

图 16.11 利用 Python 代码实现决策树

在这里可以看到第 115 个样本的值，即花萼长度为 5.8、花萼宽度为 2.8、花瓣长度为 5.1、花瓣宽度为 2.4。

预测第 115 个样本属于维吉尼亚鸢尾。需要注意，0 表示山鸢尾；1 表示变色鸢尾；2 表示维吉尼亚鸢尾。

实际上第 90 个样本也属于 2，即维吉尼亚鸢尾。这样就会显示随机森林机器算法预测正确。

16.6 支持向量机（SVM）机器学习算法

支持向量机（SVM）是一个有监督的机器学习模型，通常用来进行模式识别、分类以及回归分析。

16.6.1 支持向量机（SVM）的工作原理

下面我们用图形演示来说明，如何找出正确的超平面。

第一种情况：图 16.12 中有三个超平面，即 A、B 和 C；那么其中哪个是正确的边界呢？需要记住的是，支持向量机 (SVM) 选择的是能分类两种数据的决策边界。很显然，相比 A 和 C，B 更好地分类了圆和星，所以 B 是正确的超平面。

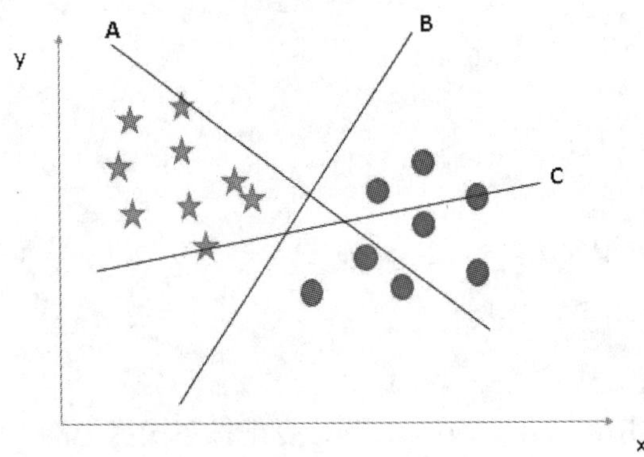

图 16.12 第一种情况的超平面

第二种情况：图 16.13 中同样有 A、B、C 三个超平面，和第一种情况不同，这次三个超平面都很好地完成了分类，那么其中哪个是正确的超平面呢？

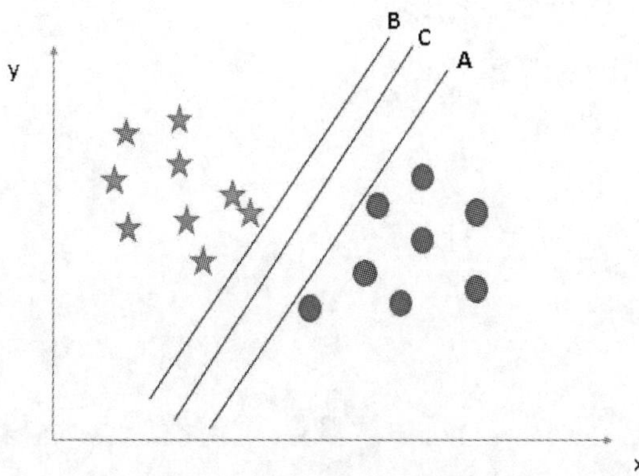

图 16.13　第二种情况的超平面

对此，我们需要修改一下之前的描述：SVM 选择的是能更好地分类两种数据的决策边界。在这里可以看到，无论是星还是圆，它们到 C 的距离都是最远的，因此 C 就是我们要找的最佳决策边界。

> **提醒**：为什么要选择边距更远的超平面，这是因为这样的超平面更稳健，容错率更高。如果选择 A 或 B，那么后期继续输入样本，它们发生错误分类的可能性会更高。

第三种情况：这里我们先看图 16.14，试着用第二种情况的结论做出选择。

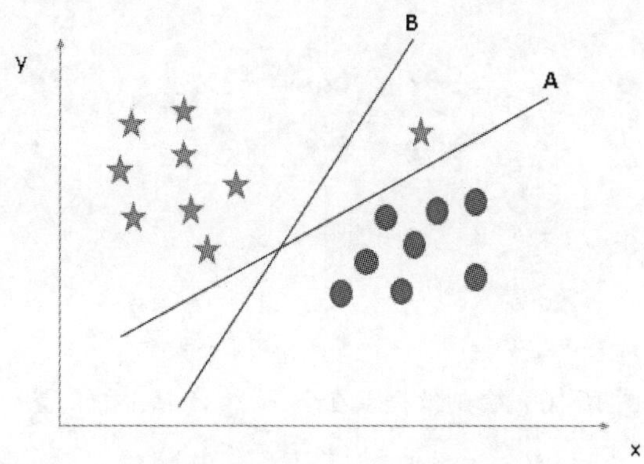

图 16.14　第三种情况的超平面

也许你会选择 B，因为两类数据和它的边距较 B 更远。但是其中有个问题，就是 B 没有正确分类，而 A 正确分类了。那么在 SVM 算法中，正确分类和最大边距究竟那个重要呢？很显然，SVM 首先考虑的是正确分类，其次才是优化数据到决策边界的距离。所以第三种情况的正确超平面是 A，而不是 B。

16.6.2 核函数

前面讲的都是在原始特征的维度上，能直接找到一条超平面将数据完美的分成两类的情况，但如果找不到呢？这就要引入核函数。

图 16.15 该如何找超平面呢？

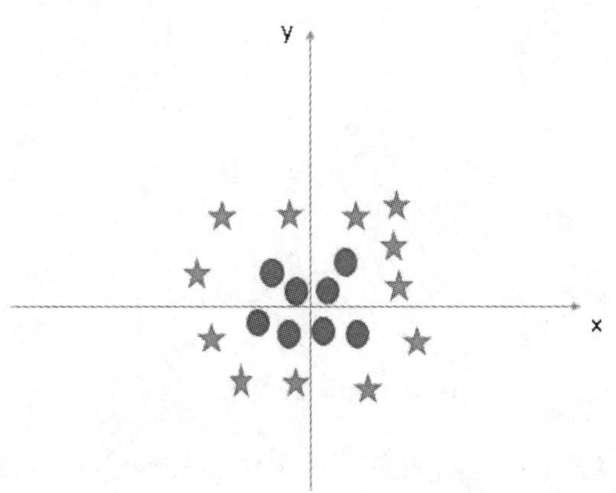

图 16.15 找不到一条超平面将数据完美的分成两类的情况

图 16.15 中目前只有 X 和 Y 两个特征，为了分类，我们可以添加一个新的特征，Z = X2 + Y2，并绘制数据点在 X 轴和 Z 轴上的位置，如图 16.16 所示。

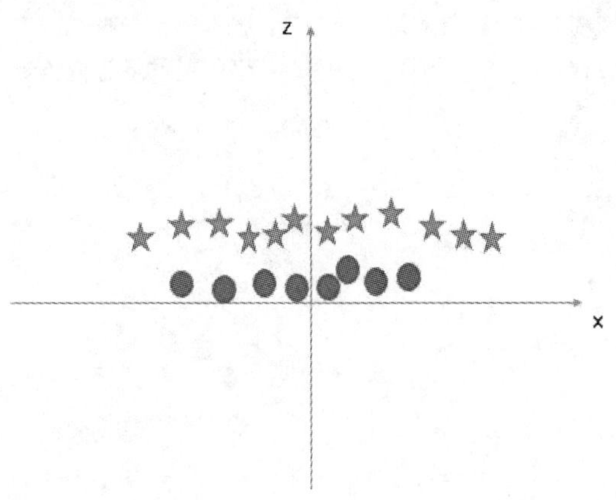

图 16.16 绘制数据点在 X 轴和 Z 轴上的位置

数据点被“震起来”后，星和圆在 Z 轴上出现了一个清晰的决策边界，它在图 16.16 中表示为一条二维的线，这里有几个注意点：

第一，Z 的所有值都是正的，因为它是 X 和 Y 的平方和。

第二，在原图 16.15 中，圆的分布比星更靠近坐标轴原点，这也是它们在 Z 轴上的值较低的原因。

在 SVM 中，我们通过增加空间维度能很轻易地在两类数据间获得这样的线性超平面，但另一个亟待解决的问题是，像 Z = X2 + Y2 这样的新特征是不是都得由我们手动设计？答案是不需要的，SVM 中有一种名为 kernel 的函数，它们能把低维输入映射进高维空间，把原本线性不可分的数据变为线性可分，我们也称它们为核函数。

> **提醒**：核函数主要用于非线性分离问题。简而言之，它会自动执行一些非常复杂的数据转换，然后根据你定义的标签或输出找出分离数据的过程。

当我们把数据点从三维压缩回二维后，这个超平面就成为一个圆圈，如图 16.17 所示。

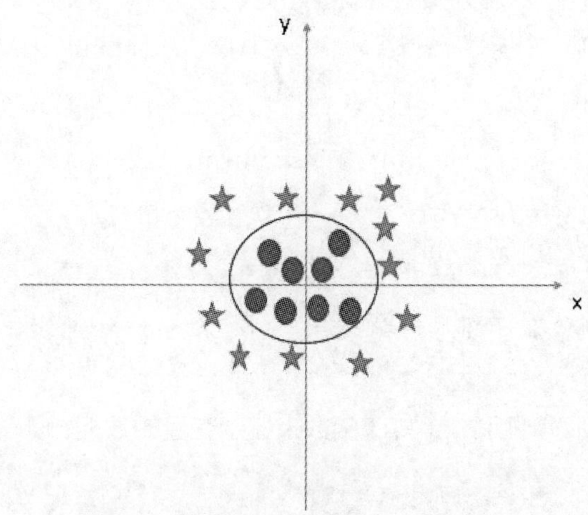

图 16.17　超平面就成为一个圆圈

16.6.3　支持向量机（SVM）的优点

支持向量机（SVM）的优点有 4 项，具体如下：

第一，支持向量机（SVM）效果很好，分类边界清晰。

第二，支持向量机（SVM）在高维空间中特别有效。

第三，支持向量机（SVM）在空间维数大于样本数的情况下很有效。

第四，支持向量机（SVM）使用的是决策函数中的一个训练点子集（支持向量），所以占用内存小，效率高。

16.6.4　支持向量机（SVM）的缺点

支持向量机（SVM）的缺点有 3 项，具体如下：

第一，如果数据量过大，或者训练时间过长，支持向量机（SVM）会表现不佳。

第二，如果数据集内有大量噪声，支持向量机（SVM）效果不好。

第三，支持向量机（SVM）不直接计算提供概率估计，所以我们要进行多次交叉验证，代价过高。

16.6.5 利用 Python 代码实现支持向量机（SVM）

单击“开始”菜单，打开 Python 3.7.4 Shell 软件，然后单击菜单栏中的“File/New File”命令，创建一个 Python 文件，并命名为“Python16-3.py”。首先导入需要的数据包，具体代码如下：

```
    import numpy as np                        # 导入 Numpy 函数包并指定导入包的别名为 np
    import matplotlib.pyplot as plt           # 导入 matplotlib.pyplot 函数包并指定导入包的别名为 plt
    from sklearn import svm, datasets         # 从 sklearn 中导入 svm 包和 datasets 包，其中 svm 包为支持向量机，而 datasets 为数据集包
```

然后定义三个变量，分别为 iris、X、y。其中 iris 为 load_iris 测试数据；X 为数据 iris 的前两项属性，即花萼长度、花萼宽度；y 为数据 iris 的第 5 项属性，即花的类型，其中 0 表示 setosa，1 表示 versicolour，2 表示 virginica。

```
    #load_iris 是 sklearn 的测试数据，在这用来做支持向量机
    iris = datasets.load_iris()
    # 变量 X 为数据 iris 的前两项属性，即花萼长度、花萼宽度
    X = iris.data[:, :2]
    # 变量 y 为数据 iris 的第 5 项属性，即花的类型，其中 0 表示 setosa,1 表示 versicolour,2 表示 virginica
    y = iris.target
```

为了测试效果，可以利用 pint 打印函数来显示变量的数据，即输入如下代码：

```
    print(y)
    print(X)
```

单击菜单栏中的“Run/Run Module”命令或按下键盘上的“F5”，就可以运行程序代码，结果如图 16.18 所示。

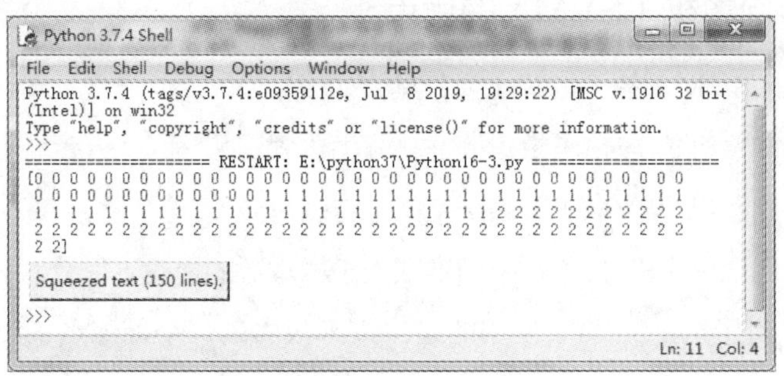

图 16.18　变量 X 和 y 的数据信息

接下来调用支持向量机分类器，然后进行训练，其中 X，y 分别为训练集和训练集的标签，具体代码如下：

```
    # 调用支持向量机分类器
    svc = svm.SVC(C=1,kernel='poly', gamma=1)
    # 进行支持向量机模型的训练，其中 X, y 分别为训练集和训练集的标签
    svc.fit(X, y)
```

支持向量机函数 SVC 的语法结构如下：

```
    SVC(C=1, cache_size=200, class_weight=None, coef0=0.0,
```

```
    decision_function_shape=None, degree=3, gamma=1, kernel='poly',
    max_iter=-1, probability=False, random_state=None, shrinking=True,
tol=0.001, verbose=False)
```

支持向量机函数 SVC 共有 14 个可选参数，下面讲解几个重点参数的意义：

C：惩罚参数，默认值是 1.0。C 越大，对错误分类的惩罚越大，趋向于对训练集全分对的情况，这样对训练集测试时准确率很高，但泛化能力弱。C 值越小，对错误分类的惩罚越小，允许容错，将它们当成噪声点，泛化能力较强。

kernel：核函数，默认是 rbf，可以是 linear（线性核函数）、poly（多项式核函数）、rbf（高斯核函数）。

gamma：核函数参数。gamma 值越高，模型就会更努力地拟合训练数据集，所以它是导致过度拟合的一个重要原因。

接下来定义坐标向量变量，再转化为坐标矩阵，即转化为输出图形的坐标，具体代码如下：

```
# 变量 x_min 为数据 iris 的前 1 项属性的最小值减 1
x_min = X[:, 0].min() - 1
# 变量 x_max 为数据 iris 的前 1 项属性的最大值加 1
x_max = X[:, 0].max() + 1
# 变量 y_min 为数据 iris 的前 2 项属性的最小值减 1
y_min = X[:, 1].min() - 1
# 变量 y_max 为数据 iris 的前 2 项属性的最大值加 1
y_max = X[:, 1].max() + 1
h = (x_max / x_min)/100
# 从坐标向量返回坐标矩阵
xx, yy = np.meshgrid(np.arange(x_min, x_max, h), np.arange(y_min, y_max, h))
```

接着，利用 subplot() 函数在同一图中绘制不同的图形，并定义变量 Z 为 svc 的预测结果，然后调用 plt.contourf 对等高线间的填充区域进行填充（使用不同的颜色），最后调用 plt.scatter 绘制散点图，具体代码如下：

```
plt.subplot(1, 1, 1)
# 变量 z 为 svc 的预测结果
Z = svc.predict(np.c_[xx.ravel(), yy.ravel()])
Z = Z.reshape(xx.shape)
# 调用 plt.contourf 对等高线间的填充区域进行填充（使用不同的颜色）
plt.contourf(xx, yy, Z, cmap=plt.cm.Paired, alpha=0.6)
# 调用 plt.scatter 绘制散点图
plt.scatter(X[:, 0], X[:, 1], c=y, cmap=plt.cm.Paired)
plt.show()
```

单击菜单栏中的“Run/Run Module”命令或按下键盘上的“F5”，就可以运行程序代码，结果如图 16.19 所示。

在图 16.19 中，支持向量机的核函数为 poly（多项式核函数），下面修改核函数为 linear（线性核函数），具体修改代码如下：

```
svc = svm.SVC(C=1,kernel='linear', gamma=1)
```

单击菜单栏中的“Run/Run Module”命令或按下键盘上的“F5”，就可以运行程序代码，结果如图 16.20 所示。

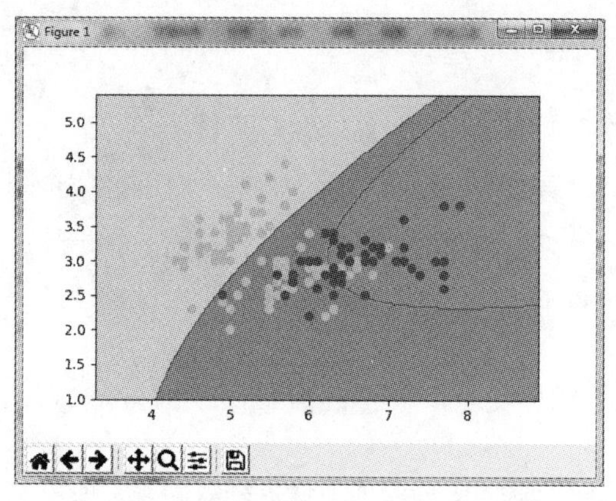

图 16.19 支持向量机的分类效果

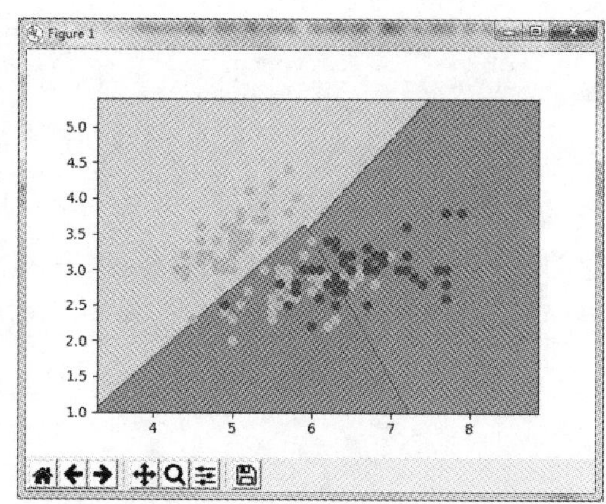

图 16.20 核函数为 linear（线性核函数）

下面修改核函数为 rbf（高斯核函数），具体修改代码如下：

```
svc = svm.SVC(C=1,kernel='rbf', gamma=1)
```

单击菜单栏中的“Run/Run Module”命令或按下键盘上的“F5”，就可以运行程序代码，结果如图 16.21 所示。

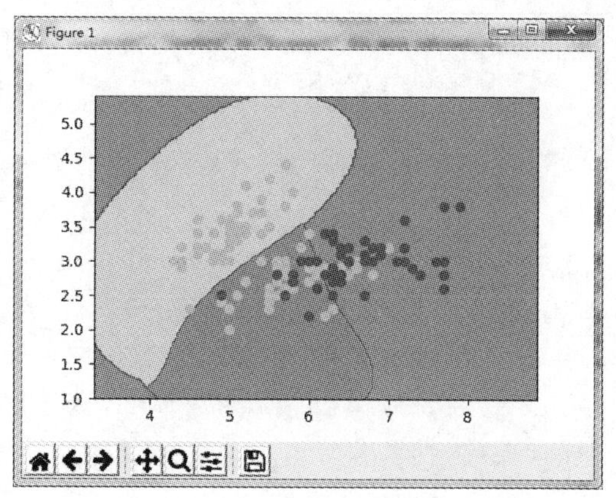

图 16.21 核函数为 rbf（高斯核函数）

16.7 朴素贝叶斯机器学习算法

在实际生活中，我们经常利用观测现象推测现象背后的原因。例如，我们看到草地湿了，就会判断是不是下雨导致的；今天的交易量大增，就会判断是不是有新资金入场、还是存量资金雄起了一把；去医院体检，检查结果为阳性，是因为真的得病了，还是因为医院的误诊。朴素贝叶斯算法可以利用历史数据的分布，给你一个最有可能的结果，使你犯错误的概率最小化。

16.7.1 朴素贝叶斯的算法思想

朴素贝叶斯的思想是这样的：

如果一个事物在一些属性条件发生的情况下，事物属于 A 的概率 > 属于 B 的概率，则判定事物属于 A

例如，你在商店上看到一个黑人，我让你猜这黑人是从哪里来的，你十有八九会猜来自非洲。为什么呢？

在你的脑海中，有这么一个判断流程：

第一，这个人的肤色是黑色（特征）；

第二，黑色人种是非洲人的概率最高（条件概率：黑色条件下是非洲人的概率）；

第三，没有其他辅助信息的情况下，最好的判断就是非洲人。

这就是朴素贝叶斯的思想基础。

再如，如果在大街上看到一个黑人讲英语，那你是怎么去判断他来自哪里？

首先，提取特征，具体如下：

肤色：黑

语言：英语

然后判断，黑色人种来自非洲的概率为 80%；黑色人种讲英语来自美国的概率为 20%。

接着判断，讲英语的黑人来自非洲的概率为 10%；讲英语的人来自美国的概率为 90%。

在我们的自然思维方式中，就会这样判断：

这个人来自非洲的概率：80% × 10% = 0.08

这个人来自美国的概率：20% × 90% =0.18

你的判断结果就是：这个人来自美国。

16.7.2 朴素贝叶斯的算法步骤

朴素贝叶斯的算法步骤具体如下：

第一，分解各类先验样本数据中的特征；

第二，计算各类数据中各特征的条件概率；（例如：特征 1 出现的情况下，属于 A 类的概率 p(A| 特征 1)，属于 B 类的概率 p(B| 特征 1)，属于 C 类的概率 p(C| 特征 1)……）

第三，分解待分类数据中的特征（特征 1、特征 2、特征 3、特征 4……）

第四，计算各特征的各条件概率的乘积，如下所示：

判断为 A 类的概率：p(A| 特征 1) × p(A| 特征 2) × p(A| 特征 3) × p(A| 特征 4)……

判断为 B 类的概率：p(B| 特征 1) × p(B| 特征 2) × p(B| 特征 3) × p(B| 特征 4)……

判断为 C 类的概率：p(C| 特征 1) × p(C| 特征 2) × p(C| 特征 3) × p(C| 特征 4)……

……

第五，结果中的最大值就是该样本所属的类别。

16.7.3 朴素贝叶斯的优缺点

朴素贝叶斯的优点有三项，具体如下：

第一，算法简单，有稳定的分类效率。

第二，对小规模的数据表现很好，能处理多分类任务，适合增量式训练，尤其是数据量超出内存时，你可以一批批地去增量训练。

第三，对缺失数据不太敏感。

朴素贝叶斯的缺点有两项，具体如下：

第一，朴素贝叶斯的假设如果与实际情况不符，会影响模型效果。

第二，输入特征数据的表现形式，比如是连续特征，离散特征还是二元特征，会影响概率计算和模型的分类效果。

16.7.4 利用 Python 代码实现高斯朴素贝叶斯

朴素贝叶斯有三种，分别是高斯朴素贝叶斯、多项式分布朴素贝叶斯、伯努力朴素贝叶斯。下面先来讲解高斯朴素贝叶斯。

有些特征可能是连续型变量，例如人的身高，物体的长度，这些特征可以转换成离散型的值，假如身高在 160cm 以下，特征值为 1；在 160cm 和 170cm 之间，特征值为 2；在 170cm 之上，特征值为 3。也可以这样转换，将身高转换为 3 个特征，分别是 f1、f2、f3，如果身高是 160cm 以下，这三个特征的值分别是 1、0、0，若身高在 170cm 以上，这三个特征的值分别是 0、0、1。不过这些方式都不够细腻，高斯模型可以解决这个问题，即高斯模型假设这些一个特征的所有属于某个类别的观测值符合高斯分布。

单击“开始”菜单，打开 Python 3.7.4 Shell 软件，然后单击菜单栏中的“File/New File”命令，创建一个 Python 文件，并命名为“Python16-4.py”。首先导入需要的数据包，具体代码如下：

```
import numpy as np                              # 导入 Numpy 函数包并指定导入包的别名为 np
from sklearn import datasets                    # 导入包中的数据
from sklearn.naive_bayes import GaussianNB          # 导入高斯朴素贝叶斯算法
```

然后定义三个变量，分别为 iris、x、y。其中 iris 为 load_iris 测试数据；x 为数据 iris 的前 4 项属性，即花萼长度、花萼宽度、花瓣长度、花瓣宽度；y 为数据 iris 的第 5 项属性，即花的类型，其中 0 表示 setosa,1 表示 versicolour,2 表示 virginica，具体代码如下：

```
iris = datasets.load_iris()                     #load_iris 是 sklearn 的测试数据，在这用来
做高斯朴素贝叶斯
```

```
    # 变量 X 为数据 iris 的前 4 项属性，即花萼长度、花萼宽度、花瓣长度、花瓣宽度
    x = iris.data
    # 变量 y 为数据 iris 的第 5 项属性，即花的类型，其中 0 表示 setosa,1 表示 versicolour,2 表示
virginica
    y = iris.target
```

接下来调用高斯朴素贝叶斯分类器，然后进行训练，其中 x，y 分别为训练集和训练集的标签，具体代码如下：

```
    # 调用高斯朴素贝叶斯分类器
    clf=GaussianNB()
    # 进行训练，其中 x， y 分别为训练集和训练集的标签
    clf.fit(x,y)
```

然后自定义一个数据变量，并利用高斯朴素贝叶斯分类器判断该数据属于哪种花的类型，具体代码如下：

```
    # 变量 data 为 numpy 数据
    data=np.array([6,4,6,2])
    # 预测 data 数据属于花的哪个类型
    print(clf.predict(data.reshape(1,-1)))
```

单击菜单栏中的“Run/Run Module”命令或按下键盘上的“F5”，就可以运行程序代码，结果如图 16.22 所示。

在这里可以看到 data 数据，即 [6,4,6,2]，属于 2 表示 virginica。

下面再来预测 iris 中的第 1 个数据、第 60 个数据、第 140 个数据分别属于哪种花的类型，具体代码如下：

```
    print("预测 iris 中第 1 个数据、第 60 个数据、第 140 个数据分别属于哪种花的类型")
    # 预测 iris 中第 1 个数据属于花的哪种类型
    print(clf.predict(iris.data[0].reshape(1,-1)))
    # 预测 iris 中第 60 个数据属于花的哪种类型
    print(clf.predict(iris.data[59].reshape(1,-1)))
    # 预测 iris 中第 140 个数据属于花的哪种类型
    print(clf.predict(iris.data[139].reshape(1,-1)))
```

单击菜单栏中的“Run/Run Module”命令或按下键盘上的“F5”，就可以运行程序代码，结果如图 16.23 所示。

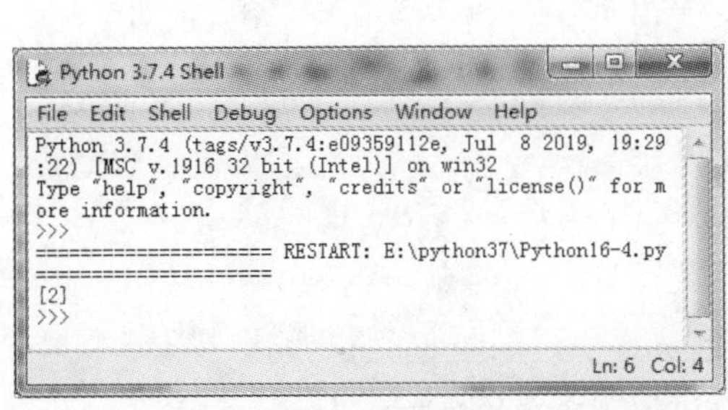

图 16.22　预测 data 数据属于花的哪种类型

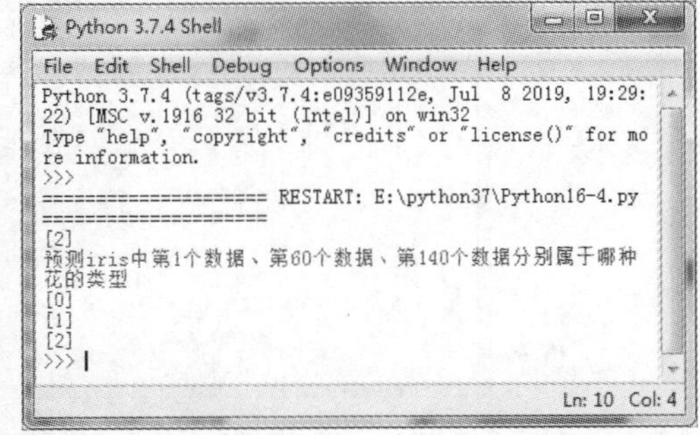

图 16.23　预测 iris 中第 1 个数据、第 60 个数据、第 140 个数据分别属于哪种花的类型

在这里可以看到，预测 iris 中第 1 个数据为 0 表示 setosa；预测 iris 中第 60 个数据

为 1 表示 versicolour，预测 iris 中第 140 个数据为 2 表示 virginica。与 iris 中的实际数据对比，会发现预测都正确。

16.7.5 利用 Python 代码实现多项式分布朴素贝叶斯

多项式分布朴素贝叶斯模型常用于文本分类，特征是单词，值是单词出现的次数。

单击“开始”菜单，打开 Python 3.7.1 Shell 软件，然后单击菜单栏中的“File/New File”命令，创建一个 Python 文件，并命名为“Python10–5.py”。首先导入需要的数据包，具体代码如下：

```
#导入 Numpy 函数包并指定导入包的别名为 np
import numpy as np
#导入多项式分布朴素贝叶斯
from sklearn.naive_bayes import MultinomialNB
```

接下来定义变量 X，并为其赋值为 9 行 80 列二维数组，数组中元素大小为 0~9 之间的随机数，具体代码如下：

```
X = np.random.randint(10, size=(9, 80))
print(X)
```

单击菜单栏中的“Run/Run Module”命令或按下键盘上的“F5”，就可以运行程序代码，结果如图 16.24 所示。

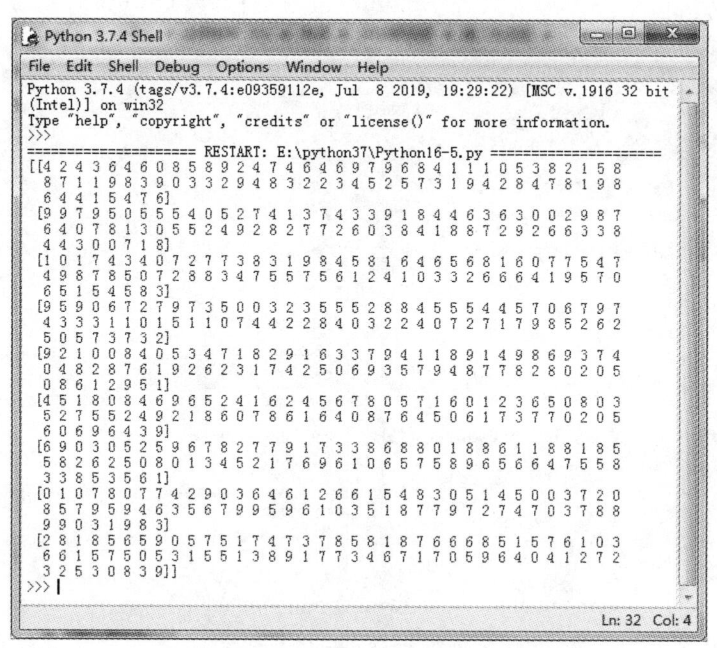

图 16.24 查看 9 行 80 列二维数组中的数据

然后定义变量 y，并为其赋值为一维数组，数组元素为 1~9，接着调用多项式朴素贝叶斯分类器，进行训练，其中 x，y 分别为训练集和训练集的标签，具体代码如下：

```
# 变量 y 为一维数组，数组元素为 1~9
y = np.array([1, 2, 3, 4,5,6,7,8,9])
# 调用多项式朴素贝叶斯分类器
clf = MultinomialNB()
# 进行训练，其中 x, y 分别为训练集和训练集的标签
clf.fit(X, y)
```

多项式朴素贝叶斯的语法格式如下：

```
MultinomialNB(alpha=1.0, class_prior=None, fit_prior=True)
```

各项参数意义如下：

```
alpha：平滑参数（0 表示没有平滑），默认值为 1。
class_prior：是否指定类的先验概率。
fit_prior：是否要学习类的先验概率。如果为假，则使用统一先验概率。
```

最后预测数据，并显示预测准确率，具体代码如下：

```
# 预测 X[4:5] 的标签，即属于第几行
print(clf.predict(X[4:5]))
# 显示预测准确率
print("预测准确率 :" + str(clf.score(X,y)))
```

单击菜单栏中的“Run/Run Module”命令或按下键盘上的“F5”，就可以运行程序代码，结果如图 16.25 所示。

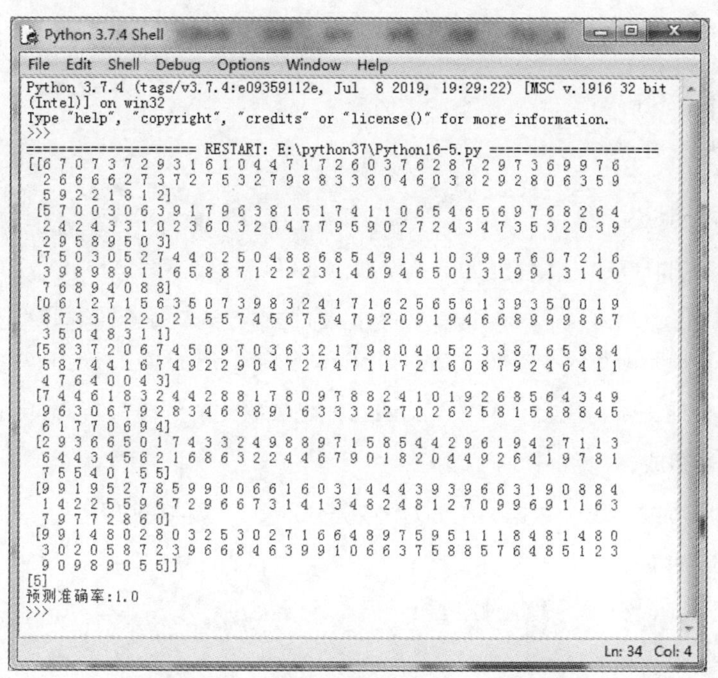

图 16.25　预测数据并显示预测准确率

在这里可以看到，预测数据 X[4:5] 属于第 5 行，这与实际情况一致，即预测正确。并且在这里可以看到，预测准确率为 100%。

16.7.6 利用 Python 代码实现伯努力朴素贝叶斯

在伯努力朴素贝叶斯模型中，每个特征的取值是布尔型的，即true和false，或者1和0。

单击“开始”菜单，打开 Python 3.7.4 Shell 软件，然后单击菜单栏中的“File/New File”命令，创建一个 Python 文件，并命名为“Python16-6.py”。首先导入需要的数据包，具体代码如下：

```
import numpy as np                              # 导入 Numpy 函数包并指定导入包的别名为 np
from sklearn import datasets                    # 导入包中的数据
from sklearn.naive_bayes import BernoulliNB        # 导入伯努力朴素贝叶斯算法
```

然后定义三个变量，分别为 iris、X、y。其中 iris 为 load_iris 测试数据；X 为数据 iris 的前 2 项属性，即花萼长度、花萼宽度；y 为数据 iris 的第 5 项属性，即花的类型，其中 0 表示 setosa，1 表示 versicolour，2 表示 virginica。

```
#load_iris 是 sklearn 的测试数据，在这用来做伯努力朴素贝叶斯
iris = datasets.load_iris()
# 变量 X 为数据 iris 的前 4 项属性，即花萼长度、花萼宽度、花瓣长度、花瓣宽度
x = iris.data
# 变量 y 为数据 iris 的第 5 项属性，即花的类型，其中 0 表示 setosa,1 表示 versicolour,2 表示 virginica
y = iris.target
```

接下来调用伯努力朴素贝叶斯分类器，然后进行训练，其中 x，y 分别为训练集和训练集的标签，具体代码如下：

```
# 调用伯努力朴素贝叶斯分类器
clf= BernoulliNB()
# 进行训练，其中 x，y 分别为训练集和训练集的标签
clf.fit(x,y)
```

伯努力朴素贝叶斯的语法格式如下：

```
BernoulliNB(alpha=1.0, binarize=0.0, class_prior=None, fit_prior=True)
```

伯努力朴素贝叶斯有 4 个参数，其中 alpha、class_prior、fit_prior 与多项式分布朴素贝叶斯一样，这里不再重复。参数 binarize，是二值化的阈值，若为 None，则假设输入由二进制向量组成。

然后预测 iris 中第 1 个数据、第 80 个数据分别属于哪种花的类型，最后显示预测准确率，具体代码如下：

```
# 预测 iris 中第 1 个数据属于花的哪种类型
print(clf.predict(iris.data[0].reshape(1,-1)))
# 预测 iris 中第 80 个数据属于花的哪种类型
print(clf.predict(iris.data[79].reshape(1,-1)))
print(" 预测准确率 :" + str(clf.score(x,y)))
```

单击菜单栏中的“Run/Run Module”命令或按下键盘上的“F5”，就可以运行程序代码，结果如图 16.26 所示。

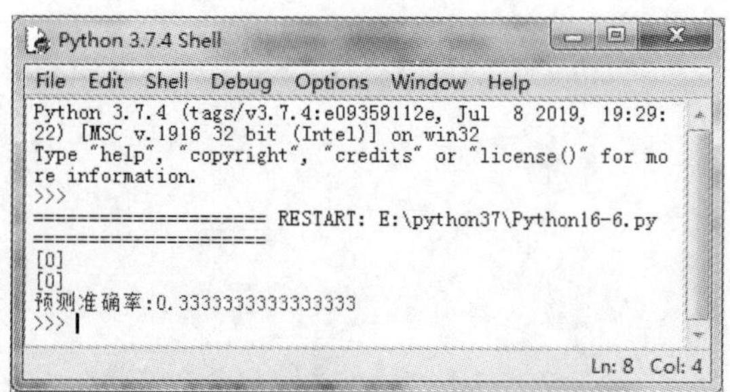

图 16.26　预测数据并显示预测准确率

在这里可以看到，预测 iris 中第 1 个数据为 0 表示 setosa；预测 iris 中第 80 个数据为 0 表示 setosa。这与 iris 中的实际数据对比，会发现预测 iris 中第 1 个数据正确；而预测 iris 中第 80 个数据错误。最后可以看到预测准确率为 33.33%。

第 17 章

Python 人工智能的应用

随着人工智能理论研究的发展和成熟,人工智能的应用领域更为宽广,应用效果更为显著。本章主要讲解人工智能在语音识别、启发式搜索、计算机视觉方面的应用。

本章主要内容包括:

- 什么是语音识别技术
- 语音识别系统的基本构成
- 利用 Python 实现音频信号的可视化和将时域信号转换为频域
- 利用 Python 生成单调音频信号和生成单调音频信号
- 利用 Python 代码实现语音的识别
- 什么是启发式搜索
- 约束满足解决的现实问题
- 实例:机器人玩硬币比赛
- 实例:机器人玩经典井字游戏
- 什么是计算机视觉及其要解决的经典问题
- OpenCV 包的安装
- 实例:读入图像并显示
- 色彩空间转换和边缘检测
- 人脸识别和眼睛识别

17.1 语音识别技术

语音识别通俗来讲就是让机器能听明白人在讲什么，即让机器有了听觉系统。近年来，语音识别技术发展很快，慢慢走进我们的日常生活的各个方面。

17.1.1 什么是语音识别技术

语音识别技术就是让机器通过识别和理解过程把语音信号转变为相应的文本或命令的技术。语音识别技术主要包括 3 个方面，分别是语音信号预处理与特征提取、声学模型与模式匹配、语言模型与语言处理，如图 17.1 所示。

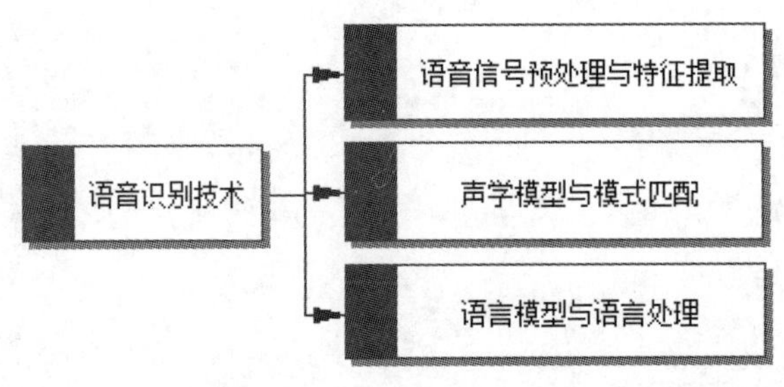

图 17.1 语音识别技术

1. 语音信号预处理与特征提取

选择识别单元是语音识别研究的第一步。语音识别单元有单词（句）、音节和音素三种，具体选择哪一种，由具体的研究任务决定。

（1）单词（句），广泛应用于中小词汇语音识别系统，但不适合大词汇系统，原因在于模型库太庞大，训练模型任务繁重，模型匹配算法复杂，难以满足实时性要求。

（2）音节，多见于汉语语音识别，主要因为汉语是单音节结构的语言，而英语是多音节，并且汉语虽然有大约 1300 个音节，但若不考虑声调，约有 408 个无调音节，数量相对较少。因此，对于中、大词汇量汉语语音识别系统来说，以音节为识别单元基本是可行的。

（3）音素，以前多见于英语语音识别的研究中，但目前中、大词汇量汉语语音识别系统也在越来越多地被采用。原因在于汉语音节仅由声母（包括零声母有 22 个）和韵母（共有 28 个）构成，且声韵母声学特性相差很大。实际应用中常把声母依后续韵母的不同而构成细化声母，这样虽然增加了模型数目，但提高了易混淆音节的区分能力。但由于协同发音的影响，音素单元不稳定，所以如何获得稳定的音素单元，还有待研究。

语音识别的一个根本的问题是合理的选用特征参数。特征参数提取的目的是对语音信号进行分析处理，去掉与语音识别无关的冗余信息，获得影响语音识别的重要信息，同时对语音信号进行压缩。

在实际应用中，语音信号的压缩率介于 10~100 之间。语音信号包含大量各种不同的信息，提取哪些信息，用哪种方式提取，需要综合考虑各方面的因素，如成本、性能，响应时间、计算量等。非特定人语音识别系统一般侧重提取反映语义的特征参数，尽量去除说话人的个人信息；而特定人语音识别系统则希望在提取反映语义的特征参数的同时，尽量也包含说话人的个人信息。

线性预测（LP）分析技术是目前应用比较广泛的特征参数提取技术，许多成功的应用系统都采用基于 LP 技术提取的倒谱参数。但线性预测模型是纯数学模型，没有考虑人类听觉系统对语音的处理特点。

Mel 参数和基于感知线性预测（PLP）分析提取的感知线性预测，在一定程度上模拟了人耳对语音的处理特点，应用了人耳听觉感知方面的一些研究成果。实验证明，采用这种技术，语音识别系统的性能有一定的提高。

2. 声学模型与模式匹配

声学模型通常是将获取的语音特征使用训练算法进行训练后产生。在识别时将输入的语音特征同声学模型（模式）进行匹配与比较，得到最佳的识别结果。

声学模型是识别系统的底层模型，并且是语音识别系统中最关键的一部分。声学模型的目的是提供一种有效的方法计算语音的特征矢量序列和每个发音模板之间的距离。声学模型的设计和语言发音特点密切相关。声学模型单元大小（字发音模型、半音节模型或音素模型）对语音训练数据量大小、系统识别率，以及灵活性有较大的影响。必须根据不同语言的特点、识别系统词汇量的大小决定识别单元的大小。

3. 语言模型与语言处理

语言模型包括由识别语音命令构成的语法网络或由统计方法构成的语言模型。语言处理可以进行语法、语义分析。

语言模型对中、大词汇量的语音识别系统特别重要。当分类发生错误时可以根据语言学模型、语法结构、语义学进行判断纠正，特别是一些同音字则必须通过上下文结构才能确定词义。语言学理论包括语义结构、语法规则、语言的数学描述模型等方面。目前比较成功的语言模型通常是采用统计语法的语言模型与基于规则语法结构命令的语言模型。语法结构可以限定不同词之间的相互连接关系，减少了识别系统的搜索空间，这有利于提高系统的识别能力。

17.1.2 语音识别系统的基本构成

语音识别系统的基本构成是：输入的模拟语音信号首先要进行预处理，包括预滤波、采样和量化、加窗、端点检测、预加重等。语音信号经过预处理后，接下来很重要的一环就是特征参数提取。

对特征参数的要求有三点，具体如下：

第一，提取的特征参数能有效地代表语音特征，具有很好的区分性。

第二，各阶参数之间有良好的独立性。

第三，特征参数要计算方便，最好有高效的计算方法，以保证语音识别的实时实现。

在训练阶段，将特征参数进行一定的处理之后，为每个词条得到一个模型，保存为模版库。

在识别阶段，语音喜好经过相同的通道得到语音参数，生成测试模版，与参考模版进行匹配，将匹配分数最高的参考模版作为识别结果。同时还可以在很多经验的帮助下，提高识别的准确率。

17.1.3 利用 Python 实现音频信号的可视化

创建语音识别系统的步骤如下：

第一，音频信号的可视化；

第二，将时域信号转换为频域；

第三，生成单调音频信号；

第四，语音特征提取；

第五，语音的识别。

音频信号的可视化，即从文件中读取语言信息并进行处理，是创建语音识别系统的第一步，因为它可以帮助你理解音频信号的结构。

处理音频信号，首先要有音频信息，所以需要利用麦克风录制。需要注意的是，用麦克风录音时，信号以数字形式存储。但为了解决这个问题，机器需要使用离散数字形式。因此，我们应该以某个频率进行采样，并将信号转换为离散数字形式。选择高频采样意味着当人类听到信号时，他们会感觉它是一个连续的音频信号。

单击“开始”菜单，打开 Python 3.7.4 Shell 软件，然后单击菜单栏中的“File/New File”命令，创建一个 Python 文件，并命名为“Python17-1.py”。首先导入所需要的包文件，具体代码如下：

```
import numpy as np
import matplotlib.pyplot as plt
from scipy.io import wavfile
```

接下来，读取存储的音频文件，它会返回两个值，分别是采样频率和音频信号，具体代码如下：

```
    frequency_sampling, audio_signal = wavfile.read("boy.wav")
```

在这里把声音文件与程序文件放在同一个文件夹中，所以这里可以直接读出。

接下来，显示音频文件的信息，即音频文件的信号形状、信号数据类型、信号持续时间，具体代码如下：

```
    print('信号形状：', audio_signal.shape)
    print('信号数据类型：', audio_signal.dtype)
    print('信号持续时间：', round(audio_signal.shape[0] /float(frequency_sampling),
2), '秒')
```

单击菜单栏中的“Run/Run Module”命令或按下键盘上的“F5”，就可以运行程序代码，结果如图 17.2 所示。

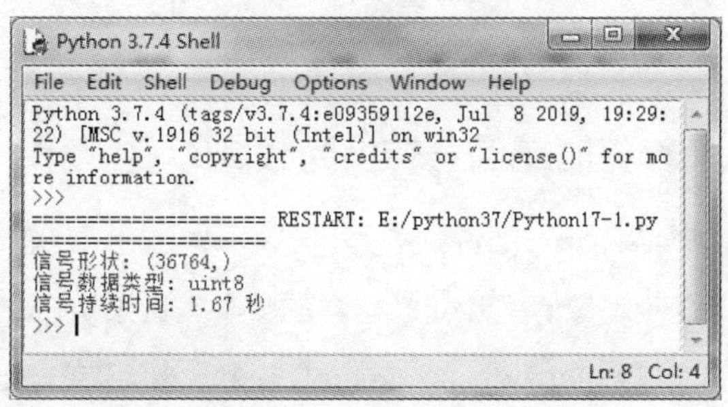

图 17.2　显示音频文件的信息

接下来，对信号进行标准化，具体代码如下：

```
    audio_signal = audio_signal / np.power(2, 15)
```

然后从音频信息中提取出前 150 个值，具体代码如下：

```
    signal = audio_signal [:150]
    time_axis = 1000 * np.arange(0, len(signal), 1) / float(frequency_sampling)
```

接下来，为了将音频信息可视化，由于这里要输出中文，所以还要添加中文乱码的处理代码，具体如下：

```
    #中文乱码的处理
    plt.rcParams['font.sans-serif'] =['Microsoft YaHei']
    #音频信息可视化
    plt.plot(time_axis, signal, color='red')
    plt.xlabel('时间(毫秒)')
    plt.ylabel('振幅')
    plt.title('输入音频信号')
    plt.show()
```

单击菜单栏中的“Run/Run Module”命令或按下键盘上的“F5”，就可以运行程序代码，结果如图 17.2 所示。

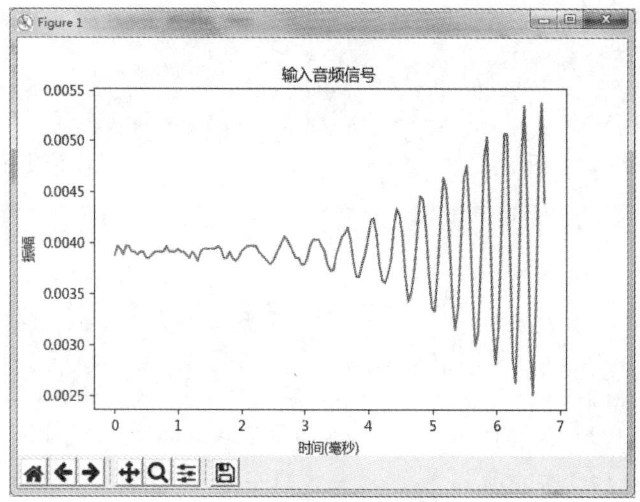

图 17.2　音频信号的可视化

17.1.4　利用 Python 将时域信号转换为频域

将时域信号转换为频域，即表征音频信号，这是另一个重要的步骤，因为它提供了关于信号的大量信息，可以使用像傅里叶变换这样的数学工具来执行此转换。

单击“开始”菜单，打开 Python 3.7.4 Shell 软件，然后单击菜单栏中的“File/New File”命令，创建一个 Python 文件，并命名为“Python17-2.py”，然后输入代码，具体如下:

```
# 导入库
import numpy as np
import matplotlib.pyplot as plt
from scipy.io import wavfile
# 读取存储的音频文件，它会返回两个值，分别是采样频率和音频信号
frequency_sampling, audio_signal = wavfile.read("boy.wav")
# 显示音频文件的信息
print(' 信号形状 :', audio_signal.shape)
print(' 信号数据类型 :', audio_signal.dtype)
print(' 信号持续时间 :', round(audio_signal.shape[0] /float(frequency_sampling), 2), ' 秒 ')
# 提取音频信号的长度和半长
length_signal = len(audio_signal)
half_length = np.ceil((length_signal + 1) / 2.0).astype(np.int)
# 使用傅里叶变换把时域信号转换到频域
signal_frequency = np.fft.fft(audio_signal)
# 进行频域信号的归一化并将其平方
signal_frequency = abs(signal_frequency[0:half_length]) / length_signal
signal_frequency **= 2
# 提取频率变换信号的长度和一半长度，注意这时用傅里叶变换信号必须针对奇偶情况进行调整
len_fts = len(signal_frequency)
if length_signal % 2:
   signal_frequency[1:len_fts] *= 2
else:
   signal_frequency[1:len_fts-1] *= 2
# 以分贝 (dB) 为单位提取功率
signal_power = 10 * np.log10(signal_frequency)
# 调整 X 轴的以 kHz 为单位的频率
x_axis = np.arange(0, len_fts, 1) * (frequency_sampling / length_signal) / 1000.0
```

```
# 中文乱码的处理
plt.rcParams['font.sans-serif'] =['Microsoft YaHei']
# 信号的特征可视化
plt.figure()
plt.plot(x_axis, signal_power, color='green')
plt.xlabel(' 频率 (kHz)')
plt.ylabel(' 信号功率 (dB)')
plt.show()
```

单击菜单栏中的“Run/Run Module”命令或按下键盘上的“F5”，就可以运行程序代码，结果如图 17.3 所示。

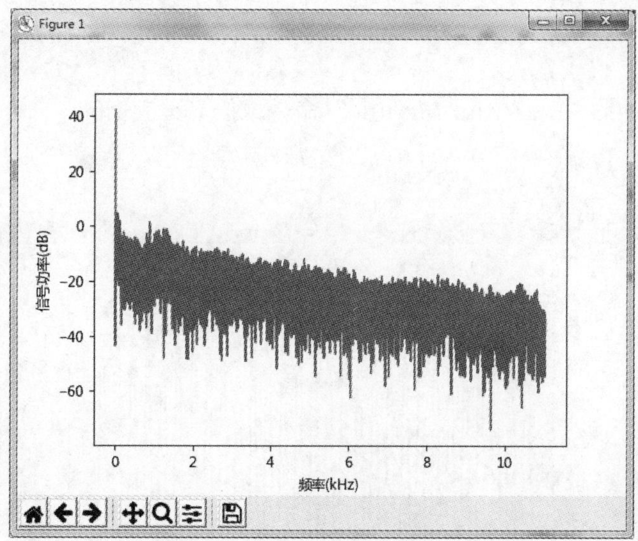

图 17.3　将时域信号转换为频域

17.1.5　利用 Python 生成单调音频信号

前两个步骤，即音频信号的可视化、将时域信号转换为频域对了解信号很重要。现在，如果要使用某些预定义参数生成音频信号，那么生成单调音频信号这一步将很有用。需要注意的是，生成单调音频信号这一步会将音频信号保存在输出文件中。

单击“开始”菜单，打开 Python 3.7.4 Shell 软件，然后单击菜单栏中的“File/New File”命令，创建一个 Python 文件，并命名为“Python17-3.py”，然后输入代码，具体如下:

```
# 导入库
import numpy as np
import matplotlib.pyplot as plt
from scipy.io import wavfile
# 指定输出保存的文件
output_file = 'myboy.wav'
# 指定选择的参数
duration = 3                                    # 持续的时间
frequency_sampling = 44100                      # 频率
frequency_tone = 684                            # 音调
min_val = -6 * np.pi                            # 最小音量
max_val = 6 * np.pi                             # 最大音量
```

```
# 生成音频信号
t = np.linspace(min_val, max_val, duration * frequency_sampling)
audio_signal = np.sin(2 * np.pi * frequency_tone * t)
# 将音频文件保存在输出文件中
wavfile.write(output_file, frequency_sampling, t)
# 提取图形的前 150 个值
signal = audio_signal[:150]
time_axis = 1000 * np.arange(0, len(signal), 1) / float(frequency_tone)
# 中文乱码的处理
plt.rcParams['font.sans-serif'] =['Microsoft YaHei']
# 将生成的音频信号可视化
plt.plot(time_axis, signal, color='red')
plt.xlabel('时间（毫秒）')
plt.ylabel('振幅')
plt.title('产生的音频信号')
plt.show()
```

单击菜单栏中的“Run/Run Module”命令或按下键盘上的“F5”，就可以运行程序代码，结果如图 17.4 所示。

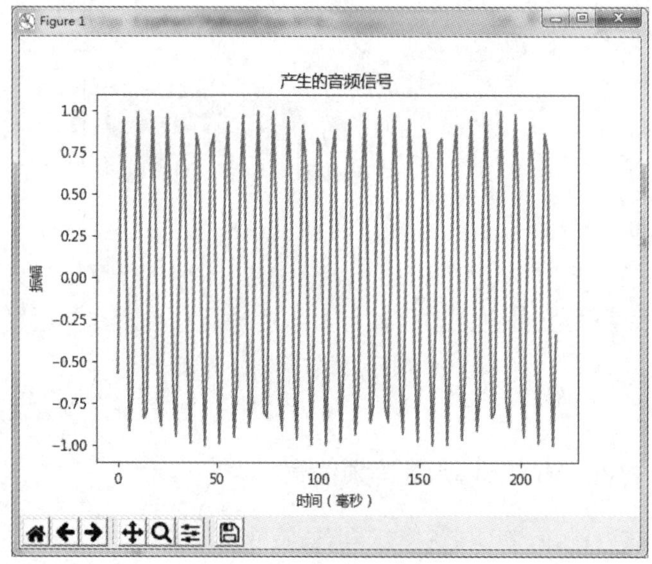

图 17.4　生成单调音频信号

17.1.6　利用 Python 实现语音特征提取

语音特征提取，是创建语音识别系统最重要的步骤，因为在将语音信号转换为频域后，我们必须将其转换为可用的特征向量形式。可以为此使用不同的特征提取技术，如 MFCC，PLP，PLP-RASTA 等。

要使用特征提取技术，如 MFCC，就要用到 python_speech_features 包。python_speech_features 包是第三方包，要使用该包，需要先安装，安装方法与 Numpy 包安装一样，即单击桌面左下角的“开始”按钮，弹出“开始”菜单，然后在文本框中输入“cmd”，回车，打开 Windows 系统命令行程序，然后输入如下命令：

```
pip  install  python_speech_features
```

输入命令后，回车，就开始安装，如图 17.5 所示。

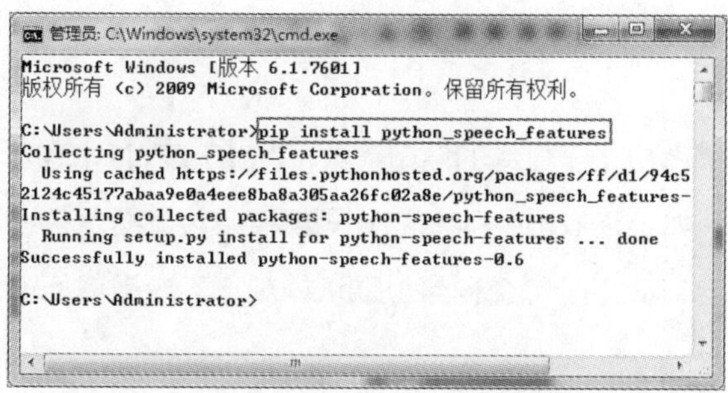

图 17.5　正在安装 python_speech_features 包

python_speech_features 包安装成功后，就可以在后面的 Python 程序中使用。

单击“开始”菜单，打开 Python 3.7.4 Shell 软件，然后单击菜单栏中的“File/New File”命令，创建一个 Python 文件，并命名为“Python17-4.py”，首先导入所需要的包，具体如下：

```
import numpy as np
import matplotlib.pyplot as plt
from scipy.io import wavfile
from python_speech_features import mfcc, logfbank
```

接着，读取存储的音频文件，并抽取样本进行分析，具体代码如下：

```
# 读取存储的音频文件，它会返回两个值，分别是采样频率和音频信号
frequency_sampling, audio_signal = wavfile.read("boy.wav")
# 从音频信息中抽取 1800 个样本进行分析
signal = audio_signal [:18000]
```

然后，利用 MFCC 技术提取 MFCC 特征，具体代码如下：

```
features_mfcc = mfcc(signal, frequency_sampling)
```

这里用到了计算一个音频信号的 MFCC 特征的函数 mfcc()，其语法结构如下：

```
    mfcc(signal, samplerate=16000, winlen=0.025, winstep=0.01, numcep=13, nfilt=26,
nfft=512, lowfreq=0, highfreq=None, preemph=0.97, ceplifter=22, appendEnergy=True,
winfunc=<function <lambda>>)
```

各参数意义如下：

signal：需要用来计算特征的音频信号，应该是一个 N*1 的数组。

samplerate：用来工作的信号的采样率。

winlen：分析窗口的长度，按秒计，默认为 0.025s(25ms)。

winstep：连续窗口之间的步长，按秒计，默认为 0.01s（10ms）。

numcep：倒频谱返回的数量，默认为 13。

nfilt：滤波器组的滤波器数量，默认为 26。

nfft：FFT 的大小，默认为 512。

lowfreq：梅尔滤波器的最低边缘，单位赫兹，默认为 0。

highfreq：梅尔滤波器的最高边缘，单位赫兹，默认为采样率 ÷2。

preemph：应用预加重过滤器和预加重过滤器的系数，0 表示没有过滤器，默认为 0.97。

ceplifter：将升降器应用于最终的倒谱系数，0 表示没有升降机，默认为 22。

appendEnergy：如果是 true，则将第 0 个倒谱系数替换为总帧能量的对数。

winfunc：分析窗口应用于每个框架。默认情况下不应用任何窗口。可以在这里使用 numpy 窗口函数。

接下来显示 MFCC 参数的值，即窗口数、每个特征的长度，具体代码如下：

```
print('\nMFCC 参数 :\n 窗口数 =', features_mfcc.shape[0])
print(' 每个特征的长度 =', features_mfcc.shape[1])
```

单击菜单栏中的“Run/Run Module”命令或按下键盘上的“F5”，就可以运行程序代码，结果如图 17.6 所示。

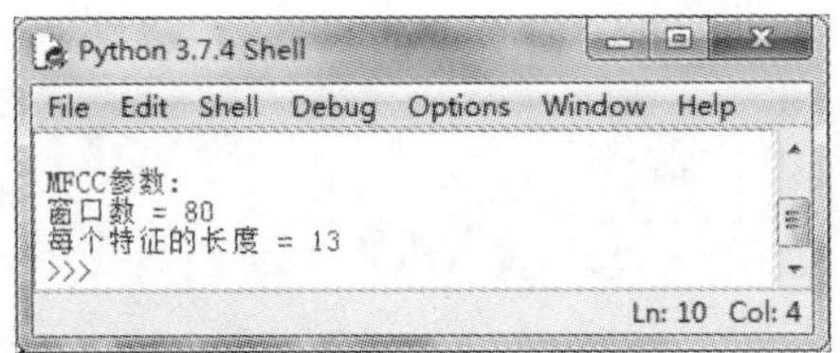

图 17.6　显示 MFCC 参数的值

接下来，绘制并可视化 MFCC 特征，具体代码如下：

```
features_mfcc = features_mfcc.T
plt.matshow(features_mfcc)
plt.title('MFCC')
plt.show()
```

单击菜单栏中的“Run/Run Module”命令或按下键盘上的“F5”，就可以运行程序代码，结果如图 17.7 所示。

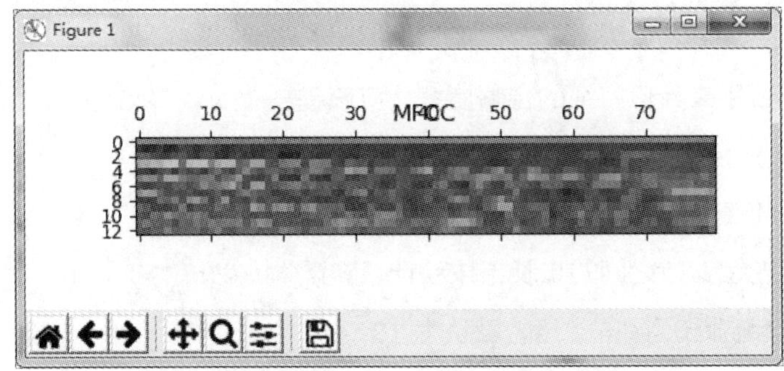

图 17.7　绘制并可视化 MFCC 特征

接下来提取过滤器组特征，具体代码如下：

```
filterbank_features = logfbank(signal, frequency_sampling)
然后，显示过滤器组参数，具体代码如下：
print('\n 过滤波器组参数 :\n 窗口数 =', filterbank_features.shape[0])
print(' 每个特征的长度 =', filterbank_features.shape[1])
```

单击菜单栏中的“Run/Run Module”命令或按下键盘上的“F5”，就可以运行程序代码，结果如图 17.8 所示。

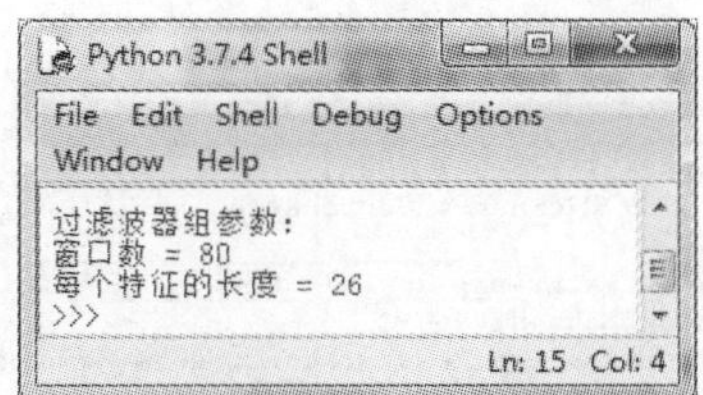

图 17.8　显示过滤器组参数

最后，进行中文乱码的处理，并绘制并可视化过滤器组特征，具体代码如下：

```
plt.rcParams['font.sans-serif'] =['Microsoft YaHei']
filterbank_features = filterbank_features.T
plt.matshow(filterbank_features)
plt.title(' 过滤器组 ')
plt.show()
```

单击菜单栏中的“Run/Run Module”命令或按下键盘上的“F5”，就可以运行程序代码，结果如图 17.9 所示。

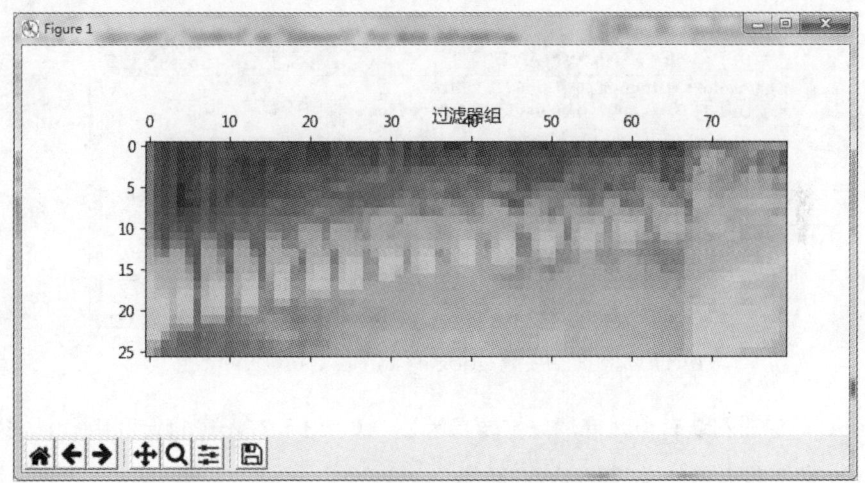

图 17.9　绘制并可视化过滤器组特征

13.1.7　利用 Python 代码实现语音的识别

语音识别意味着当人们说话时，机器就会理解它。这里需要三个包，分别是 SpeechRecognition 包、pyaudio 包、google-api-python-client 包。其中 python_speech_features 包的功能是用于语音作为输入、google-api-python-client 包的功能

是识别语音并提供输出，而 pyaudio 是 Python 下的一个音频处理包，用于将音频流输送到计算机声卡上。

SpeechRecognition 包的安装代码如下：

```
pip install SpeechRecognition
```

开始安装，如图 17.10 所示。

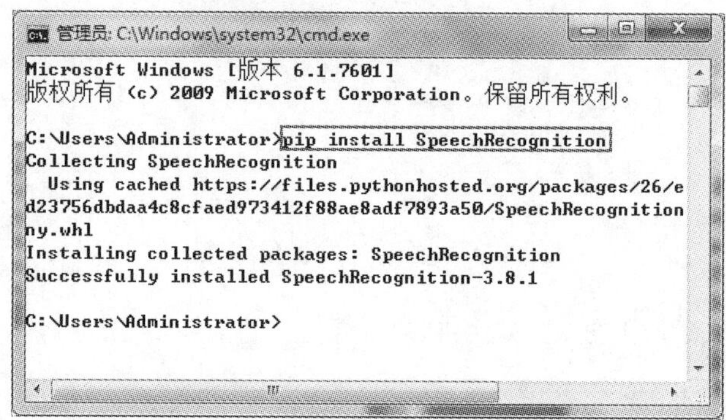

图 17.10　正在安装 SpeechRecognition 包

google-api-python-client 包的安装代码如下：

```
pip  install  google-api-python-client
```

开始安装，如图 17.11 所示。

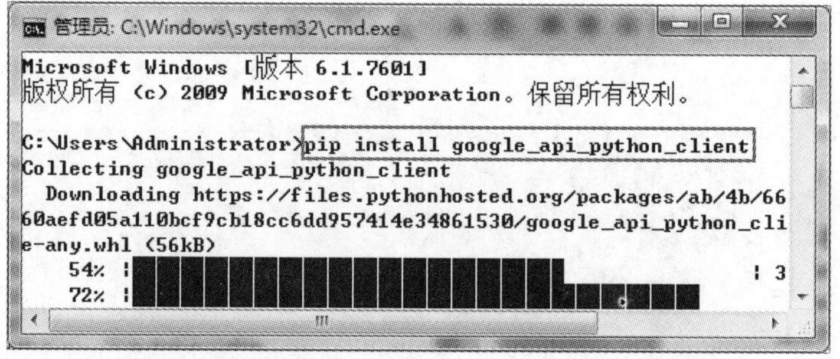

图 17.11　正在安装 google-api-python-client 包

pyaudio 包的安装有点儿麻烦，主要是因为 Phton3 现在不能直接利用 pip 安装。需要先把该文件下载下来，然后再进行安装。

> **提醒：** 本书提供 pyaudio 包文件，你可以直接安装。安装方法是把文件放在“C:\Users\Administrator”目录下，然后直接利用 pip 命令安装即可。

windows 系统是 32 位的，pyaudio 包的安装代码如下：

```
pip  install PyAudio-0.2.11-cp37-cp37m-win32.whl
```

windows 系统是 64 位的，pyaudio 包的安装代码如下：

```
pip  install PyAudio-0.2.11-cp37-cp37m-win_amd64.whl
```

三个包安装成功后，下面就可以实现语音的识别了。

单击“开始”菜单，打开 Python 3.7.4 Shell 软件，然后单击菜单栏中的“File/New File”命令，创建一个 Python 文件，并命名为“Python17-5.py”，然后输入如下代码：

```
import speech_recognition as sr
import pyaudio
r = sr.Recognizer()
with sr.Microphone() as source:
    r.adjust_for_ambient_noise(source)
    print("请你说出要输入的语言信息：")
    audio = r.listen(source)
try:
   print("你说的是：\n" + r.recognize_google(audio))
except Exception as e:
   print(e)
```

需要注意的是，该程序需要有麦克风。

单击菜单栏中的“Run/Run Module”命令或按下键盘上的“F5”，就可以运行程序代码，结果如图 17.12 所示。

如果网络一切正常的话，会显示你说的语言信息，否则就会显示报错信息，如图 17.13 所示。

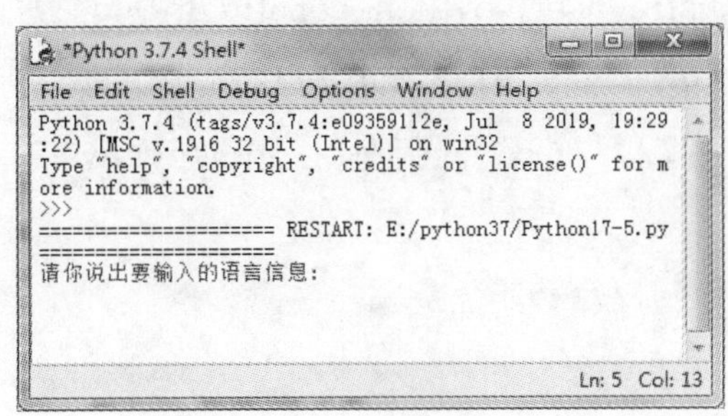

图 17.12　请你说出要输入的语言信息

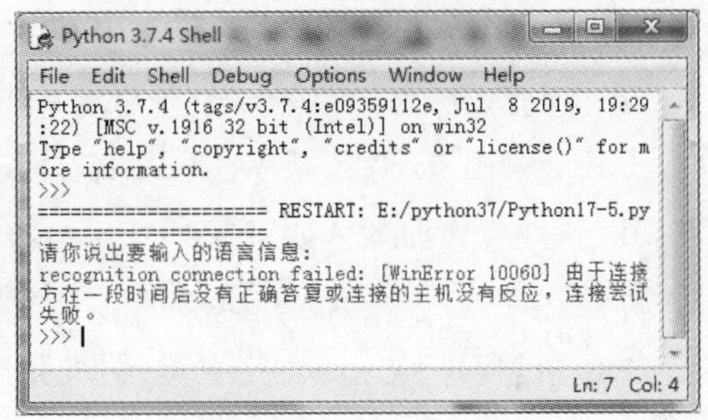

图 17.13　显示报错信息

17.2　启发式搜索技术

在人工智能中，启发式搜索技术起着关键的作用。这是因为人工智能所要解决的问题大部分是非结构或结构不良的问题。这样，启发式搜索就可以极大提高效率。

17.2.1　什么是启发式搜索

为了缩小搜索范围而需要利用某些已知的、有关具体问题领域的特性信息。此种信息就称为启发信息。利用启发信息的搜索方法就称为启发式搜索。

启发式搜索的特点是重排 OPEN 表，选择最有希望的节点加以扩展。OPEN 表保存了所有已生成而未考察的节点，CLOSED 表中记录已访问过的节点。

需要注意的是，启发式搜索是极易出错的。在解决问题的过程中启发仅仅是下一步将要采取措施的一个猜想，常常根据经验和直觉来判断。由于启发式搜索只有有限的信息，要想预测进一步搜索过程中状态空间的具体行为很难。

一般来讲，启发信息越强，扩展的无用节点就越少。引入强的启发信息，有可能大大降低搜索的工作量，但不能保证找到最小耗散值的解路径（最佳路径）。

17.2.2 约束满足解决的现实问题

约束意味着限制。在人工智能中，约束满足问题是一些约束条件下必须解决的问题，重点是在解决这些问题时不能违反约束条件。所以，最后当我们达成最终解决方案时，约束满足问题必须遵守限制。

在约束满足条件下，可以解决数学问题。下面举例说明如何解决一个简单的数学问题，即 y=x×5。

要解决该数学问题，需要安装 python-constraint 包。python-constraint 是第三方包，要使用该包，需要先安装，安装方法与 Numpy 包安装一样，即单击桌面左下角的“开始”按钮，弹出“开始”菜单，然后在文本框中输入“cmd”，回车，打开 Windows 系统命令行程序，然后输入如下命令：

```
pip  install  python-constraint
```

输入命令后，回车，开始安装，如图 17.14 所示。

图 17.14　安装 python-constraint 包

python-constraint 包安装成功后，就可以在后面的 Python 程序中使用。

单击“开始”菜单，打开 Python 3.7.4 Shell 软件，然后单击菜单栏中的“File/New File”命令，创建一个 Python 文件，并命名为“Python17-6.py”，然后输入如下代码：

```
# 导入 python-constraint 包
from constraint import *
```

```
#创建一个名为problem的模块对象
problem = Problem()
#定义两个变量，将定义100为它们的范围，这意味着在前100个数字范围内得到解决
problem.addVariable('x', range(100))
problem.addVariable('y', range(100))
#定义应用于这个问题的特定约束，约束条件是y=x×5
problem.addConstraint(lambda x, y: x * 5 == y)
#创建getSolution模块的对象
solutions = problem.getSolutions()
#显示约束条件的问题解决方案
print (solutions)
```

单击菜单栏中的“Run/Run Module”命令或按下键盘上的“F5”，就可以运行程序代码，结果如图 17.15 所示。

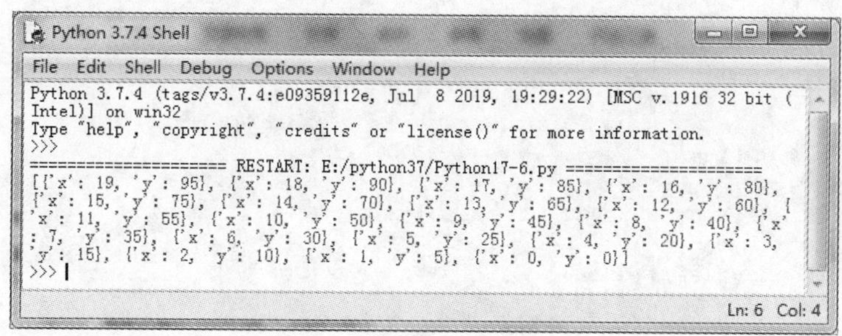

图 17.15　解决数学问题

17.2.3　实例：机器人玩硬币比赛

要在人工智能中构建机器人玩硬币比赛，需要使用 easyAI 包，下面先来安装 easyAI 第三方包。

easyAI 一个人工智能框架，提供了构建双人游戏的所有功能。easyAI 包的安装方法与 Numpy 包安装一样，即单击桌面左下角的“开始”按钮，弹出“开始”菜单，然后在文本框中输入“cmd”，回车，打开 Windows 系统命令行程序，然后输入如下命令：

```
pip  install  easyAI
```

输入命令后，回车，开始安装，如图 17.16 所示。

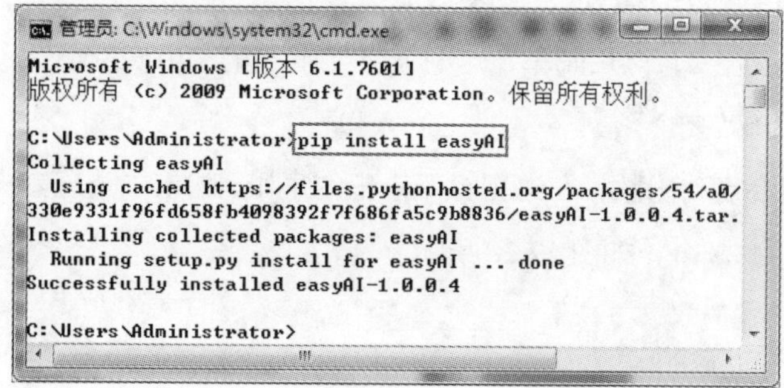

图 17.16　安装 easyAI 包

easyAI 包安装成功后，就可以在后面的 Python 程序中使用。

在这场机器人玩硬币比赛中，会有一堆硬币。每个玩家必须从该堆中取出一些硬币，这场比赛的目标是避免拿到最后一枚硬币。

单击“开始”菜单，打开 Python 3.7.4 Shell 软件，然后单击菜单栏中的“File/New File”命令，创建一个 Python 文件，并命名为“Python17-7.py”。首先导入所需要包，具体代码如下：

```
from easyAI import TwoPlayersGame, Human_Player, AI_Player, Negamax
```

接下来，继承 TwoPlayerGame 类中的类来处理游戏的所有操作，具体代码如下：

```
class GameOfMoneys( TwoPlayersGame ):
    #玩家依次从一堆硬币中移除一块、两块或三块硬币，移除最后一块硬币的玩家会输
    def __init__(self, players):
        self.players = players  #定义玩家并开始游戏
        self.pile = 30  #定义游戏中的硬币数量，这里使用 30 个硬币进行游戏
        self.nplayer = 1  #第一个玩家开始玩
    #自定义函数 possible_moves()，实现可能的移动，在这里每次可以移动一块、两块或三块硬币
    def possible_moves(self): return ['1','2','3']
    #剩下的硬币的数量
    def make_move(self,move): self.pile -= int(move)
    #移动硬币
    def win(self): return self.pile<=0
    #有人赢了游戏就停止
    def is_over(self): return self.win()
    #显示当前剩下的硬币数量
    def show(self): print("%d 当前剩下的硬币数量："%self.pile)
    #如果赢了游戏获得 100，输了得 0
    def scoring(self): return 100 if game.win() else 0
```

然后，开始玩游戏比赛，具体代码如下：

```
# 开始比赛
ai = Negamax(13)
#定义类实例
game = GameOfMoneys( [ Human_Player(), AI_Player(ai) ] )
history = game.play()
```

单击菜单栏中的“Run/Run Module”命令或按下键盘上的“F5”，就可以运行程序代码，结果如图 17.17 所示。

程序运行后，显示当前剩下的硬币数量为 30 个，并且提醒第一个玩家开始出数。如果第一个玩家出 2，需要注意的是，在这里玩家只能出 1、2 或 3。

假如第一个玩家出 2，然后回车，这时就会显示“第一个玩家出 2，当前剩下的硬币数量为 28 个，即 30 减 2 个”。

接着机器人就会自动出数，在这里机器人出的是 1，即第二个玩家出的是 1，这样当前剩下的硬币数量为 27 个，如图 17.18 所示。

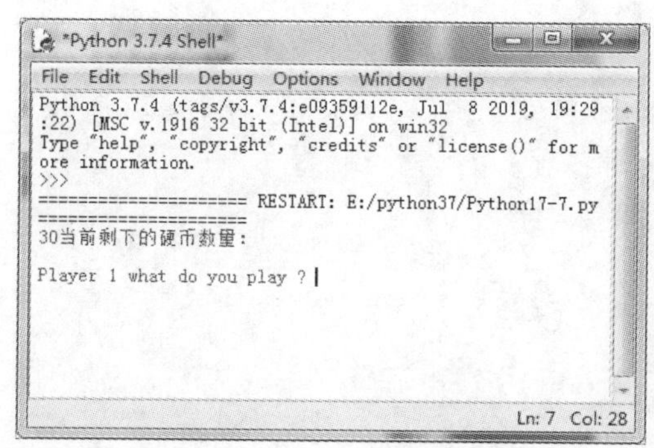

图 17.17　程序运行效果

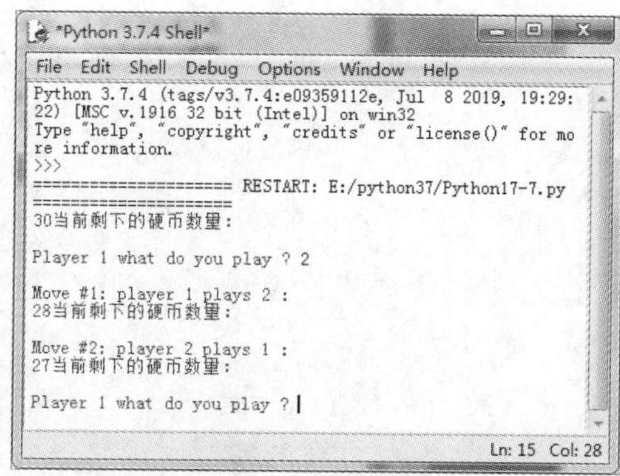

图 17.18　玩家玩硬币比赛信息

这个与机器人玩的硬币比赛，一直会到硬币没有才会结束，并且最后一块硬币在谁手中谁输。

17.2.4　实例：机器人玩经典井字游戏

经典井字游戏是一种在 3×3 格子上进行的连珠游戏，和五子棋比较类似，由于棋盘一般不画边框，格线排成井字故得名。游戏需要的工具仅为纸和笔，然后由分别代表 O 和 X 的两个游戏者轮流在格子里留下标记。由最先在任意一条直线上成功连接三个标记的一方获胜。经典井字游戏如图 17.19 所示。

图 17.19　经典井字游戏

下面编写 Python 程序实现机器人玩经典井字游戏。单击“开始”菜单，打开 Python 3.7.4 Shell 软件，然后单击菜单栏中的“File/New File”命令，创建一个 Python 文件，并命名为“Python17-8.py”。首先导入所需要包，具体代码如下：

```
#导入所需要包
from easyAI import TwoPlayersGame, AI_Player, Negamax
from easyAI.Player import Human_Player
#继承 GameOfBones 类中的类来处理游戏的所有操作
class TicTacToe_game(TwoPlayersGame):
    def __init__(self, players):
        self.players = players                          #定义玩家并开始游戏
        self.board = [0] * 9                            #定义游戏面板
```

```
        self.nplayer = 1                                    # 第一个玩家开始玩
    # 自定义函数 possible_moves()，实现可能的移动
    def possible_moves(self):
        return [x + 1 for x, y in enumerate(self.board) if y == 0]
    # 自定义函数 make_move()，实现一个玩家的动作
    def make_move(self, move):
        self.board[int(move) - 1] = self.nplayer
    # 自定义函数 umake_move()，实现一个玩家何时进行移动
    def umake_move(self, move):
        self.board[int(move) - 1] = 0
    # 自定义函数 condition_for_lose()，定义输条件是对手在一条线上有三个
    def condition_for_lose(self):
         possible_combinations = [[1,2,3], [4,5,6], [7,8,9],[1,4,7], [2,5,8],
[3,6,9], [1,5,9], [3,5,7]]
        return any([all([(self.board[z-1] == self.nopponent)
           for z in combination]) for combination in possible_combinations])
    # 自定义函数 is_over()，定义游戏结束的条件
    def is_over(self):
        return (self.possible_moves() == []) or self.condition_for_lose()
    # 自定义函数 show()，显示玩家在游戏中的当前位置
    def show(self):
        print('\n'+'\n'.join([' '.join([['.', 'O', 'X'][self.board[3*j + i]]
           for i in range(3)]) for j in range(3)]))
    # 自定义函数 scoring()，计算分数
    def scoring(self):
        return -100 if self.condition_for_lose() else 0
# 定义算法并开始游戏
algo = Negamax(7)
TicTacToe_game([Human_Player(), AI_Player(algo)]).play()
```

单击菜单栏中的“Run/Run Module”命令或按下键盘上的“F5”，就可以运行程序代码，结果如图 17.20 所示。

在这里可以看到经典井字游戏的游戏面板，即 3×3 蓝色格子，并提示第一个游戏玩家开始玩。

第一个玩家在这里可以输入 1~9 的任何数字，假如输入 5，然后回车，这时如图 17.21 所示。

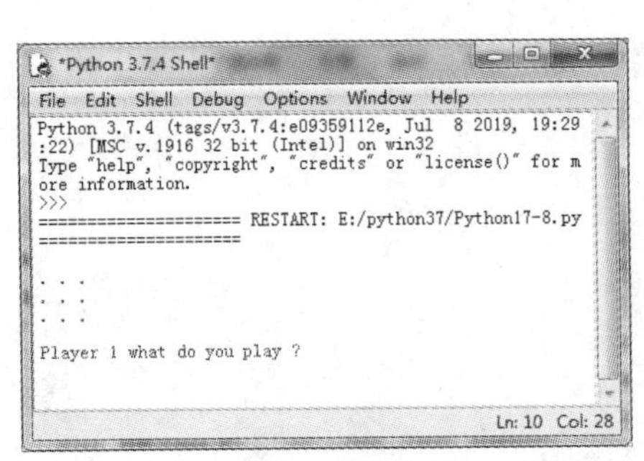

图 17.20　程序运行效果

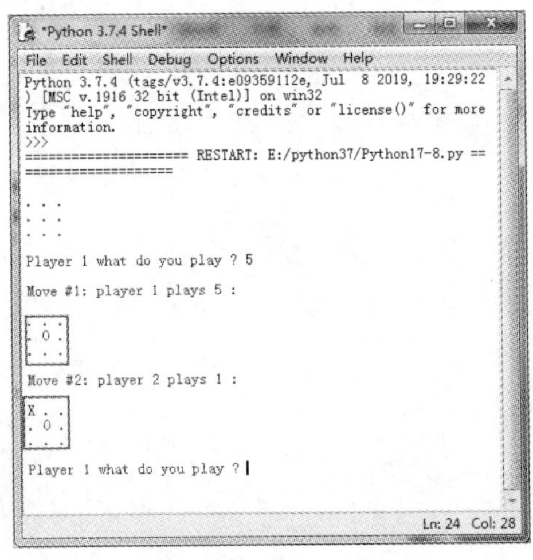

图 17.21　开始玩游戏

在这里可以看到，第一个玩家放在第五个格子位置，机器人（第二个玩家）放在第一个格子位置。这时提示第一个游戏玩家接着玩，在这里输入 2（注意已经放过标记的位置不能再放标记，所以第 1 和第 5 位置不能再放标记），然后回车，这时如图 17.22 所示。

在这里可以看到，第一个玩家放在第二个格子位置，机器人（第二个玩家）放在第八个格子位置。这时提示第一个游戏玩家接着玩，在这里输入 3，然后回车，如图 17.23 所示。

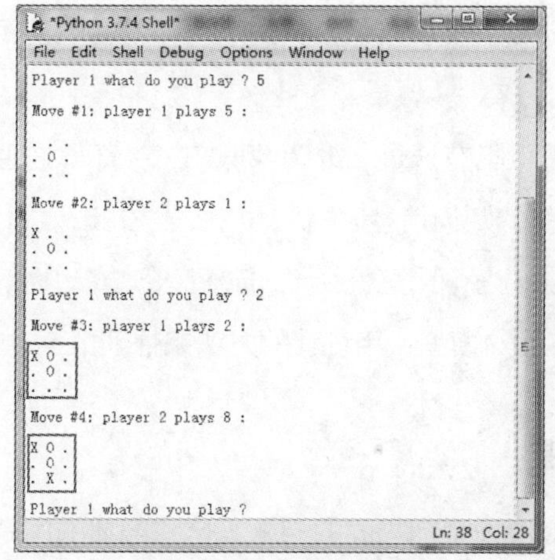

图 17.22　继续玩游戏

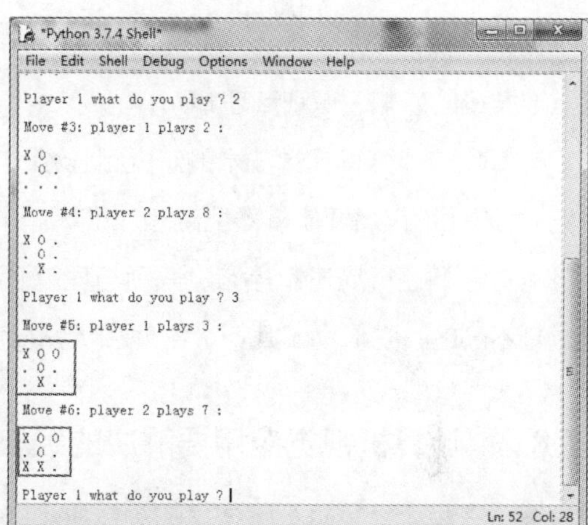

图 17.23　放第三个标记后效果

在这里可以看到，第一个玩家放在第三个格子位置，机器人（第二个玩家）放在第七个格子位置。这时提示第一个游戏玩家接着玩。需要注意的是，这里第一个玩家已输，因为第二个玩家已形成再一子一定赢的情况。

假如第一个玩家输入 4，这时第二个玩家就会放在第九个格子位置，这样第二个玩家就赢了，游戏结束，如图 17.24 所示。

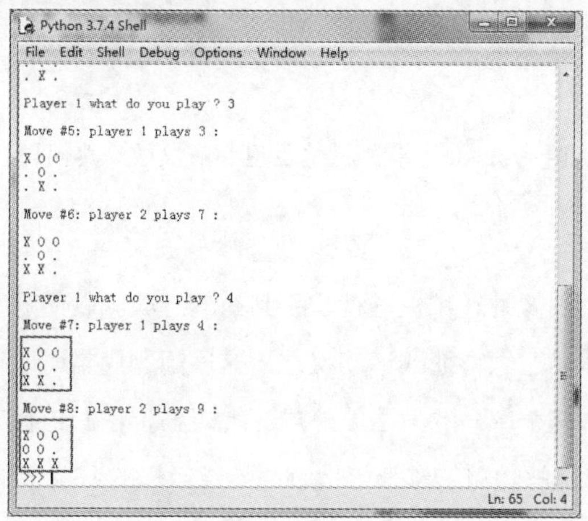

图 17.24　第二个玩家赢了比赛

17.3　计算机视觉技术

计算机视觉实际上就是给计算机带上眼睛，让它能看到东西，并感知周围环境。当前计算机的眼睛就是摄像头和照相机。

17.3.1　什么是计算机视觉

计算机视觉（Computer Vision）是指利用计算机实现人的视觉功能，即对客观世界的三维场景的感知、识别和理解。

这意味着计算机视觉技术的研究目标是使计算机具有通过二维图像认知三维环境信息的能力。因此不仅需要使机器能感知三维环境中物体的几何信息（形状、位置、姿态、运动等）而且能对它们进行描述、存储、识别与理解。可以认为，计算机视觉与研究人类或动物的视觉是不同的：它借助于几何、物理和学习技术来构筑模型，用统计的方法来处理数据。

17.3.2　计算机视觉应用要解决的经典问题

几乎在每个计算机视觉技术的具体应用都要解决一系列相同的问题，这些经典的问题有 4 个，分别是识别、运动、场景重建、图像恢复，如图 17.25 所示。

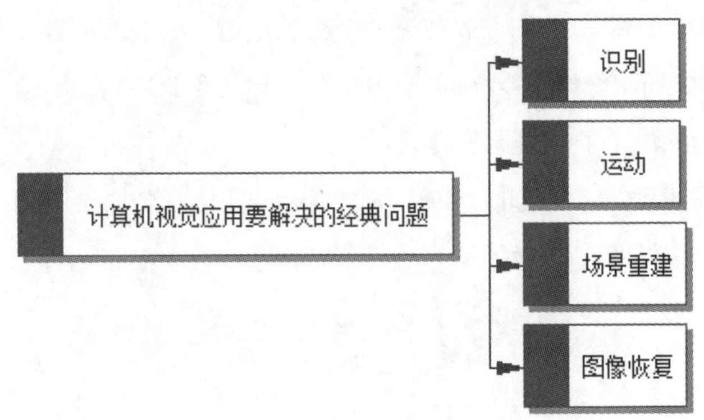

图 17.25　计算机视觉应用要解决的经典问题

1. 识别

一个计算机视觉，图像处理和机器视觉所共有的经典问题便是判定一组图像数据中是否包含某个特定的物体，图像特征或运动状态。这一问题通常可以通过机器自动解决，但是到目前为止，还没有某个单一的方法能够广泛地对各种情况进行判定：在任意环境中识别任意物体。现有技术能够也只能够很好地解决特定目标的识别，比如简单几何图形识别，人脸识别，印刷或手写文件识别或车辆识别。而且这些识别需要在特定的环境中，具有指定的光照、背景和目标姿态等要求。

2. 运动

基于序列图像对物体运动的监测又分为两种，分别是自体运动和图像跟踪。

自体运动是指监测摄像机的三维刚性运动。

图像跟踪是指跟踪运动的物体。

3. 场景重建

给定一个场景的两幅或多幅图像或者一段录像，场景重建寻求为该场景建立一个计算机模型 / 三维模型。最简单的情况便是生成一组三维空间中的点。更复杂的情况下会建立起完整的三维表面模型。

4. 图像恢复

图像恢复的目标在于移除图像中的噪声，例如仪器噪声、模糊等。

17.3.3 OpenCV 包的安装

OpenCV 的全称是：Open Source Computer Vision Library。OpenCV 是一个基于（开源）发行的跨平台计算机视觉包，可以运行在 Linux、Windows 和 Mac OS 操作系统上。它轻量级而且高效，即由一系列 C 函数和少量 C++ 类构成，同时提供了 Python、Ruby、MATLAB 等语言的接口，实现了图像处理和计算机视觉方面的很多通用算法。

CV2 是 OpenCV 官方的一个扩展库，里面含有各种有用的函数以及进程。

OpenCV 是第三方包，要使用该包，需要先安装，安装方法与 Numpy 包安装一样，即单击桌面左下角的“开始”按钮，弹出“开始”菜单，然后在文本框中输入“cmd”，回车，打开 Windows 系统命令行程序，然后输入如下命令：

```
pip  install  opencv_python
```

输入命令后，回车，开始安装，如图 17.26 所示。

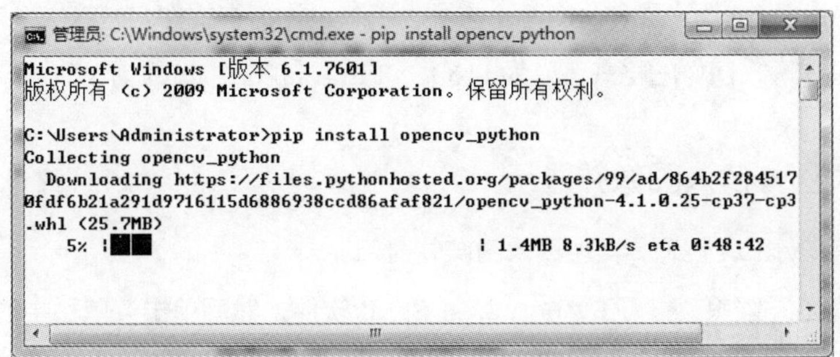

图 17.26　正在安装 OpenCV 包

OpenCV 包安装成功后，就可以在后面的 Python 程序中使用。

17.3.4 CV2 中的几个常用函数

大多数 CV2 应用程序需要将图像作为输入并生成图像作为输出，所以在这里先学习一下几个常用的与图像输入、输出有关的函数。

1. 函数 imread()

函数 imread()：读入图像，有两个参数，第一个参数为要读入的图像文件名，第二个参数为如何读取图像，包括 IMREAD_COLOR：读入一幅彩色图像；IMREAD_GRAYSCALE：以灰度模式读入图像；IMREAD_UNCHANGED：读入一幅图像，并包括其 alpha 通道。

在这里还要注意，读入图像的格式可以为 PNG、JPEG、JPG、TIFF 等。

2. 函数 mshow()

函数 imshow()：创建一个窗口显示图像，有两个参数，第一个参数表示窗口名字，可以创建多个窗口中，但是每个窗口不能重名；第二个参数是读入的图像。

需要注意的是，窗口自动适合图像大小。

3. 函数 waitKey()

函数 waitKey()：键盘绑定函数，只一个参数，表示等待毫秒数，将等待特定的几毫秒，看键盘是否有输入，返回值为 ASCII 值。如果其参数为 0，则表示无限期的等待键盘输入。

4. 函数 destroyAllWindows()

函数 destroyAllWindows()：删除建立的全部窗口。

5. 函数 destroyWindows()

函数 destroyWindows()：删除指定的窗口。

6. 函数 imwrite()

函数 imwrite()：写入图像，有两个参数，第一个为保存文件名，第二个为读入图像。需要注意的是，写入图像的格式可以为 PNG、JPEG、JPG、TIFF 等。

17.3.5 实例：读入图像并显示

下面编写 Python 代码，实现读入图像并显示。

单击“开始”菜单，打开 Python 3.7.4 Shell 软件，然后单击菜单栏中的“File/New File”命令，创建一个 Python 文件，并命名为“Python17-9.py”，然后输入代码，具体如下：

```
# 导入所需要的包
import cv2
# 利用 imread 函数读出图像
image = cv2.imread('flower.jpg')
# 利用 imshow 函数，显示图像
cv2.imshow('myflower',image)
# 删除所有的窗口
cv2.destroyAllwindows()
```

在这里需要注意，Python 文件要与图像保存在同一文件夹中。

单击菜单栏中的“Run/Run Module”命令或按下键盘上的“F5”，就可以运行程序代码，结果如图 17.27 所示。

图 17.27　显示图像

17.3.6　实例：保存图像为另一种格式图像

单击“开始”菜单，打开 Python 3.7.4 Shell 软件，然后单击菜单栏中的“File/New File”命令，创建一个 Python 文件，并命名为“Python17-10.py”，然后输入代码，具体如下：

```
# 导入所需要的包
import cv2
# 利用 imread 函数读出图像
image = cv2.imread('flower.jpg')
# 利用 imshow 函数，显示图像
cv2.imshow('myflower',image)
# 删除所有的窗口
#cv2.destroyAllwindows()
# 利用 imwrite 函数另存 image 图像为 anotherflower.png
cv2.imwrite('anotherflower.png',image)
```

需要注意的是，读出的图像为 flower.jpg，而保存的图像为 anotherflower.png，虽然看起来是一幅图像，但图像的名称和格式都变了。

单击菜单栏中的“Run/Run Module”命令或按下键盘上的“F5”，就可以运行程序代码，就会在当前文件所在文件夹中多了一个图像文件 anotherflower.png，如图 17.28 所示。

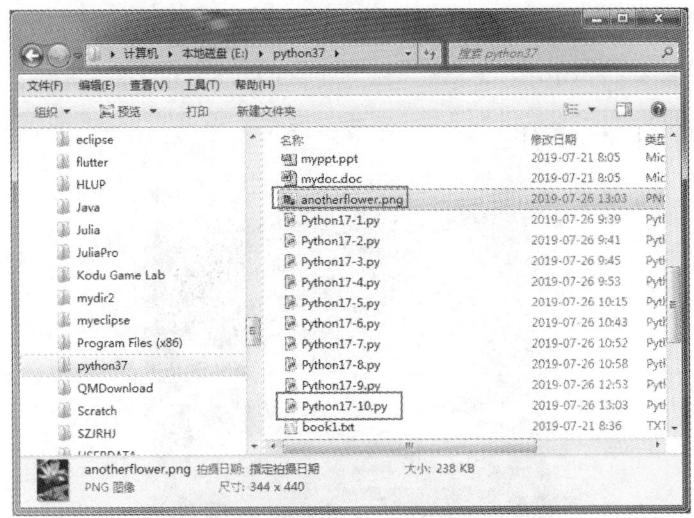

图 17.28　保存图像为另一种格式图像

17.3.7　实例：色彩空间转换

在 OpenCV 中，图像不是使用传统的 RGB 颜色存储的，而是以相反的顺序存储的，即以 BGR 顺序存储。因此，读取图像时的默认颜色代码是 BGR。cvtColor() 颜色转换函数用于将图像从一个颜色代码转换为其他颜色代码。

下面举例说明，将图像从 BGR 转换为灰度。单击“开始”菜单，打开 Python 3.7.4 Shell 软件，然后单击菜单栏中的“File/New File”命令，创建一个 Python 文件，并命名为“Python17-11.py”，然后输入代码，具体如下：

```
# 导入所需要的包
import cv2
# 利用 imread 函数读出图像
image = cv2.imread('flower.jpg')
# 利用 imshow 函数显示图像
cv2.imshow('BGR_flower',image)
# 使用 cvtColor 函数将图像转换为灰度
myimage = cv2.cvtColor(image,cv2.COLOR_BGR2GRAY)
# 利用 imshow 函数显示图像
cv2.imshow('gray_flower',myimage)
# 利用 imwrite 函数另存 image 图像为 anotherflower.png
cv2.imwrite('gray_flower.jpg',myimage)
```

单击菜单栏中的“Run/Run Module”命令或按下键盘上的“F5”，就可以运行程序代码，结果如图 17.29 所示。

图 17.29　图像从 BGR 转换为灰度

需要注意的是，在这里把灰色图像另存为 gray_flower.jpg，保存位置为当前文件所在的文件夹中。

17.3.8　实例：边缘检测

人类在看到粗糙的草图后，可以轻松识别出许多物体类型及其姿态。这就是为什么边缘在人类生活以及计算机视觉应用中扮演着重要角色的原因。OpenCV 提供了非常简单而有用的函数 Canny() 来进行边缘检测。

单击“开始”菜单，打开 Python 3.7.4 Shell 软件，然后单击菜单栏中的“File/New File”命令，创建一个 Python 文件，并命名为“Python17-12.py”，然后输入代码，具体如下：

```
#导入所需要的包
import cv2
import numpy
#利用 imread 函数读出图像
image = cv2.imread('flower.jpg')
#使用 Canny() 函数来检测已读图像的边缘
cv2.imwrite('edges_flower.jpg',cv2.Canny(image,200,300))
#显示具有边缘的图像
cv2.imshow('edges', cv2.imread('edges_flower.jpg'))
```

单击菜单栏中的“Run/Run Module”命令或按下键盘上的“F5”，就可以运行程序代码，结果如图 17.30 所示。

图 17.30　边缘检测

17.3.9　实例：人脸识别

人脸识别是计算机视觉令人着迷的应用之一。OpenCV 有一个内置的工具来执行人脸识别，即使用 Haar 级联分类器进行人脸识别。

要使用 Haar 级联分类器，就需要相关的数据，这些数据可以在一个文件夹名称 data 中找到。需要注意的是，这些文件都是 .xml 文件，如图 17.31 所示。

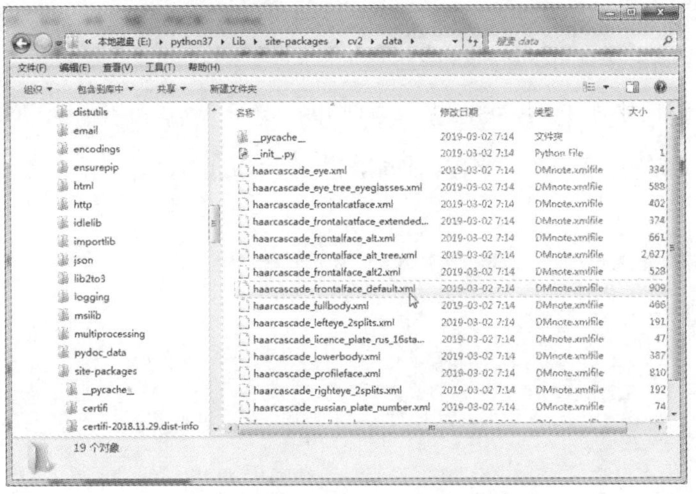

图 17.31　.xml 文件

要使用某文件，只须把该文件复制粘贴到当前项目下的新文件夹中即可。这时，要把 haarcascade_frontalface_default.xml 文件复制到 Python 当前文件夹中，如图 17.32 所示。

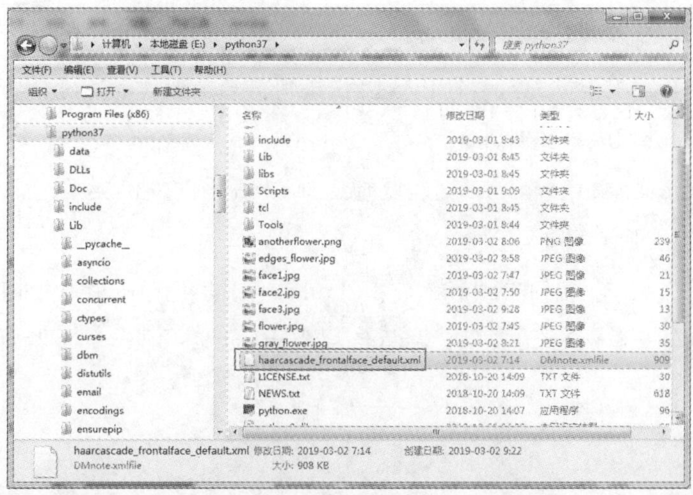

图 17.32　把 haarcascade_frontalface_default.xml 文件复制到 Python 当前文件夹

下面来编写 Python 代码实现人脸识别。单击“开始”菜单，打开 Python 3.7.4 Shell 软件，然后单击菜单栏中的“File/New File”命令，创建一个 Python 文件，并命名为“Python17-13.py”，然后输入代码，具体如下：

```
# 导入所需要的包
import cv2
import numpy
# 使用 HaarCascadeClassifier 来识别脸部
face_detection=cv2.CascadeClassifier('haarcascade_frontalface_default.xml')
# 读出要识别的图像
img = cv2.imread('face3.jpg')
# 将图像转换为灰度，因为 HaarCascadeClassifier 会接受灰色图像
gray = cv2.cvtColor(img, cv2.COLOR_BGR2GRAY)
# 使用 face_detection.detectMultiScale，执行实际的人脸识别
faces = face_detection.detectMultiScale(gray, 1.3, 5)
# 围绕整个脸部绘制一个矩形
for (x,y,w,h) in faces:
    img = cv2.rectangle(img,(x,y),(x+w, y+h),(255,0,255),3)
# 保存人脸识别后的图像
cv2.imwrite('face3_AB.jpg',img)
# 显示人脸识别后的图像
cv2.imshow("face3_AB.jpg",img)
```

单击菜单栏中的“Run/Run Module”命令或按下键盘上的“F5”，就可以运行程序代码，结果如图 17.33 所示。

图 17.33　人脸识别

17.3.10　实例：眼睛识别

眼睛识别是计算机视觉的另一个引人注目的应用。OpenCV 有一个内置的工具来执行眼睛识别，即 Haar 级联分类器。

首先把 haarcascade_eye.xml 文件复制到 Python 当前文件夹中，然后就可以编写 Python 代码，实现眼睛识别。

单击“开始”菜单，打开 Python 3.7.4 Shell 软件，然后单击菜单栏中的“File/New File”命令，创建一个 Python 文件，并命名为“Python17-14.py”，然后输入代码，具体如下：

```
# 导入所需要的包
import cv2
import numpy
# 使用 HaarCascadeClassifier 来识别眼睛
eye_detection=cv2.CascadeClassifier('haarcascade_eye.xml')
# 读出要识别的图像
img = cv2.imread('face4.jpg')
# 将图像转换为灰度，因为 HaarCascadeClassifier 会接受灰色图像
gray = cv2.cvtColor(img, cv2.COLOR_BGR2GRAY)
# 使用 eye_detection.detectMultiScale，执行实际的眼睛识别
eyes = eye_detection.detectMultiScale(gray, 1.03, 5)
# 围绕眼睛绘制矩形
for (x,y,w,h) in eyes:
   img = cv2.rectangle(img,(x,y),(x+w, y+h),(255,0,255),2)
# 保存眼睛识别后的图像
cv2.imwrite('face4_AB.jpg',img)
# 显示眼睛识别后的图像
cv2.imshow("face4_AB.jpg",img)
```

单击菜单栏中的“Run/Run Module”命令或按下键盘上的“F5”，就可以运行程序代码，结果如图 17.34 所示。

图 17.34　眼睛识别

第 18 章

Python 程序设计的数据库开发

随着数据库技术的广泛应用，开发各种数据库应用程序已成为计算机应用的一个重要方面。本章来讲解如何利用 Python 编程实现对 MySQL 数据库的操作。

本章主要内容包括：

- 什么是数据库
- MySQL 数据库的特性
- MySQL 的下载、安装和配置
- 创建数据库和数据表
- 向数据表中插入数据和显示
- 安装 mysql-connector-python 包
- mysql-connector-python 的全局变量
- 连接 MySQL 数据库
- 显示 MySQL 数据表中的数据
- 向 MySQL 数据表中插入数据并显示
- 修改 MySQL 数据表中的数据并显示
- 删除 MySQL 数据表中的数据并显示

18.1 MySQL 数据库

MySQL 是一个关系型数据库管理系统，由瑞典 MySQL AB 公司开发，目前属于 Oracle 公司。由于 MySQL 数据库体积小、速度快、总体拥有成本低、开放源代码，因此其有着十分广泛的应用。

18.1.1 什么是数据库

数据库，其实就是存放数据的仓库。只不过这个仓库是在计算机的存储设备上如硬盘，而且数据是按一定格式存放的，数据与数据之间存在关系。

人们收集并抽取出一个应用所需要的大量数据之后，应将其保存起来以供进一步加工处理，进一步抽取有用的信息。在科学技术飞速发展的今天，人们视野越来越开阔，数据量急剧增加。过去把数据存放在文件柜里，现在人们借助计算机和数据库技术科学地保存和 管理大量的、复杂的数据，以便能方便而充分地利用这些宝贵的信息资源。

所谓数据库是指长期存储在计算机内的、有组织的、可共享的数据集合。数据库中的数据按一定的数据模型组织、描述和存储，具有较小的冗余度、较高的数据独立性和易扩展性，并可为各种用户共享。

18.1.2 MySQL 数据库的特性

MySQL 数据库的特性具体如下：

第一，使用 C 和 C++ 编写，并使用多种编译器进行测试，保证源代码的可移植性。

第二，支持 Linux、Mac OS、Windows 等多种操作系统。

第三，为多种编程语言提供了 API。这些编程语言包括 Python、Java、C、C++、Perl、PHP、Eiffel、Ruby 等。

第四，支持多线程，充分利用 CPU 资源。

第五，优化的 SQL 查询算法，有效地提高查询速度。

第六，既能够作为一个单独的应用程序应用在客户端服务器网络环境中，也能够作为一个库而嵌入其他的软件中。

第七，提供多语言支持，常见的编码如中文的 GB 2312、BIG 5 等都可以用作数据表名和数据列名。

第八，提供 TCP/IP、ODBC 和 JDBC 等多种数据库连接途径。

第九，提供用于管理、检查、优化数据库操作的管理工具。

第十，支持大型的数据库。可以处理拥有上千万条记录的大型数据库。

第十一，支持多种存储引擎。

18.1.3 MySQL 的下载

在浏览器的地址栏中输入“https://dev.mysql.com/downloads”，然后回车，进入 MySQL 的不同下载版本选择页面，如图 18.1 所示。

图 18.1 MySQL 的下载页面

单击“MySQL Community Server”下方的“DOWNLOAD”，进行 MySQL Community Server 具体下载页面，操作系统选择 Microsoft Windows，如图 18.2 所示。

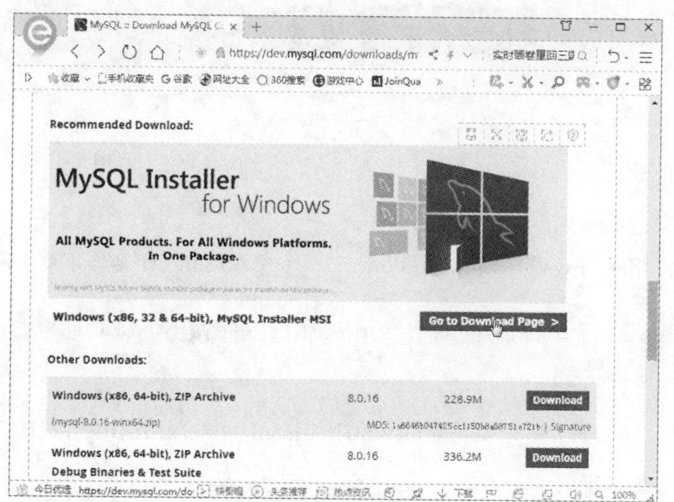

图 18.2 操作系统选择 Microsoft Windows

单击“Go to Download Page”按钮，进入“MySQL Installer 8.0.16”下载页面，如图 18.3 所示。

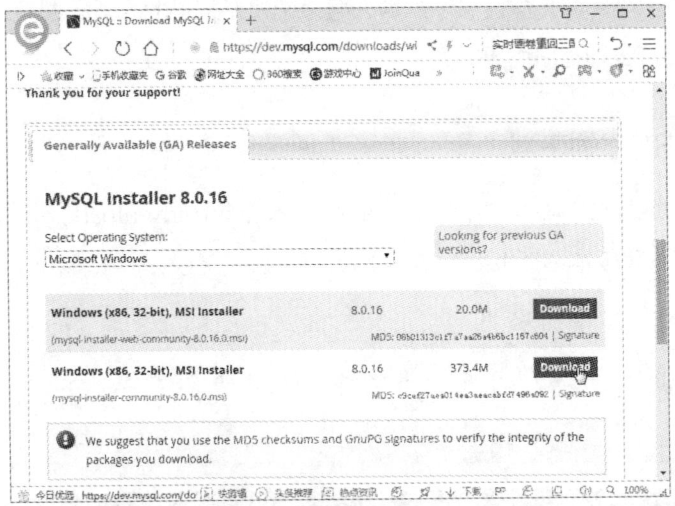

图 18.3　MySQL Installer 8.0.16 下载页面

单击 mysql-installer-community-8.0.16.0.msi 后面的“Download”按钮，进入 mysql-installer-community-8.0.16.0.msi 具体下载页面，如图 18.4 所示。

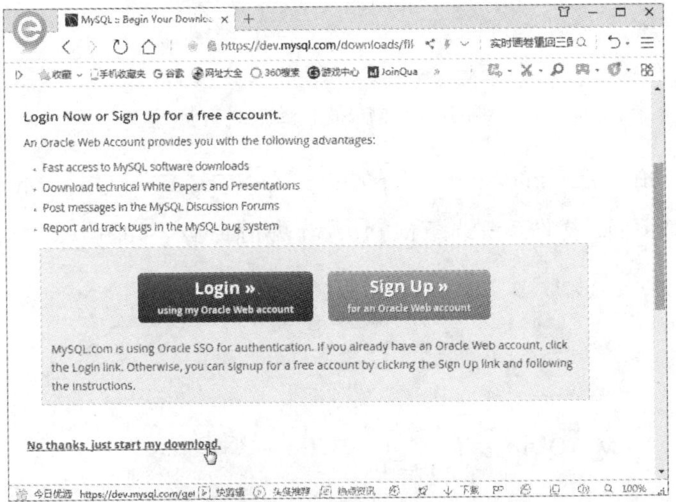

图 18.4　mysql-installer-community-8.0.16.0.msi 具体下载页面

单击“No thanks, just start my download.”，就会弹出下载对话框，并显示下载进度，如图 18.5 所示。

下载完成后，就可以在桌面看到 mysql-installer-community-8.0.16.0.msi 安装文件图标，如图 18.6 所示。

图 18.5　下载对话框

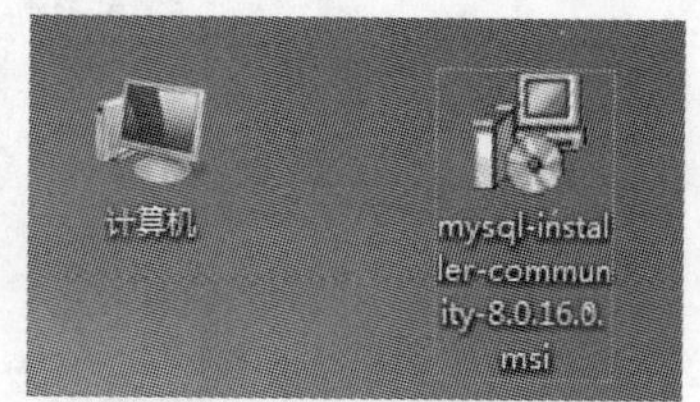

图 18.6　mysql-installer-community-8.0.16.0.msi 安装文件图标

18.1.4　MySQL 的安装

mysql-installer-community-8.0.16.0.msi 安装文件下载成功后，双击桌面上的安装文件图标，弹出“MySQL 安装对”话框，首先看到的是用户许可证协议，如图 18.7 所示。

选中“I accept the license terms（我接受系统协议）”复选框，单击“Next”按钮，就可以选择安装类型，在这里选择默认的安装类型，如图 18.8 所示。

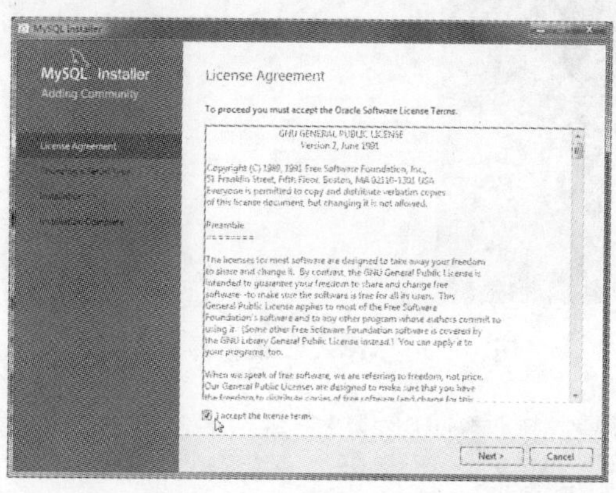

图 18.7　用户许可证协议

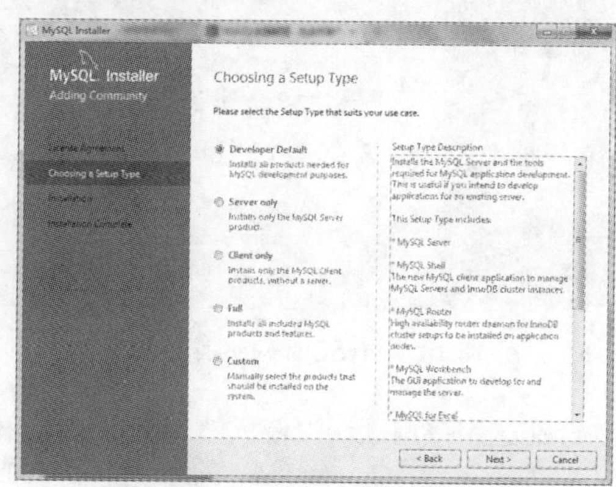

图 18.8　选择安装类型

> **提醒：** Server only，仅作为服务；Client only，仅作为客户端；Full，完全安装；Custom，自定义安装类型。

单击“Next”按钮，就可以根据所选择的安装类型，安装 Windows 系统框架（framework），单击“Execute”按钮，安装程序会自动完成框架的安装，如图 18.9 所示。

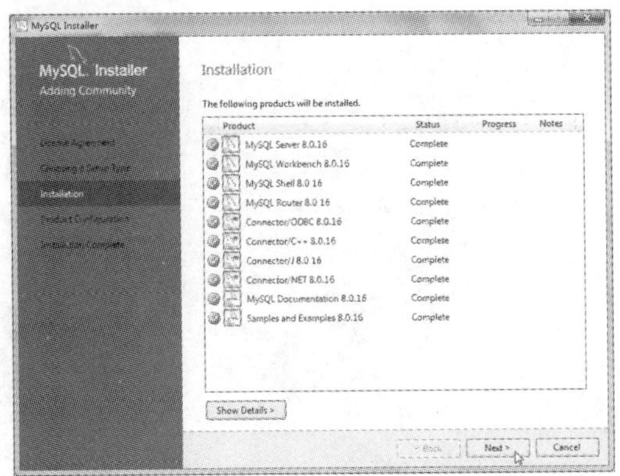

图 18.9　安装程序会自动完成框架的安装

18.1.5　MySQL 的配置

自动完成框架的安装后，单击“Next”按钮，就可以进行 MySQL 网络类型配置，如图 18.10 所示。

在这里采用默认设置，然后单击“Next”按钮，就可以进行 MySQL 服务器类型配置，如图 18.11 所示。

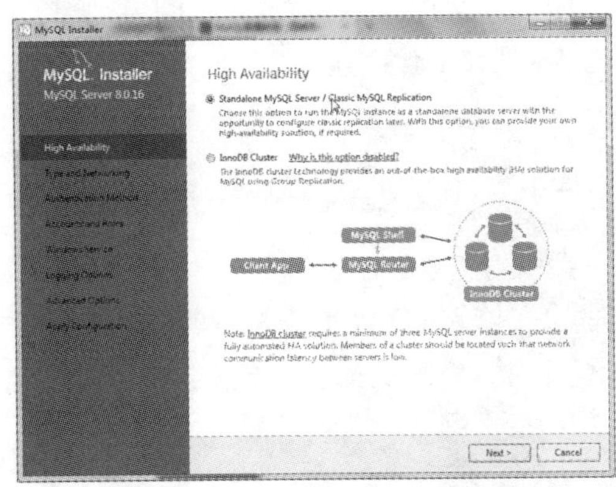

图 18.10　MySQL 网络类型配置

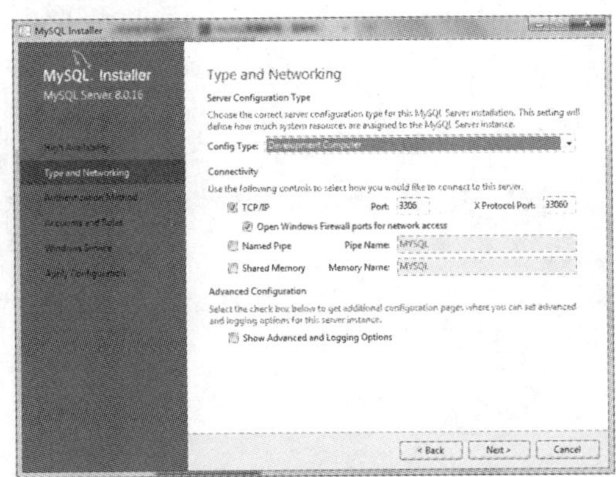

图 18.11　MySQL 服务器类型配置

在这里采用默认设置，然后单击“Next”按钮，就可以进行服务器的密码设置，如图 18.12 所示。

需要注意，要重复输入两次登录密码，在这里输入 123456zf。系统默认的用户名为 root，如果想添加新用户，可以单击“Add User”按钮进行添加。

设置好密码后，单击“Next”按钮，就可以进行服务器名称设置，在这里设置为“MySQL80”，如图 18.13 所示。

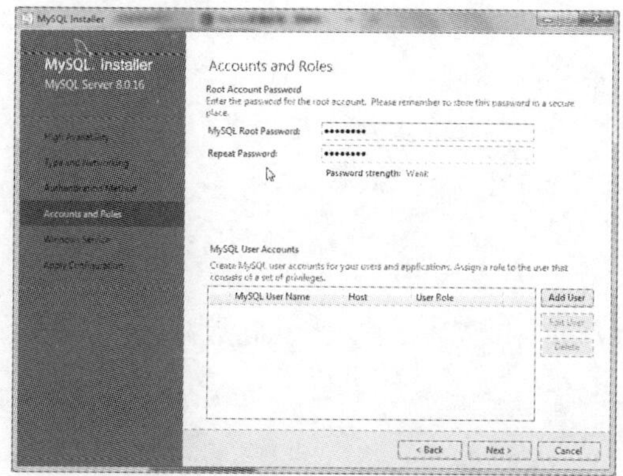

图 18.12　服务器的密码设置

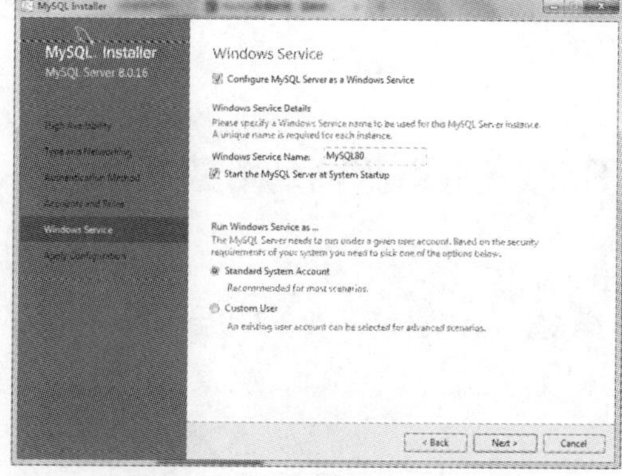

图 18.13　服务器名称设置

单击“Next”按钮，就可以完成 MySQL 的各项配置，如图 18.14 所示。

单击“Next”按钮，就可以测试 MySQL 数据库，在这里设置 User name 为“root”，设置 Password 为“123456zf”，然后单击“Check”按钮，就可以看到测试成功，如图 18.15 所示。

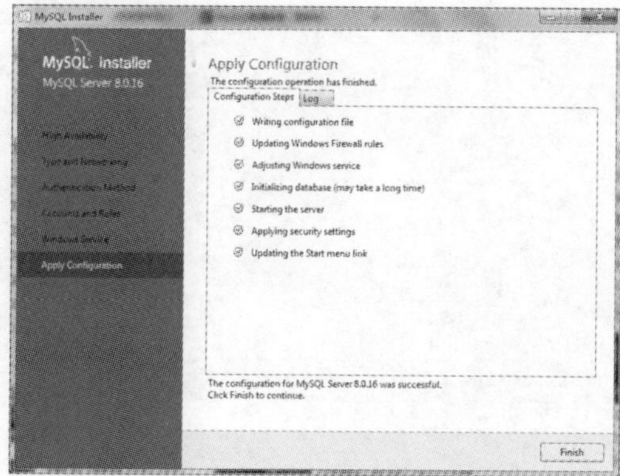

图 18.14　MySQL 的各项配置

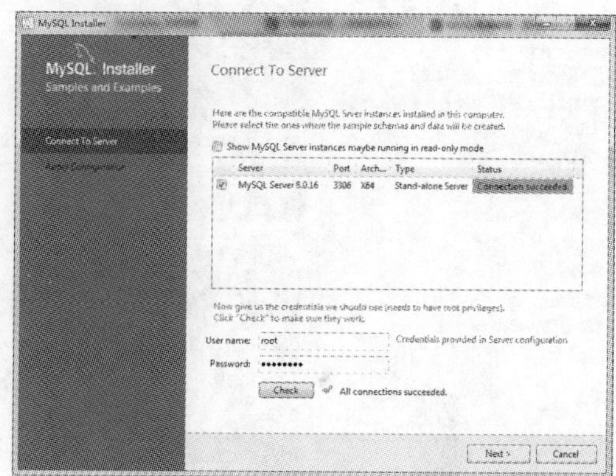

图 18.15　测试 MySQL 数据库

单击“Next”按钮，就完成了 MySQL 的配置，如图 18.16 所示。

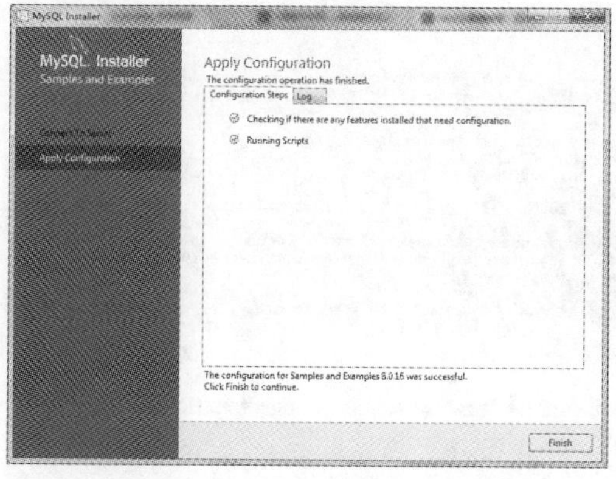

图 18.16　完成了 MySQL 的配置

最后，单击“Finish”按钮即可。

18.2 创建数据库和数据表

MySQL 安装和配置成功后，就可以创建数据库和数据表了，然后向数据表中插入数据并显示。

18.2.1 创建数据库

单击桌面左下角的“开始 / 所有程序”命令，在弹出菜单中，就可以看到“MySQL/ MySQL Server 8.0/ MySQL 8.0 Command Line Client”命令，如图 18.17 所示。

单击“MySQL 8.0 Command Line Client”命令，就会打开该软件，这时要求输入密码，如图 18.18 所示。

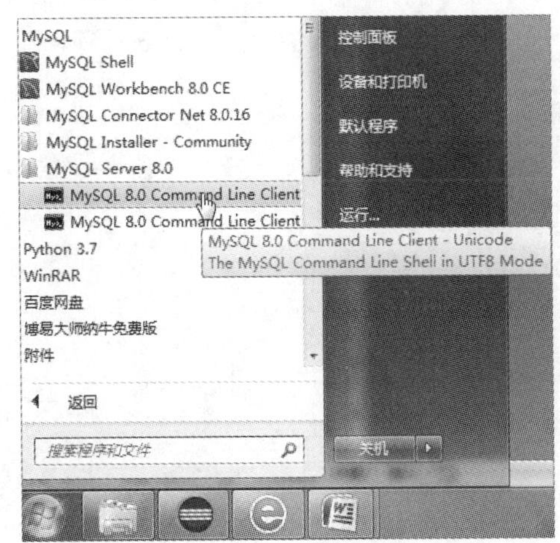

图 18.17　开始菜单

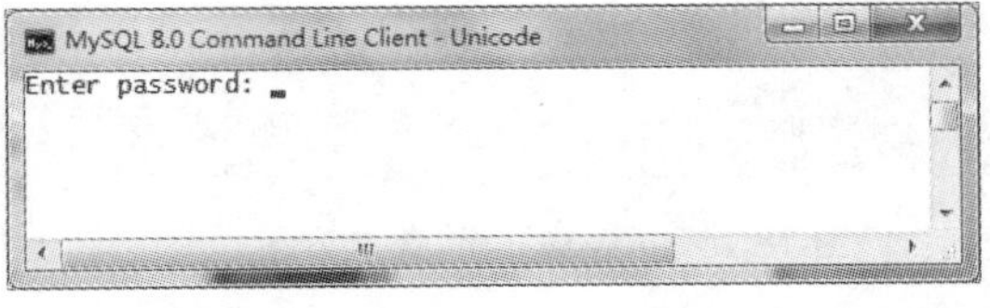

图 18.18　MySQL 8.0 Command Line Client 软件

在这里输入 123456zf，然后回车，就可以成功登录 MySQL 数据库，如图 18.19 所示。

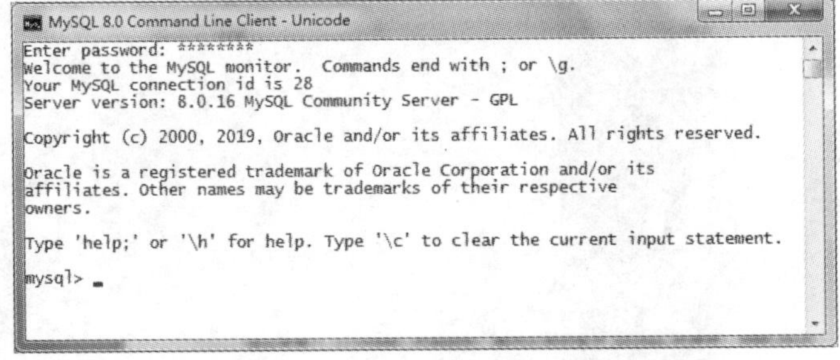

图 18.19　成功登录 MySQL 数据库

接下来输入如下代码：

```
create  database  mydb ;
```

然后回车，就可以创建一个数据库，名称为 mydb，如图 18.20 所示。

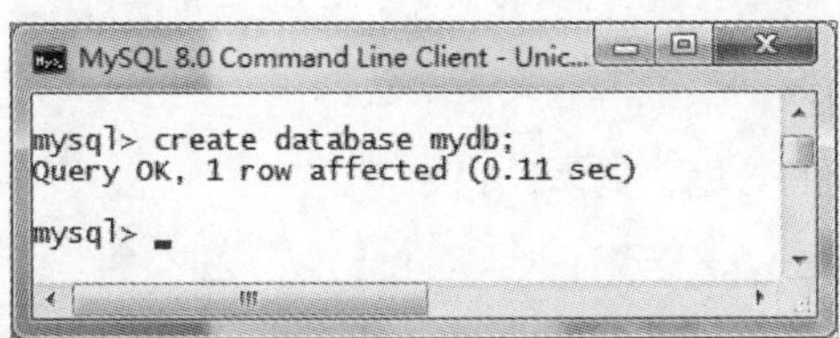

图 18.20　创建数据库 mydb

18.2.2　创建数据表

当利用 create database 语句创建数据库之后，该数据库不会自动成为当前数据库，需要用 use 来指定当前数据库，具体代码如下：

```
use  mydb ;
```

接下来在 mydb 数据库，创建一个数据表 mytab，具体代码如下：

```
create  table  mytab
(
   id  int(10),
   name  varchar(30),
   sex    varchar(10),
   age    int(10),
   wages  float
) ;
```

然后回车，就会在 mydb 数据库中创建一个 mytab 数据表。mytab 数据表中有 5 个字段，分别是职工编号、职工姓名、职工性别、职工年龄、职工工资，如图 18.21 所示。

```
MySQL 8.0 Command Line Client - Unicode
mysql> create database mydb;
Query OK, 1 row affected (0.11 sec)

mysql> use  mydb ;
Database changed
mysql> create table mytab
    -> (
    -> id int(10),
    -> name  varchar(30),
    -> sex   varchar(10),
    -> age   int(10),
    -> wages  float
    -> );
Query OK, 0 rows affected (0.66 sec)

mysql>
```

图 18.21　创建数据表

18.2.3　向数据表中插入数据和显示

利用 insert 语句向数据表中插入数据，具体代码如下：

```
insert  into  mytab  values (101,'张亮','男',26,5689.5);
```

然后回车，就可以向数据表中插入一条数据，如图 18.22 所示。

同理，再插入一条数据，具体代码如下：

```
insert  into  mytab  values (102,'李红','女',16,8756.5);
```

然后回车，就可以向数据表中再插入一条数据。

下面来显示数据表中的数据，具体代码如下：

```
select  *  from  mytab ;
```

然后回车，就可以看到数据表 mytab 中的所有数据，如图 18.23 所示。

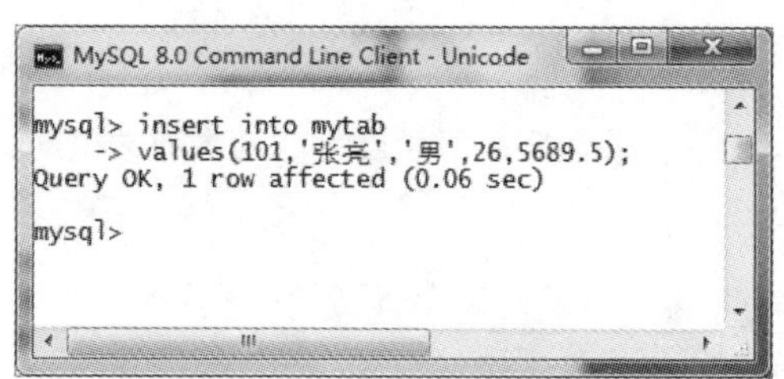

图 18.22　向数据表中插入一条数据

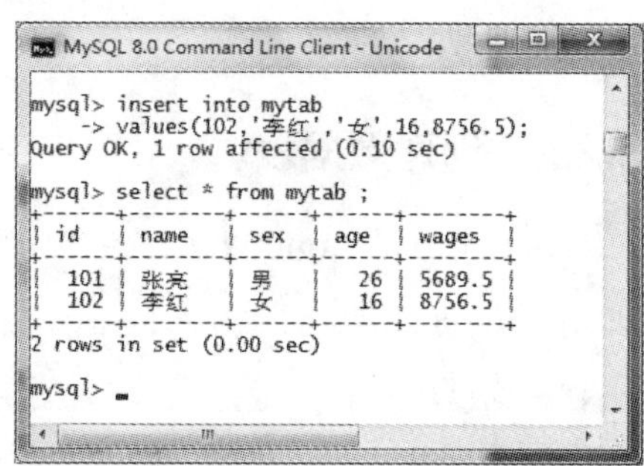

图 18.23　数据表 mytab 中的所有数据

18.3　利用 Python 操作 MySQL 数据库

虽然 Python 需要为操作不同的数据库使用不同的包，但不同的数据库包并非没有规律可循，因为它们基本都遵守 Python 制订的 DB API 协议。在 Python 中是利用 mysql-connector-python 包操作 MySQL 数据库。

18.3.1　安装 mysql-connector-python 包

mysql-connector-python 是第三方包，要使用该包，需要先安装，安装方法与 Numpy 包安装一样，即单击桌面左下角的“开始”按钮，弹出“开始”菜单，然后在文本框中输入“cmd”，回车，打开 Windows 系统命令行程序，然后输入如下命令：

```
pip  install  mysql-connector-python
```

输入命令后，回车，开始安装，如图 18.24 所示。

图 18.24　安装 mysql-connector-python 包

mysql-connector-python 包安装成功后，就可以在后面的 Python 程序中使用。

18.3.2　mysql-connector-python 的全局变量

Python 支持 DB API 的数据库模块都有 3 个全局变量，所以 mysql-connector-python 也有 3 个全局变量，分别是 apilevel、threadsafety 和 paramstyle。

1. apilevel

apilevelet 用来显示数据库包的 API 版本号。

2. threadsafety

threadsafety 用来指定数据库包的线程安全等级，该等级值为 0 ~ 3。

3. paramstyle

paramstyle 用来指定当 SQL 语句需要参数时，可以使用哪种风格的参数。该变量可能返回如下变量值：

format：表示在 SQL 语句中使用 Python 标准的格式化字符串代表参数。例如，在程序中需要参数的地方使用 %s，接下来程序即可为这些参数指定参数值。

pyformat：表示在 SQL 语句中使用扩展的格式代码代表参数。比如使用 %(name)，这样即可使用包含 key 为 name 的字典为该参数指定参数值。

qmark：表示在 SQL 语句中使用问号（?）代表参数。在 SQL 语句中有几个参数，全部用问号代替。

numeric：表示在 SQL 语句中使用数字占位符（:N）代表参数。例如：1 代表一个参数，:2 也表示一个参数，这些数字相当于参数名，因此它们不一定需要连续。

named：表示在 SQL 语句中使用命名占位符（:name）代表参数。例如 :name 代表一个参数，:age 也表示一个参数。

单击“开始”菜单，打开 Python 3.7.4 Shell 软件，然后单击菜单栏中的“File/New File”命令，创建一个 Python 文件，并命名为“Python18-1.py”，然后输入如下代码：

```
#导入包
import mysql.connector
#查看全局变量值
print("数据库包的API版本号是：",mysql.connector.apilevel)
print("数据库包的线程安全等级是：",mysql.connector.threadsafety)
print("SQL语句参数的风格：",mysql.connector.paramstyle)
```

单击菜单栏中的“Run/Run Module”命令或按下键盘上的“F5”，就可以运行程序代码，结果如图 18.25 所示。

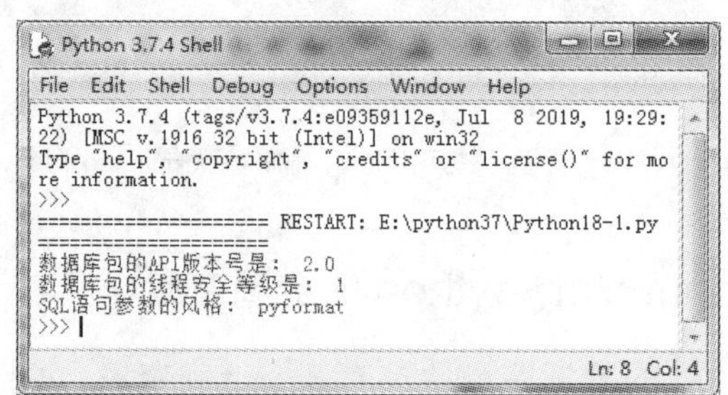

图 18.25　mysql-connector-python 的全局变量

18.3.3　连接 MySQL 数据库

遵守 DB API 协议的数据库包通常会提供一个 connect() 函数，该函数用于连接数据库，并返回数据库连接对象。

数据库连接对象常用的方法和属性如下：

cursor()：打开游标。

commit()：提交事务。

rollback()：回滚事务。

close()：关闭数据库连接。

isolation_level：返回或设置数据库连接中事务的隔离级别。

in_transaction：判断当前是否处于事务中。

单击“开始”菜单，打开 Python 3.7.4 Shell 软件，然后单击菜单栏中的“File/New File”命令，创建一个 Python 文件，并命名为“Python18-2.py”，然后输入如下代码：

```
#导入包
import mysql.connector
#数据库连接对象
con = mysql.connector.connect(user='root', password='123456zf',
    host='localhost', port='3306',
    database='mydb', use_unicode=True)
print("数据库连接成功！")
#关闭数据库
con.close()
```

单击菜单栏中的“Run/Run Module”命令或按下键盘上的“F5”，就可以运行程序代码，结果如图 18.26 所示。

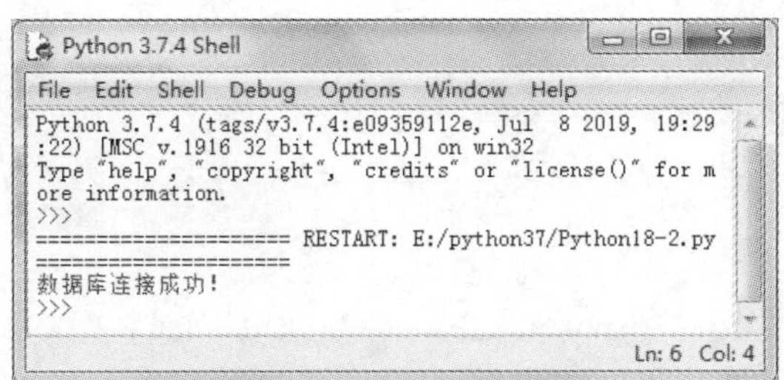

图 18.26 连接 MySQL 数据库

18.3.4 显示 MySQL 数据表中的数据

要显示数据表中的数据信息，就要使用到游标，利用数据库连接对象的 cursor() 可以获取游标。

游标对象的常用方法和属性，具体如下：

execute(sql[，parameters])：执行 SQL 语句。parameters 参数用于为 SQL 语句中的参数指定值。

executemany(sql，seq_of_parameters)：重复执行 SQL 语句。可以通过 seq_of_parameters 序列为 SQL 语句中的参数指定值，该序列有多少个元素，SQL 语句就被执行多少次。

fetchone()：获取查询结果集的下一行。如果没有下一行，则返回 None。

fetchmany(size=cursor.arraysize)：返回查询结果集的下 N 行组成的列表。如果没有更多的数据行，则返回空列表。

fetchall()：返回查询结果集的全部行组成的列表。

close()：关闭游标。

rowcount：返回 SQL 语句影响的行数。

description：获取查询返回的所有列的信息。

单击“开始”菜单，打开 Python 3.7.4 Shell 软件，然后单击菜单栏中的“File/New File”命令，创建一个 Python 文件，并命名为“Python18-3.py”，然后输入如下代码：

```
#导入包
import mysql.connector
#数据库连接对象
con = mysql.connector.connect(user='root', password='123456zf',
    host='localhost', port='3306',
    database='mydb', use_unicode=True)
#获取游标
cur = con.cursor()
sql = "select * from mytab "
cur.execute(sql)
# 通过游标的 description 属性获取列信息
for col in (cur.description):
```

```
    print(col[0], end='     ')
print()
# 直接使用 for 循环来遍历游标中的结果集
for row in cur :
    print(row)
cur.close()
con.close()
```

单击菜单栏中的“Run/Run Module”命令或按下键盘上的“F5”，就可以运行程序代码，结果如图 18.27 所示。

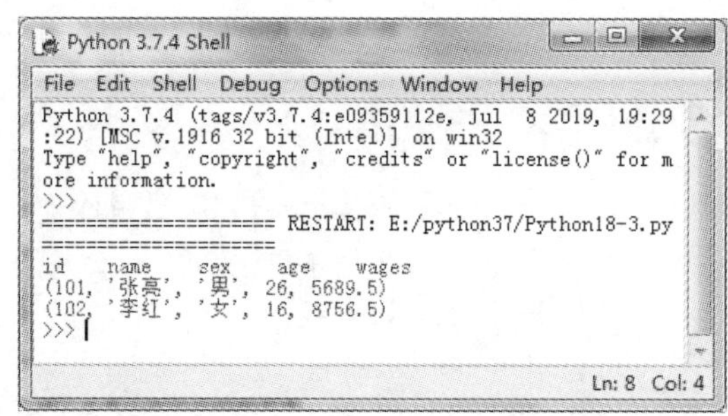

图 18.27　显示 MySQL 数据表中的数据

18.3.5　向 MySQL 数据表中插入数据并显示

单击“开始”菜单，打开 Python 3.7.4 Shell 软件，然后单击菜单栏中的“File/New File”命令，创建一个 Python 文件，并命名为“Python18-4.py”，然后输入如下代码:

```
# 导入包
import mysql.connector
# 数据库连接对象
con = mysql.connector.connect(user='root', password='123456zf',
    host='localhost', port='3306',
    database='mydb', use_unicode=True)
# 获取游标
cur = con.cursor()
# 向数据表中插入数据
cur.execute("insert into mytab values (103,'赵杰','男',24,6584.3)")
# 提交事务
con.commit()
sql = "select * from mytab "
cur.execute(sql)
#  通过游标的 description 属性获取列信息
for col in (cur.description):
    print(col[0], end='     ')
print()
# 直接使用 for 循环来遍历游标中的结果集
for row in cur :
    print(row)
cur.close()
con.close()
```

这里先插入一条记录，然后显示插入数据后的数据表中的数据信息。

单击菜单栏中的“Run/Run Module”命令或按下键盘上的“F5”，就可以运行程序代码，结果如图 18.28 所示。

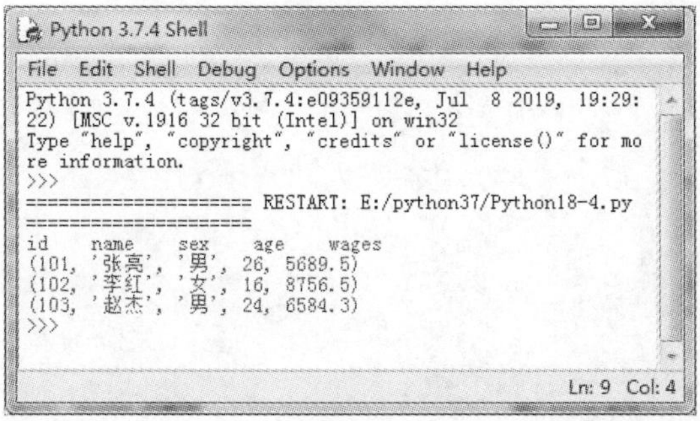

图 18.28　向 MySQL 数据表中插入数据并显示

18.3.6　修改 MySQL 数据表中的数据并显示

单击“开始”菜单，打开 Python 3.7.4 Shell 软件，然后单击菜单栏中的“File/New File”命令，创建一个 Python 文件，并命名为“Python18-5.py”，然后输入如下代码：

```
#导入包
import mysql.connector
#数据库连接对象
con = mysql.connector.connect(user='root', password='123456zf',
    host='localhost', port='3306',
    database='mydb', use_unicode=True)
#获取游标
cur = con.cursor()
#修改数据表中的数据
cur.execute("update  mytab set name='李红波', age=34,wages=10235.1  where id=101")
#提交事务
con.commit()
sql = "select * from mytab "
cur.execute(sql)
# 通过游标的 description 属性获取列信息
for col in (cur.description):
    print(col[0], end='     ')
print()
#直接使用 for 循环来遍历游标中的结果集
for row in cur :
    print(row)
cur.close()
con.close()
```

在这里修改职工号为 101 职工的姓名、年龄和工资信息。

单击菜单栏中的“Run/Run Module”命令或按下键盘上的“F5”，就可以运行程序代码，结果如图 18.29 所示。

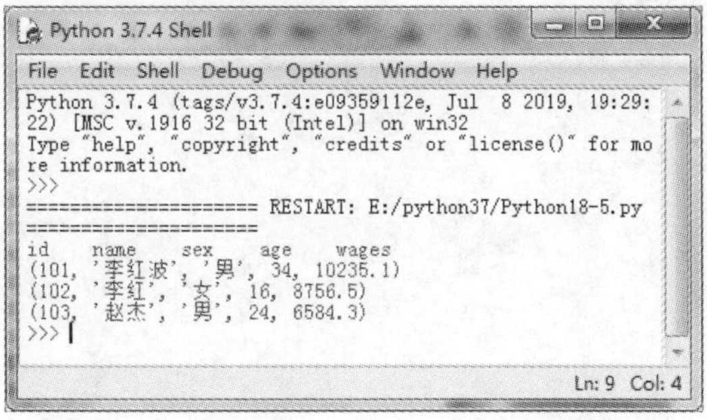

图 18.29　修改 MySQL 数据表中的数据并显示

18.3.7 删除 MySQL 数据表中的数据并显示

单击“开始”菜单，打开 Python 3.7.4 Shell 软件，然后单击菜单栏中的“File/New File”命令，创建一个 Python 文件，并命名为“Python18-6.py”，然后输入如下代码：

```
# 导入包
import mysql.connector
# 数据库连接对象
con = mysql.connector.connect(user='root', password='123456zf',
    host='localhost', port='3306',
    database='mydb', use_unicode=True)
# 获取游标
cur = con.cursor()
# 修改数据表中的数据
cur.execute("delete from mytab where id=101 ")
# 提交事务
con.commit()
sql = "select * from mytab "
cur.execute(sql)
# 通过游标的 description 属性获取列信息
for col in (cur.description):
    print(col[0], end='     ')
print()
# 直接使用 for 循环来遍历游标中的结果集
for row in cur :
    print(row)
cur.close()
con.close()
```

在这里删除了职工号为 101 的职工信息。

单击菜单栏中的“Run/Run Module”命令或按下键盘上的“F5”，就可以运行程序代码，结果如图 18.30 所示。

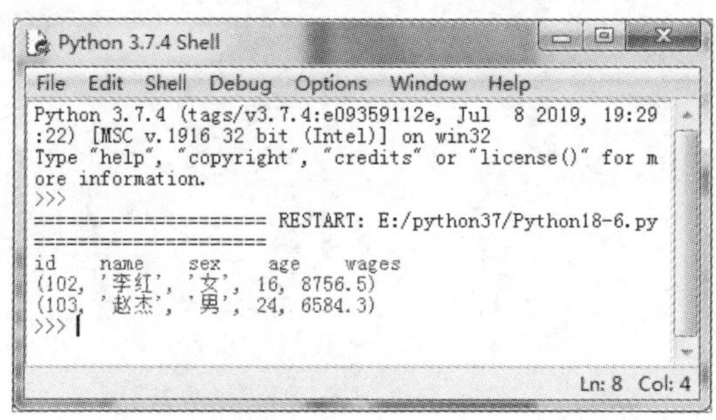

图 18.30 删除 MySQL 数据表中的数据并显示

第 19 章

Python 程序设计的游戏开发

Pygame 是一款用来开发游戏软件的 Python 包，基于 SDL 包的基础上开发。允许在 Python 程序中创建功能丰富的游戏和多媒体程序，Pygame 是一个高可移植性的模块，可以支持多个操作系统，用它来开发小游戏非常适合。

本章主要内容包括：

- 初识 Pygame 包及安装
- 实例：创建窗体并显示文字
- 利用键盘控制图像的动画效果
- 绘制各种图形
- 精灵和精灵组
- 实例：可以移动的圆
- 实例：弹弹猫
- 实例：利用键盘控制动画猫

19.1 初识 Pygame 包

Pygame 是被设计用来写游戏的 Python 模块集合，是在优秀的 SDL 包基础上开发的功能性包。Pygame 包是免费的，发行遵守 GPL，可以利用它开发开源的、免费软件、共享件、还有商业软件等。

19.1.1 SDL 包

Pygame 是一个利用 SDL 包写出的游戏包。SDL（Simple DirectMedia Layer）是一套开放源代码的跨平台多媒体开发包。SDL 提供了数种控制图像、声音、输出输入的函数，让开发者只要用相同或是相似的代码就可以开发出跨多个平台（Linux、Windows、Mac OS X 等）的应用软件。目前 SDL 多用于开发游戏、模拟器、媒体播放器等多媒体应用领域。

SDL 是用 C 写的，不过它也可以使用 C++ 进行开发，当然还有很多其他的语言，如 Python、Java、C#、PHP 等。包装得比较好的是 Python 语言的 pygame 包。

19.1.2 Pygame 的安装

Pygame 包也是第三方包，所以需要安装，安装方法与 numpy 包一样。

单击桌面左下角的"开始"按钮，弹出"开始"菜单，然后在文本框中输入"cmd"，回车，打开 Windows 系统命令行程序，然后输入如下命令：

```
pip  install  pygame
```

输入命令后，回车，就开始安装，如图 19.1 所示。

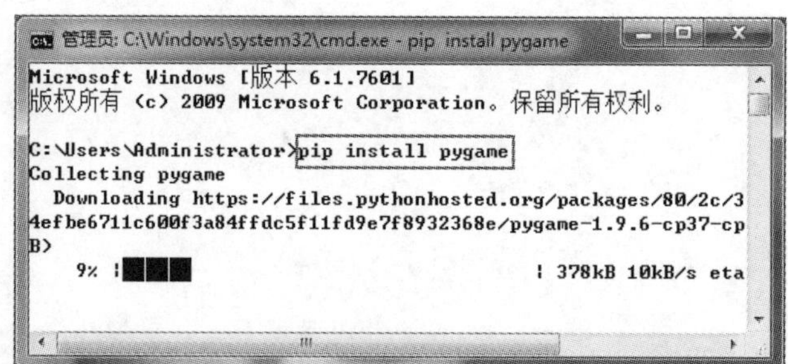

图 19.1　安装 pygame 包

pygame 包安装成功后，就可以在后面的 Python 程序中使用。

19.2 创建窗体

游戏界面也是图形用户界面，所以要创建游戏，首先要创建一个窗体，然后才能在窗体上实现游戏的各种功能。

19.2.1 set_mode() 方法

在 pygame 中是利用 pygame 包中的 display 模块中的 set_mode() 方法来创建窗体的。其中 displays 模块是访问显示设备的模块。

set_mode() 方法的语法格式如下：

```
pygame.display.set_mode(resolution=(0,0),flags=0,depth=0)
```

各参数意义如下：

resolution：必须参数，用来设置 windows 窗体的大小，单位是像素。

flages：可选参数，表示想要什么样的显示屏。如果其值为 pygame.FULLSCREEN，表示全屏显示；如果其值为 pygame.RESIZABLE，表示窗体大小可以调整；如果其值为 pygame.RESIZABLE，表示窗体大小可以调整；默认值为 0，表示不用什么特性。

depth：用来设置色深。色深是一种主要取决于物体色的明度并与色彩调和度有关的对物体色的综合颜色感觉。最好不要设置。

需要注意，set_mode() 方法的返回值就是窗体。

在 pygame 中是利用 pygame 包中的 display 模块中的 set_caption() 方法来设置窗口的标题。如果想得到窗口的标题，需要使用 get_caption() 方法。

19.2.2 实例：创建窗体并显示文字

单击“开始”菜单，打开 Python 3.7.4 Shell 软件，然后单击菜单栏中的“File/New File”命令，创建一个 Python 文件，并命名为“Python19-1.py”，然后输入如下代码：

```
import pygame                                    # 导入游戏 pygame 包
# 设置文字颜色和背景颜色
textcolor = (255,0,0)
bgcolor = (0,0,255)
pygame.init()                                    # 初始化，为使用硬件做准备
# 创建一个窗体，窗体的宽度为 320 像素，高度为 240 像素
myscreen = pygame.display.set_mode((320,240))
pygame.display.set_caption(" 第一个 PyGame 游戏窗体 ")
myfont = pygame.font.Font(None,50)
mytext = myfont.render("Hell World!",True,textcolor)
# 游戏主循环
while  True :
    myscreen.fill(bgcolor)                       # 填充背景色
    myscreen.blit(mytext,(50,100))               # 添加文字并设置位置
    pygame.display.update()                      # 更新窗体
```

上述代码首先导入游戏 pygame 包，然后定义两个元组变量，分别存放文字颜色和背景颜色；接着进行 pygame 初始化，为使用硬件做准备；然后创建窗体并设置窗体标题；接着设置文本并进入游戏主循环。在游戏主循环中，填充窗体背景色，添加文字，最后更新窗体。

单击菜单栏中的“Run/Run Module”命令或按下键盘上的“F5”，就可以运行程序代码，结果如图 19.2 所示。

需要注意的是，while 循环一直在运行，所以无法关闭窗体，这样就需要添加关闭窗体事件，即单击窗体右上角的“ ”，就可以关闭游戏。

由于这里要用到 pygame 中的一些常量和函数，所以需要先导入 pygame.locals，具体代码如下：

```
from pygame.locals import *  #导入一些常用的函数和常量
```

注意上述代码放在 import pygame 下面即可。

然后在代码的最后添加如下代码：

```
    for event in pygame.event.get() :
        if event.type == QUIT :
            exit()
```

首先利用 pygame.event.get() 获得 pygame 中的所有事件，然后循环判断，当事件类型为退出时，即 event.type == QUIT，执行退出函数。

这样程序运行后，单击单击窗体右上角的“ ”，就会调用 exit()，弹出提示对话框，如图 19.3 所示。

图 19.2　创建窗体并显示文字

图 19.3　提示对话框

单击“确定”按钮，就会关闭程序。

19.3　利用键盘控制图像的动画效果

创建窗体后，就可以在窗体中制作游戏。下面制作一个利用键盘控制图像的动画效果。

19.3.1 背景加载图像

单击“开始”菜单，打开 Python 3.7.4 Shell 软件，然后单击菜单栏中的“File/New File”命令，创建一个 Python 文件，并命名为“Python19-2.py”，然后输入如下代码：

```
import pygame                                       # 导入游戏 pygame 包
from pygame.locals import *                         # 导入一些常用的函数和常量
pygame.init()                                       # 初始化，为使用硬件做准备
# 创建一个窗体，窗体的宽度为 650 像素，高度为 350 像素
myscreen = pygame.display.set_mode((650,350))
# 设置窗体的标题
pygame.display.set_caption(" 第一个 PyGame 游戏窗体 ")
# 加载图像
bgimage = pygame.image.load("bgpic.jpg")
# 获得图像的大小
bgposition = bgimage.get_rect()
# 游戏主循环
while  True :
    for event in pygame.event.get() :
        if event.type == pygame.QUIT :
            exit()
    # 把图像绘制到窗体上显示
    myscreen.blit(bgimage,bgposition)
    pygame.display.update()                         # 更新窗体
```

首先导入游戏 pygame 包并初始化，然后创建窗体并设置窗体标题，接着调用 pygame 包中的 image 模块中的 load() 方法，加载图像，该方法的语法格式如下：

```
pygame.image.load(filename)
```

参数 filename 就是加载图像的图像位置及图像名。所以在上述代码中，要把图像“bgpic.jpg”放到“E:\Python37”文件夹中，即与当前 Python 文件放在同一个位置夹中。pygame 一般来说支持图像的 JPG、PNG、GIF (non animated)、BMP、PCX、TGA (uncompressed)、TIF、LBM (及 PBM)、PBM (及 PGM、PPM)、XPM 等格式。

load() 方法的返回值是一个包含图像的 Surface，Surface 的格式和原来的文件相同（包括颜色格式、透明色和 alpha 透明）。

> **提醒：** Pygame 的 Surface 对象用于表示任何一个图像，Surface 对象具有固定的分辨率和像素格式，其实窗体也是一个 Surface 对象。

加载图像后，就可以利用 Surface 对象的 get_rect() 方法获取 Surface 对象的矩形区域，其语法格式如下：

```
Surface.get_rect(**kwargs)
```

get_rect() 方法返回一个 Rect 对象。该矩形对象（Rect）总是以 (0，0) 为起点，width 和 height 为图像的尺寸。

这样就可以把图像复制到窗体上显示，这时要用到 filt() 方法，其语法格式如下：

```
Surface.blit(source, dest)
```

参数 source 是指将指定的 Surface 对象绘制到该对象上。参数 dest 是指绘制的位置，

dest 的值可以是 source 的左上角坐标。如果传入一个 Rect 对象给 dest，那么 blit() 会使用它的左上角坐标。

单击菜单栏中的“Run/Run Module”命令或按下键盘上的“F5”，就可以运行程序代码，就可以看到窗体背景图像，如图 19.4 所示。

图 19.4　窗体背景图像

19.3.2　加载图像并动起来

窗体设计好后，就可以在窗体上加载图像，然后让它动起来。

加载一幅图像，具体代码如下：

```
moveimage = pygame.image.load("bird.gif")
moveposition = moveimage.get_rect()
# 定义列表变量，控制图像动画的速度
myspeed = [1,0]
```

注意：这里定义一个列表变量，用来控件图像动画的速度。第一个值为 x 方向的移动速度，第二个值为 y 方向的移动速度。

下面在窗体上显示该运动的图像，具体代码如下：

```
myscreen.blit(moveimage,moveposition)
moveposition = moveposition.move(myspeed)
```

注意：这些代码放在 pygame.display.update() 代码前面。

这里用到了 Rect 对象的 move() 方法，其语法格式如下：

```
pygame.Rect.move(x, y)
```

返回一个新的Rect 对象。x 和 y 参数可以是正数或负数，用于指定新对象的偏移地址。

单击菜单栏中的“Run/Run Module”命令或按下键盘上的“F5”，就可以运行程序代码，就可以看到一只大鸟在海上飞过，如图 19.5 所示。

图 19.5 一只大鸟在海上飞过

这时你会发现，大鸟飞得太快，这就需要修改每秒钟中的循环次数，就要用到 pygame.time.Clock().tick()，具体代码如下：

```
pygame.time.Clock().tick(60)                          #设置每秒循环 60 次
```

上述代码放在 pygame.display.update() 代码后面即可。

19.3.3 利用键盘事件控制动画

在程序设计中，事件可以将用户的行为反馈到逻辑层进行处理，pygame 中常用事件及意义如下：

QUIT：用户按下关闭按钮触发的事件。

KEYDOWN：键盘被按下触发的事件。

KEYUP：键盘被放开触发的事件。

MOUSEBUTTONDOWN：鼠标按下触发的事件。

MOUSEBUTTONUP：鼠标松开触发的事件。

MOUSEMOTION：鼠标移动触发的事件。

下面编写代码，利用键备盘上的“↑”、“↓”、“←”、“→”键控制图像的上下左右移动。

```
for event in pygame.event.get() :
        if event.type == pygame.QUIT :
            exit()
        if event.type == pygame.KEYDOWN :
            if event.key == pygame.K_RIGHT :
                myspeed = [2,0]
            if event.key == pygame.K_LEFT :
                myspeed = [-2,0]
            if event.key == pygame.K_UP :
                myspeed = [0,2]
            if event.key == pygame.K_DOWN :
```

```
                myspeed = [0,-2]
        if event.type ==pygame.KEYUP :
            myspeed = [0,0]
```

需要注意的是，添加的键盘事件代码一定是放在 for 循环中，因为在 pygame 中，所有的事件都需要利用 pygame.event.get() 得到。

当用户按下键盘时，再判断按下的键是什么键，然后在其后面设置图像的速度。

当用户离开键盘时，图像的速度在所有方向都为 0，即静止不动。

单击菜单栏中的“Run/Run Module”命令或按下键盘上的“F5”，就可以运行程序代码，就可以看到一只大鸟在海面飞过，按下键盘上的方向键，就可以控制图像运动，如图 19.6 所示。

图 19.6　利用键盘控制大鸟的飞行

19.3.4　添加背景音乐

在 pygame 中要加载音乐，需要使用 mixer 包中 music 模块，该模块中的常用方法及意义如下：

pygame.mixer.music.load()：载入一个音乐文件用于播放

pygame.mixer.music.play()：开始播放音乐。

pygame.mixer.music.rewind()：重新开始播放音乐。

pygame.mixer.music.stop()：结束音乐播放。

pygame.mixer.music.pause()：暂停音乐播放。

pygame.mixer.music.unpause()：恢复音乐播放。

pygame.mixer.music.fadeout()：淡出的效果结束音乐播放。

pygame.mixer.music.set_volume()：设置音量。

pygame.mixer.music.get_volume()：获取音量。

pygame.mixer.music.get_busy()：检查是否正在播放音乐。

pygame.mixer.music.set_pos()：设置播放的位置。

pygame.mixer.music.get_pos()：获取播放的位置。

pygame.mixer.music.queue()：将一个音乐文件放入队列中，并排在当前播放的音乐之后。

pygame.mixer.music.set_endevent()：当播放结束时发出一个事件。

pygame.mixer.music.get_endevent()：获取播放结束时发送的事件。

下面添加代码，为动画添加背景音乐。在 pygame.init() 后面添加代码，具体如下：

```
pygame.mixer.init()                                    # 初始化混音器
pygame.mixer.music.load("mynusic.mp3")                 # 加载音乐文件
pygame.mixer.music.set_volume(0.1)                     # 设置音量
pygame.mixer.music.play( loops=-1 )                    # 设置播放方式，这里是循环播放
```

单击菜单栏中的“Run/Run Module”命令或按下键盘上的“F5”，就可以运行程序代码，就可以听到背景音乐。

19.4 绘制各种图形

在 pygame 中，利用 draw 模块中的各种方法可以绘制各种图形，下面具体讲解一下。

19.4.1 绘制矩形

在 pygame 中，利用 draw 模块中的 rect() 方法绘制矩形，其语法格式如下：

```
pygame.draw.rect(Surface, color, Rect, width)
```

在 Surface 上绘制矩形，第二个参数是线条（或填充）的颜色，第三个参数 Rect 的形式是 ((x, y), (width, height))，表示的是所绘制矩形的区域，其中第一个元组 (x, y) 表示的是该矩形左上角的坐标，第二个元组 (width, height) 表示的是矩形的宽度和高度。width 表示线条的粗细，单位为像素；默认值为 0，表示填充矩形内部。

注意，该方法的返回值是一个 Rect 对象。

单击“开始”菜单，打开 Python 3.7.4 Shell 软件，然后单击菜单栏中的“File/New File”命令，创建一个 Python 文件，并命名为“Python19-3.py”，然后输入如下代码：

```
import pygame                                          # 导入游戏 pygame 包
# 创建一个窗体，窗体的宽度为 400 像素，高度为 300 像素
myscreen = pygame.display.set_mode((400,300))
# 设置窗体的标题
pygame.display.set_caption(" 绘制矩形 ")
```

```
# 背景颜色
bgcolor = (200,0,0)
# 填充颜色
r = 0
g = 100
b = 10
# 设置绘制矩形的初始值
x = 10
y = 10
width = 50
height= 50
# 游戏主循环
while  True :
    for event in pygame.event.get() :
        if event.type == pygame.QUIT :
            exit()
    myscreen.fill(bgcolor)
    for i in range(10,120,10) :
        pygame.draw.rect(myscreen,[r,g+i,b],[x+i,y+i,width+i,height+i],5)
    pygame.display.update()
```

单击菜单栏中的“Run/Run Module”命令或按下键盘上的“F5”，就可以运行程序代码，就可以看到立体矩形框效果，如图 19.7 所示。

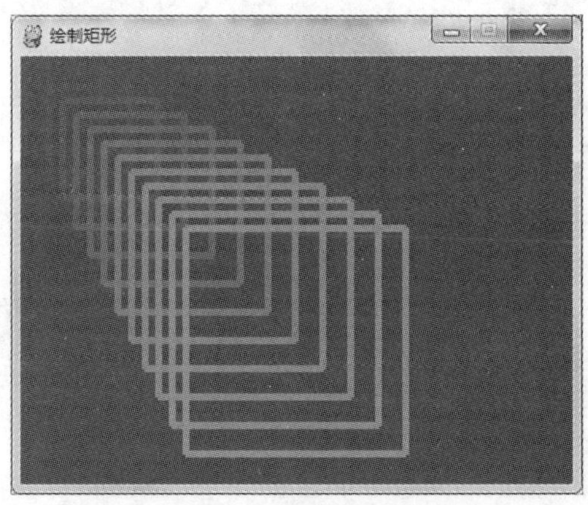

图 19.7　立体矩形框效果

19.4.2　绘制圆和椭圆

在 pygame 中，利用 draw 模块中的 circle() 方法绘制圆形，其语法格式如下：

```
pygame.draw.circle(Surface, color, pos, radius, width)
```

第三个参数 pos 是圆心的位置坐标，radius 指定了圆的半径。

利用 draw 模块中的 ellipse() 方法绘制椭圆，其语法格式如下：

```
pygame.draw.ellipse(Surface, color, Rect, width)
```

该方法在矩形 Rect 内部绘制一个内接椭圆。

单击“开始”菜单，打开 Python 3.7.4 Shell 软件，然后单击菜单栏中的“File/New File”命令，创建一个 Python 文件，并命名为“Python19-4.py”，然后输入如下代码：

```
import pygame                                          # 导入游戏 pygame 包
# 创建一个窗体，窗体的宽度为 600 像素，高度为 300 像素
myscreen = pygame.display.set_mode((600,300))
# 设置窗体的标题
pygame.display.set_caption("绘制圆和椭圆")
# 背景颜色
bgcolor = (200,0,0)
# 填充颜色
r = 100
g = 0
b = 0
# 设置绘制矩形的初始值
x = 10
y = 10
width = 100
height= 50
# 游戏主循环
while  True :
    for event in pygame.event.get() :
        if event.type == pygame.QUIT :
            exit()
    myscreen.fill(bgcolor)
    for i in range(10,120,10) :
        pygame.draw.ellipse(myscreen,[r,g,b+i],[x+i,y+i,width+i,height+i],5)
        pygame.draw.circle(myscreen,[r+i,g+2*i,b],(450,150),i,8)
    pygame.display.update()
```

单击菜单栏中的“Run/Run Module”命令或按下键盘上的“F5”，就可以运行程序代码，就可以看到圆和椭圆效果，如图 19.8 所示。

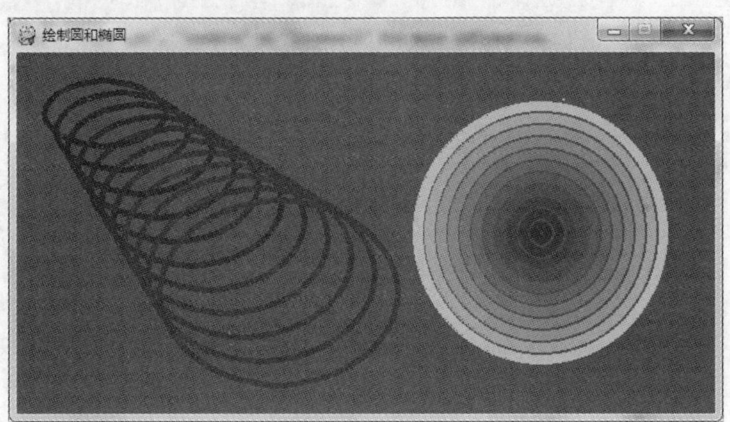

图 19.8　圆和椭圆效果

19.4.3　绘制其他图形

在 pygame 中，利用 draw 模块中的 polygon () 方法绘制多边形，其语法格式如下：

```
pygame.draw.polygon(Surface, color, pointlist, width=0)
```

pointlist 是一个坐标点的列表，表示多边形的各个顶点。其他参数与矩形一样，这里不再赘述。

在 pygame 中，利用 draw 模块中的 arc () 方法绘制弧线，其语法格式如下：

```
pygame.draw.arc(Surface, color, Rect, start_angle, stop_angle, width=1)
```

绘制弧线其实是上面提到的椭圆的一部分。与 ellipse 函数相比，多了两个参数：start_angle 是该段圆弧的起始角度，stop_angle 是终止角度。

在 pygame 中，利用 draw 模块中的 line() 方法绘制线段，其语法格式如下：

```
pygame.draw.line(Surface, color, start_pos, end_pos, width=1)
```

参数 start_pos 和 end_pos 分别表示起始点和终止点，用坐标表示。width 为线条宽度，默认为 1。线条两端自然结束，没有明显的端点（如实心黑点）。

在 pygame 中，利用 draw 模块中的 lines() 方法绘制多条线段，其语法格式如下：

```
pygame.draw.lines(Surface, color, closed, pointlist, width=1)
```

参数 closed 是一个布尔变量，如果 closed 为真，那么表示需要把第一点和最后一点连接起来。这些点来自 pointlist，一个包含坐标点的列表。

在 pygame 中，利用 draw 模块中的 aaline() 方法绘制一条平滑的（消除锯齿）直线段，其语法格式如下：

```
pygame.draw.aaline(Surface, color, startpos, endpos, blend=1)
```

在 pygame 中，利用 draw 模块中的 aalines() 方法绘制多条平滑的（消除锯齿）直线段，其语法格式如下：

```
pygame.draw.aalines(Surface, color, closed, pointlist, blend=1)
```

单击“开始”菜单，打开 Python 3.7.4 Shell 软件，然后单击菜单栏中的“File/New File”命令，创建一个 Python 文件，并命名为“Python19-5.py”，然后输入如下代码：

```
import pygame      # 导入游戏 pygame 包
import math
# 创建一个窗体，窗体的宽度为 480 像素，高度为 300 像素
myscreen = pygame.display.set_mode((480,300))
# 设置窗体的标题
pygame.display.set_caption(" 绘制其他图形 ")
# 背景颜色
bgcolor = (100,0,0)
points = [(200, 175), (300, 125), (400, 175), (450, 125), (450, 225), (400, 175), (300, 225)]
# 游戏主循环
while  True :
    for event in pygame.event.get() :
        if event.type == pygame.QUIT :
            exit()
    myscreen.fill(bgcolor)
    pygame.draw.line(myscreen, (255, 0, 0), (5, 100), (100, 100))
    pygame.draw.arc(myscreen, (0, 255, 0), ((5, 150), (100, 200)), 0, math.pi/2, 5)
    pygame.draw.polygon(myscreen,(0,0,255),points,0)
    pygame.draw.aaline(myscreen, (255, 255, 0), (120, 10), (120, 100))
    pygame.display.update()
```

单击菜单栏中的“Run/Run Module”命令或按下键盘上的“F5”，就可以运行程序代码，效果如图 19.9 所示。

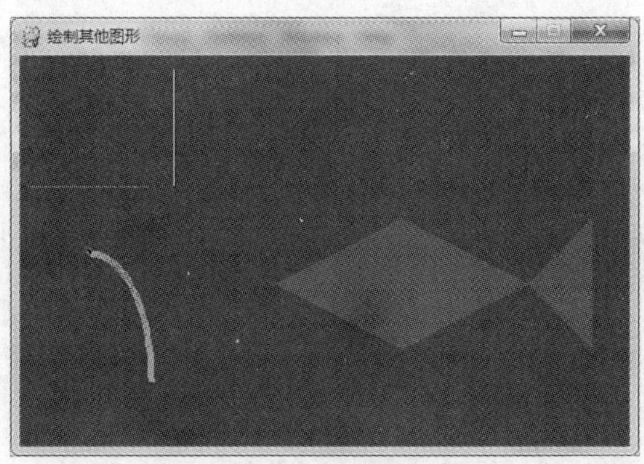

图 19.9　绘制其他图形

19.5　精灵和精灵组

pygame.sprite.Sprite 就是 pygame 里面用来实现精灵的一个类，使用时并不需要对它实例化，只需要继承它，然后按需要编写出自己的类即可，因此非常简单实用。到底什么是精灵呢？

精灵是一个个在屏幕上移动的图形对象，并且可以与其他图形对象交互。精灵图形可以是使用 pygame 绘制的图形，也可以是原来就有的图形文件。

创建精灵后，还需要管理精灵，就需要使用 pygame.sprite.Group 类，即精灵组，其主要方法及意义如下：

Group.sprites：获得精灵组中的所有精灵。

Group.add：向精灵组中添加精灵。

Group.copy：复制精灵组中的精灵。

Group.remove：移除精灵组中的精灵。

Group.update：更新精灵组中的精灵。

Group.has：判断某精灵是否是精灵组成员。

Group.draw：绘制精灵组中的所有精灵。

Group.clear：清空精灵组中的所有精灵。

19.5.1　编写精灵类

单击“开始”菜单，打开 Python 3.7.4 Shell 软件，然后单击菜单栏中的“File/New File”命令，创建一个 Python 文件，并命名为“mysprite1.py”，然后输入如下代码：

```
import pygame                                       # 导入 pygame 包
from random import randint                          # 导入随机函数中的 randint
pygame.init()                                       # 初始化
# 定义 horse 类
class horse(pygame.sprite.Sprite) :
    #bird 类的构造方法
    def __init__(self):
        pygame.sprite.Sprite.__init__(self)         # 精灵类初始化
        y =randint(10,400)                          # 产生随机数
        # 加载图像并获得位置
        self.image = pygame.image.load("horse.gif")
        self.rect = self.image.get_rect()
        # 设置图像在窗体上的位置
        self.rect.left = 8
        self.rect.top = y
        # 设置运行速度
        speed = [4,0]
        self.speed = speed
        # 定义 move() 方法
        def  move(self) :
        self.rect = self.rect.move(self.speed)
```

首先导入 pygame 包和 random 随机函数，然后定义 horse 类，接着利用构造方法设置精灵类的属性，如 image、rect、speed 等。

另外，还需定义一个 move() 方法，实行精灵的移动。

19.5.2 创建窗体并显示精灵类中的图像精灵

单击“开始”菜单，打开 Python 3.7.4 Shell 软件，然后单击菜单栏中的“File/New File”命令，创建一个 Python 文件，并命名为“Python19-6.py”，然后输入如下代码：

提醒：mysprite1.py 和 Python19-6.py 要保存在同一个文件夹下。在这里都保存在“E:\Python37”中。

```
import pygame                                       # 导入游戏 pygame 包
import mysprite1 as  mys1                           # 导入精灵类模块并重命名为 mys1
# 创建一个窗体，窗体的宽度为 400 像素，高度为 300 像素
myscreen = pygame.display.set_mode((600,480))
# 设置窗体的标题
pygame.display.set_caption(" 调用精灵 ")
# 背景颜色
bgcolor = (200,0,0)
# 精灵类实例化
mybird = mys1.bird()
# 游戏主循环
while  True :
    for event in pygame.event.get() :
        if event.type == pygame.QUIT :
            exit()
    myscreen.fill(bgcolor)                          # 填充背景色
    # 显示精灵中的图像
    myscreen.blit(mybird.image,mybird.rect)
    pygame.display.update()
```

在这里需要注意的是，导入精灵类模块并重命名为 mys1，然后精灵类实例化，最后显示精灵中的图像。

单击菜单栏中的“Run/Run Module”命令或按下键盘上的“F5”，就可以运行程序代码，效果如图 19.10 所示。

图 19.10　创建窗体并显示精灵类中的图像精灵

19.5.3　产生多个精灵并运动

要产生多个精灵，就要利用精灵组管理精灵。首先删除 mybird = mys1.bird()，然后在这个位置添加代码，具体如下：

```
i = 0      # 用来控制添加精灵速度
# 定义精灵组
group = pygame.sprite.Group()
```

接着删除 myscreen.blit(mybird.image,mybird.rect) 代码，然后在这个位置添加代码，具体如下：

```
    i = i+ 1
    if  i % 30 == 0 :
        # 精灵类实例化
        myhorse = mys1.horse()
        group.add(myhorse)                    # 当变量 i 是 30 的整数倍时添加精灵
    for p in group.sprites() :                # 利用 for 循环显示精灵组中的每个精灵
        p.move()                              # 精灵移动
        # 显示精灵
        myscreen.blit(p.image,p.rect)
```

单击菜单栏中的“Run/Run Module”命令或按下键盘上的“F5”，就可以运行程序代码，这时会发现精灵，即“马”复制了很多，并且跑得太快了。

在代码的最后添加如下代码，控制动画的速度。

```
pygame.time.Clock().tick(60)
```

单击菜单栏中的“Run/Run Module”命令或按下键盘上的“F5”，就可以运行程序代码，效果如图 19.11 所示。

图 19.11　产生多个精灵并运动

19.6　实例：可以移动的圆

单击“开始”菜单，打开 Python 3.7.4 Shell 软件，然后单击菜单栏中的“File/New File”命令，创建一个 Python 文件，并命名为“Python19-7.py”，然后输入如下代码：

```
import pygame
myscreen = pygame.display.set_mode((480,350))
pygame.display.set_caption(" 可以移动的圆 ")
# 定义圆心的初始坐标
mypos = (100,100)
# 程序主循环
while  True :
    for event in pygame.event.get() :
        if event.type == pygame.QUIT :
            exit()
    # 填充背景色
    myscreen.fill((100,120,110))
    # 绘制三个同心圆
    myc1 = pygame.draw.circle(myscreen,(255,0,0),mypos,30,5)
    myc2 = pygame.draw.circle(myscreen,(0,255,0),mypos,60,5)
    myc2 = pygame.draw.circle(myscreen,(0,0,255),mypos,90,5)
    # 更新显示
    pygame.display.update()
```

上述代码首先创建窗体并设置窗体标题，然后编写主循环，实现退出功能，接着填充背景色并绘制三个同心圆，最后更新显示。

单击菜单栏中的“Run/Run Module”命令或按下键盘上的“F5”，就可以运行程序代码，效果如图 19.12 所示。

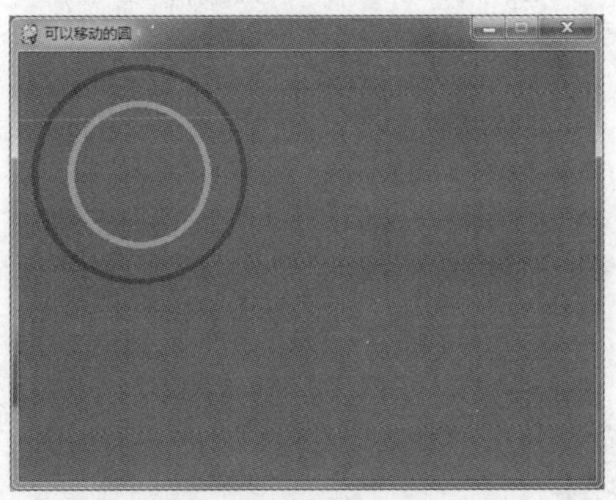

图 19.12　绘制三个同心圆

这时按下鼠标左键是不能移动同心圆的。下面添加代码，实现按下鼠标左键就可以移动同心圆，松开鼠标左键，把同心圆放在当前鼠标的位置。

首先在主循环 while 上面定义一个布尔变量，具体代码如下：

```
mytf = False
```

然后在主循环中编写鼠标事件代码，具体代码如下：

```
for event in pygame.event.get() :
        if event.type == pygame.QUIT :
            exit()
        # 如果事件是鼠标按下事件
        if  event.type == pygame.MOUSEBUTTONDOWN :
            # 如果按下的是鼠标左键
            if event.button == 1 :
                mytf = True
        # 如果事件是鼠标松开事件
        if event.type == pygame.MOUSEBUTTONUP :
            if event.button == 1 :
                mytf = False
 if mytf :
        # 获得鼠标的当前位置
        mypos = pygame.mouse.get_pos()
```

首先判断事件的类型是否为鼠标按下事件，如果是，再判断是不是鼠标左键，如果也是，变量 mytf 为 True。接着判断事件的类型是否是鼠标松开事件，如果是，再判断是不是鼠标左键，如果也是，变量 mytf 为 Flase。

如果变量 mytf 为 True，获得鼠标的当前位置，并赋值给圆的圆心。

单击菜单栏中的“Run/Run Module”命令或按下键盘上的“F5”，就可以运行程序代码，按下鼠标左键，就可以移动同心圆，如图 19.13 所示。

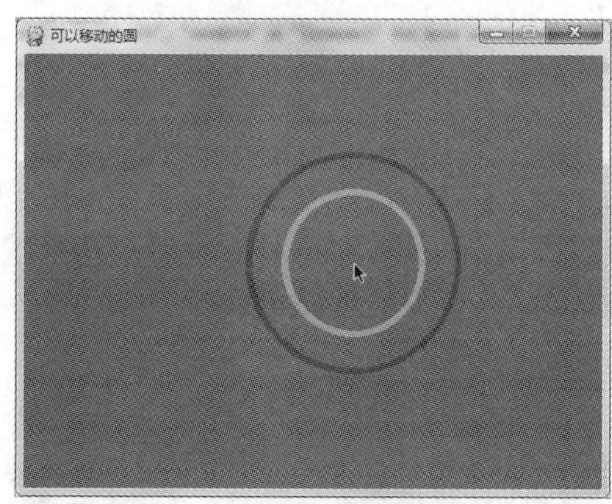

图 19.13　移动同心圆

19.7　实例：弹弹猫

单击“开始”菜单，打开 Python 3.7.4 Shell 软件，然后单击菜单栏中的“File/New File”命令，创建一个 Python 文件，并命名为“Python19-8.py”，然后输入如下代码：

```
import pygame
#创建窗体并设置标题
myscreen = pygame.display.set_mode((400,300))
pygame.display.set_caption("弹弹猫")
#加载图像并获得图像大小
myimg = pygame.image.load("1.jpg")
mypos = myimg.get_rect()
#定义速度
speed =[2,1]
while True :
    for event in pygame.event.get() :
        if event.type == pygame.QUIT :
            exit()
    #填充背景色
    myscreen.fill((255,255,255))
    #显示图像
    myscreen.blit(myimg,mypos)
    #让图像动起来
    mypos =mypos.move(speed)
    #如果碰到窗体左边框或右边框，图像左右翻转，速度方向设置为反向
    if mypos.left < 0 or mypos.right >400 :
        myimg = pygame.transform.flip(myimg,True,False)
        speed[0] = -speed[0]
    #如果碰到窗体上边框或下边框，速度方向设置为反向
    if mypos.top < 0 or  mypos.bottom > 300 :
        speed[1] = -speed[1]
    pygame.display.update()
    pygame.time.Clock().tick(60)
```

单击菜单栏中的“Run/Run Module”命令或按下键盘上的“F5”，就可以运行程序代码，就可以看到弹弹猫效果，如图 19.14 所示。

图 19.14　弹弹猫效果

19.8　实例：利用键盘控制动画猫

单击“开始”菜单，打开 Python 3.7.4 Shell 软件，然后单击菜单栏中的“File/New File”命令，创建一个 Python 文件，并命名为“Python19-9.py”，然后输入如下代码：

```
import pygame
#创建窗体并设置标题
myscreen = pygame.display.set_mode((400,300))
pygame.display.set_caption("利用键盘控制动画猫")
#加载图像并获得图像大小
myimg = pygame.image.load("1.jpg")
mypos = myimg.get_rect()
#定义速度
speed =[2,1]
i = 1                                                  #记录帧
change = 1                                             #记录切换
mytf = False                                           #开关
while True :
    i= i+ 1                                            #帧自动加1
    #如果帧是20的整数倍，则开关mytf为真，否则为假
    if i%20 == 0 :
        mytf = True
    else:
        mytf = False
    #如果开关为真，这时开始记录切换，加载第二幅图
    if mytf :
        if change == 1 :
            myimg = pygame.image.load("2.jpg")
            change =2
        #如果change不等于1，就会加载第一幅图，这样就可以显示动画效果
        else :
            myimg = pygame.image.load("1.jpg")
            change =1
    for event in pygame.event.get():
        if event.type == pygame.QUIT :
            exit()
    #填充背景色
```

```
        myscreen.fill((255,255,255))
        #显示图像
        myscreen.blit(myimg,mypos)
        #让图像动起来
        mypos =mypos.move(speed)
        pygame.display.update()
        pygame.time.Clock().tick(60)
```

单击菜单栏中的“Run/Run Module”命令或按下键盘上的“F5”，就可以运行程序代码，就可以看到动画猫效果，如图 19.15 所示。

图 19.15　动画猫效果

接下来添加键盘控件事件，即利用键备盘上的“↑”、“↓”、“←”、“→”键控制动画猫的上下左右移动。需要注意的是，按“→”让动画猫向右移动，按“←”让动画猫向左移动时，需要转向。

首先在 while 主循环上面添加一个变量，用来控制转动的方向，具体代码如下：

```
direct = "R"
```

接下来在 while 主循环中添加代码，实现动态猫的转向，具体代码如下：

```
    if direct == "R" :
        myimg2 =myimg
    else:
        myimg2 =pygame.transform.flip(myimg,True,False)
```

最后添加键盘事件，具体代码如下：

```
    for event in pygame.event.get():
        if event.type == pygame.QUIT :
            exit()
        if event.type == pygame.KEYDOWN :
            if event.key == pygame.K_LEFT:
                speed =[-2,0]
                direct = "L"
            if event.key == pygame.K_RIGHT :
                direct ="R"
                speed = [2,0]
            if event.key == pygame.K_UP :
                speed = [0,-2]
            if event.key == pygame.K_DOWN :
                speed = [0,2]
```

```
            if event.type == pygame.KEYUP:
                speed = [0,0]
```

单击菜单栏中的“Run/Run Module”命令或按下键盘上的“F5”，就可以运行程序代码，就可以利用方向键控制动态猫的前进方向，如图 19.16 所示。

图 19.16　利用方向键控制动态猫的前进方向

第 20 章

Python 程序设计的网络爬虫开发

Scrapy 是 Python 领域专业的爬虫开发框架，已经完成爬虫程序的大部分通用工具，因此 Scrapy 开发爬虫项目既简单又方便。

本章主要内容包括：

- 什么是网络爬虫
- 网络爬虫的核心工作
- 网络爬虫框架 Scrapy
- Scrapy 的选择器 XPath
- 创建一个 Scrapy 项目
- Scrapy 项目的组成 Spider 类代码
- 选择爬取项目文件 items.py
- 创建 Spider 类并修改 Spider 类代码
- 显示爬取项目文件 pipelines.py
- 网络爬虫项目的配置文件 settings.py
- 运行网络爬虫项目 myspider

20.1 初识网络爬虫

随着网络的快速发展，互联网成为大量信息的载体，如何有效地提取并利用这些信息已日益成为一个巨大的挑战。

20.1.1 什么是网络爬虫

网络爬虫，又称网络蜘蛛、网络机器人，是通过网页的链接地址来寻找网页，从网站的某一个页面开始，读取网页的内容，找到在网页中的其他链接地址，然后通过这些链接地址寻找下一个网页，这样一直循环下去，直到按照某种策略把互联网上所有的网页都抓取完为止的技术。

20.1.2 网络爬虫的核心工作

网络爬虫的核心工作具体如下：

第一，向 URL 发送请求，获取服务器响应内容。这个核心工作其实是所有网络爬虫都需要做的通用工作。一般来说，通用工作应该由爬虫框架来实现，这样可以提供更稳定的性能，开发效率更高。

第二，提取页面中我们感兴趣的信息。这个核心工作不是通用的！每个项目感兴趣的信息都可能有所不同。使用正则表达式提取信息是非常低效的，原因是正则表达式的设计初衷主要是处理文本信息，而 HTML 文档不仅是文本文档，而且还是结构化文档，因此使用正则表达式来处理 HTML 文档并不合适。使用 XPath 提取信息的效率要高得多。

第三，识别响应页面中的链接信息。使用正则表达式可以实现这个核心工作，但是效率太低，使用 XPath 会更高效。

第四，多线程管理：这个核心工作是通用的，应该由框架来完成。

20.1.3 网络爬虫框架 Scrapy

Scrapy 是一个专业的、高效的爬虫框架，它使用专业的 Twisted 包（基于事件驱动的网络引擎包）高效地处理网络通信，使用 lxml（专业的 XML 处理包）、cssselect 高效地提取 HTML 页面的有效信息，同时它也提供了有效的线程管理。

> **提醒**：利用 Python 自带有 urllib2 模块和 re 模块，也可以实现网络爬虫功能，但工作量太大了，所以才有了爬虫框架。

Scrapy 包也是第三方包，所以需要安装，安装方法与 numpy 包一样。

单击桌面左下角的“开始”按钮，弹出“开始”菜单，然后在文本框中输入“cmd”，回车，打开 Windows 系统命令行程序，然后输入如下命令：

```
pip  install  scrapy
```

输入命令后，回车，开始安装，如图 20.1 所示。

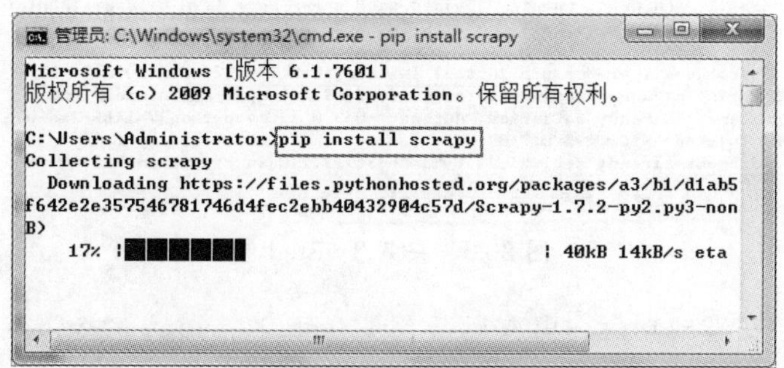

图 20.1　安装 scrapy 包

需要注意的是，Scrapy 需要依赖大量的第三方包，其中有一个 Twisted 包安装总是出错，这就需要单独安装一下该包。

在浏览器的地址栏中输入“https://www.lfd.uci.edu/~gohlke/pythonlibs”，然后回车，就可以看到 Twisted 包的下载链接，如图 20.2 所示。

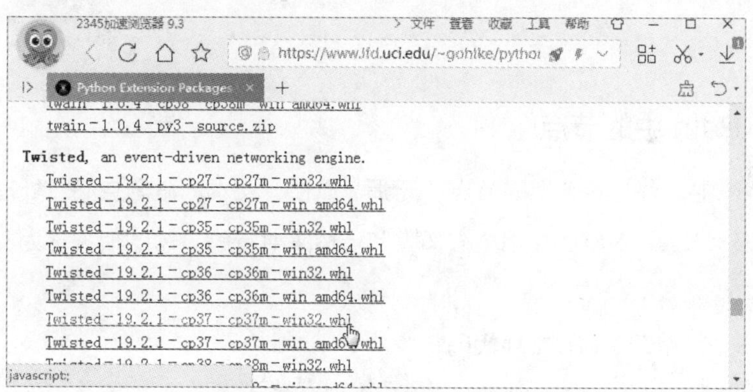

图 20.2　Twisted 包的下载链接

如果你安装的 Python 是 32 位的，就下载 Twisted-19.2.1-cp37-cp37m-win32.whl，如果是 64 位的，就下载 Twisted-19.2.1-cp37-cp37m-win_amd64.whl。

由于本书安装的是 32 位 Python，所以下载的是 Twisted-19.2.1-cp37-cp37m-win32.whl。下载成功后，要把该文件放在“C:\Users\Administrator”文件夹中。

单击桌面左下角的“开始”按钮，弹出“开始”菜单，然后在文本框中输入“cmd”，回车，打开 Windows 系统命令行程序，然后输入如下命令：

```
pip  install  Twisted-19.2.1-cp37-cp37m-win32.whl
```

输入命令后，回车，开始安装，如图 20.3 所示。

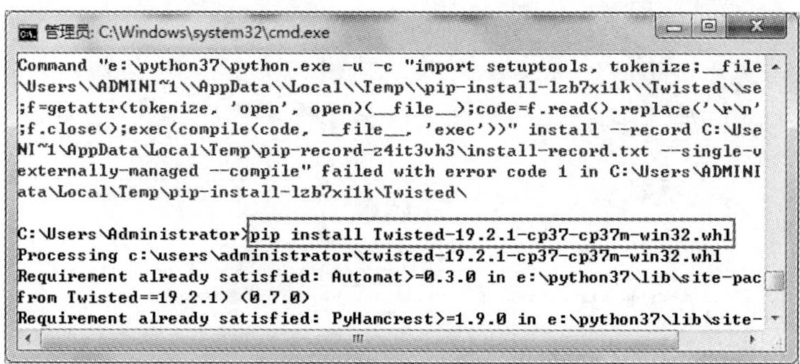

图 20.3　安装 Twisted 包

Twisted 包安装成功后，再次运行 pip　install　scrapy 命令，就可以成功安装 Scrapy 包。Scrapy 包安装成功后，就可以在后面的 Python 程序中使用。

20.2　Scrapy 的选择器 XPath

XPath 是一门在 XML 文档中查找信息的语言，下面来看一下 XPath 中的节点、选取节点。

20.2.1　XPath 中的节点

在 XPath 中，有七种类型的节点：元素、属性、文本、命名空间、处理指令、注释以及文档（根）节点。XML 文档是被作为节点树来对待的。树的根被称为文档节点或者根节点。

下面是一个简单的 XML 文件代码：

```
<?xml version="1.0" encoding="ISO-8859-1"?>
<bookstore>
<book>
  <title lang="cn">Python 从入门到精通 </title>
  <author> 李晓波 </author>
  <year>2019</year>
  <price>69.99</price>
</book>
<book>
  <title lang="cn">Java 从入门到精通 </title>
  <author> 王征 </author>
  <year>2019</year>
  <price>79.99</price>
</book>
</bookstore>
```

在这里 <bookstore> 是文档节点，即根节点；<author> 李晓波 </author> 是元素节点；而 lang="cn" 是属性节点。

Book 节点是 title、author、year、price 节点的父节点；title、author、year、price 节点是 Book 节点的子节点。

20.2.2 选取节点和谓语

XPath 使用路径表达式来选取 XML 文档中的节点或节点集。节点是通过沿着路径 (path) 或者步 (steps) 来选取的。

XPath 中最有用的路径表达式及意义如下：

nodename：选取此节点的所有子节点。

/：从根节点选取。

//：从匹配选择的当前节点选择文档中的节点，而不考虑它们的位置。

.：选取当前节点。

..：选取当前节点的父节点。

@：选取属性。

谓语用来查找某个特定的节点或者包含某个指定的值的节点。谓语被嵌在方括号中。

/bookstore/book[1]：选取属于 bookstore 子元素的第一个 book 元素。

/bookstore/book[last()]：选取属于 bookstore 子元素的最后一个 book 元素。

/bookstore/book[last()-1]：选取属于 bookstore 子元素的倒数第二个 book 元素。

/bookstore/book[position()<3]：选取最前面的两个属于 bookstore 元素的子元素的 book 元素。

//title[@lang]：选取所有拥有名为 lang 的属性的 title 元素。

/bookstore/book[price>72.00]：选取 bookstore 元素的所有 book 元素，且其中的 price 元素的值须大于 72.00。

20.2.3 选取未知节点和选取若干路径

XPath 通配符可用来选取未知的 XML 元素，具体如下：

：匹配任何元素节点。例如，/bookstore/，选取 bookstore 元素的所有子元素。

@*：匹配任何属性节点。例如，//*，选取文档中的所有元素。

node()：匹配任何类型的节点。例如，//title[@*]，选取所有带有属性的 title 元素。

通过在路径表达式中使用“|”运算符，可以选取若干个路径。例如，//book/title | //book/price，选取 book 元素的所有 title 和 price 元素。

20.3 Scrapy 项目

要利用 Scrapy 进行网络爬虫开发，首先要创建一个 Scrapy 项目。

20.3.1 创建一个 Scrapy 项目

单击桌面左下角的“开始”按钮，弹出“开始”菜单，然后在文本框中输入“cmd”，回车，打开 Windows 系统命令行程序，然后输入如下命令：

```
scrapy  startproject  myspider
```

scrapy 是 Scrapy 框架提供的命令；startproject 是 scrapy 的子命令，专门用于创建项目；myspider 就是要创建的项目名。

正确输入命令后，回车，如图 20.4 所示。

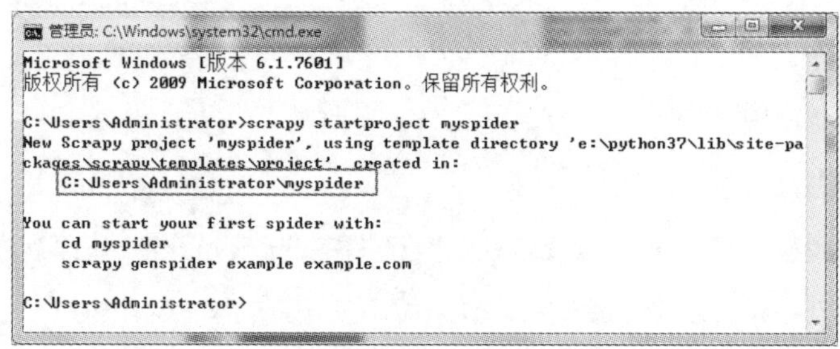

图 20.4 创建一个 Scrapy 项目

这样就成功创建了一个 Scrapy 项目，项目的位置是 C:\Users\Administrator\myspider。

20.3.2 Scrapy 项目的组成

打开“C:\Users\Administrator”，就可以看到 myspider 文件夹，这就是刚创建的 Scrapy 项目，如图 20.5 所示。

下面来看一下 Scrapy 项目的组成。

双击“myspider”文件夹，打开该文件夹，就会发现其中包含一个 scrapy.cfg 文件和一个 myspider 文件夹。

scrapy.cfg 是 Scrapy 项目的总配置文件，通常无须修改。

双击“myspider”子文件夹，打开该子文件夹，如图 20.6 所示。

图 20.5　创建的 Scrapy 项目

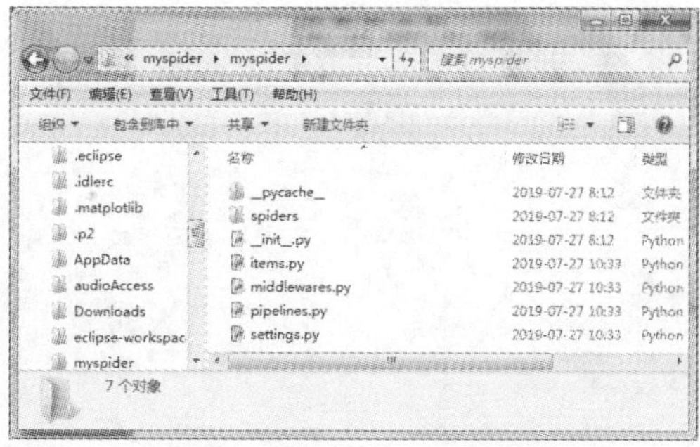

图 20.6　myspider 子文件夹

items.py：用于定义 Scrapy 项目用到的 Item 类。Item 类就是一个 DTO（数据传输对象），通常就是定义 N 个属性，该类需要程序员来定义。

pipelines.py：是 Scrapy 项目的管道文件，它负责处理爬取到的信息。该文件需要程序员编写。

middlewares.py：是 Scrapy 项目的中间件。使用中间件可以在爬虫的请求发起之前或者请求返回之后对数据进行定制化修改，从而开发出适应不同情况的爬虫。

settings.py：是 Scrapy 项目的配置文件，在该文件中进行项目相关配置。

Spiders 文件夹：在该文件夹下存放项目所需的蜘蛛，蜘蛛负责抓取项目感兴趣的信息。

20.4　Scrapy 网络爬虫编写

创建好 Scrapy 项目后，就可以编写 Scrapy 网络爬虫。

20.4.1　选择爬取项目文件 items.py

打开“C:\Users\Administrator\ myspider\myspider”文件夹，选择 items.py 文件，然后单击右键，弹出右键菜单，如图 20.7 所示。

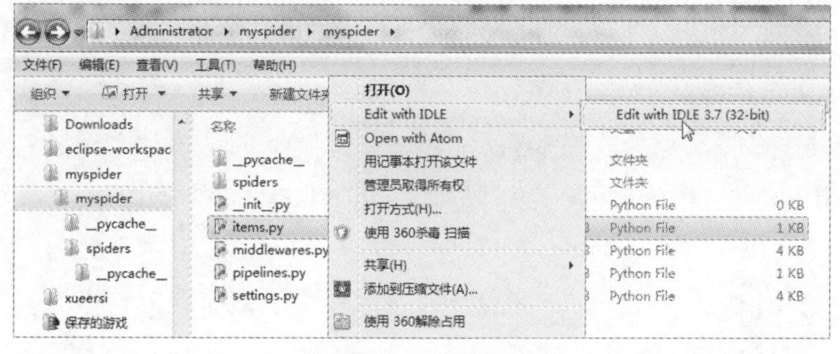

图 20.7　右键菜单

在弹出的菜单中单击“Edit with IDLE/Edit with IDLE 3.7(32-bit)”命令，就可以打开“items.py”文件，如图 20.8 所示。

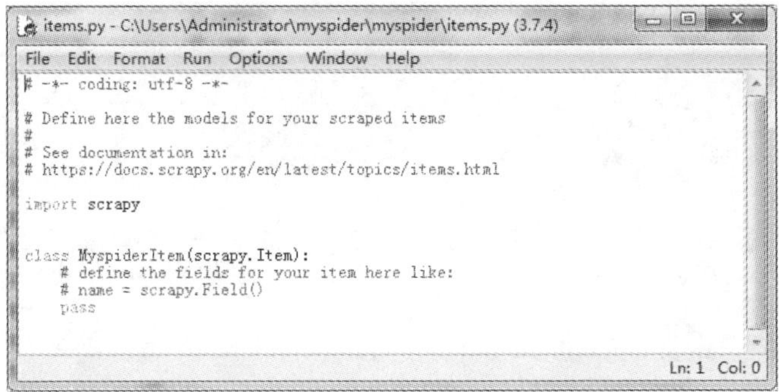

图 20.8　items.py 文件的初始代码

下面修改 items.py 文件代码如下：

```
import scrapy
class MyspiderItem(scrapy.Item):
     #职位名称
    title = scrapy.Field()
    #职位工资
    salary = scrapy.Field()
    #招聘企业名称
    company = scrapy.Field()
    #职工详细信息
    url = scrapy.Field()
    #工作地点
    work_addr = scrapy.Field()
    #所属行业
    industry = scrapy.Field()
    #公司规模
    company_size = scrapy.Field()
    #招聘人
    recruiter = scrapy.Field()
    #发布时间
    publish_date = scrapy.Field()
```

20.4.2　创建 Spider 类

单击桌面左下角的“开始”按钮，弹出“开始”菜单，然后在文本框中输入“cmd”，回车，打开 Windows 系统命令行程序，然后输入如下命令：

```
cd  myspider
```

然后回车，就可以进入 myspider 文件夹中。

接着输入如下代码：

```
scrapy genspider  myjob  "zhipin.com"
```

这时利用scrapy的genspider命令创建一个Spider类，类名为myjob，域名为“zhipin.com”。

然后回车，如图 20.9 所示。

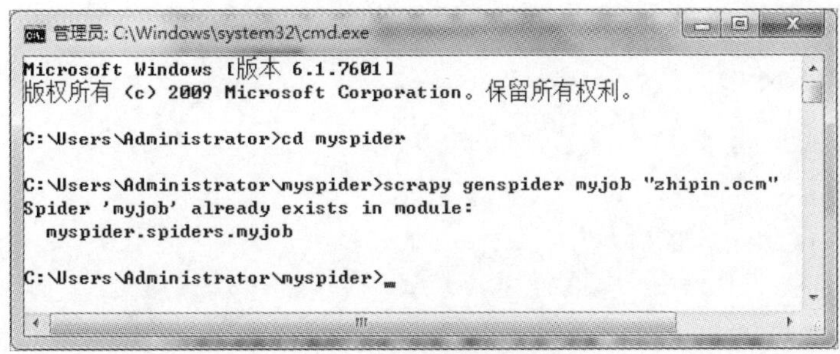

图 20.9　创建 Spider 类

打开“C:\Users\Administrator\ myspider\myspider\ spiders”文件夹，就可以看到刚刚创建的 Spider 类，即 myjob.py，如图 20.10 所示。

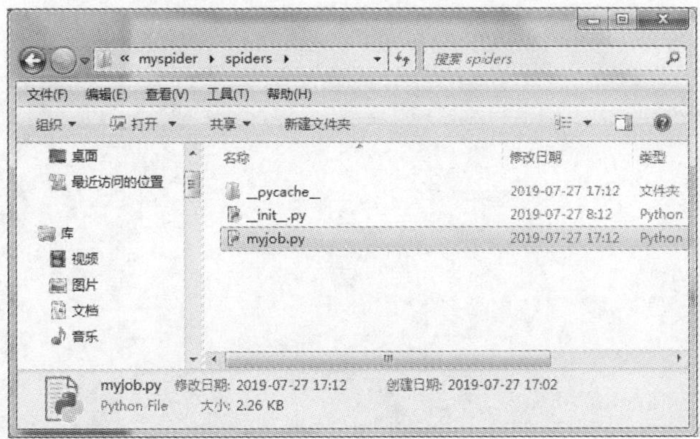

图 20.10　myjob.py 文件

20.4.3　修改 Spider 类代码

选择 myjob.py 文件，单击右键，在弹出的菜单中单击“Edit with IDLE/Edit with IDLE 3.7(32-bit)”命令，就可以打开“myjob.py”文件，如图 20.11 所示。

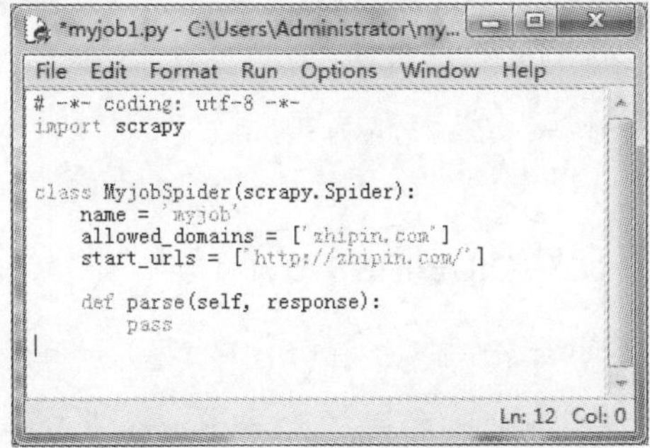

图 20.11　打开 myjob.py 文件

下面修改 myjob.py 文件代码如下：

```
    import scrapy
    # 导入 MyspiderItem 类
    from  myspider.items import MyspiderItem
    # 创建 MyjobSpider 类，该类是 scrapy.Spider 的子类
    class MyjobSpider(scrapy.Spider):
        # 定义该 Spider 的名字
        name = 'myjob'
        # 定义该 Spider 允许爬取的域名
        allowed_domains = ['zhipin.ocm']
        # 定义该 Spider 爬取的首页
        start_urls = ['https://www.zhipin.com/c101120200/?ka=sel-city-101120200/']
         # 该方法负责提取 response 所包含的信息
        # response 代表下载器从 start_urls 中每个 URL 下载得到的响应
        def parse(self, response):
            # 遍历页面上所有 //div[@class="job-primary"] 节点
            for job_primary in response.xpath('//div[@class="job-primary"]'):
                item = MyspiderItem()
                 # 匹配 //div[@class="job-primary"] 节点下 /div[@class="info-primary"]
节点
                # 也就是匹配到包含工作信息的 <div.../> 元素
                info_primary = job_primary.xpath('./div[@class="info-primary"]')
                     item['title'] = info_primary.xpath('./h3/a/div[@class="job-
title"]/text()').extract_first()
                   item['salary'] = info_primary.xpath('./h3/a/span[@class="red"]/
text()').extract_first()
                    item['work_addr'] = info_primary.xpath('./p/text()').extract_
first()
                item['url'] = info_primary.xpath('./h3/a/@href').extract_first()
                 # 匹配 //div[@class="job-primary"] 节点下 ./div[@class="info-company"]
节点下
                # 的 /div[@class="company-text"] 的节点
                # 也就是匹配到包含公司信息的 <div.../> 元素
                company_text = job_primary.xpath('./div[@class="info-company"]' +
                    '/div[@class="company-text"]')
                    item['company'] = company_text.xpath('./h3/a/text()').extract_
first()
                company_info = company_text.xpath('./p/text()').extract()
                if company_info and len(company_info) > 0:
                    item['industry'] = company_info[0]
                if company_info and len(company_info) > 2:
                    item['company_size'] = company_info[2]
                 # 匹配 //div[@class="job-primary"] 节点下 ./div[@class="info-publis"]
节点下
                # 也就是匹配到包含发布人信息的 <div.../> 元素
                info_publis = job_primary.xpath('./div[@class="info-publis"]')
                    item['recruiter'] = info_publis.xpath('./h3/text()').extract_
first()
                   item['publish_date'] = info_publis.xpath('./p/text()').extract_
first()
                # 将 item 对象返回给 Scrapy 引擎
                yield item
```

20.4.4 显示爬取项目文件 pipelines.py

选择 pipelines.py 文件，单击右键，在弹出的菜单中单击“Edit with IDLE/Edit with IDLE 3.7(32-bit)”命令，就可以打开“pipelines.py”文件，如图 20.12 所示。

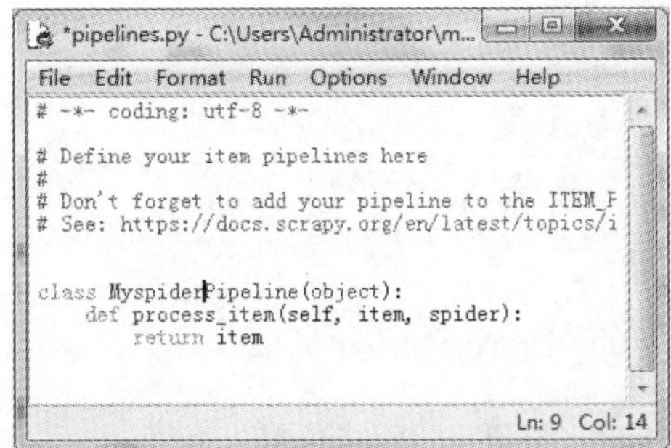

图 20.12　pipelines.py 文件

下面修改 pipelines.py 文件代码如下：

```
class MyspiderPipeline(object):
    def process_item(self, item, spider):
        print("职位名称：" , item['title'])
        print("职位工资：" , item['salary'])
        print("工作地点：" , item['work_addr'])
        print("详情链接：" , item['url'])
        print("招聘企业：" , item['company'])
        print("所属行业：" , item['industry'])
        print("公司规模：" , item['company_size'])
        print("招聘人：" , item['recruiter'])
        print("发布日期：" , item['publish_date'])
        print("\n\n")
```

20.4.5　网络爬虫项目的配置文件 settings.py

最后还需要修改 settings.py 文件进行一些简单的配置。

选择 settings.py 文件，单击右键，在弹出的菜单中单击“Edit with IDLE/Edit with IDLE 3.7(32-bit)”命令，就可以打开“settings.py”文件，如图 20.13 所示。

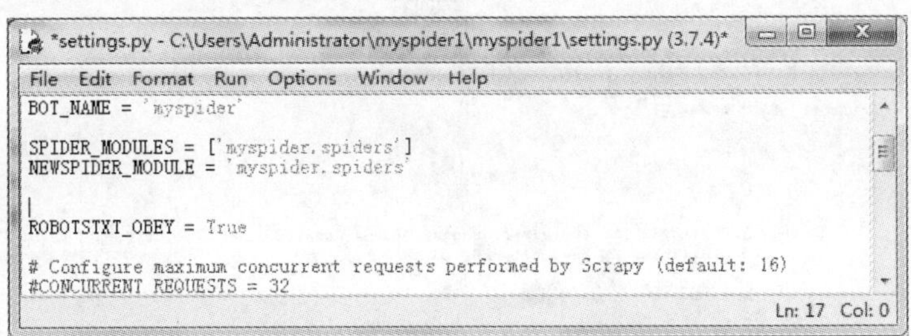

图 20.13　settings.py 文件

下面修改 settings.py 文件代码如下：

```
BOT_NAME = 'myspider'
SPIDER_MODULES = ['myspider.spiders']
NEWSPIDER_MODULE = 'myspider.spiders'
ROBOTSTXT_OBEY = True
# 配置默认的请求头
DEFAULT_REQUEST_HEADERS = {
    "User-Agent" : "Mozilla/5.0 (Windows NT 6.1; Win64; x64; rv:61.0)
Gecko/20100101 Firefox/61.0",
```

```
        'Accept': 'text/html,application/xhtml+xml,application/
xml;q=0.9,*/*;q=0.8'
    }
    # 配置使用 Pipeline
    ITEM_PIPELINES = {
        'myspider.pipelines.MyspiderPipeline': 300,
    }
```

20.4.6 运行网络爬虫项目 myspider

单击桌面左下角的“开始”按钮，弹出“开始”菜单，然后在文本框中输入“cmd”，回车，打开 Windows 系统命令行程序，然后输入如下命令：

```
cd  mydspider
```

然后回车，进入 mydspider 文件夹，然后再输入如下命令：

```
scrapy  crawl  myjob
```

如图 20.14 所示。

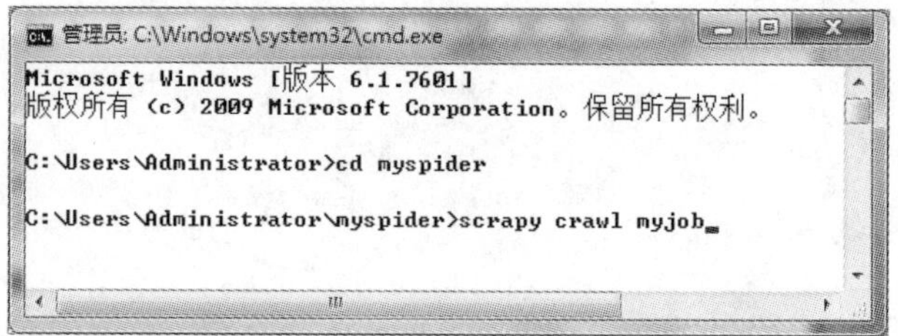

图 20.14 运行网络爬虫项目命令

正确输入命令后，然后回车，就可以看到网络爬虫爬取的数据信息，如图 20.15 所示。

图 20.15 网络爬虫爬取的数据信息